智创未来：人工智能创客课程的理论、应用与创新

王永固　王瑞琳　胡梦芳　等◎著

电子工业出版社
Publishing House of Electronics Industry
北京·BEIJING

未经许可，不得以任何方式复制或抄袭本书之部分或全部内容。
版权所有，侵权必究。

图书在版编目（CIP）数据

智创未来：人工智能创客课程的理论、应用与创新 / 王永固等著 . -- 北京：电子工业出版社，2024.5
ISBN 978-7-121-47950-2

Ⅰ. ①智… Ⅱ. ①王… Ⅲ. ①人工智能－教育研究 Ⅳ. ① TP18

中国国家版本馆 CIP 数据核字（2024）第 105382 号

责任编辑：仝赛赛
印　　刷：天津画中画印刷有限公司
装　　订：天津画中画印刷有限公司
出版发行：电子工业出版社
　　　　　北京市海淀区万寿路 173 信箱　邮编 100036
开　　本：787×1092　1/16　印张：21.75　字数：556.8 千字
版　　次：2024 年 5 月第 1 版
印　　次：2024 年 5 月第 1 次印刷
定　　价：138.00 元

凡所购买电子工业出版社图书有缺损问题，请向购买书店调换。若书店售缺，请与本社发行部联系，联系及邮购电话：（010）88254888，88258888。
质量投诉请发邮件至 zlts@phei.com.cn，盗版侵权举报请发邮件至 dbqq@phei.com.cn。
本书咨询联系方式：（010）88254510，tongss@phei.com.cn。

浙江省社会科学规划重大项目

"'互联网+'残疾人社会支持智慧服务构建与创新"

(20XXJC01ZD) 成果

国家自然科学基金面上项目

"多模态特征融合的自闭症教育机器人情感社交智能感知模型及应用研究"(62177043) 成果

教育部人文社会科学研究项目

"'互联网+'自闭症家庭精准帮扶的协同机制与实现模式研究"(18YJCZH085) 成果

PREFACE 前 言

人类社会已迈入智能时代，人工智能（Artificial Intelligence，简称 AI）作为智能时代科技创新的重要引擎，与教育教学深度融合，能够为培养创新型人才提供更多新机遇。近年来，机器学习、深度神经网络、大语言模型、智能代理等新技术正越来越多地应用于教育领域，用以支持新型课程的开发。AI 对创新型人才的知识和能力等提出新要求，这使得 AI 课程呈现新样态，催生了富有创新人才培养价值的 AI 创客课程。AI 创客课程作为连接理论与实践的桥梁，具有无限的潜力。

2012 年，笔者就开始关注 AI 在教育领域中的应用研究，探索协同过滤推荐算法在在线教学资源个性化推荐中的应用。伴随着"互联网+"研究的深入，笔者及课题组成员 2018 年开始尝试将 AI 应用于儿童学习障碍研究，并以社交机器人为平台开展多项实证研究。基于 AI 中的机器学习和深度学习等新技术的发展，笔者 2020 年开始探索 AI 创新型人才培养的教育学理论，并研究如何开展 AI 赋能的创新型人才的培养，分析中小学生智能核心素养的要素组成与发展规律，最终提出了学生智能核心素养模型。2022 年，笔者开展了全球人工智能基础教育课程的比较，绘制 AI 基础教育课程图谱。2023 年是生成式 AI（Generative Artificial Intelligence，简称 GAI）的元年，笔者分析了 GAI 对人类职业岗位和劳动力市场的影响。经过七年多的探索和实践，课题组构建了 AI 课程开发框架和 AI 创客课程开发理论模型，开发了多个智慧创新的创客课程教学项目，提出了适合国情的 AI 课程开发方略和实施对策。

几经思考，笔者将本著作主题凝练为"智创未来"，其寓意是 AI 创造未来，为全球科技发展和社会服务培养具有智能素养的人才。AI 课程改革背景包括技术基础、创新场域和全球样板。技术基础是第一章的"四链融合"，包括 AI 科技创新链、A 促进产业升级链、AI 人才成长链、AI 教育革新链，描绘了 AI 促进人类社会发展的全局。创新场域是第二章的"三创驱动"，从教育视角提出 AI 促进创新人才培养的三个场域，包括创客教育、创客空间和创客课程，其中创客课程是关键载体与场域。全球样板是第三章的"全球图谱"，用全球化的视角审视 AI 课程改革的新框架，包括认可机制、整合管理、内容框架、学习成果、实施工作，每个框架要素都介绍了 AI 课程改革的典型案例。

AI 创客课程的理论模型包含智能核心素养、设计思维和开发框架。智能核心素养是 AI 创客课程开发的目标依据，第四章诠释其逻辑起点，描述其模型的构建要素，包括智能意识、智能伦理、智能知识、智能技能、智能思维和智能创新，展示了初级、中级和高级的进阶式培养进程。设计思维是AI创客课程开发的理论基石，第五章综述设计思维的内涵和经典理论模型。开发框架是第六章的内容，根据不同的理论视角，分五个框架：智创课程开发的通用框架、基于设计思维的智创课程设计框架、基于创新思维的智创课程设计框架、基于智能素养的智创课程设计框架、基于综合学习设计的智创课程开发框架。

AI创客课程服务人类的美好生活。应用实践是本书的第七章至第十二章的内容，共包含六个课程教学项目，依序讲解人类社会的六个智慧应用场景，包括智慧辅具、智慧养老、智慧天气、智慧生活、智慧商店、智慧物流，分别创作了智能导盲杖、老年智能药盒、智能天气台、智能家居、无人值守商店、智能商品分拣系统。以上六个应用场景仅仅是用AI服务人类生活的部分场景，相信本书的读者，以智创未来为理念，以AI创造人类美好生活为主线，将会创造出品类多样的智慧应用场景。

面对课程开发的新范式，第十三章适时地提出了AI创客课程实施的方略，包括课程管理、课程整合、课程实施、课程评价和课程空间五个方面。面对GAI的快速发展，第十四章分析了GAI对美国、德国、中国三个国家劳动力市场的潜在影响，并预测了GAI未来对全球劳动力市场的潜在影响，提出了创新发展方略。

本书由王永固、王瑞琳、胡梦芳、霍自如等多位研究人员共同完成。其中，王永固教授设计了本书的内容框架和研究方法，撰写了论文的理论模块，并参与其他章节的内容构思和完善；王瑞琳、胡梦芳完成了第七章至第十二章的内容撰写，并参与其他章节的修订工作，霍自如完成了第十四章的撰写工作。另外，潘凯琳、李一航、候贺中等研究生也参与了本书的素材整理。在本书完成之际，感谢电子工业出版社基础教育分社社长张贵芹女士的支持，以及编辑老师仝赛赛女士的全程勘正，为本书的及时、高质量出版提供帮助。由于时间仓促，本书还存在不完善之处，敬请大家指正，谢谢！

王永固
2024年5月8日

目录 CONTENTS

第一章　四链融合：AI创新发展新纪元　001

第一节　AI科技创新 ……………………………………………………………001
第二节　AI产业发展 ……………………………………………………………006
第三节　AI人才发展 ……………………………………………………………013
第四节　AI教育改革 ……………………………………………………………022

第二章　三创驱动：AI创新人才培育新路径　029

第一节　创客教育 ………………………………………………………………030
第二节　创客空间 ………………………………………………………………035
第三节　创客课程 ………………………………………………………………037

第三章　全球图谱：AI课程改革的新框架　041

第一节　AI课程开发与认可 ……………………………………………………042
第二节　AI课程整合与管理 ……………………………………………………044
第三节　AI课程内容架构 ………………………………………………………048
第四节　AI课程学习成果 ………………………………………………………052
第五节　AI课程实施 ……………………………………………………………055

第四章 智能核心素养：创客核心素养发展的新维度 ... 058

第一节　智能核心素养的逻辑起点 ... 058
第二节　智能核心素养的模型构建 ... 059
第三节　智能核心素养的进阶培养 ... 062

第五章 设计思维：AI创客课程理论的新基石 ... 065

第一节　设计思维 ... 065
第二节　设计思维模型分析 ... 069
第三节　项目式学习 ... 072
第四节　基于设计的学习 ... 075
第五节　综合学习设计 ... 077

第六章 开发框架：智创课程开发的新模型 ... 080

第一节　智创课程开发的通用框架 ... 080
第二节　基于设计思维的智创课程设计框架 ... 086
第三节　基于创新思维的智创课程设计框架 ... 089
第四节　基于智能素养的智创课程设计框架 ... 096
第五节　基于综合学习设计的智创课程开发框架 ... 102

第七章 智慧辅具：智能导盲杖 ... 112

任务一　智能导盲杖开发任务分析 ... 113
任务二　转向提示功能设计 ... 114
任务三　夜间示警功能设计 ... 118
任务四　语音提醒功能设计 ... 122
任务五　避障提醒功能设计 ... 126
任务六　紧急求助功能设计 ... 130

| 任务七 | 智能导盲杖的 App 设计 | 136 |
| 任务八 | 智能导盲杖测试与排故 | 138 |

第八章　智慧养老：老年智能药盒创作　144

任务一	智能药盒开发任务分析	145
任务二	药品分类器设计	146
任务三	药品拾取器设计	150
任务四	智能药盒功能设计	153
任务五	智能药盒测试与排故	160

第九章　智慧天气：智能天气台创作　162

任务一	智能天气台开发任务分析	163
任务二	温湿度检测功能设计	164
任务三	雨势判断功能设计	168
任务四	紫外线强度检测功能设计	170
任务五	空气质量判断功能设计	173
任务六	Easy IoT 物联网云平台搭建设计	177
任务七	手机 App 软件设计	182
任务八	模型外观设计	186
任务九	智能天气台测试与排故	190

第十章　智慧生活：智能家居设计与搭建　198

任务一	智能家居开发任务分析	199
任务二	智能灯控功能设计	200
任务三	智能小风扇功能设计	202
任务四	智能小风扇 App 功能设计	205
任务五	智能窗户功能设计	213
任务六	智能烟雾报警系统功能设计	216

任务七　智能家居测试与排故……………………………………………………219

第十一章　智慧商店：无人值守商店建造　222

　　任务一　无人值守商店开发任务分析……………………………………………223
　　任务二　组建素材列表……………………………………………………………225
　　任务三　登录注册功能设计………………………………………………………229
　　任务四　门店选择功能设计………………………………………………………245
　　任务五　门店导航功能设计………………………………………………………247
　　任务六　商品选择功能设计………………………………………………………252
　　任务七　购物车结算功能设计……………………………………………………256
　　任务八　商品抓取功能设计………………………………………………………260
　　任务九　无人值守商店测试与排故………………………………………………266

第十二章　智慧物流：智能商品分拣系统开发　270

　　任务一　智能商品分拣系统开发任务分析………………………………………271
　　任务二　延时控制机械臂启停功能设计…………………………………………273
　　任务三　摇杆控制机械臂抓取功能设计…………………………………………281
　　任务四　语音控制机械臂移动功能设计…………………………………………290
　　任务五　视觉识别物品分拣功能设计……………………………………………297
　　任务六　智能商品分拣系统测试与排故…………………………………………304

第十三章　创新对策：智创课程实施方略　312

　　第一节　课程管理…………………………………………………………………312
　　第二节　课程整合…………………………………………………………………313
　　第三节　课程实施…………………………………………………………………314
　　第四节　课程评价…………………………………………………………………316
　　第五节　课程空间…………………………………………………………………317

第十四章　未来发展：GAI的影响与挑战 ... 319

第一节　GAI 的关键概念 ... 320
第二节　GAI 对美国劳动力市场的潜在影响分析 ... 321
第三节　GAI 对德国劳动力市场的潜在影响分析 ... 324
第四节　GAI 对中国劳动力市场的潜在影响分析 ... 326
第五节　GAI 对全球劳动力市场的潜在影响 ... 328
第六节　应对 GAI 影响的创新发展方略 ... 332
第七节　结论与展望 ... 335

第一章 四链融合：AI 创新发展新纪元

第一节 AI 科技创新

1956 年，人工智能（Artificial Intelligence，AI，后文简称 AI）的概念首次被提出，自 2010 年以来，数据、算法和算力三个 AI 核心要素日益强化，使得 AI 的发展加速度呈现指数级增长。2023 年，以聊天生成预训练转换器（Chat Generative Pre-trained Transformer，简称 ChatGPT）为代表的生成式 AI（Generative Artificial Intelligence，简称 GAI）的提出，进一步推动了通用 AI 技术（Artificial General Intelligence，AGI）的实现。截至目前，AI 的发展历程可分为五个阶段，包括机械推理、知识表达和推理、机器学习、深度学习及预训练大模型。

一、机械推理阶段（从 20 世纪 50 年代到 60 年代）

机械推理起源于艾伦·图灵的研究工作。1950 年，艾伦·图灵（Alan Mathison Turing）在论文《计算机与智能》中首次提出了机器智能的概念，探讨能否通过对话来评判机器是否具备智能，以及机器能否模拟人类的智能的问题，并提出将"图灵测试"作为评估标准。继图灵之后，AI 领域的开拓者们开始尝试挖掘机器的逻辑推理能力。

1956 年，在美国汉诺斯小镇的达特茅斯学院，一场具有里程碑意义的会议——达特茅斯会议拉开帷幕。在这次会议上，约翰·麦卡锡（John McCarthy）首次提出"人工智能"这一术语，用于描述机器模拟人类的行为和思维的能力。会议之后，研究人员对智能机器充满期待，希望借助符号推理来模拟人类思维过程。尽管受限于当时的技术和计算资源，机器智能的发展没有取得重大突破，但自此揭开了人类科技工作者探索机器智能的序幕。

二、知识表达和推理阶段（从 20 世纪 70 年代到 80 年代）

伴随着计算机科学的发展，到 20 世纪 70 年代和 80 年代，研究者们开始将专家知识和推理规则转化成计算机程序，从而创建专家系统来解决现实世界的智能化问题。专家系统利用逻辑推理和知识表示技术，模拟专家的决策过程，被广泛应用于医学诊断、金融风险评估等领域。其中最具代表性的专家系统有三个。

第一，MYCIN 系统，由爱德华·肖特利夫（Edward Shortliffe）等人开发，于 1976 年问世，该系统专门用于医学诊断，能够根据患者的症状和实验室数据，运用专家的医学知识和推理规则，为医生提供准确且个性化的诊断和治疗建议。这标志着 AI 在医学领域取得了重大突破。

第二，DENDRAL 系统，由爱德华·费根鲍姆（Edwin Feigenbaum）等人于 20 世纪 60 年代末至 70 年代初开发，它用于化学物质结构分析，通过结合专家的知识和规则、推理和模式匹配技术，能够根据质谱数据预测和推断复杂化合物的结构。这一系统的设计和实现奠定了专家系统在解决现实世界复杂问题方面的基础，为 AI 在化学和其他科学领域的应用开辟了道路。

第三，Deep Blue 系统，是一个用于国际象棋对弈的专家系统。该系统结合强大的计算能力和专家的棋局知识，通过搜索和评估大量的棋局，能在有限的时间内做出最佳决策。1997 年，Deep Blue 战胜了国际象棋世界冠军加里·卡斯帕罗夫（Garry Kimovich Kasparov），这次胜利展示了专家系统在战胜人类顶级选手方面的潜力，推动了 AI 在智能游戏和决策问题上的研究和发展。

这三个专家系统的成功代表着 AI 技术在不同领域的应用前景。这些专家系统通过获取各个领域专家的知识和经验，结合符号推理和推理引擎，对复杂的问题进行推理和决策。然而，专家系统需要大量手工编写的规则和知识，难以处理复杂的推理过程。

三、机器学习阶段（从 20 世纪 90 年代到 21 世纪 10 年代）

从 20 世纪 90 年代到 21 世纪 10 年代，AI 技术的发展开始发生范式上的转变，进入机器学习时代。从这个阶段开始，AI 技术不再通过编程规则，而是通过训练数据自动学习并改进自己的性能，使计算机具备从数据中发现模式、进行预测和决策的能力。在这个阶段，研究者们开始利用统计学和概率论的方法构建机器学习算法。代表性技术有支持向量机（Support Vector Machines，SVM）、随机森林（Random Forests，RF）、朴素贝叶斯分类器（Naive Bayes Classifier，NBC）等。这些技术在图像分类、语音识别、自然语言处理（Natural Language Processing，NLP）等领域的应用取得了很大的进展。

这个阶段有三位科学家的研究成果对该领域产生了深远影响。首先，弗拉基米尔·瓦普尼克（Vladimir Vapnik）是支持向量机的共同发明者之一，他提出并发展了结构风险最小化原则和学习理论，该理论对机器学习算法性能的理论分析及分类和回归问题的解决具有重要意义。其次，裘德亚·珀尔（Judea Pearl）是贝叶斯网络和因果推理领域的重要科学家，他开创性地提出了贝叶斯网络的概率图模型，并为因果推断提供了理论基础。最后，雷奥·布雷曼（Leo Breiman）是决策树和随机森林的创立者之一，他提出了决策树的概念和算法，并进一步将其扩展为随机森林，用于解决分类和回归问题，这对于非线性模型和集成学习的发展具有重要影响。在这个领域，还有许多对机器学习做出重要贡献的科学家，这里不再一一赘述。

从上述内容可以发现，在这一阶段，人工神经网络（Artificial Neural Network，ANN）模拟了人脑神经元之间的连接和传递，通过调整神经元之间的权重来实现学习和模式识别。然而，由于计算能力和数据限制，以及算法训练的困难，ANN的研究在一定程度上陷入了停滞状态。

四、深度学习阶段（从2012年到2017年）

自2010年开始，深度学习逐渐成为AI科技界的主流，尽管它是机器学习的一个子领域，但它强调使用多层次神经网络学习和推理数据中的复杂模式。在这个阶段，由于计算能力的提高和大规模数据集的可用性，深度学习的研究取得了重大突破。卷积神经网络（Convolutional Neural Networks，CNN）、循环神经网络（Recurrent Neural Network，RNN）和转换器模型（Transformer）成为深度学习的核心技术，广泛应用于图像分类、语音识别和自然语言处理等领域。其中，CNN通过模拟人类视觉系统的运作原理，实现了对图像和视频的高效处理和分析；RNN通过模拟人类语言理解和语境依赖，使得机器能够更好地处理自然语言；Transformer模型是一种基于注意力机制的序列建模方法，广泛应用于自然语言处理任务中。

2012年，AlexNet模型的问世开启了CNN在图像识别方面的应用，2015年，机器识别图像的准确率首次超过人（错误率低于4%），开启了计算机视觉技术在各行各业的应用。

具体而言，2012年欣顿（Hinton）和亚历克斯·克里热夫斯基（Alex Krizhevsky）设计的AlexNet神经网络模型在ImageNet竞赛中实现图像识别分类，成为新一轮AI发展的起点。在这个阶段，有三位做出重要科学贡献的科学家。第一位是杰弗里·辛顿（Geoffrey Hinton），他被认为是深度学习的先驱之一，提出了反向传播算法，这是训练深度神经网络的关键算法，也是深度学习发展的重要里程碑。第二位是约书亚·本吉奥（Yoshua Bengio），他提出了循环神经网络和长短时记忆网络（Long Short-Term Memory，LSTM）等关键概念，他的研究促进了深度神经网络在自然语言处理和序列建模等领域的应用。第三位是扬·勒孔（Yann LeCun），他是卷积神经网络的开创者，是开源机器学习框架 TensorFlow 的创始人之一，他的研究促进了计算机在视觉领域的发展。

2017 年以前的 AI 技术的发展，我们将其称为 AI 1.0 时代，这个时代的 AI 面临模型碎片化、泛化能力不足的问题。这种技术范式让大多数行业花费巨大成本来收集和标注数据，商业化价值小、有效数据少、模型训练不足。

五、预训练大模型阶段（2017 年至今）

2017 年，谷歌大脑（Google Brain）团队提出了 Transformer 架构，为大模型领域奠定了主流算法基础。从 2018 年开始，大模型迅速流行起来，谷歌团队的模型参数首次过亿，到 2022 年，模型参数达到了 5400 亿，呈现出指数级增长趋势。而"预训练 + 微调"的大模型也标志着 AI 进入了 2.0 时代，有效解决了 1.0 时代 AI 泛化能力不足等问题，开始了新一轮的技术创新周期。

预训练大模型具有良好的通用性和泛化性，降低了 AI 的工程化门槛。自 2018 年以来，预训练语言模型（PLM）及其"预训练－微调"方法已成为自然语言处理（NLP）任务的主流范式，该范式先利用大规模无标注数据通过自监督学习预训练语言大模型，得到基础模型，然后利用下游任务的有标注数据进行有监督学习及模型参数微调，实现下游任务的适配。"预训练 + 微调"范式可以显著降低 AI 的工程化门槛，而经历预训练的大模型在学习与训练海量数据后，具有良好的通用性和泛化性。因此，细分场景的应用厂商也能够基于大模型，通过零样本或小样本学习取得显著效果。这使得 AI 有望构建成统一的智能底座，AI+ 将赋能各行各业，实现更广泛的应用。"预训练－微调"范式与传统深度学习范式的区别如图 1-1 所示。

开放人工智能研究中心（OpenAI）作为 AI 2.0 的引领者，推动多模态大模型科技的发展。截至目前，GPT 系列模型已迭代至第五代，并开始涉足多模态领域。回顾 OpenAI 的历史，OpenAI 成立于 2015 年，自 2019 年起，微软开始与 OpenAI 建立战略合作伙伴关系。截至目前，基于转换器的生成式预训练模型（Generative pre-trained transformer，简称 GPT）共发布五代模型：GPT-1、GPT-2、GPT-3、ChatGPT 及 GPT-4。

2018 年 6 月，OpenAI 公布了首个将 Transformer 与无监督的预训练技术相结合的 GPT 模型（GPT-1），该模型由一个具有 10 亿个参数的单层 Transformer 组成，训练过程中使用了大规模的无监督语料库，其表现优于当时的已知算法。

2020 年 5 月，OpenAI 发布了 GPT-3，模型参数量达到了 1750 亿。2022 年 11 月，OpenAI 正式推出了对话交互式的 ChatGPT。相比于 GPT-3，ChatGPT 引入了基于人类反馈的强化学习（RLHF）技术和奖励机制。

2023 年 3 月，OpenAI 正式推出 GPT-4，GPT-4 在识别、理解、创作、写作、文本量处理及自定义身份属性迭代方面取得了显著进展。

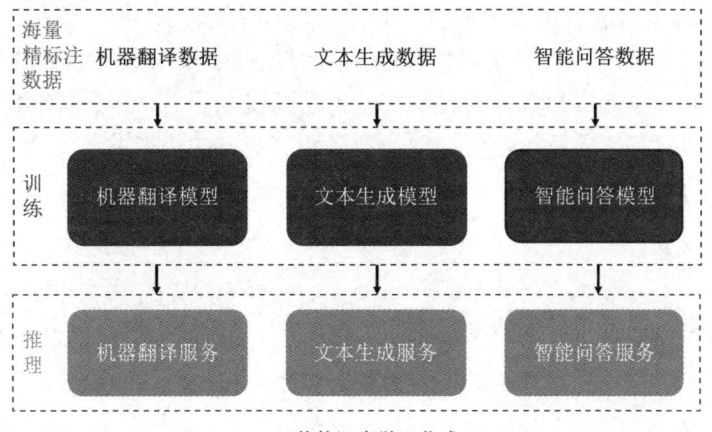

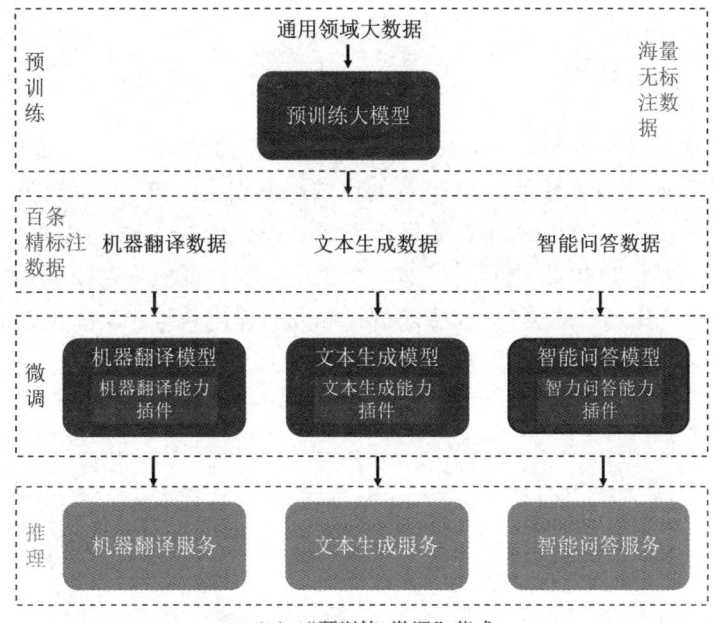

图 1-1 "预训练－微调"范式与传统深度学习范式的区别[①]

2024 年 2 月，OpenAI 推出文生视频模型——Sora 模型。该阶段的生成式 AI 模型有望从简单的内容生成，逐步发展为具有预测、决策、探索等更高认知和智能水平的模型。

结合上述内容展望未来深度学习的发展方向，模型的增强和改进、多模态学习、弱监督和无监督学习、迁移学习和可迁移模型、大语言模型和多模态模型等将成为该领域的研究趋势和方向。

---

① 计算机系研究团队在大规模语言预训练模型前沿领域取得新进展.[EB/OL].(2023-03-05).[2024-04-22]. https://www.cs.tsinghua.edu.cn/info/1088/5295.htm.

综上所述，AI 的发展从图灵的机器智能概念和达特茅斯会议开始，经历了从机械推理、知识表达和推理、机器学习、深度学习到如今的预训练大模型阶段。每个阶段都伴随着重要的科技突破和关键人物的贡献，从而推动了 AI 领域的进步。同时，大数据和计算能力的提升、商业机会的涌现及科学和产业界的快速发展，也对 AI 的发展起到了重要的推动作用。

第二节　AI 产业发展

人工智能产业（以下简称 AI 产业）涉及众多应用领域，如语音识别、图像处理和自动驾驶等，包含软件、硬件和服务等多个方面。

一、AI 产业市场规模

AI 产业已成为全球规模最大、成长最快的新型产业领域之一。全球数据与商业智能平台 Statista 的研究报告显示，AI 产业的市场规模预计在 2024 年达到 3059 亿美元，市场规模的年增长率（2020—2030 年复合年增长率）为 15.83%（见图 1-2）。到 2030 年，市场规模将达到 7388 亿美元。当然，由于不同的咨询机构对市场数据统计的渠道和取向存在差异，其发布的 AI 产业市场规模和发展速度数据也会有所差异，但总体而言，当前 AI 产业市场规模庞大，发展速度迅猛。

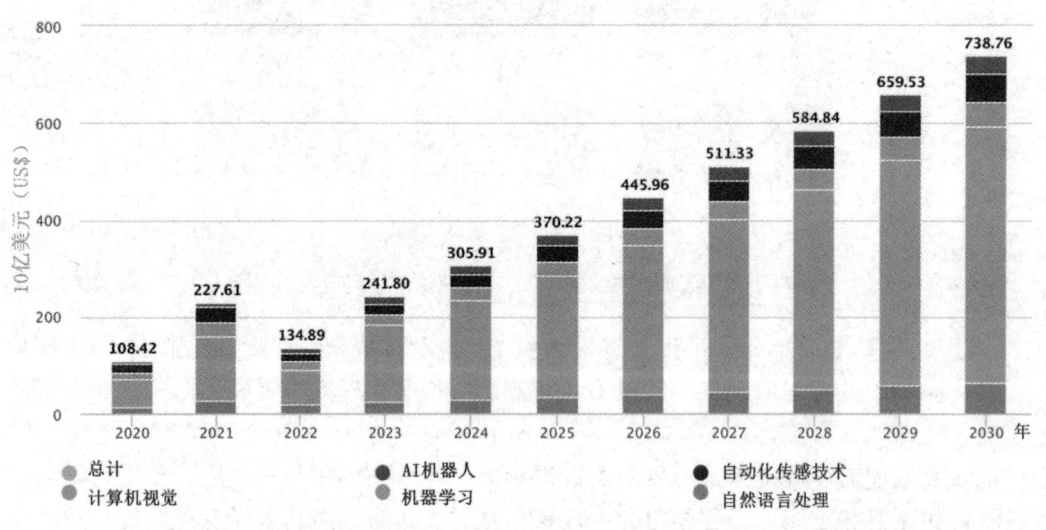

图 1-2　Statista 发布的 AI 产业市场规模与发展速度（2020—2030 年）

二、AI 产业结构

根据技术类型，AI 产业可划分为机器学习、生成式 AI、自然语言处理、计算机视觉、AI 机器人、自动化传感技术六个细分市场，各细分市场的规模及其占比如图 1-3 所示。

2024年AI产业细分结构市场规模
- AI机器人 190.1, 5%
- 自动化传感技术 271.5, 7%
- 机器学习 2043, 55%
- 自然语言处理 291.9, 8%
- 计算机视觉 262.6, 7%
- 生成式AI 666.2, 18%

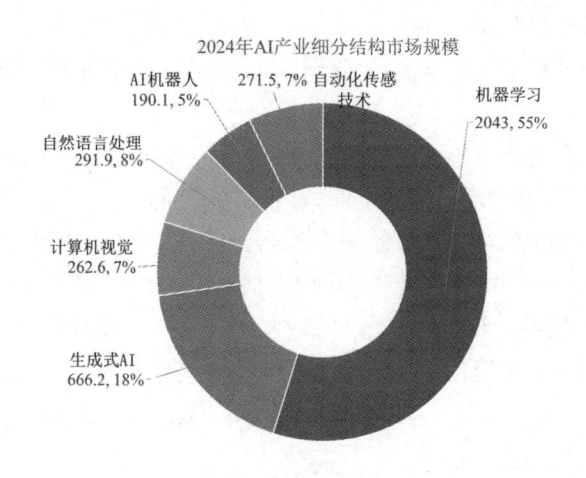

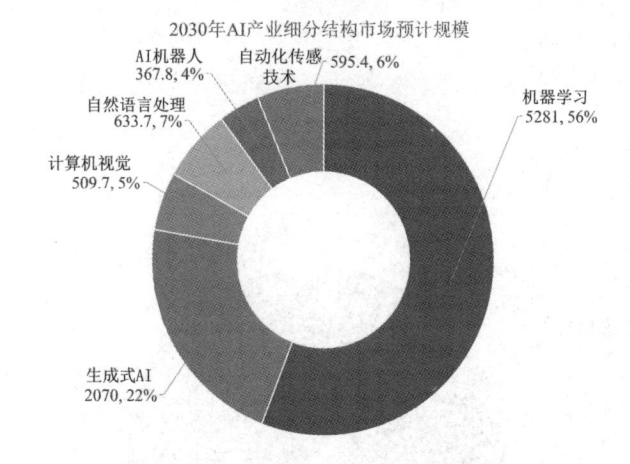

2030年AI产业细分结构市场预计规模
- AI机器人 367.8, 4%
- 自动化传感技术 595.4, 6%
- 机器学习 5281, 56%
- 自然语言处理 633.7, 7%
- 计算机视觉 509.7, 5%
- 生成式AI 2070, 22%

图 1-3　AI 产业细分结构及市场规模分析

第一，机器学习细分市场涵盖利用算法使计算机系统从数据中学习的应用，目前该领域在 AI 产业所有细分领域中市场规模占比最大。Statista 的研究报告显示，2024 年该细分领域的全球市场规模预计为 2043 亿美元，占 AI 产业市场规模的 55%。

第二，生成式 AI 细分市场涵盖创建能够产生新内容（如文本、图像和视频）的模型的 AI 技术，这一细分市场在 2023 年刚刚出现，未来将成为 AI 产业最有影响力的细分市场。Statista 的研究报告显示，2024 年该细分市场的全球市场规模预计为 666.2 亿元，占 AI 产业市场规模的 18%，未来将快速发展，2030 年其市场规模将达到 2070 亿美元，占 AI 产业市场规模的 22%。

第三，自然语言处理细分市场涵盖使计算机能够理解、解释和生成人类语言的应用。该细分市场的技术日臻成熟，其语音识别与合成应用模块可应用于各类数字化场景，市场应用规模日益扩大。Statista 的研究报告显示，2024 年该细分市场的全球市场规模预计为 291.9 亿美元，占 AI 产业市场规模的 8%。

第四，机算机视觉细分市场涵盖能够理解和解释数字图像和视频数据的应用。随着深度学习技术和多模态技术日渐成熟，该细分市场的应用日益成熟和多样化。Statista 的研究报告显示，2024 年该细分市场的全球市场规模预计为 262.6 亿美元，占 AI 产业市场规模的 7%。

第五，AI 机器人细分市场涵盖将 AI、机器学习和工程学结合起来创建的能够自主执行任务的智能机器。该细分市场将同时增强和赋能人类的"脑"和"手"，为人类的生产生活带来便利和高效。Statista 的研究报告显示，2024 年该细分领域的全球市场规模预计为 190.1 亿美元，占 AI 产业市场规模的 5%。

第六，自动化传感技术细分市场是指利用传感器、AI 和机器学习独立运行的机器和系统，以对环境变化做出响应，是 AI 产业与其他产业的数据和服务互动的细分市场。Statista 的研究报告显示，2024 年该细分市场的全球市场规模预计为 271.5 亿美元，占 AI 产业市场规模的 7%。

除了以上技术类型 AI 产业领域分类，AI 产业还可按照应用领域来分类，具体如图 1-4 所示。Statista 的研究报告显示，2022 年 AI 产业的主要应用领域包括医疗健康业、金融业、制造业、商业及法律服务业、交通等，以上几个应用领域占比均超过 10%。

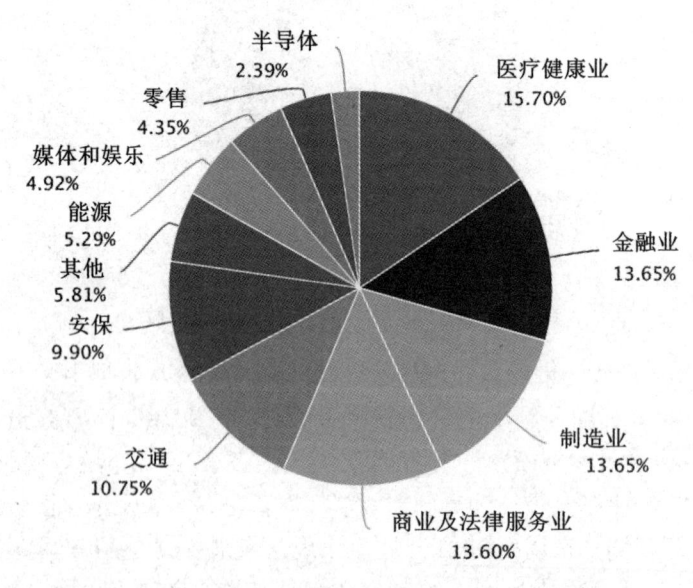

图 1-4 Statista 发布的 2022 年 AI 产业的应用领域统计

三、AI 的全球产业竞争

目前，全球 AI 产业的生态系统正逐步成型。依据产业链上下游关系，AI 产业可分为基础层、中间技术层和下游应用层。基础层是 AI 产业的基础，提供硬件（芯片和传感器）和软件（算法模型）等；技术层是 AI 产业的核心，以模拟人的相关智能特征为出发点，将基础能力转化成 AI 技术，如计算机视觉、智能语音、自然语言处理等人工智能相关算法的研发。应用层则将技术层的关键技术应用到不同的行业领域。

全球大多数国家已将 AI 产业作为顶层布局，将其提升至国家战略层面，从政策、资本、需求等方面推动 AI 产业发展。在基础层，尤其是 AI 芯片领域，欧美日韩基本垄断中高端产品市场。在技术层，计算机视觉、语音识别等领域的技术已经成熟，我国的头部企业脱颖而出，竞争优势明显，然而在算法理论和开发平台的核心技术方面仍有所欠缺。在应用层，在全球市场格局未定的情况下，国内市场空间广阔，终端产品落地应用丰富，技术商业化程度可比肩欧美。

整体来看，我国 AI 的完整产业链已初步形成，但仍存在结构性问题。从产业生态来看，我国偏重于技术层和应用层，尤其是在终端产品落地应用方面，技术商业化程度与欧美相当。但与美国等发达国家相比，我国在基础层缺乏突破性、标志性的研究成果，底层技术和基础理论方面尚显薄弱，特别是在当前基于大模型的生成式 AI 领域方面暂时还显薄弱。初期国内政策偏重互联网领域，行业发展追求速度，资金投向更倾向于易于变现的终端应用。从短期来看，应用终端领域投资产出明显，但难以成为引导未来经济变革的核心驱动力。从中长期来看，AI 发展的关键在于基础层（算法、芯片等）研究的突破。

四、AI 的产业推动

AI 正在为实体经济赋能，为人类社会的生产和生活带来革命性的转变。作为第四次工业革命的核心驱动力，AI 将重塑生产、分配、交换和消费等经济活动中的各个环节，催生新业态、新业务、新模式和新产品。从衣食住行到医疗教育，AI 技术在社会经济的各个领域实现了深度融合和落地应用。在这种背景下，AI 具有强大的经济辐射效应，为经济发展提供了强劲的引擎。

（一）跨领域知识共享与创新

跨领域知识共享与创新通过整合不同领域的知识和资源，加速创新和提高生产力。信息的共享和协作使经验得以传播，从而推动了跨领域的交流和合作，在解决问题和实现新发展方面发挥着重要作用。

案例：Insilico Medicine 应用 AI 研制小分子药物

英矽智能（Insilico Medicine）是一家 AI 药物研发公司，该公司利用机器学习和深度学习技术加速药物研究过程。通过运用 AI 和生物学模拟技术，该公司模拟和预测了盘状蛋白结构域受体的作用机制，成功研制出盘状蛋白结构域受体抑制剂，为疾病治疗带来了新的可能性。Insilico Medicine 应用 AI 分析和模拟海量数据，快速预测药物与盘状蛋白结构域受体的相互作用，进而研制出具有潜在治疗效果的药物，这种跨领域的知识和技术共享，加快了药物研发的创新步伐，为药物治疗领域的新突破提供了可能。

（二）产品个性化定制与服务

产品个性化定制与服务是指通过大数据和 AI 技术，根据个体需求和偏好，为用户提供定制化的产品和服务。这种个性化的定制能够满足用户特定的需求，提高用户满意度和忠诚度。

案例：Nike 的个性化鞋子定制服务

耐克（Nike）作为知名度较高的运动品牌，通过运用个性化定制技术为用户提供定制化的运动鞋。该公司推出的名为"Nike Fit"的个性化运动鞋定制服务，运用 3D 扫描和 AI 技术，根据用户的脚型数据创建个性化运动鞋。"Nike Fit"个性化定制服务为用户提供了更舒适、更符合个体需求的运动鞋，从而提升了用户体验和满意度。这种个性化定制和智能化搭配的模式，增强了品牌与用户的互动，提升了产品的差异化竞争优势。

（三）自动化与智能化生产

自动化与智能化生产通过利用机器人和自动化设备，加速生产流程，提高生产效率和产品质量。AI 技术的应用可以使生产线更加智能化，在减少人为错误的同时，提升了生产能力。

案例：特斯拉电动汽车的自动化生产

特斯拉是全球知名的电动汽车制造商，通过运用自动化与智能化生产技术提高生产效率和质量。该公司在生产线上广泛运用机器人和自动化设备，借助智能化的生产工艺加快汽车制造过程，实现了汽车生产过程的自动化，成功制造了更多满足市场需求的电动汽车，从而赢得了良好的声誉和市场份额。

（四）AI 驱动的精益化生产与管理

AI 通过数据驱动的方法来优化生产和管理过程，实现精益化的生产和管理。精益化生产利用大数据分析、机器学习和优化算法，收集和分析实时产生的大规模数据，实现对生产环节的全面监控。通过识别生产过程中的瓶颈，优化资源分配，以及提供更准确的预测和决策支持，实时优化生产过程。而精益化管理基于数据模型和实时反馈，旨在发现问题、改进生产流程、提高工作效率。

案例：中车集团高铁的智能制造

中车集团利用智能制造技术优化了其全球领先的高铁生产流程，实现了设计、制造、装配和质控等环节的自动化。这不仅缩短了产品交付时间，提高了生产效率和产品质量,还增强了产品的市场竞争力。通过应用工业物联网、大数据分析和智能设备,中车集团实现了数据的实时监测和分析,进一步提升了生产效率,降低了成本并优化了质量。

(五)智能供应链、物流和交通

智能供应链、物流和交通通过 AI 技术,优化、协调供应链和物流运输,加速产品流通,提升效率,同时有助于降低成本、提高准确性,并提供更快速、可靠的产品交付。

案例:京东云数智化供应链孕育"产业 AI"[①]

京东集团作为全球领先的电商和物流公司,正通过其京东云平台和言犀大模型推动 AI 技术在各个产业中的应用。自 2017 年起,京东开始全面转向技术驱动,将 AI 技术深度应用于自身的零售、物流和服务等供应链场景,从而实现了业务自动化升级、成本降低、效率提升和用户体验优化。

京东的"产业 AI"在多个方面取得显著效益:

零售智能供应链平台利用超级自动化技术,如运筹优化和深度学习,实现了对千万量级 SKU 的精准预测和智能决策,采购自动化率达 85%,帮助京东将库存周转时间降至 31.2 天。

在物流领域,京东已在超过 25 个城市部署 400 多辆智能快递车,并在其智能产业园内使用机器人将拣货效率提高三倍以上。

京东云的言犀大模型结合了通用数据和数智供应链数据,为商品营销和客户服务提供了智能化解决方案。该模型生成的商品营销文案通过率超过 95%,并能自动化应对 90% 的服务咨询,覆盖 23 个场景和 4 层知识体系。

总体而言,京东通过"产业 AI"提升了决策智能、物流效率和服务效能,显示出技术转型对于企业发展和供应链优化的重要作用。

综上所述,AI 产业的发展对国内生产总值(GDP)的拉动作用正逐渐显现。经济学家高盛认为,对 AI 领域的投资效应最终可能更大程度地反映到 GDP 上。统计数据显示,AI 已经为英国经济贡献了 37 亿英镑份额,并提供了 5 万多个就业岗位。据埃森哲预测,到 2035 年,AI 将推动中国劳动生产率提高 27%,经济总增加值提升 7.1 万亿美元。

五、AI 产业转型升级

AI 模型分为决策式 AI 和生成式 AI 两种。前者是指学习数据中的条件概率分布,即根据已有数据进行分析、判断、预测,主要应用模型包括用于推荐系统和风控系统的辅助决策、用于自动驾驶和机器人的决策智能体。后者则是指学习数据中的联合概

[①] 京东云:数智供应链孕育"产业 AI"优势.[N/OL].人民日报,(2022-09-01).[2024-04-22]. http://paper.people.com.cn/rmrb/html/2022-09/01/nw.D110000renmrb_20220901_1-08.htm.

率分布，不是简单分析已有数据，而是学习归纳已有数据后进行演绎创造，基于历史进行模仿式、缝合式创作，生成全新的内容。

AI 产业正在逐渐从决策式 AI 转向生成式 AI。在经历前期技术的积累和迭代后，AI 逐渐突破传统决策型 AI 领域，迎来了生成式 AI 的爆发期。2018 年至今，生成式 AI 急速发展，其源头是深度神经网络（DNN）算法的升级，实现了语音和图像识别等功能。生成式 AI 在文本（Text）、代码生成（Code generation）、图片（Images）、语音合成（Speech synthesis）、视频和 3D 模型等领域拥有广阔的应用场景。AI 生成内容（AIGC）是继专业生成内容（PGC）和用户生成内容（UGC）之后，利用 AI 技术生成内容的新生产方式。AIGC 技术演化出三项前沿技术能力：数字内容孪生、数字内容的智能编辑、数字内容的智能创作。

AIGC 产业链已经形成了上游、中游和下游的完整生态链条。首先，产业链上游提供 AI 技术及基础设施，包括数据供给方、数据分析与标注、创造者生态层、相关算法等。AIGC 应用对数字基础设施要求较高，随着 ChatGPT 掀起 AIGC 发展浪潮，数据基础设施有望加速升级。其次，产业链中游主要针对文字、图像、视频等垂直赛道，提供数据开发和管理工具，包括内容设计、运营增效、数据梳理等服务。最后，产业链下游包括内容终端市场、内容服务及分发平台、各类数字素材、智能设备及 AIGC 内容检测等。

据波士顿咨询预测，到 2025 年，生成式 AI 的市场规模将至少达到 600 亿美元，而其中大约 30% 的 AI 应用将来自广义的生成式 AI 技术。随着生成式 AI 模型的不断完善，自主创作和内容生产的门槛将大大降低，市场对该领域的巨大需求做出回应。2019—2022 年，共有 7 家独角兽公司在该领域诞生，截至 2023 年 2 月，这七家公司的估值合计达 644 亿美元，其中 OpenAI 借助旗下产品 ChatGPT 爆火的东风，这一家公司的估值便突破 290 亿美元[①]。

中国生成式 AI 商业应用规模正迎来快速增长，预计 2025 年将突破 2000 亿元。据中关村大数据产业联盟发布的《中国 AI 数字商业产业展望 2021—2025》报告披露，到 2025 年，中国生成式 AI 商业应用规模将达到 2070 亿元，未来五年的年均增速将达到 84%[②]。此外，根据咨询公司高德纳（Gartner）《2021 年预测：AI 对人类和社会的影响》，到 2025 年，预计生成式 AI 产生的数据将占所有数据的 10%。

---

① 国信证券.AI 专题报告：生成式 AI 产业全梳理.[R/OL]. (2023-03-28).[2024-04-22]. https://pdf.dfcfw.com/pdf/H3_AP202303291584635312_1.pdf.
② 国海证券.AIGC 深度报告：新一轮内容生产力革命的起点.[R/OL]. (2023-03-02).[2024-04-22]. https://pdf.dfcfw.com/pdf/H3_AP202303021583976226_1.pdf?1677783639000.pdf.

第三节 AI 人才发展

AI 发展的人才缺口正逐渐显现。外媒曾报道，仅在 2023 年 5 月的前 3 周，苹果公司就发布了 28 个与 AI 相关的新职位，包括高级工程师、研究科学家、特殊项目经理等。另外，苹果公司正在加大对研发人员的招聘力度，并积极从其他大型跨国公司挖掘优秀人才。

一、AI 领域中的专业技术人才类别

（一）AI 研究人员

AI 研究人员不断拓展 AI 的知识边界，追求基础技术的应用效率和效果，持续提升 AI 的能力。他们有的在工业界全职工作，有的在高校或科研院所学术机构任职，但两者需要相互关联，以便学术机构和工业界之间开展合作。

AI 研究人员通过预出版和正式出版的方式发布最新的研究成果，引领 AI 研究领域的新理念、新范式、新方法和新技术。研究人员可以在 arXiv 平台（收集论文预印本的网站）上预先发布最新研究成果，使得新知识和新方法能够更快被 AI 学术界评估和引用，提高研究论文被出版物和学术会议接受的可能性，从而使他们的发现得到更广泛的传播，并接受更多的审查，以便于改进。

AI 研究人员通常具备出色的理论创新和技术攻关能力。调查发现，受益于尖端技术的组织一直重视研究人员团队的组建和培养，例如 2022 年，华为的研发员工超过 11.4 万名，占总员工数量的 55.4%，研发费用支出约为 1,615 亿元，占全年收入的 25.1%[1]。如果不重新投资于高质量的研究，就很难在 AI 快速发展的领域中长期保持领先地位。

这类人员通常需要具备以下职业资格：在机器学习、计算机科学、AI 或相关学科领域获得博士学位；具备科学编程和相关库的经验并达到精通的程度，对相关研究社区做出过推动研究质量方面的贡献。

（二）AI/ 机器学习工程师

这类工作岗位是连接 AI 基础研究与实际应用的关键桥梁。与其他软件工程师相比，AI/ 机器学习工程师的特点在于"以数据编码"，因此被称为"数据科学家"，有时也被称为应用研究科学家。他们的主要工作任务是获取用户需求，进行相关研究，运用最新的机器学习技术，从数据集中学习并提炼出特定的、可应用于解决问题的知识，并利用相关技术实现规模化的应用。业界的顶级工程师凭借多年积累的技术专

---

[1] 华为投资控股有限公司.2022 年年度报告.[R/OL].[2024-04-22]. https://www-file.huawei.com/minisite/media/annual_report/annual_report_2022_cn.pdf.

长、科学严谨的态度和创造力,能够解决业界重大工程平台的关键问题。

这类工程师也需要在 arXiv 平台中预发布其应用方法的研究成果,从而为这个以合作和科学为导向的领域贡献力量。但在现实世界中让 AI 规模化运作是一项具有挑战性的任务,因此应用工作的重要性也在不断提高,工业界对这类工程师的需求也越来越大,对其专业知识的要求也达到了研究者级别。

这类人员通常需要具备以下职业资格:获得 STEM(科学、技术、工程和数学)专业的博士或硕士学位,包括计算机科学、数学、运筹学、物理学、电气工程;对深度学习和相关 AI 领域的基础理论有深刻理解;熟练掌握统计软件(如 R、Pycharm、MATLAB);具备在商业环境中处理噪声数据并运行模型的能力;有将模型/技术修改以适应数据限制的经验;擅长根据数据分析选择合适的统计工具。

(三)数据工程/架构师

数据工程/架构师的主要职责是构建现代化的数据库结构,用于存储开发 AI 模型所需的工业数据,数据量可达 TB 级别。他们负责构建、测试和维护最优化的数据流水线架构,确保该架构能够满足业务需求。此外,他们还负责数据组织、标准和版本控制的工程实践,并确保其符合组织内部和外部法律规范的要求。

据咨询公司 Cognilytica 统计,数据准备工作时间约占机器学习项目时间的 65%。数据工程/架构师要将大部分时间分配给数据清洗、标注和增强等数据准备工作。并且为了提高工作效率,工程师会开发自动化的方法和工具来协助完成数据准备工作。然而,在处理新的应用领域中的数据准备工作时,仍需要工程师投入大量的专业劳动。

这类人员通常需要具备以下职业资格:拥有计算机科学或其他 IT 专业的学士学位,掌握 Spark(编程语言)、Kafka(开源流处理平台)、Cassandra(数据库系统)、Hadoop(开源软件框架)及 NoSQL(数据库系统)和关系型数据库等技术技能;具备数据工程师实践经验,包括实施数据转换方法,使其在生产环境中支持强大的数据工作流;设计和优化数据架构,使其适配软件设计模式;具备大规模数据质量保证的方法,并能在主流云平台上应用。

(四)AI/ML 产品工程师

人工智能或机器学习产品工程师(AI/ML 产品工程师)需要具备丰富的软件工程知识、熟悉 AI 方法,并深入了解最终用户的背景。AI/ML 产品化工作岗位可细分为两类不同的角色,一类侧重于确定可行的解决方案,另一类则更具技术性质,负责实际构建产品。随着 AI 工具的广泛应用,成为 AI 开发人员的资格将趋向于数据分析师,可通过广泛可用的在线培训课程获得相应的职业资格。

1. AI 开发人员

AI 开发人员负责构建 AI 产品开发的软件环境,使产品完全智能化。他们参与 AI 模型的规划、架构、设计、开发、测试、部署、运营、维护和改进。在对 AI 模型进行产品化的过程中，他们需要协助评估并选择合适的技术平台、框架和部署架构，协助维护已部署在生产环境中的 AI 模型，以解决产品化过程中的具体问题。如果组织和团队规模较小，他们可能还负责设计友好的界面以提升用户体验，以及开发可扩展的 API 接口等。

这类研究人员通常需要具备以下职业资格：计算机科学学士学位或相当的工作经验，具备 Web GUI 框架的知识，掌握 C、Python、JS 等编程语言；至少拥有 5 年的软件工程项目经验，具备基于容器的部署和自动化工具使用的相关经验。

2. 数据分析师

数据分析师负责分析和理解问题及相关数据集，评估设计解决方案的最佳方法。他们需要具有数据科学专业的技术背景，能够有效评估数据解决方案的可行性，包括验证数据分布、识别数据缺失、评估标签准确性、数据收集、数据转换等。同时能将完整的背景情况传达给技术团队，以便构建解决方案或帮助业务部门解决核心问题。

这类研究人员通常需要具备以下职业资格：虽然没有特定的学位要求，但需要具备使用与数据分析和机器学习相关的编程、数据可视化、统计和数据清洗工具的经验，例如，可以使用 scikit-learn、pandas、NumPy 等用于数据处理的第三方库，以及 awk、Tableau 等数据分析软件；具备处理非结构化数据（如图像、pdf 文档）和结构化数据（如 csv）的经验，掌握相关的统计和机器学习技术，并具备运行和评估现有模型的能力。

二、顶尖 AI 人才的分布与流动

全球范围内，各国在 AI 领域的竞争将比以往任何时候都更加激烈，而这种竞争的很大一部分是将人才竞争投入 AI 生态系统。AI 研究人员和科学家是最具创新性和生产力的顶尖人才，因此关注这些顶尖人才而非更广泛的 AI 人才群体是明智之举，因为顶尖人才最有可能在研究突破方面发挥领导作用，并在商业领域构造新的场景案例。

（一）全球顶尖 AI 研究人员的分布与流动趋势

自 2020 年以来，保尔森基金会内部智库 MacroPolo 研发了全球 AI 人才追踪系统，一直试图量化和评估各国 AI 顶尖人才的平衡和流动。该组织以神经信息处理系统会议（Conference on Neural Information Processing Systems，简称 NeurIPS）的研究论文作为研究样本，将论文作者作为 AI 研究人员，分析他们的本科、研究生学校和工作单位所在地，从而生成全球顶尖 AI 研究人员分布与流动图，以此分析顶尖 AI 人才的分布与流动情况。

2019 年，NeurIPS 接收的论文数量为 1428 篇，接收率为 21.6%。在 2022 年 12 月的会议上，NeurIPS 破纪录地接收了 2671 篇论文，接收率为 25.6%。尽管会议规模有所扩大，但论文的作者仍然被认为是有代表性（约前20%）的AI研究人员，其中，2%的论文作者作为会议的发言者，这些人被视为顶尖AI研究人员。2023年MacroPolo基于以上样本数据，分析了2020年到2023年之间，全球顶尖AI研究人员的分布和流动趋势，如图1-5所示。

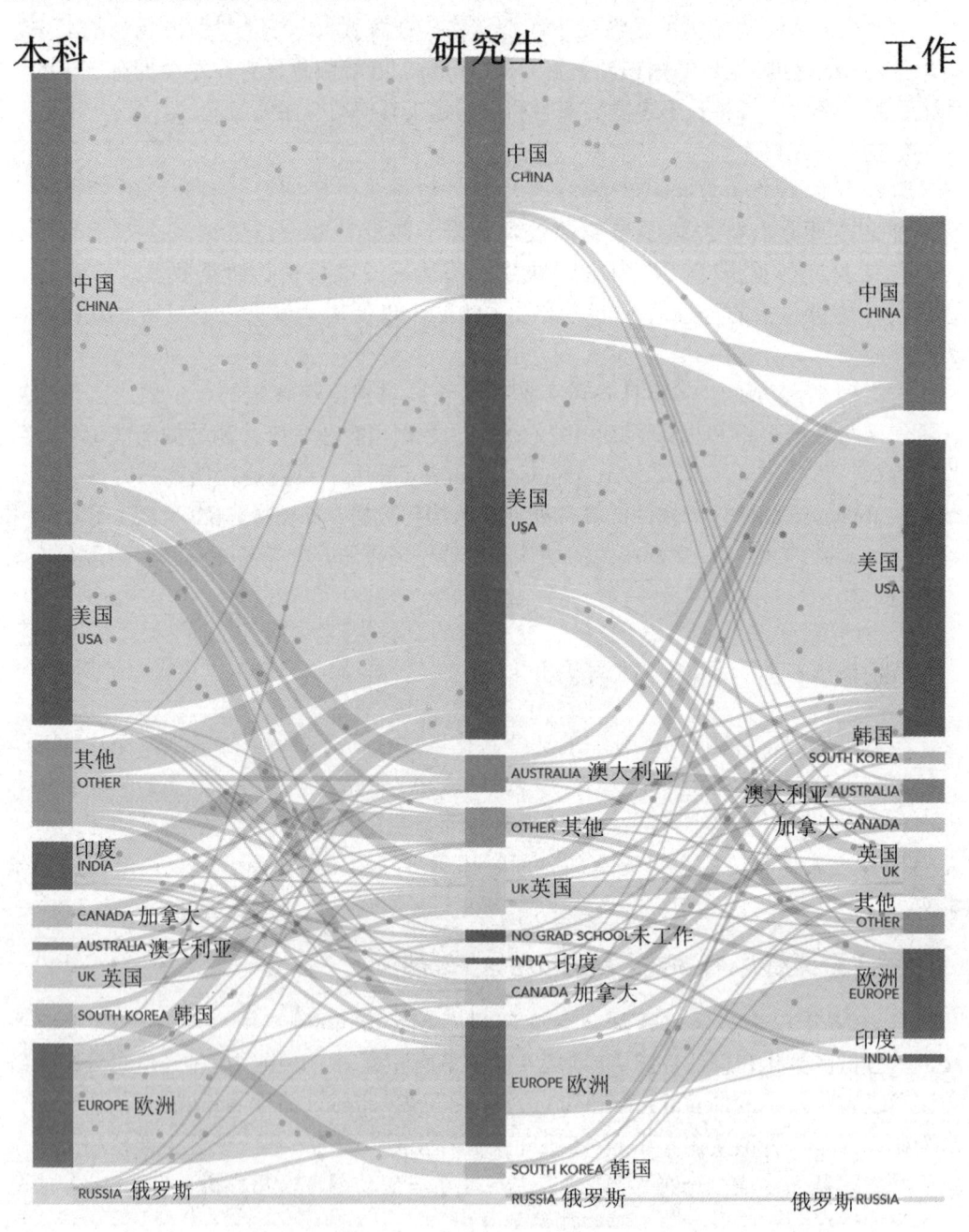

图1-5　2022年到2023年之间全球顶尖AI研究人员的分布与流动趋势

2023年，全球顶尖AI研究人员的分布与流动呈现出五个特征：

第一，美国仍然是顶尖 AI 研究人员工作的首选地。在美国机构内，从本科角度来看，美籍和中国籍研究人员构成了顶尖 AI 研究人员的 75%，这比 2019 年的 58% 有 17% 的增长。此外，美国仍然是全球最顶尖 AI 研究人员（前 2%）的首选目的地，同时也是 60% 的顶尖 AI 机构的所在地。

第二，除了美国和中国，顶尖 AI 研究人员中将英国、韩国及欧洲大陆作为工作目的地的人数略有提升。就 AI 研究人员的国籍情况来看，印度和加拿大所在的研究人员数量相对下降。

第三，中国在过去几年扩大了国内的 AI 人才储备，以满足国内不断增长的 AI 产业需求。中国产出了世界上相当大比例的顶尖 AI 研究人员，从 2019 年的 29% 上升到 2022 年的 47%，更多的中国人选择在国内行业工作。

第四，印度是顶尖 AI 研究人员的重要输出国，但其留住人才的能力也在增强。2019 年，几乎所有印度 AI 研究人员都选择出国寻求机会，然而到 2022 年，五分之一的印度 AI 研究人员最终选择留在印度工作。

第五，近年来，在中国和印度呈现出了一个相似的模式：顶尖 AI 研究人员整体上表现出较小的流动性。2022 年，仅有 42% 的顶尖 AI 研究人员是外国籍，较 2019 年下降了 13 个百分点，这意味着更多的顶尖人才选择留在自己的祖国发展。

（二）中国 AI 研究人员的发展现状与态势

近年来，中国高度重视 AI 研究人员的培养工作，在基础教育阶段开设 AI 相关课程，在高等教育阶段开设 AI 相关专业，这些举措为中国乃至全球 AI 研究人员的培养做出了重要贡献，可概括为以下四点：

第一，中国顶尖 AI 研究人员的数量增长速度最快。图 1-6 的统计数据显示，2019 年，全球最顶尖 AI 研究人员中中国人的占比相对较低，而 2022 年，全球最顶尖 AI 研究人员（前 2%）中中国人占比已上升至 12%，表明中国的顶尖 AI 研究人员数量增长速度很快。相反，美国人在全球最顶尖 AI 研究人员中的占比由 2019 年的 65% 下降到了 2022 年的 57%。

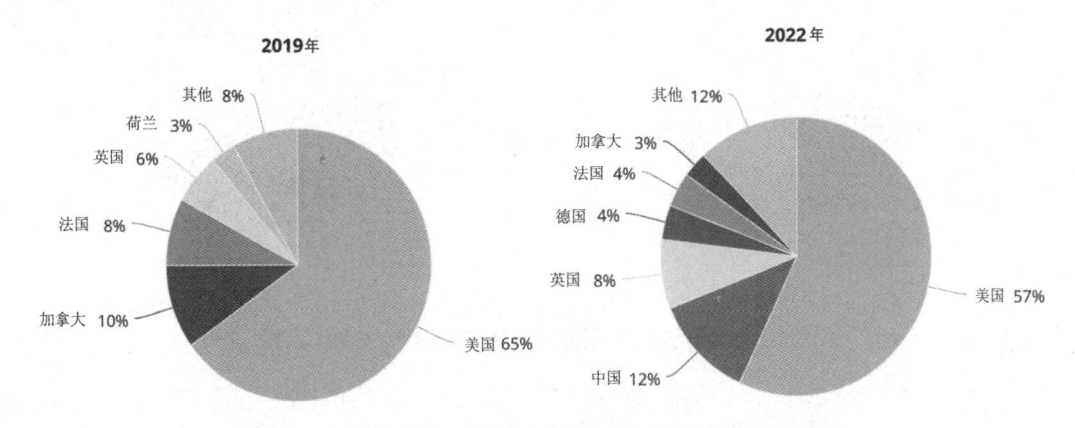

图 1-6　全球最顶尖 AI 研究人员（前 2%）所在的主要国家

第二，中国培养的优秀AI研究人员数量在全球处于领先地位。图1-7的统计数据显示，2019年，中国培养的基于本科学位的优秀AI研究人员占全球的29%，到2022年这一占比增加到47%，提高了18个百分点。这意味着中国高校为全球优秀AI研究人员的培养贡献了近一半的力量。

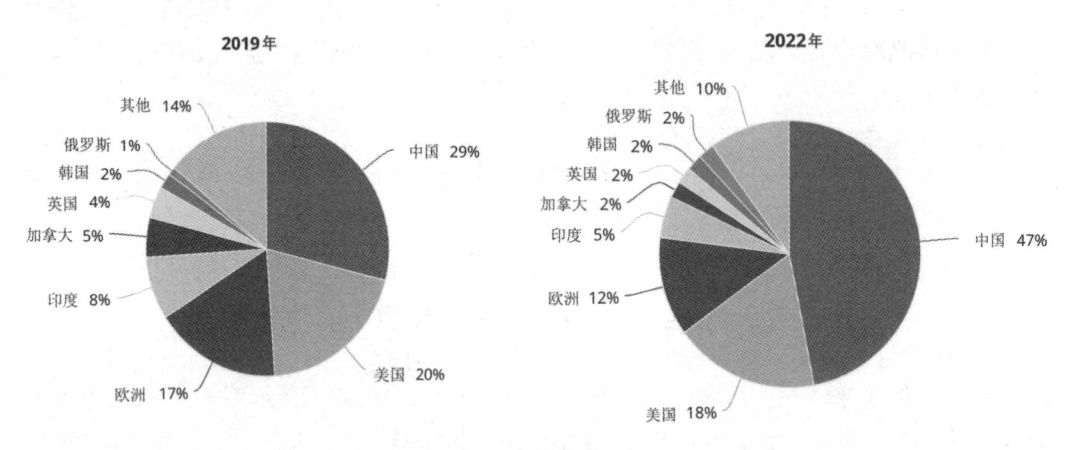

图1-7 优秀AI研究人员的原国籍（基于本科学位）

第三，中国已成为培养顶尖AI研究人员的主要国家之一。图1-8的统计数据显示，从全球顶尖AI研究人员（前2%）的主要原国籍来看，2019年，中国籍人数占比仅为10%，落后于美国和印度，而到2022年，中国籍人数占比增加到26%，而印度籍则下降到7%，仅比美国籍少2个百分点。这说明，中国籍的顶尖AI研究人员在全球的增长率最高。

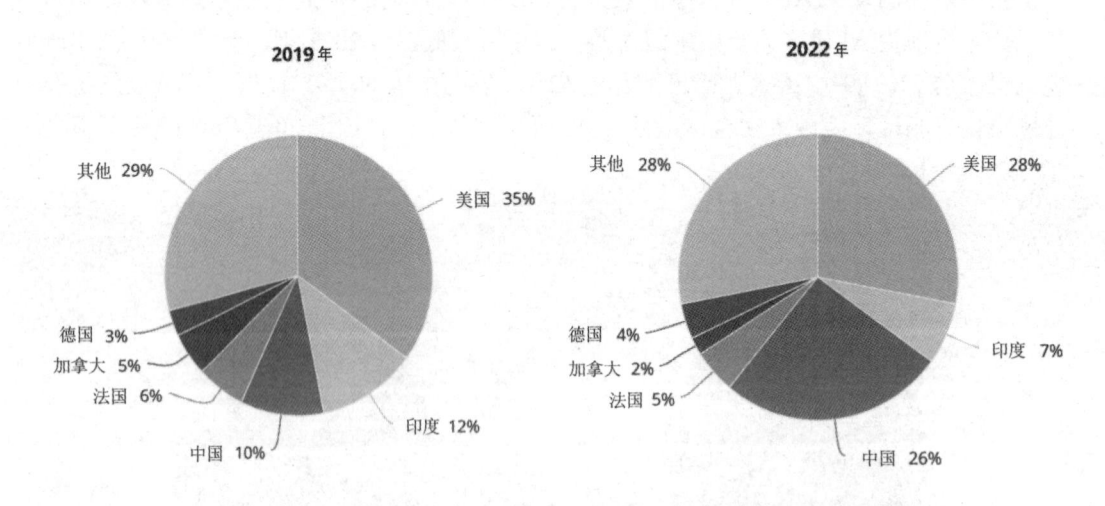

图1-8 全球顶尖AI研究人员（前2%）的主要原国籍

第四，中国顶尖 AI 研究机构的数量和水平不断提高。图 1-9 的统计数据显示，2019 年，中国仅有清华大学和北京大学进入全球 TOP25 顶级 AI 研究机构名单，到 2022 年，中国已有 6 所研究机构进入这一名单，分别是清华大学、北京大学、中国科技大学、上海交通大学、浙江大学和华为公司的研究部门。此外，清华大学和北京大学在名单中的排名也有了显著提升，清华大学从 2019 年的第 9 名升至 2022 年的第 3 名，仅次于谷歌和斯坦福大学；北京大学则从 2019 年的第 18 名升至第 6 名。这些数据表明，中国的研究实力得到了大幅提升。

2019 年

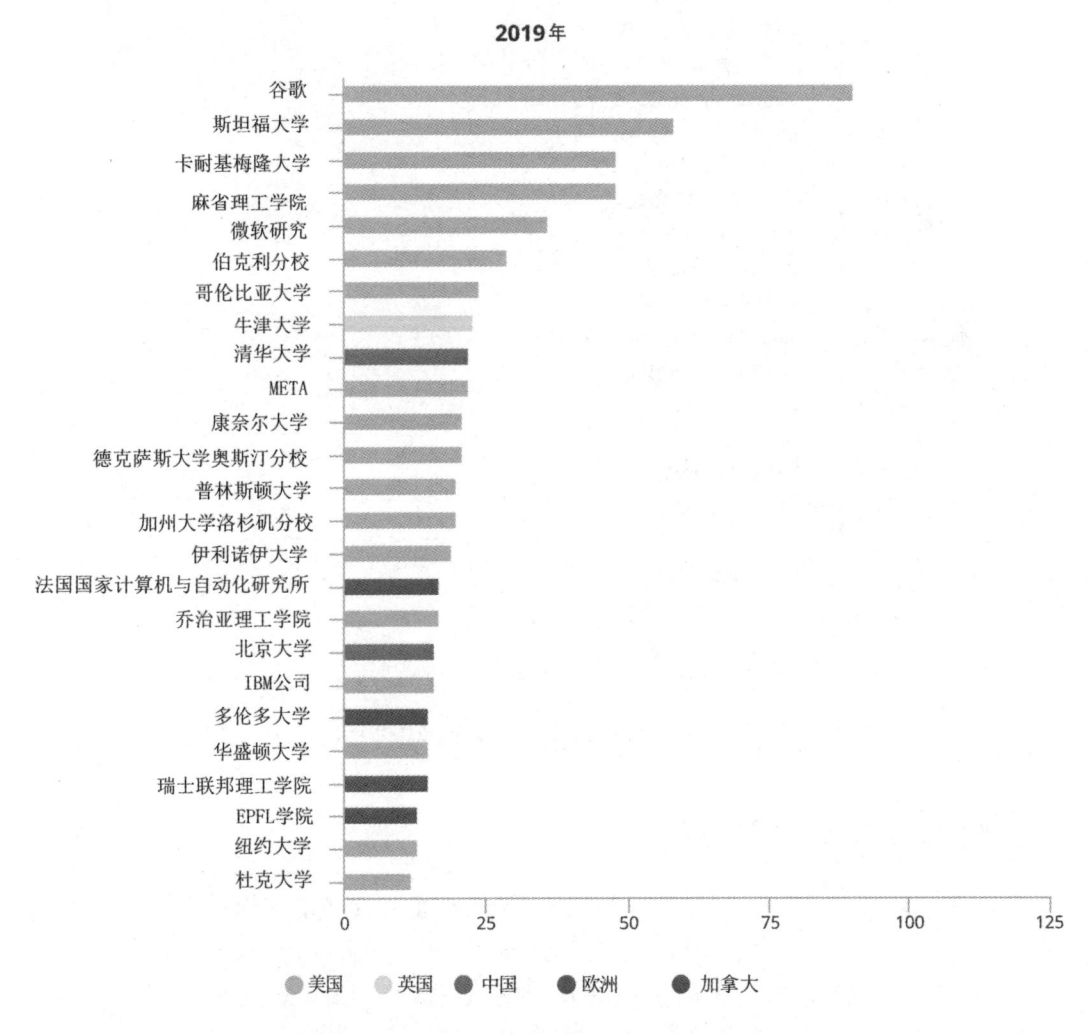

机构	
谷歌	
斯坦福大学	
卡耐基梅隆大学	
麻省理工学院	
微软研究	
伯克利分校	
哥伦比亚大学	
牛津大学	
清华大学	
META	
康奈尔大学	
德克萨斯大学奥斯汀分校	
普林斯顿大学	
加州大学洛杉矶分校	
伊利诺伊大学	
法国国家计算机与自动化研究所	
乔治亚理工学院	
北京大学	
IBM公司	
多伦多大学	
华盛顿大学	
瑞士联邦理工学院	
EPFL学院	
纽约大学	
杜克大学	

● 美国　● 英国　● 中国　● 欧洲　● 加拿大

图 1-9　25 家顶级 AI 研究机构（2019—2022 年）

2022 年

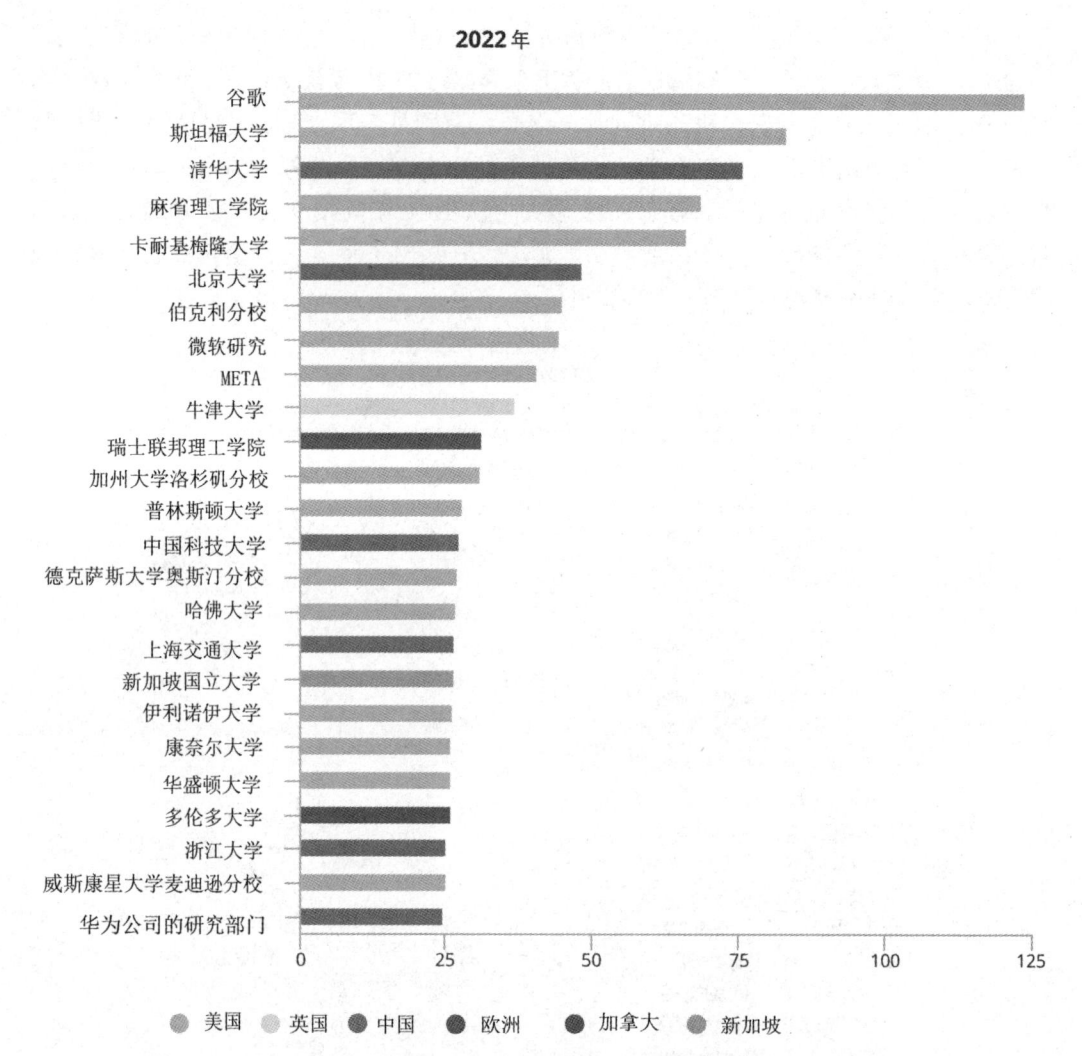

机构	数值
谷歌	~123
斯坦福大学	~83
清华大学	~76
麻省理工学院	~68
卡耐基梅隆大学	~65
北京大学	~48
伯克利分校	~45
微软研究	~45
META	~40
牛津大学	~36
瑞士联邦理工学院	~31
加州大学洛杉矶分校	~30
普林斯顿大学	~28
中国科技大学	~27
德克萨斯大学奥斯汀分校	~27
哈佛大学	~26
上海交通大学	~26
新加坡国立大学	~26
伊利诺伊大学	~25
康奈尔大学	~25
华盛顿大学	~25
多伦多大学	~25
浙江大学	~25
威斯康星大学麦迪逊分校	~25
华为公司的研究部门	~24

● 美国 ● 英国 ● 中国 ● 欧洲 ● 加拿大 ● 新加坡

图 1-9　25 家顶级 AI 研究机构（2019—2022 年）（续）

三、AI 领域人才发展预测

生成式 AI 技术的诞生和应用，正在深刻地改变着社会经济各行各业的面貌。同时，作为新质生产力的主要引擎，生成式 AI 技术正不断推动 AI 时代新质生产力的发展。新型岗位的涌现，如交易策略设计师、个性化理财顾问等，充分展现了生成式 AI 技术在提升工作效率和服务质量方面的独特优势。通过应用生成式 AI 技术，各行业均实现了生产力和服务水平的跨越式发展，推动了全社会生产方式的变革，加快了社会经济的数字化进程。

（一）金融业

除了传统的金融分析师、数据科学家等岗位，随着生成式 AI 技术的应用，金融业出现了多个由 AI 赋能的新岗位，包括：（1）交易策略设计师：利用生成式 AI 技术进行量化交易策略的设计和优化，以提高交易效率。（2）风险预测分析师：利用生成式 AI 技术预测市场风险，指导金融机构做出相应的风险管理决策。（3）个性化理财顾问：基于生成式 AI 技术对客户的投资偏好和风险承受能力进行深入分析，并提供个性化的投资建议，从而提高客户投资满意度和回报率。

这些新型岗位的出现，借助生成式 AI 技术的应用，不仅提高了金融业的生产效率，还为金融服务提供了更加个性化和智能化的解决方案，进一步推动了金融业向智能化和数字化转型的进程。

（二）医疗健康

随着生成式 AI 技术在医疗健康领域的应用，一系列由 AI 赋能的岗位也应运而生，包括：（1）个性化医疗总监：利用生成式 AI 技术对患者的基因组、生理指标及病史数据进行分析，从而制定个性化的治疗方案，以提高治疗效果和患者满意度。（2）医疗影像解读师：利用生成式 AI 技术辅助医疗影像的识别和分析，以提高医学影像诊断的准确性和效率。（3）互联网医院运营经理：利用生成式 AI 技术打造互联网医院的智能化服务系统，以提升医院运营效率和服务质量。

以上新型岗位的出现，得益于生成式 AI 技术的应用，不仅优化了医疗健康领域的生产效率和医疗服务质量，还有助于医疗资源的智能化配置和利用。这进一步推动了医疗行业的升级和转型。

（三）零售和电子商务

在零售和电子商务领域，随着生成式 AI 技术的应用，一系列 AI 赋能的新型岗位逐步兴起，包括：（1）跨境电商推广经理：利用生成式 AI 技术制定跨境电商的产品推广策略，以提高产品在国际市场的曝光度和销量。（2）智能供应链管理师：利用生成式 AI 技术优化供应链的信息流和物流，提高货物配送效率和库存管理精度。（3）语音购物体验设计师：利用生成式 AI 技术设计智能语音购物体验，为消费者提供更直观、便捷的购物方式，提高用户购物满意度。

这些新型岗位的出现，得益于生成式 AI 技术的应用，不仅提升了零售和电子商务领域的生产效率和服务质量，还为消费者带来了更智能、个性化的购物体验。这进一步推动了零售业的数字化转型和创新发展。

（四）自动化与智能化生产

在制造业领域，生成式 AI 技术的应用为自动化与智能化生产催生了一批 AI 赋能的新型岗位，包括：（1）智能制造工程师：运用生成式 AI 技术优化生产流程、提高生产效率和产品质量，实现智能化制造生产。（2）机器人编程师：借助生成式 AI 技术进行工业机器人的编程和优化操作，提高生产线的自动化程度和稳定性。（3）智能质控专员：利用生成式 AI 技术进行质量监控和故障预警，提高产品质量和生产效率。

这些新型岗位的出现，得益于生成式 AI 技术的应用，不仅提高了制造业的生产效率和产品质量，还为企业提供了更加智能化和灵活化的生产解决方案，进一步推动了制造业向智能化和智能制造的转型升级。

（五）教育

在教育领域，生成式 AI 技术的应用也带来了一批 AI 赋能的新型岗位，包括：（1）智能教学系统设计师：运用生成式 AI 技术开发智能教学系统，实现教学内容和进度的个性化，以提高学生的学习效果和教师的教学效率。（2）数据驱动教育经理：利用生成式 AI 技术分析教学数据，优化教学资源分配和教学流程，提高教育质量和学生满意度。（3）在线教育课程策划师：利用生成式 AI 技术规划在线教育课程的内容和形式，增强课程的趣味性和互动性，以提高学生的参与度和学习效果。

生成式 AI 技术在教育领域的应用，不仅提升了教育行业的生产效率和教学质量，还为学生带来了更加个性化、智能化的学习体验。这进一步推动了教育行业的教学方式和教育模式的创新。

第四节 AI 教育改革

一、AI 教育改革背景

随着 AI 技术的迅速发展和广泛应用，AI 教育改革成为各国教育领域的热点话题。AI 作为一种前沿技术，正深刻地改变着我们的社会，对教育领域的变革也提出了新的挑战。

首先，AI 技术的快速发展带来了对 AI 人才需求的增加。因此，各国政府和教育机构开始重视 AI 教育的重要性，加大对 AI 教育的投入和支持。通过改革教育体系，提高教育质量，培养更多 AI 人才，以满足未来社会发展的需求。

其次，传统的教育体系和教学方法已经难以满足新时代的需求，AI 教育领域应结合实际情况，通过 AI 教育改革，引入先进的教学技术和教学资源，培养学生的创新思维和实践能力。通过多元化的教学手段和课程设置，激发学生的学习兴趣和创造力，从而提升教育质量和教学效果。

最后，全球化进程加速，人才跨境流动增多，教育需要面向全球，吸纳各国的先进教育理念和经验，推动人才培养的国际化和多元化。借助 AI 技术的应用，开发智能化的教育工具和平台，提升教学效率和教育资源分配的均衡性，实现 AI 教育的智能化管理和运作。

二、全球 AI 学科教育改革的态势

随着 AI 技术的快速发展和广泛应用，AI 学科的教育改革成为各个国家教育领域的重要议题。AI 学科教育改革的态势和特征主要体现在以下几个方面。

（一）学科内容的多元化与深度发展

第一，学科内容的多元化。随着 AI 技术在各个领域的广泛应用，AI 学科的内容也在不断扩展和深化。这包括但不限于计算机科学、机器学习、数据科学、自然语言处理、机器人技术、认知科学、伦理学等。这种多元化的内容不仅为学生提供了更多的选择，还使得 AI 教育更加丰富和全面。

第二，生成式 AI 和大模型等最新的 AI 技术成为学科内容深度发展的重要组成部分。生成式 AI 是一种能够自动生成新内容的 AI 技术，它通过学习大量数据，掌握语言、图像、音频等不同模态的生成规则，并根据给定输入生成新的内容。这种技术的出现使得 AI 在创造性和创新性方面实现了质的飞跃。

第三，大模型是 AI 领域的一项重要突破。通过基于大量数据进行预训练，大模型学习到了语言、知识、逻辑等内容，从而在各种任务的执行中表现出卓越的性能。在教育领域，大模型可以被用于智能辅导、智能问答、自动批改作业等，帮助学生提高学习效率。

第四，AI 学科内容的深度发展还包括对其他前沿技术的深入研究和应用，如深度学习、强化学习、迁移学习等。这些技术使得 AI 在图像识别、语音识别、自然语言处理等各个领域的应用都取得了显著的成果，为教育改革提供了强大的技术支持。

（二）实践性教育与项目驱动学习

AI 学科的教育改革注重实践性教育和项目驱动学习。为了培养学生的实际操作能力和问题解决能力，教学过程中强调通过实际案例和项目实践来引导学习，促使学生深入理解和掌握 AI 技术的应用与发展，激发他们的创新意识和实践能力。

第一，实践性教育在 AI 学科教育改革中变得越来越重要。这种教育模式强调将理论知识与实际应用相结合，通过项目实践培养学生的实践能力和创新能力。目前，全球范围内越来越多的教育机构和高校开始重视实践性教育，如加拿大滑铁卢大学的 COOP 项目，将课程学习、项目实践、实习实训等环节纳入教学计划。同时，许多企业和研究机构也积极参与到实践性教育中来，如华为等企业，为学生提供实践平台和项目机会，帮助学生将所学知识应用于实际工作中。

第二，项目驱动学习是一种以项目为核心的教学方法，通过实际项目来驱动学生的学习过程。这种学习方式强调学生的主动参与和自主学习，鼓励学生通过团队合作、实践探索和问题解决来达到学习目标。AI 学科教育中的项目驱动学习具有以下特征：

（1）问题导向：项目驱动学习以实际问题为导向，鼓励学生通过解决问题来学习

和应用 AI 技术。

（2）跨学科整合：项目驱动学习往往涉及多个学科领域的知识，鼓励学生进行跨学科学习和合作，培养学生的综合能力和创新能力。

（3）实践性强：项目驱动学习注重实践操作和实际应用，鼓励学生在实际项目中应用所学知识，提高实际操作能力和解决问题的能力。

（4）评价多元化：项目驱动学习的评价方式趋于多样化，不仅关注学生的理论知识掌握程度，还注重学生的实际操作能力、团队合作能力、问题解决能力等。

（三）跨学科整合与创新教育方式

AI 学科的教育改革还体现在跨学科整合与创新教育上。AI 技术的快速发展已经超越了单一学科的范畴，涉及计算机科学、数学、物理学、生物学、心理学、伦理学等多个学科领域。因此，AI 学科教育改革需要跨学科整合，以培养具备复合能力的 AI 创新型人才。

第一，跨学科整合的普及。AI 的跨学科整合在全球范围内逐渐成为一种趋势，越来越多的教育机构和高校开始重视跨学科整合，将 AI 与其他学科领域相结合，培养具备综合能力的 AI 人才。目前，全球范围内越来越多的教育机构和高校开始重视跨学科整合，将 AI 与其他学科领域相结合，开设跨学科课程和项目。例如，笔者所在的高校开设了与生物工程、分子化工程等学科相融合的专业，并开设了相应的 AI 课程，培养学生的跨学科思维和能力。未来，跨学科整合将在 AI 学科教育改革中成为一种新常态，为培养具备复合创新能力的人才提供环境和平台。

第二，创新教育模式的推广。全球范围内，越来越多的高校和教育机构开始重视以培养创新能力和实践能力为核心的教育模式。这种模式鼓励学生通过项目实践、团队合作、问题解决等途径学习和应用 AI 技术，以提高他们的实际操作能力和创新能力。在教育实践中，创新教育的模式主要包括：（1）开设设计思维课程，通过实践性项目引导学生运用创新思维和方法，解决实际问题。（2）开设创客课程，通过实践性学习和以创新思维为核心的 AI 教育（包括 AI 编程课程、3D 打印课程、AI 机器人课程等）支持学生更好地理解和应用 AI 技术。（3）开设跨学科合作项目，一些企业和研究机构与高校合作，为学生提供跨学科项目实践机会，帮助学生将所学知识应用于实际工作。

三、世界主要经济体的 AI 教育改革进展

随着社会各界对 AI 教育的关注不断增加，许多国家纷纷推出与此相关的政策，并逐步将其纳入学校教育课程。美国将 AI 纳入国民教育体系，实现全学段覆盖、多渠道培训，旨在提升全社会 AI 的教育、创新和应用[1]。另外，英国注重 AI 的高等教育和

---

[1] 崔丹，李国平. AI 人才培养与教育政策的全球新走向.[N/OL]. (2024-03-21).[2024-04-22]. https://epaper.gmw.cn/gmrb/html/2024-03/21/nw.D110000gmrb_20240321_1-14.htm.

研发资金投入，德国强化 AI 的高等教育和职业教育，而新加坡则举全国之力发展 AI 教育。

（一）美国：全学段覆盖、多渠道培训

第一，将 AI 纳入国民教育体系，推动 AI 教育全学段覆盖。2016 年、2019 年和 2023 年，美国白宫先后发布《国家 AI 研究和发展战略计划》，均提出要为 AI 研发人员创造更好的发展空间，培养一支专业的 AI 研发人才团队。在 2023 年的更新版中，进一步提出要为各学习阶段制定 AI 教学材料研发策略，奖励和支持 AI 领域的高等教育从业者，培训和再培训劳动力，探索开展多元化和多学科专业知识教学，发展区域 AI 专业知识，识别和吸引世界上最优秀的人才，以加强 AI 人才储备。

2019 年，美国计算社区联盟（CCC）和 AI 促进协会（AAAI）发布《未来 20 年美国 AI 研究路线图》，建议制定各学习阶段的 AI 课程，授予高级别研究生学位补助金并实施人才留存计划，激励开展跨学科 AI 研究，支持构建开放 AI 平台，以重组和培训全能型劳动力队伍。

2021 年，美国国家 AI 安全委员会（NSCAI）发布的《美国人工智能国家安全委员会最终报告》中提出，对改革课程进行立法，分别在初高中开设统计学和计算机科学原理必修课，并纳入考试范围。加大从幼儿园到 12 年级的基础教育投资和技能再培训投资，增加对 STEM 和 AI 校外课程及暑期学期项目的资助，加强基础教育中 STEM 和 AI 教师招聘及在岗培训，创建 STEM 奖学金。

第二，多渠道开展数字技术正式和非正式培训，提升全民数字素养。2018 年，美国 AI 促进协会（AAAI）和计算机科学教师协会（CSTA）成立 AI4K-12AI 工作组，将 AI 中小学教育划分成 4 个学段，分别为幼儿园～2 年级、3～5 年级、6～8 年级、9～12 年级，并启动了基础教育学段 AI 教育行动，不仅制定了中小学 AI 国家教学指南，还推动形成基础教育学段 AI 资源开放社区，促进 AI 教学资源的交流和共享。美国非营利组织 AI4ALL 推出的 AI4ALL 开放学习项目，在线免费提供 AI 相关课程，旨在帮助高中生中的弱势群体（如低收入家庭等）接触和学习 AI 知识。

2019 年发布的《未来 20 年美国 AI 研究路线图》也建议提升少数群体和弱势群体在 AI 学习和培训方面的参与度。美国《国家 AI 研究和发展战略计划》2016 年版、2019 年版和 2023 年更新版均提出发展用于 AI 训练和测试的共享公共数据集和环境，以支持更广泛和更多元化的社区开展 AI 相关研究。

2021 年，美国政府设立"数字服务团"，对政府相关人员进行数字技术培训，并帮助政府扩大数字人才招聘渠道。美国政府还组建数字服务学院，为联邦政府和机构培养数字专业人才。

（二）英国：强化 AI 高等教育和人才培养资金

自 2017 年开始，英国从产业战略和国家战略层面推动 AI 行业发展，相继发布《在英国发展 AI》《AI 行业协议》《AI 路线图》《国家 AI 战略》等政策文件，以加强

AI 人才的培养和集聚，助力英国成为全球 AI 中心。

第一，政产学研联合推动 AI 高等教育建设。2017 年，英国政府发布的《在英国发展 AI》报告提出将高等教育与 AI 技术相结合的发展策略，建议在英国知名大学增设 200 个 AI 博士学位，工业企业每年赞助至少 300 名学生修读 AI 硕士学位，鼓励不同学科背景学生在 AI 领域深造，以此吸引世界各地人才集聚英国。鼓励高校设立线上 AI 课程和持续的专业技能培训，以帮助具有 STEM 资格的劳动力掌握 AI 相关知识。打造国家级艾伦·图灵研究所、英国工程与物理科学研究委员会（EPSRC）AI 研究所，并与科学技术设施委员会（STFC）和联合信息系统委员会（JISC），以及牛津大学、剑桥大学、帝国理工学院、伦敦大学学院等建立合作，共同聚焦 AI 研究和人才培养等。

第二，加大 AI 人才培养资金投入力度。2017 年，英国政府宣布斥资 2 亿英镑建立新技术学院，用来提供高技能水平的 AI 培训。同时又拨款 2.7 亿英镑支持英国大学和商业机构研究人员开展开采、核能、航天等领域的 AI 技术研究等。2018 年，英国政府发布《AI 行业协议》，承诺向 AI 生态系统投入 10 亿英镑，旨在吸引更多的人才、企业和研究机构参与到 AI 创新和商业应用中。2021 年，英国政府发布《国家 AI 战略》，计划投资超过 10 亿英镑支持 AI 人才培养和发展，启动国家 AI 研究和创新计划，促进研究人员之间的协调和合作。启动 AI 联合办公室（OAI）和英国研究与创新计划（UKRI），鼓励研究人员聚焦能源和农业等领域的 AI 技术应用。2024 年年初，英国政府又宣布投入 9000 万英镑启动 9 个新 AI 研究中心，重点支持研究人员开展医疗保健、化学和数学等领域的 AI 应用研究。

（三）德国：强化 AI 的高等教育和职业教育

自 20 世纪 70 年代起，德国开始发展 AI，成立于 1988 年的德国 AI 研究中心（DFKI）是该国顶尖的 AI 研究机构，同时也是非营利性 AI 研究机构。2014 年，德国将 AI 纳入国家战略并加强部署，2018 年起，德国着力推进联邦政府 AI 战略，高度重视教育和专业人才培养。

第一，重视 AI 学术和专业人才培养。2016 年，德国各州文教部长联席会议（KMK）发布《数字世界中的教育》战略，将教育作为实现 AI 发展的重要途径。在联邦政府的推动下，德国目前已形成相对完善的中小学 AI 课程体系。2021 年，德国联邦政府出台《联邦—州联合促进高等教育领域 AI 发展的指导意见》，要求高校学术研究人员必须掌握 AI 相关知识和技术，并鼓励高校教师运用 AI 技术来提高高校人才培养质量。此外，2018 年德国联邦政府发布《联邦政府 AI 战略》，并在 2020 年进一步更新战略，强化学术型和职业型人才培养。主要措施包括加强对青年研究人员的资助，为国际上的优秀博士和博士后提供具有吸引力的工作条件。依托"卓越大学计划"和"终身教职计划"，新增 AI 教授席位，并提高教授的工资水平。开展 AI 挑战赛，设立 AI 奖项"AI 德国造"，资助基于 AI 和大数据的高校教育数字化创新，以促进 AI 学术人才培养。此外，德国还构建了职业教育 AI 在线技能提升网站，开展"职业教育数字平台"的创新挑战赛，构建数字继续教育空间等。

第二，打造具有高水平人才吸引力的 AI 研究中心。德国联邦教育及研究部（BMBF）共资助成立 6 个 AI 研究中心。2022 年 7 月起，联邦政府和大学所在州政府每年为柏林学习和数据基础研究所（BIFOLD）、慕尼黑机器学习中心（MCML）、莱茵 - 鲁尔机器学习能力中心（ML2R）和德累斯顿 / 莱比锡可扩展数据分析和 AI 中心（ScaDS）5 个研究中心提供 5000 万欧元的资金支持，用于培养和吸引 AI 专业人才，加速 AI 研究和应用的转化。德国 AI 研究中心（DFKI）也获得联邦教育及研究部每年提供的 1100 万欧元资金。6 个研究中心共同构成德国 AI 网络，促使科研人员在网络内交流研究成果。2022 年，德国联邦教育及研究部又计划出资 2400 万欧元，支持达姆施塔特工业大学、德累斯顿工业大学、慕尼黑工业大学及其合作机构成立 3 所 AI 康拉德·楚泽学院（Konrad Zuse School），旨在加强 AI 硕士和博士的培养力度，吸引全球优秀 AI 人才。

（四）新加坡：举全国之力发展 AI 教育

作为全球科技和教育强国，新加坡将 AI 教育视为重中之重，并将"智慧国（Smart Nation）"定为国家发展目标，全力发展 AI 产业。为此，新加坡政府于 2018 年启动了"AI Singapore"项目，旨在让学生和教师通过参与课程访问和专业社区讨论，深入了解 AI 的基本概念和开发工具，并将其应用于现实生活以解决实际问题。2019 年，新加坡推出了《国家 AI 战略》，强调加大对 AI 教育的研究投入和支持力度，同时重新审视 AI 教育的发展模式，以提升创新创造能力和生产力。目前，新加坡已逐渐形成了一个全面的 AI 教育体系，该体系针对不同群体细分为四个类型：AI4K（针对儿童）、AI4S（针对学生）、AI4E（针对所有人）和 AI4P（针对专业人士）[1]。

首先，AI4K 的授课对象是小学 4-6 年级的学生，年龄为 10-12 岁。针对学生的认知水平和学习特点，该阶段的课程重点在于通过生动形象的描述，而非书面定义，引导学生初步了解 AI。更加注重培养学生的发散思维和动手实践能力，旨在激发学生对 AI 的学习兴趣，为其后续深入学习 AI 奠定基础。

其次，AI4S 的授课对象是中学生，是 AI4K 的进阶课程。该阶段的课程难度更大，内容更为系统、全面且专业。学生需要进行在线学习，通过自主设计和整合已有的线上慕课资源，完成包括 Python 语言学习、编程工具使用、建立模型、分析数据和实践等方面的学习。课程更加注重实践性，旨在提高下一代公民的 AI 素养。

再次，AI4E 的授课对象是所有人群，属于科普类课程。该类课程的主要目的是向所有人介绍现代 AI 技术和应用程序。考虑到受众的受教育程度不同，课程内容广泛引入生活案例，并递进展开。同时，课程还提供各章节内容的建议学习时间，旨在加深人们对 AI 的认识，促进 AI 产品和服务的应用，推动 AI 的发展。

最后，AI4P 是针对未来 AI 人才的一种入门级课程。该类课程主要针对申请成为 AI 工程师的学生设计，包括 Python、SQL、软件工程、机器学习和深度学习等内容。课程强调知识内容的推荐和学生之间的交流共享，并强调学习的自主性。

---

[1] 徐鹏，董文标，王丛. 新加坡 AI 终身教育体系现状及启示 [J]. 现代教育技术，2022, 32(1): 35-43.

（五）中国：AI 教育已逐渐成为教育变革的重要趋势

我国 AI 技术近年来发展迅速，社会对 AI 人才的需求急剧增长，AI 教育已经成为我国的核心战略之一。而 AI 与教育的融合创新也已成为未来教育变革的重要趋势。早在 2003 年，《普通高中信息技术课程标准》的选修模块中就初步涉及了 AI 的内容。但由于当时 AI 技术的局限性，教学内容主要是基于传统概念的，如"专家系统"和"递归程序设计"。

而到 2017 年，国务院在《新一代 AI 发展规划》中强调了 AI 作为国际竞争的新焦点，并提出逐步推行全民智能教育项目。中小学应设置 AI 相关课程，逐步推广编程教育，建设 AI 学科以培养复合型人才，从而在 AI 领域处于国际领先地位。此后，在修订后的《普通高中信息技术课程标准（2017 版）》中，将 AI 纳入选择性必修模块，命名为"AI 初步"，包括 AI 基础、AI 技术发展和简单 AI 应用三个部分。

2018 年 1 月，国务院发布了《全面深化新时代教师队伍建设改革的意见》。该文件中提到，支持有条件的学校增设与 AI 相关的课程，以提高教师的积极性，使其能够主动应对技术变革。同年 4 月，教育部印发了《高等学校 AI 创新行动计划》。这个计划强调了在不同阶段开展 AI 教育的重要性，并建议建立一个小初高一体化、多层次的 AI 普及教育课程体系。

2021 年，教育部等六部门发布了《关于推进教育新型基础设施建设 构建高质量教育支撑体系的指导意见》，提出了利用 AI 技术普及教学应用、拓展教师研训应用及增强教育系统监测能力等措施。2023 年，中国教育学会中小学信息技术教育专委会发布了《2023AI 促进教育发展年度报告》，该报告从"智能教育发展篇"和"智能教育软件篇"两个角度出发，全面回应了 AI 促进教育发展的各个方面的情况。该报告为相关教育管理部门科学调整 AI 教育发展政策、提高 AI 教育建设效率等提供了指导。这一举措有助于推动 AI 教育在各个层面上取得更好的发展，进一步提升我国的教育质量和水平。

当前，我国的 AI 教育正在蓬勃发展，各省市已经在中小学阶段开展相关的课程教学，强调学生的算法和编程学习。以北京市海淀区为例，该区引入了 AI 教育课程，并注重学科方向的选择，制定了独特的 AI 课程体系。上海浦东发展研究院则根据学生的年龄特点设计了渐进式的 AI 教学体系。中国人民大学附属中学开发了一系列基于 AI 的教材，形成了分层的课程体系，并开设了全国首个 AI 实验班。浙江省在最新的信息技术基础学科教材中增加了 AI 模块，内容包括 Python 程序设计与算法、图像识别等。

然而，我国的 AI 教育水平在不同地区之间存在着两极分化现象。一方面，部分地区缺乏对 AI 教育的关注和科学监管，导致教育水平相对较低。另一方面，由于我国 AI 教育的整体环境尚未成熟，各地区之间的发展存在较大差异。因此，国家在提高 AI 教育质量和加强实践监督的角度上应积极采取行动，以进一步打造具有合理化、联动化和规范化的教育实践场景。这将有助于促进全国范围内 AI 教育的均衡发展，提高教育水平，推动我国 AI 产业的长远发展。

第二章　三创驱动：AI 创新人才培育新路径

创新是一个国家、一个民族持续发展与进步的不竭动力，也是推动人类社会进步的重要力量。创新驱动发展成为国家发展的命运所系，创新人才培养成为教育发展的核心任务。在此背景下，AI 教育因其在"AI+ 教育"背景下的发展潜力，对创客教育的改革与发展产生了显著影响。现阶段，创客教育领域正在逐步整合可穿戴设备、电子纺织品、机器人、3D 打印技术、微处理器和编程语言等前沿技术，越来越多的创客爱好者们根据自身的兴趣和技能，将这些技术应用于创作，制作出各式各样的独特小工具。本章将从创客教育、创客空间、创客课程三个方面梳理当前"AI+ 教育"背景下国内外创客教育体系、创客空间发展及创客课程设计方法和价值等内容，为 AI 创新人才培育路径提供一定的理论支撑。创客教育、创客空间、创客课程之间的关系如图 2-1 所示。

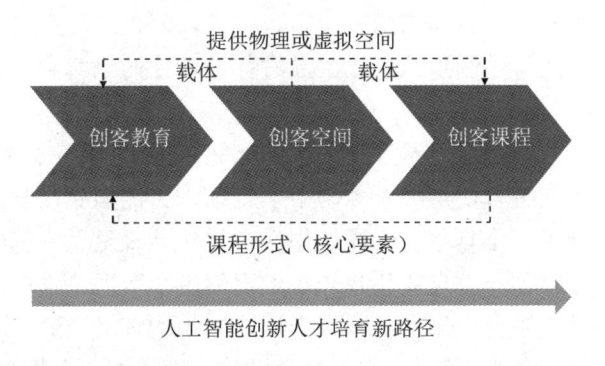

图 2-1　创客教育、创客空间、创客课程之间的关系

第一节 创客教育

一、缘起：从"做中学"到"创中学"

"创客"这个词源自英文 Maker，指的是那些不以营利为主要目的，为了将自己的创意变为现实而广泛利用资源的人。创客不仅仅指参与创造的人，还代表了一种亲自动手、自主创新的意识形态和生活方式[1]。

创客理念可以追溯到20世纪西方兴起的 DIY（Do It Yourself）文化。早期的创客们还是一群只在车库、地下室或实验室等个体空间中进行手工制造、自主试验、发明与创造的探索者。后来惠普公司成立，该公司由两位斯坦福大学的毕业生在车库里创立，这个车库被誉为"硅谷的诞生地"，成为全球创客们的圣地。37年后，苹果公司的创始人在车库里生产出了第一台苹果电脑，这一事件引发了计算机行业的巨大震动，也标志着"车库文化"孕育出的创新精神开始演变为一股推动社会发展的新潮流。

创客教育（Maker Education）起源于美国，它是将创客的理念系统地引入教学过程的一种教育形式。创客教育旨在通过实际的造物活动培育能够利用各种技术手段将创意转化为实体产品的专门人才[2]。

早在20世纪初，教育家杜威（Dewey）提出的"做中学"（Learning by Doing）教育理念就为创客教育奠定了坚实的理论基础。这一理念强调学生通过直接参与实践活动，借助真实的经验来获取知识，在解决问题的过程中获得真知。而创客教育正是秉承这一理念，它强调在学习过程中结合动手实践和思维活动，通过解决实际问题来获得知识，同时也倡导将身体的感知运动与概念学习相结合，体现了身心并重的教育哲学。

之后在20世纪60年代末，被誉为"创客教育之父"的美国麻省理工学院教授西蒙·佩伯特（Seymour Papert）发明了 Logo 编程语言，并将其应用于儿童的科创教育实践中。这一创举鼓励学生利用信息化工具进行创造性的学习和探索，标志着早期创客教育理念的初步探索与实践。

在20世纪70年代，西蒙·佩伯特（Seymour Papert）将"做中学"和"发现学习"这两种教育理念相融合，形成了"创中学"理论。他倡导让学生通过操作具有形体的技术工具，将抽象思维具象化，通过创作实体作品来呈现富有创意的想法。这种互动过程促使学生分享创意并自主构建知识。"创中学"理论强调了个体的主动参与和自我探索的重要性，以及在创造性实践中构建知识的意义。这一理论为创客教育提供更加系统和全面的指导，有助于培养学生的创造性思维和实践能力。

---

[1] 杨刚. 创客教育：我国创新教育发展的新路径 [J]. 中国电化教育，2016(3): 8-13+20.
[2] 何克抗. 论创客教育与创新教育 [J]. 教育研究，2016, 37(4): 12-24+40.

目前，随着新型智能技术在创客教育领域的普及，"创中学"理论已经成为实施创客教育的纲领和行动指南。在"创中学"理论的指导下，创客教育更加突出了"成己"和"成物"的全面发展，将创造出的产品作为创意的自然结果，强调创造行为本身的自然规律，并以培养创造性人才为核心，关注学生的全面发展。同时，"创中学"理论推动了创客教育过程中"创造"过程的可视化，使创新思维由抽象逐渐转化为具体。通过营造真实的创新场景和氛围，激发学生的创意和灵感，提高他们的实践操作能力。这一理论的推进切实促进了创客教育理念和方式的进一步转型和升级。

二、发展：全球范围内的创客教育运动

全球范围内的创客教育运动极大地推动了创客教育生态的形成。随着创客教育运动在全球范围内的广泛传播和深入发展，美国、英国、荷兰等西方国家开始高度重视和支持创客教育，积极推进创客资源的建设。此外，中国、新加坡等亚洲国家也紧随其后，掀起了一股创客教育运动的热潮。这种全球范围内的创客教育运动有力地推动了创客教育的普及和发展，促进了创新思维和实践能力的培养。

（一）美国创客教育运动的推进

2001年，美国麻省理工学院（MIT）的Fab Lab创新项目首次成功实现了创客运动与教育教学的联动，创建了一个小型工厂，其设备几乎可以生产任何产品和工具。2009年，美国政府发起了"教育创新（Educate to Innovate）"战略，旨在通过提供更多的创客空间，鼓励学生参与创客学习活动。2012年，美国进一步推出了"创客教育计划（MEI）"，专注于在中小学及高等教育机构中推广创客学习空间。该计划将近千个配备数字制造工具的创客空间引入学校，支持创客课程的开发和创客项目的实施。

此外，美国联邦教育部启动了"改造计划"（Make Over），其目标是在全美K-12学校中建立更多的创客空间，并对职业与技术教育课程（Career and Technical Education，CTE）进行创客化的改造，在其中融入创客的理念和实践经验。为了实现这一目标，美国联邦教育部与企业、非政府组织等开展合作，发起了"职业与技术教育改造挑战"项目（Career and Technical Education Make Over Challenge），在全美高中推广将职业生涯教育与创客教育相结合的实践，为教师和学生提供专业发展指导、技术支持，以及信息合作网络等多方面的帮助。

（二）英国创客教育运动的推进

英国创客教育运动的起源可以追溯到19世纪末20世纪初的工艺美术运动（The Arts and Crafts Movement）。受大规模工业化生产和维多利亚时代过度装饰风格的影响，设计品质大幅下滑。为了弘扬中世纪的艺术和手工艺传统文化，设计师们主张将艺术、技术和生活美学融合，从而形成了强调艺术与手工艺结合的风格。随着时间的推移，手工艺不仅成了创意产业的重要组成部分，也成为人们休闲活动的一种方式。

社区工作坊应运而生，这里提供共享工具以满足人们对手工制作的需求，从而孕育出了最初的创客文化。

21世纪以来，英国的创客教育生态系统逐渐成熟，以创客社群、教育和展览活动为中心，获得了来自基金会、大学、地产商、孵化器、加速器、联合办公空间及创意经济的广泛支持。例如，国家科学技术与艺术基金会（NESTA）作为英国最大的支持创新发展的非政府组织，在2012年联手提名信托（Nominet Trust）、谋智（Mozilla）、树莓派（Raspberry Pi）、奥莱利（O'Reilly）等机构设立数字创客基金，该基金旨在激励并支持年轻人不仅要成为技术的用户，还要去理解和创造技术。至今，该基金已为14个创客教育项目提供了总计520000英镑的资助。

在文化教育的范畴，英国文化教育协会（British Council, BC）也积极支持创客研究和国际创客运动的发展。它曾在2014年与金斯顿大学的丹尼尔·查尼（Daniel Charny）教授合作发起"创客图书馆网络"（Maker Library Network）计划，通过建立创客图书馆，促进了英国及多个国家的设计师和创客之间的联系与交流。

在创意经济的范畴，英国的创客们以个体或小型企业的形式活跃于手工艺、设计、软件和新媒体艺术等领域。为了展示设计师、创客和用户之间的互动关系，英国设计博物馆设有常设展览"设计师·创客·用户"，凸显了这三种身份间的相互启发和融合。

（三）荷兰创客教育运动的推进

自2014年起，荷兰开始关注并积极支持创客教育实践，踏上了本土化创客教育的发展道路。2014年，荷兰教育、文化与科学部在众议院召开会议，会上议员提交了创客教育请愿宣言，呼吁政府大力支持创客教育的推广，这一宣言得到了政府的积极回应。该宣言主要涉及两个方面的内容：一是分析了当前实施创客教育的必要性；二是对政府的教育文化和科学部提出具体行动建议。通过这份宣言，荷兰社会对创客教育的基本理念达成了共识，为统一荷兰的创客教育观念及下一步的协同行动奠定了基础。

2015年，由瓦格协会主导的荷兰创客教育合作计划创建了创客教育平台。该平台旨在搭建学校与当地微型制造实验室（Fablab）或创客空间的合作桥梁，让学校和教师有机会申请平台资金开展创客教育[1]。

2017年至今，荷兰教育、文化与科学部制定并实施国际创客教育运动规划，为创客教育运动提供资金支持，并鼓励教师和学生开展创意项目。

（四）中国创客教育运动的推进

中国教育学会在"中国青少年创客奥林匹克"系列活动中将创客教育定义为"以创意制作和开源分享为特征的综合性实践教育"。这一定义首次将实践教育和实践活动结合在一起，构成一个大概念，创客教育也被视为数字技术发展背景下综合性实践

---

[1] 刘大军,黄媚娇.荷兰创客教育的实施及启示[J].教学与管理,2020(25):80-83.

教育的另一种形式。作为我国创客教育运动发展较早的地区之一，浙江温州早在2014年就成立了温州市青少年创客教育协会，并成功举办温州市首届青少年创客文化节。2015年，深圳市设立国际创客周，定于每年6月开展创新创业系列活动，以鼓励并吸引创客在深圳发展。自此，在"大众创业、万众创新"的大背景下，我国各类创客空间如雨后春笋般涌现，创客教育运动的蓬勃发展不仅推动了社会进步，还通过校企合作、社会众筹等方式对教育教学和人才培养进行了有益回馈。

综上所述，创客教育已从最初的动手自创教学活动演变为如今具有综合性、整合性和多样性的教育生态。这种演变过程推动了创客教育从创新1.0时代向创新2.0时代的转变[1]。

三、现状：核心、目标与实践

对于创客教育的核心理念，不同学者有着不同的见解。如杨刚认为创客教育的核心理念在于通过动手实践来培养学生的创新意识、创新思维和创新能力，以创客教育的方式帮助学生摆脱传统课堂上的认知约束、课程约束、才能约束、领域约束和变化性约束等多种限制[2]。而王佑镁等则认为创客教育应以发展创造性为核心，通过DIY（Do It Yourself）、创造与分享等过程实现"全人发展"[3]。在互联网普及的背景下，万力勇等人将创客教育与"互联网+"相结合，指出创客教育的核心理念是兴趣学习、创新和创造，其基础是创造性学习[4]。

除了关注创造力的培养，国外研究者还格外强调创客教育的趣味性，库尔提（Kurti）等人主张创客教育应该包括引起好奇、激发灵感、引入乐趣、庆祝成功、鼓励失败、团队合作等六个原则[5]。而为了营造积极的学习氛围，李（Lee）提出创客教育应该包含乐趣、有用的东西及其发展方向、正确的失败鼓励、合作四个关键要素[6]。这些观点凸显了创客教育在激发学生兴趣和培养学生合作精神方面的价值。

创客教育作为一种培养学生创新能力、实践能力的教育，具有明确的目标。马丁（Martin）认为过于关注以工具为中心的教育方式会导致创客教育的失败，因为这忽视了创客思维的价值[7]。其他学者也认为，创客教育的相关活动应该侧重于培养儿童的创

---

[1] 王佑镁,王晓静,包雪.教育连续统：激活众创时代的创新基因[J].现代远程教育研究,2015(5): 38-46.

[2] 杨刚.创客教育：我国创新教育发展的新路径[J].中国电化教育,2016(3): 8-13+20.

[3] 王佑镁,王晓静,包雪.创客教育连续统：激活众创时代的创新基因[J].现代远程教育研究,2015(5): 38-46.

[4] 万力勇,康翠萍.互联网+创客教育：构建高校创新创业教育新生态[J].教育发展研究,2016,36(7): 59-65.

[5] Kurti, R. S., Kurti, D. L., & Fleming, L. The philosophy of educational makerspaces [J]. Teacher Librarian, 2014, 41(5): 8-11.

[6] Lee, M. The promise of the maker movement for education[J]. Journal of Pre-College Engineering Education Research, 2015, 5(1): 30-39.

[7] Martin, L. The promise of the maker movement for education[J]. Journal of Pre-College Engineering Education Research (J-PEER), 2015, 5(1): 30–39.

客思维，而不仅仅是传授特定的 STEM 概念[1]。傅骞等学者通过研究发现，中国目前正在逐步发展以"激发创新与分享"为目标的创客教育，教育者应该更多地激发学生的创意，而不仅仅是简单地复制知识[2]。基于此，创客教育的首要目标应是激发学生创新与分享的热情，并让学生乐在其中。在此基础上，进一步培养学生的创新实践能力、激发学生的协同分享意愿、塑造他们的健康人格。正如黄荣怀教授等人所认为的，创客教育弥补了传统分学科教育的不足，提高了学生的科学素养，其目的是促进学生的智力发展，特别是创造性智力和实践性智力的全面发展[3]。

随着互联网技术的不断发展，我们已步入"互联网+"的时代，这也使得创客教育的目标在不断演进。具体而言，李小涛等人指出，创客教育的目标是让学生敢于接受失败的挫折，培养学生勇于探索的创新精神、不近功利、协作交流的团队大智慧[4]。而张茂聪等人把创客教育视作一种系统的教育理念，其目标是培养具有创客精神和创客素养的全面发展的人[5]。王佑镁等人则将创客教育的目标按学段分类：在基础教育阶段，强调创客素养的培养；在高等教育阶段，强调创新创业教育；在社会教育阶段，强调创业实践教育。国外学者马丁内斯（Martinez）和斯塔格（Stager）认为创客教育是以知识为基础、以创意为引导的教育，其目标是解决现实生活中的问题[6]。最后，何克抗教授对比了中西方创客教育，总结得出：西方重视培养青少年解决实际问题的能力，向青少年传授各种技术手段和方法，并运用这些方法来创造产品和工具；而中国的创客教育即创新教育，注重培养青少年的创新意识、创新思维和创新能力。

信息技术的飞速发展推动了创客活动的进步，而创客理念的推进也加速了创客教育融入学校教育的进程，创客实践活动正朝着多样化方向发展。洪佩平（P.H. Hung）等人结合创客教育的理论根基，探讨了社会化设计与创客教育的关系，并将基于社会化设计的创客实验教学法应用于《老人与海》课文的教学中[7]。而黄天池（Tien-Chi Huang）等人将创客教育理论应用于高等教育，以信息管理专业课程为研究对象，开发了一套系统的信息技术创客课程。周宝南（Pao-Nan Chou）从台湾的一所公立小学选了 30 名五年级学生，进行了为期 16 周的"机器人创客空间"实验研究，采用前后测及控制组设计的方法，测试了学生的电子工程技术水平、计算机编程知识和问题解决

---

[1] Chu, S. L., Quek, F., Bhangaonkar, S., Ging, A. B., & Sridharamurthy, K. Making the maker: A means-to-an-ends approach to nurturing the maker mindset in elementary-aged children[J]. International Journal of Child-Computer Interaction, 2015, 5: 11–19.

[2] 傅骞. 基于"中国创造"的创客教育支持生态研究 [J]. 中国电化教育, 2015(11): 6-12.

[3] 黄荣怀, 刘晓琳. 创客教育与学生创新能力培养 [J]. 现代教育技术, 2016, 26(4): 12-19.

[4] 李小涛, 高海燕, 邹佳人, 等. "互联网+"背景下的 STEAM 教育到创客教育之变迁——从基于项目的学习到创新能力的培养 [J]. 远程教育杂志, 2016, 34(1): 28-36.

[5] 张茂聪, 刘信阳, 张晨莹, 等. 创客教育：本质、功能及现实反思 [J]. 现代教育技术, 2016, 26(2): 14-19.

[6] Martinez, S., Stager, G. The maker movement: a learning revolution [EB/OL]. (2019-02-11). [2020-01-05]. https://www.iste.org/explore/In-the-classroom/The-maker-movement%3A-A-learning-revolution?articleid=106.

[7] Hung, P. H., Gao, Y. J., & Lin, R. The research of social-design-based maker education: based upon "The old man and the sea" text[J]. Asia Pacific Journal of Education, 2019: 1–15.

能力[①]。此外，国内已有高校学者在深入研究国内外机器人教育教材和应用现状的基础上，结合创客教育理念设计并开发了初中机器人教育教材，并以两个班级的初一学生为研究对象开展行动研究。

综上所述，尽管国内外已经有很多创客教育的实践案例，但目前尚无明显迹象表明创客技术已被广泛应用于各学科领域，或在学校中得到持续应用。因此，创客教育仍需依托创客空间，结合创客课程融入学校教育。

第二节 创客空间

创客空间作为 AI 时代背景下创客教育和创客课程的重要载体之一，具有显著的发展优势。创客空间的概念起源于美国，它为学校提供了创造发明和原型设计的空间，其中，以学生为中心、非结构化的创客空间环境这一关键理念已迅速在国际上传播开来。

一、国外：创客空间具有充沛活力

作为全球创客领域最具活力的国家：美国对创客空间的建设非常成熟。这些创客空间由企业、社区、高校和政府等不同主体创建，形成了多样化的模式。总的来说，美国创客空间主要有四种构建模式：开放实验室模式、图书馆建设模式、社区创建模式和校企合作模式。这些模式共同打造了一种相互学习、乐于分享、勇于创新的创客氛围，如麻省理工学院、斯坦福大学和耶鲁大学等八所高校联合成立了高校创客空间联盟（Higher Education Makerspace Initiative，HEMI）。该联盟的代表性创客空间包括麻省理工学院的创客居所（MakerLodge）和斯坦福大学的产品实现实验室（Product Realization Lab）等。

此外，作为总部位于美国硅谷的一个营利性创客空间，Tech Shop 提供了独立的设计工作室、学习中心及价值超过 100 万美元的专业设备和软件，如激光切割机、金工车间等。该创客空间还提供个性化的一对一指导服务，以协助个人将创意转化为现实产品并孵化创意项目。通过长期的建设和运营实践，美国的创客空间积累了丰富的具有借鉴意义的经验。

英国在推动创客空间的建设方面也持积极态度。Access Space 便是由英格兰艺术委员会、欧盟社会基金和英国国家彩票联合资助的创客空间。该空间的基本原则是鼓励参与者发现并诊断问题，并通过合作找到解决问题的可行方案，从而培养参与者团队协作和解决问题的能力。最初，Access Space 利用回收的旧电脑提供开源软件开发等课

[①] Chou, P. -N. Skill Development and Knowledge Acquisition Cultivated by Maker Education: Evidence from Arduino-based Educational Robotics[J]. Eurasia Journal of Mathematics, Science and Technology Education, 2018, 14(10).

程，激发参与者的兴趣，鼓励参与者开展创造性实践活动。如今，Access Space 倡导更加包容和可持续的理念，吸引对设计、电子等方面感兴趣的个人去分享创意和提升技能。这不仅扩大了业务范围，还促进了知识转移模式的发展。

荷兰的创客教育始终以世界成功教育经验为基础，并在此基础上积极探索具有本国特色的创新发展模式。目前，荷兰的创客空间呈现出结构多样化、规模不断扩大、投入持续增加和创新能力显著增强等特点。

以其中具有代表性的创客空间为例，荷兰新创基地——Waag，是荷兰阿姆斯特丹的一个创客空间和创新研究所，致力于推动技术创新和社会变革。他们提供了各种数字制造工具、实验室设备和创意工作空间，供学生、创客和创业者使用。此外，Waag 还组织了各种创客活动、研讨会和展览，促进技术和社会相关领域的交流与对话。另外，荷兰阿纳姆的 Hack42 也是一个特色鲜明的创客空间，它是由一座旧全景式监狱改造而成的，为来自不同领域的创客们提供了一个自由的孵化创新和发明创造的平台，成为荷兰独具特色的创客空间之一。这些具有代表性的创客空间展示了荷兰在创新教育领域的成就和特色。通过提供资源和支持，推动了技术创新和社会变革，为学生、创客和创业者创造了有利环境和机会。

综上所述，以美国、英国和荷兰为代表的国家在创客空间的建设中表现出了积极态度，为创新创造提供了有力的支持，并在推动创客文化的发展和知识共享方面取得了显著成果。

二、国内：创客空间正迅速发展

我国在创客空间的建设方面起步相对较晚，自 2015 年开始对创客空间进行实践探索，期间陆续出台了多个相关文件。

2015 年，为促进中小学创客空间的发展，教育部在《关于"十三五"期间全面深入推进教育信息化工作的指导意见（征求意见稿）》中提出了利用信息技术推进"众创空间"建设的有效途径。2016 年 6 月，教育部发布了《教育信息化"十三五"规划》，要求有条件的地区积极探索将信息技术应用于"众创空间"、跨学科学习和创客教育等。2017 年 9 月，教育部在《中小学综合实践活动课程指导纲要》中明确提出，有条件的学校可以建设专用的活动室或实践基地，如创客空间。教育部等十八部门在 2023 年发布的《关于加强新时代中小学科学教育工作的意见》中提出了一系列要求，旨在加强实验教学并探索运用 AI、虚拟现实等技术改进实验教学，扩充教育教学资源。在中小学信息科技教育内容方面，新课改也要求逐步引入机械、电子等通信知识，以嵌入式开源硬件、高度集成传感器、兼容图形化编程软件等技术工具作为教学的载体。

这些政策文件的出台为中小学校开展创客空间建设提供了法律依据，同时也坚定了全国教育管理部门和创客教师发展创客空间的决心。

具体而言，武汉大学作为我国最早成立图书馆创客空间的高校之一，起初仅提供

3D打印服务，为教师及学生提供交流场所。随着时间的推移，该空间逐渐涉足创业咖啡厅的经营，给予大学生独立设计和运营创业咖啡厅的机会。这使得图书馆创客空间首次设立在工学分馆，并根据社会需求的变化和发展，始终以"创新""创业"和"创造"为核心价值，积极实施和建设"三创教育"项目。

京东创客空间是国内首个以高校为主体，将产学研深度融合的创客空间。该空间不仅提供了学生休息和读书的场所，还能促进学生进行思维交流和创新实践。在这个创客空间里，学生可以使用各种设备进行学习和训练，如3D打印机、虚拟现实/增强现实设备、体感游戏设备、无人机操作体验设备等。这些设备旨在帮助学生探索和尝试新的实践方法，以感知、认知和探索的模式进行学习。

南京理工大学的创客数学与数据分析工作室以数学与统计学院的数学实验中心为基础，主要依托计算机和远程高性能计算服务器等硬件设备，提供数学类专业软件和相关图书杂志等资源，以满足学生的日常训练和小型竞赛活动等需求。该创客空间还开展了一系列的创客活动，如数学建模比赛、数据分析挑战赛和编程竞赛等，激发学生的创造力和创新思维培养。

然而，部分学校的创客空间并未达到预期效果。学校应持续、积极地致力于激发学生的创新能力和创造意识，提高他们的动手能力和团队合作精神。这将有助于培养创新型人才，推动学生综合素质的全面提升，并实现社会需求向学校供给转变的双赢局面。

国外高校的创客空间建设起步早且成熟，拥有合理的组织结构、专业特色和高效的管理，丰富的活动也带来了显著的成效。同时，国外研究聚焦于用户体验和知识产权保护。相比之下，国内高校创客空间正在快速发展，对学生的创新创业教育和实践能力培养起到了推动作用。随着政府的支持，未来中国高校将有更多的创客空间，为学生提供更多的机会和平台，进一步促进创新创业教育的发展。

第三节 创客课程

创客教育的顺利推进离不开对创客课程的全面支持。与传统学科课程不同，创客课程是一种综合性课程，旨在为创客教育提供支持，并具备实践性和整合性等特征。

创客课程，亦称创课，是创客教育中采用的一种课程形式。通常情况下，创客课程以创客项目为核心内容，旨在为创客教育提供支持。通过让学生独立探究和自主学习一系列小型项目，促进他们创新思维和实践技能的培养。

一、创客课程的设计方法

创客课程的目标在于解决实际问题并培养跨学科知识。这门综合实践课程强调通过学习过程来培养学生的创新能力和创新思维。在具体的创客课程设计方面，研究者提出了广义和狭义两种不同的观点：广义的创客课程包括电子类、手工类、陶艺类、绘画类等多种课程，旨在培养学生的创新能力；狭义的创客课程则特指融合了各类信息技术的电子类创意课程。

在基础教育阶段，创客课程的设计可分为小学、初中和高中三个阶段。小学阶段的创客课程主要是组建兴趣小组，开展基于设计的学习，让学生在"玩中学"，亲身体验创造的过程。初中阶段的课程则主要以"做中学"为主，通过整合信息技术课程、综合实践课程和校本课程，进行基于项目的学习，帮助学生掌握创造的方法。而高中阶段则强调面向真实问题的"做中学"，通过实践将各学科联系起来，建立跨学科知识的联结。

然而，在创客课程的具体设计方面，国内不同学者有着不同的设计方法。如杨现民学者认为首先需要构建课程内容体系，然后进行项目、活动和评价的设计。此外，他还提出了创客课程的四个设计理念：趣味化设计、立体化设计、模块化设计和项目化设计[1]。而傅骞则提出了面向主题的创客教育课程设计方法，该方法建立在"SCS创客教学法"的基础上，强调在特定领域应用知识，而不仅仅是了解和学习知识。该设计方法包括四个步骤：从人的情感出发选定主题，从易到难设计课程活动，根据"SCS创客教学法"细化活动，最后完成综合任务以呈现主题[2]。

从课程的角度出发，张文兰等人提出创客课程应包括课程目标、课程内容、学习活动和学习评价四个要素。课程目标要重视核心素养，培养学生的创新能力、合作能力、问题解决能力和跨学科知识应用能力。课程内容应基于确定的主题，可以来源于真实的生活情境、相关学科课程，以及专家和学者的建议。学生的学习活动以项目式学习和设计型学习为主，学习评价应多维化、多元化、多样化[3]。此外，王小根等人将创客教育与机器人教育相结合，构建了面向创客教育的中小学机器人教学模型。该模型以项目式学习为主，重视"做中学"，包括知识学习、模仿、创造和分享四个阶段，每个阶段都有相应的教师活动和学生活动[4]。

在国外创客课程的具体设计上，卡耐基梅隆大学埃博里中心曾在创客课程的开发中提出一些原则[5]。首先，强调以学生为中心，将学生的学习放在教学过程的核心位置。其次，注重教学的教育性，强调学生对课程内容的深层次理解，以及教学和学习的有效性。此外，课程的开发必须具有合作性，要求多人参与并完成。还要有建设性，这就意味着要提供实际且有益的反馈，以数据为驱动收集相关信息和数据，以便更好地改进课程。最后，以研究为导向，鼓励教师通过课程开发和实施进行相关的教育研究。

---

[1] 杨现民. 建设创客课程："创课"的内涵、特征及设计框架 [J]. 远程教育杂志, 2016, 35(3): 3-14.

[2] 傅骞. 基于"中国创造"的创客教育支持生态研究 [J]. 中国电化教育, 2015(11): 6-12.

[3] 张文兰, 刘斌, 夏小刚, 等. 课程论视域下的创客课程设计：构成要素与实践案例 [J]. 现代远程教育研究, 2017(3): 76-85.

[4] 王小根, 张爽. 面向创客教育的中小学机器人教学研究 [J]. 现代教育技术, 2016, 26(8): 116-121.

[5] Carnegie Mellon University Eberly Center. Our approach is.[EB/OL].[2024-01-06]. https://www.cmu.edu/teaching/approach/index.html.

大卫·巴尔-埃尔（David Bar-El）和马塞洛·沃斯利（Marcelo Worsley）则针对课外学习活动开发了一门特定的创客课程。该课程旨在通过音乐欣赏和创客活动的结合，培养青少年对流行音乐和电子产品的兴趣，促进人际交流和相处。课程中的三个设计挑战被发现有助于提升学生的学习兴趣和参与度[1]。

另外，乔纳斯·科恩（Jonathan D. Cohen）等人介绍了一种模块化的创客教育课程设计与开发方法，旨在帮助创客教师制定规范和原则。该项目探讨了一个灵活的、以技术和技能为基础的课程开发模式，着重于将创客原则和技术集成到各种学习环境中[2]。

综上所述，关于创客课程的具体设计方法，国内外学者的观点存在差异。国内学者关注课程内容体系的构建，并提出了不同的设计理念。国外学者则强调以学生为中心，注重教学的教育性，推崇合作性和建设性，以数据为驱动，鼓励教育研究。然而，总的来说，不同学者的研究和实践成果都为创客课程的推广和发展提供了有益的启示。

二、创客课程的内在价值

创客课程不仅是一个简单的课程名称，它符合 21 世纪的人才培养目标，而且是推进创客教育"落地"、对创客空间的建设和使用提出具体要求的重要课程。同时，它也是新课程改革的重要组成部分，具有重要的教育价值。

首先，随着"互联网+"时代的到来，学生已经习惯了数字化生活。课堂和课后都离不开数字设备。同时，他们也喜欢涉猎一些高科技产品，亲身实践科技项目，并将自己的创意项目分享给周围的人。创客课程正好满足了学生的需求，赋予学生更多自由畅想及实践体验的机会，带给他们更多的学习乐趣，有助于开发他们的创造潜能。

其次，创客教育的核心在于培养各种类型的创新人才。而要顺利推进创客教育，全面支持创客课程的实施至关重要。因此，设计和应用大量高质量的创客课程资源，以及对众多传统课程资源进行创客化改造，将为创客教育的快速、全面、多样化发展提供重要的推动力。

再次，新课改坚持以学生为中心的核心理念，要求中小学学生具备信息意识、计算思维、数字化学习与创新、信息社会责任四个方面的学科核心素养。鼓励学生采用自主、协作、探究等方式进行主动学习。这些理念和素养的要求与创客课程倡导的学习方式高度契合。因此，创客课程有可能成为一个支点，在未来教育改革中推动学科乃至基础教育课程体系的重构。

---

[1] David Bar-El, Marcelo Worsley. Tinkering with Music: Designing a Maker Curriculum for an After School Youth Club[C]. In 2019 IDC Conference on Interaction Design and Children Proceedings (IDC 2019), June 12–15, 2019, Boise, Idaho, USA. ACM, New York.

[2] Cohen, Jonathan & Gaul, Cassandra & Huprich, Julia & Martin, Leigh. Design and Development of a Modular Maker Education Course for Diverse Education Students[C]. Proceedings of Society for Information Technology & Teacher Education International Conference 2019, April 2019, Las Vegas, US.

最后，高素质的创新、创业人才培养离不开创新教育，创客课程的出现为创新型人才培养提供了更科学、实效性更强的实践模式。人才的创新、创造力不是一蹴而就的，是需要在各个阶段的课程学习中不断积累和发展的。创客课程顺应创新、创业时代对人才创新力的需求，不仅能助力学校推动创新教育，还能够为社会公众创新素养的提升及社会创新、创业文化的成长提供有力的抓手。

第三章 全球图谱：AI课程改革的新框架

联合国教科文组织对全球193个教科文组织会员国、1000多个私营组织的AI课程实施情况进行了深入调研，并于2022年2月发布了《K-12 AI课程：政府认可的AI课程图谱》的报告。报告调查结果显示，20个国家和1个地区中的课程至少有1门是由政府组织开发或正在开发的AI课程，同时，还有10个国家尚未开设AI课程，而31个非政府组织则表示已经开设了AI课程，如表3-1所示。

表3-1 国家、地区或组织的AI课程开设情况

国家、地区或组织	课程	学段 小学	学段 初中	学段 高中
已经实施的政府认可的中小学AI课程				
中国	信息技术课程中的AI模块	√	√	√
亚美尼亚	信息与通信技术	√		
奥地利	数据科学与AI	√	√	
比利时	信息技术资源库	√	√	
印度	安塔尔集成实验室的AI模块	√		
韩国	高中数学学科中的AI数学模块	√	√	
韩国	高中技术家政学科中的AI初步模块	√	√	
科威特	中小学课程标准中的AI初步模块			√
葡萄牙	信息与通信			

续表

国家、地区或组织	课程	学段		
		小学	初中	高中
卡塔尔	计算与信息技术			
	高中计算与信息技术	√	√	
塞尔维亚	信息学与编程（8年级）	√		√
	小学体育课程中的现代技术（3、4年级）	√	√	
阿拉伯联合酋长国	技术学科中的AI			
正在开发的政府认可的中小学AI课程				
德国	识别与编制算法			
约旦	数字技能中的AI模块	√		
保加利亚	计算机建模、信息技术与信息学			
沙特阿拉伯	数字技能中的AI模块			
塞尔维亚	AI底层与AI应用技术	√		√
	高中AI	√	√	
作为基准纳入的非政府的中小学AI课程				
国际	IBM Ed Tech青年挑战	√		
	微软的AI青年技能	√		
	英特尔的全球AI准备计划（高级阶段）	√		
	英特尔的全球AI准备计划（基础阶段）	√		
美国	麻省理工学院的日常课程	√		

基于此，本章将从五个维度分析国际上较受各国认可的 AI 课程开发框架和模式，AI 涵盖课程开发与认可、AI 课程整合与管理、AI 课程内容架构、AI 课程学习成果和 AI 课程实施，这样的分析不仅能对后续我国 AI 基础教育课程实施方略提供多角度的启示，同时有助于读者对 AI 基础教育课程全球图谱有更加全面的了解。

第一节 AI 课程开发与认可

多个国家的政府在设定 AI 课程的愿景目标的同时，根据国情选择了合适的开发与认可机制，并采用了相应的课程评估方法来确保教学质量的提升。值得一提的是，卡塔尔政府在 AI 课程的开发与认可机制方面树立了典范，其经验值得其他国家参考和借鉴。

一、AI 课程开发的愿景目标

愿景目标是 AI 课程开发的逻辑起点。政府开设 AI 课程的主要目标有两个：一是提高劳动力的技能水平，二是满足学生未来生活和工作的技能需求。前者反映 AI 作为全球产业强国重点布局的未来产业，AI 人才培养是国家提升国际竞争力的重要人才战略；后者说明 AI 成为未来社会和经济转型的驱动力，社会公民应掌握 AI 的基础知识和技能，以便为智能时代的到来做好生活和就业准备。

二、AI 课程的开发与认可机制

AI 课程的开发与认可机制有四种：政府统筹机制、政府委托承办机制、地方分权机制和私营自主机制。

第一，政府统筹机制是指由中央教育行政部门或其代理机构作为课程开发的主体，通过国家权力机构进行课程的统一研究、编制和推广，中国和韩国等国家采用的是这种机制。

第二，政府委托承办机制是指政府在其中起主导作用，但会委托具备相应资质和能力的第三方机构进行课程的具体开发，再推广至全国实施，沙特阿拉伯和卡塔尔等国采用了这种机制。

第三，地方分权机制是指政府将权力下放，由地方作为课程开发的主体，如比利时和德国等国家。

第四，私营自主机制是指由私营组织和机构开发非政府课程，经学校采用后，由当地的专家进行完善和修改，再纳入政府课程。国际商业机器公司（International Business Machines Corporation，IBM）和麻省理工学院制定的课程资源就是一个例子。

以上四种机制在全球范围内为 AI 课程的正常运转提供了动力。

三、AI 课程的先行试验与评估

课程评估是提升课程教学质量的主要手段。调查结果显示，已经开展评估并获得政府认可的 AI 课程共有 6 个，分别是保加利亚共和国的计算机建模与信息技术课程、中国的信息技术课程、麻省理工学院的日常课程、塞尔维亚的信息学与编程、现代技术课程及阿联酋技术学科中的 AI 课程；此外，非政府提供的 AI 课程有 3 个，分别是 IBM EdTech 青年挑战赛、英特尔的全球 AI 准备计划和微软的 AI 青年技能课程。

在以上国家、地区和组织中，采用的课程评估方法有专家审查、开发人员评测和第三方组织评估。第一，专家审查是由组织与课程相关的专家对 AI 课程进行评价，比如阿拉伯联合酋长国的专家团队由学者、AI 专家、心理学和教育学专家组成，共同对 AI 课程进行跨学科评价。第二，开发人员测评是通过对学生、教师和相关教育部门进行访谈和调查，了解课程效果及课程实施中存在的问题，进而形成课程评价结果。第

三、第三方组织评估是由政府委托外部机构对课程进行评估，例如，保加利亚共和国委托第三方进行国家外部测评，以衡量学生的数字能力水平。

四、案例：卡塔尔国家课程开发基础与原则

《卡塔尔 2030 国家愿景》中指出，技术是现代知识经济的关键影响因素，在国家课程框架（QNCF）中将 IT 作为 K-12 阶段学校课程的主要内容，旨在培养学生的逻辑思维、数学思维、语言和沟通能力、读写能力及创造能力。

为实现以上目标，卡塔尔政府组织行业专家、国家教育部、高等教育部信息与通信技术（ICT）专家团队及小学、预科和中学课程管理者，共同制定了国家计算机与信息技术课程标准，开设了覆盖所有年级的计算与信息技术必修课和高中阶段的选修课，必修课内容包含算法、编程、AI 伦理、AI 工具和技术，高中阶段的选修课则加入了 AI 产品开发等内容。同时，卡塔尔组织了三所高等教育机构的计算机科学专家和课程开发专家进行课程评估，重点关注以下四个方面：

第一，课程目标与国家课程框架保持一致。课程目标涵盖知识、技能和态度三个维度，其中，知识维度强调 AI 原理与实践，即编程、机器人和 AI 等内容；技能维度包括数据素养培养、AI 创造和生产能力及 AI 伦理与安全等方面；态度维度强调核心素养的提升，包括协作能力、沟通能力、批判性思维、问题解决能力和决策能力等。

第二，课程内容的螺旋式发展。AI 的重点知识在不同年级中重复出现，难度逐步递增，在每次迭代过程中都增加深度。同时，学生技能的发展具有连贯性和有效性，最大限度地避免了重复学习和技能断档。

第三，课程实施以学生为中心，以实际项目为载体。在课程实施过程中，始终秉持以学生为中心的教学理念，以实际项目为教学载体。学生通过对真实问题的抽象化、AI 程序的自动化进行分析，在真实项目情境中解决现实问题。

第四，课程学习工具普适化。课程学习使用的编程语言、硬件和平台应具备独立性和普适性，不依赖于特定的供应商、品牌或者编程语言种类，能够覆盖学生在现实生活和工作中常用的工具和技术。

此外，卡塔尔政府还建议将教师的反馈和国际上先进的课程评价方法纳入现有的评价体系，以优化 AI 课程的开发和实施，提高课程的有效性。

第二节 AI 课程整合与管理

多个国家和政府采用五种整合形式开设 AI 课程，并依据课程成果分配课程学时，分析 AI 开设的影响因素与必要条件。在开设 AI 课程的国家中，印度对 AI 课程的整合与管理模式值得其他国家参考和借鉴。

一、AI 课程整合模式

调查发现，广受政府认可的 AI 课程有五种整合模式：独立式、嵌入式、跨学科、多元化和灵动组合式，每种整合模式的具体整合过程如下：

第一，独立式 AI 课程是指在国家或地方课程框架下开发一个独立的科目类别，这些课程有独立的时间分配、教科书和课程资源，如我国的高中信息技术课程。

第二，嵌入式 AI 课程是指在国家或地方课程框架下，将 AI 元素纳入原有学科内容，使其成为原有学科中的一部分，或者根据教师的能力和兴趣嵌入任何可能的科目，比如，韩国数学学科中的 AI 课程和麻省理工学院的日常课程。

第三，跨学科 AI 课程是指基于项目开展，涉及多个学科领域的 AI 教学，例如，葡萄牙的 AI 课程框架涉及两到三个学科项目，阿联酋将 AI 纳入 ICT、科学、数学、语言、社会研究和道德教育等多个课程中。

第四，多元化 AI 课程是指利用传统课堂与社团、科技竞赛、校外活动等相结合的课程，例如，IBM 公司和印度中等教育中央委员会（CBSE）为 10～12 年级学生设计的 AI 课程，结合竞赛和行业指导，帮助学生实现从被动学习到自主学习的逐步过渡。

第五，灵动组合式 AI 课程是指根据国家、地区和学校的实际情况，通过一个或多个整合机制来实施课程。这种形式不局限于课程开展形式，既可以是必修课，也可以是选修课，例如，印度的 AI 模块课程和沙特阿拉伯的数字技能课程，既有独立、嵌入、跨学科形式，也通过课外活动等非正式方式进行授课。

二、AI 课程时间分配

调查数据显示（见图 3-1），AI 课程的年均课时在 2～176 小时。在参与调查的 22 门 AI 课程中，有 2 门课程的年均课时超过 200 小时，5 门课程的年均课时少于 5 小时，还有 5 门课程年均课时超过 150 小时，而多数课程年均课时集中于 21～58 小时。

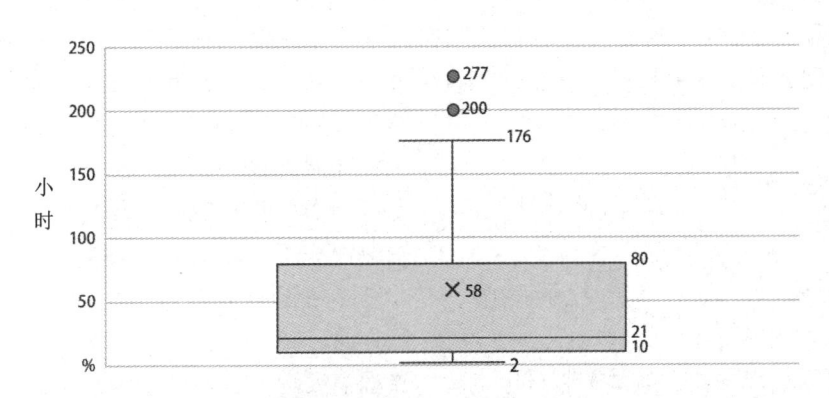

图 3-1 AI 课程的年均课时

而课程学时在年级总课时中的占比如图 3-2 所示。在 1～2 年级，AI 课程一般被整合到其他科目中，大致时间为 33.3 小时，占比约 20%；在 3～6 年级，AI 课程的年均课时为 39 小时，占比约 30%；在 7～9 年级，AI 课程的年均课时为 36.3 小时，占比约 60%；10～12 年级，AI 课程的年均课时增加至 51.2 小时，占比约 90%。

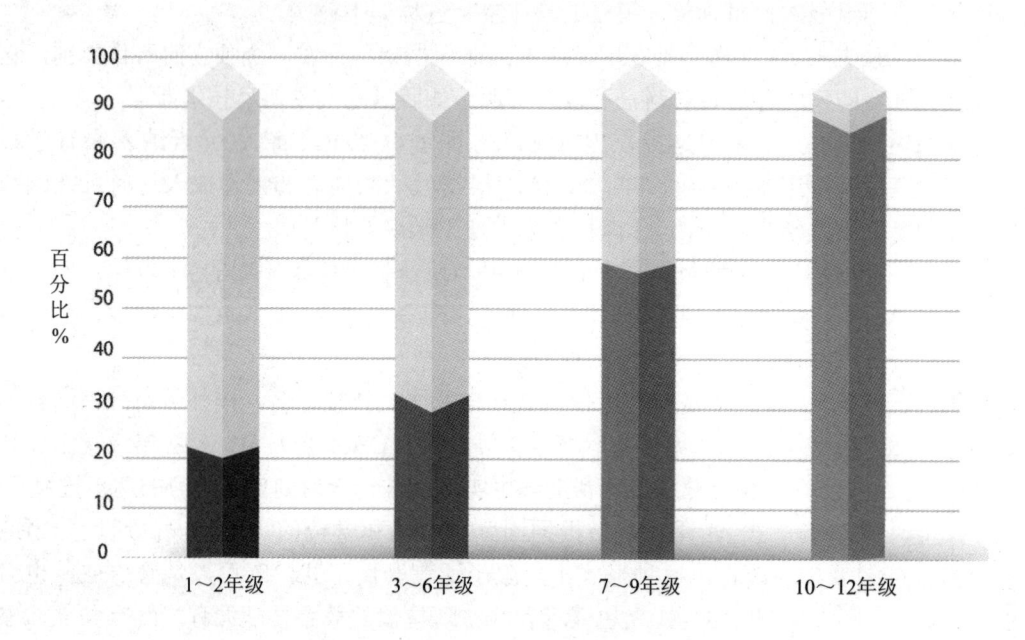

图 3-2　课程学时在年级总课时中的占比

三、AI 课程开设的必要条件

开设和实施 AI 课程需要满足的必要条件有七个方面，分别是调研和需求分析、AI 教材、教师培训、新教师招聘、第三方支持、学校基础设施及额外的课程资源。调查数据显示（见图 3-3），在统筹教育资源和师资管理（即 AI 教材、教师培训、新教师招聘）方面，89% 的课程开发者认为 AI 课程实施需要开发 AI 教材并开展教师培训；在调研和需求分析方面，56% 的课程开发者认为 AI 课程的开发需要国家、地区或组织预先进行调研和需求分析；在学校基础设施方面，48% 的课程开发者认为需要对学校基础设施进行升级，以提供能够满足 AI 课程开展的设备、硬件及网络；在第三方支持方面，44% 的课程开发者认为除了学校教师和工作人员，还需要第三方组织的非全时培训人员的支持；在额外的课程资源方面，41% 的课程开发者认为，实施 AI 课程需要课堂工具包、编码资源、软件工具等额外课程资源的支持。

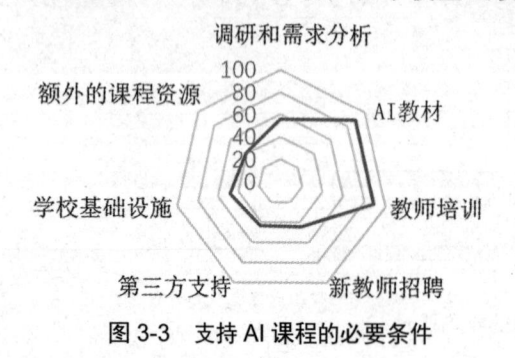

图 3-3　支持 AI 课程的必要条件

四、案例：印度 AI 课程的引进与管理

为了顺利将 AI 课程引入学校，2019 年，印度中等教育中央委员会（CBSE）宣布在全国超 2.2 万所学校中实施 AI 选修课程。该课程采用"做中学"的教学理念，旨在确保未来的印度公民能够了解 AI 并使用 AI 来解决问题，以应对社会挑战[①]。这是多方参与的人工智能课程，如图 3-4 所示。印度全国大概有 1 万多名教师和 12 万名学生参与了 AI 相关课程，这些课程活动包括竞赛、虚拟座谈会及为期三天的"AI 马拉松"夏令营。学生在该夏令营参与一个项目设计和原型制作，并利用 AI 技术解决现实问题。

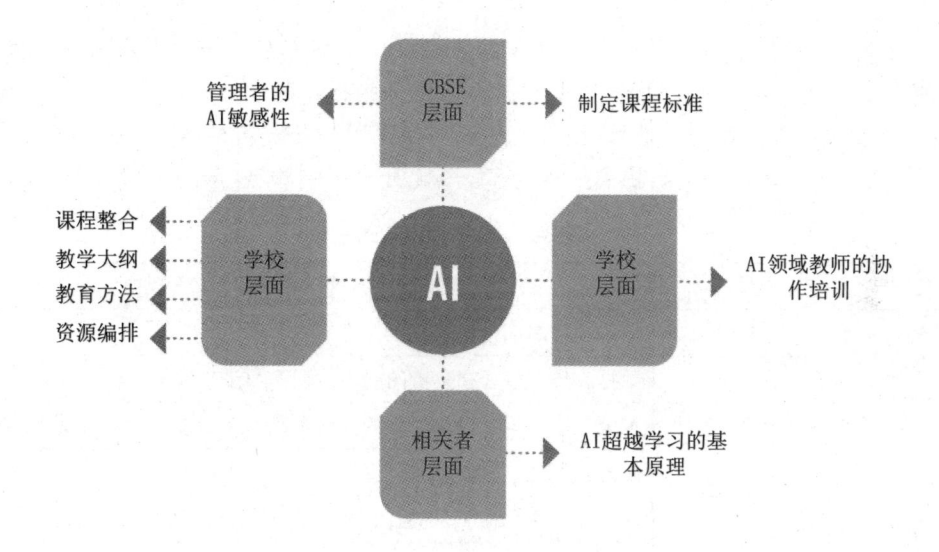

图 3-4　多方参与的 AI 课程

为了支持该课程的实施，CBSE 预先开展课程需求与调研分析，并与 IBM、英特尔和微软等多家企业联合进行课程开发，为 8～12 年级的学生提供指导手册、课程计划和教科书等材料，并组织教师和行业指导者的培训。同时，CBSE 向所有试点学校发出邀请，学校管理人员也可以主动向 CBSE 申请开设 AI 选修课程或跨学科 AI 课程，然后，由学校选派教师接受培训，再将 AI 课程纳入教学计划。

在 CBSE 层面，管理者首先需要具有 AI 敏感性才能规划学校实施的模式。在学校层面，一方面要加强教师培训，另一方面要联合第三方企业开发符合 CBSE 课程目标的教科书、教学大纲和教学方法，采购必要的课程资源，进行课程整合和管理。在相关者层面，鼓励学生和家长等参与课程学习，使他们能够理解将 AI 融入课程的目的与意义。

---

① CBSE, 2020. Artificial Intelligence Integration Across Subjects. New Delhi, Central Board of Secondary Education. [EB/OL].[2022-04-08].http://cbseacademic.nic.in/web_material/manuals/aiintegrationmanual.pdf.

第三节 AI 课程内容架构

AI 课程涵盖多个内容范畴，每个内容范畴又包含相应的课程主题。报告结果显示，不同国家的 AI 课程主题分布存在较大差异，并且课时分配也各不相同。其中，奥地利国家的 AI 课程内容框架十分具有代表性。

一、AI 课程内容的主题构成

根据报告显示，AI 课程内容包含 3 个范畴和 9 个主题领域，如表 3-2 所示。3 个范畴分为别为 AI 基础、AI 应用与开发、AI 伦理与社会影响。具体而言，AI 基础包括算法与编程、数据素养、情境化问题解决；AI 应用与开发包括 AI 方法、AI 技术、AI 创新；而 AI 伦理与社会影响包括 AI 伦理、AI 社会影响和 AI 应用。

表 3-2　AI 课程内容的主题

范畴	主题	具体描述
AI 基础	算法与编程	接触和使用 AI 技术的基础
	数据素养	数据收集、整理和分析的能力，理解 AI 带来的伦理和社会影响
	情境化问题解决	AI 通常应用于某个场景中的问题解决，包括设计思维和项目式学习
AI 应用与开发	AI 方法	掌握 AI 算法、机器学习、深度学习等 AI 方法
	AI 技术	向人类提供"服务"的应用程序，包括机算机视觉、传感器和机器人等
	AI 创新	创建能解决社会问题或者提供新型服务的 AI 应用程序
AI 伦理与社会影响	AI 伦理	理解使用 AI 的伦理道德规范和法律规定
	AI 社会影响	促进法律条规的完善和劳动力的转变等
	AI 应用	AI 在艺术、音乐、社会研究和医学等领域的应用

二、AI 课程内容的分布

调查数据显示，AI 课程内容的分布比例存在显著差异，如图 3-5 所示，其中，AI 基础占比 41%，AI 应用与开发占比 25%，AI 伦理与社会影响占比 24%，其他约占 10%。

在 AI 基础范畴（见图 3-6），算法与编程占比 18%，数据素养和情境化问题解决分别占比 12% 与 11%；在 AI 应用与开发范畴（见图 3-7），AI 技术比

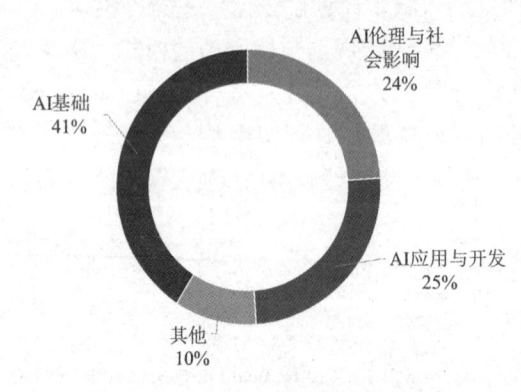

图 3-5　AI 课程内容范畴分配百分比

重最高，占比 14%，其次为 AI 创新，占比 9%，最低为 AI 方法，占比 2%；在 AI 伦理和社会影响范畴（见图 3-8），AI 应用比重最高，占比 12%，AI 伦理占比 7%，AI 社会影响占比 5%。

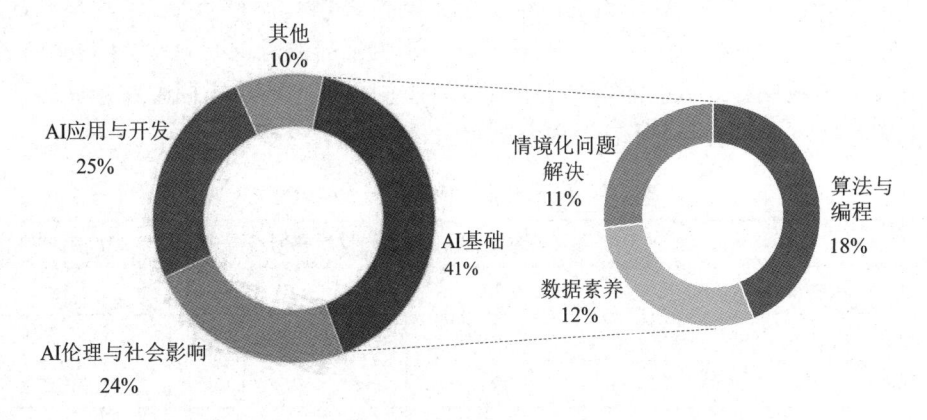

图 3-6　AI 基础范畴的课程主题占比

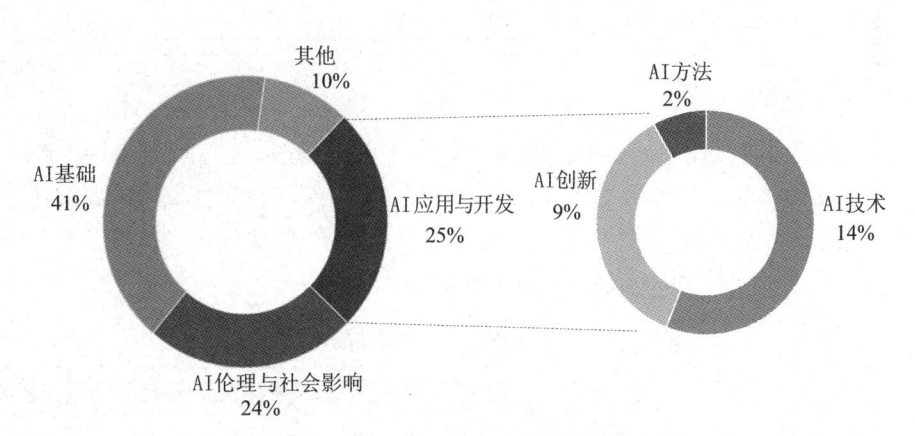

图 3-7　AI 应用与开发范畴的课程主题占比

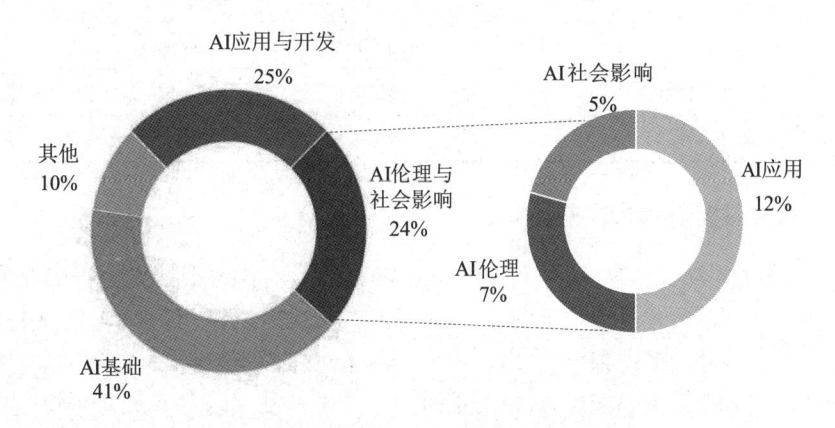

图 3-8　AI 伦理与社会影响范畴的课程主题占比

三、AI 课程内容的时间分配

调查结果显示，不同国家的 AI 课程关注的主题领域存在显著差异。其中，AI 基础范畴占比 0%～75%，AI 伦理与社会影响范畴占比 0%～60%，AI 应用与开发范畴占比 0%～75%。调查还发现，AI 伦理与社会影响范畴的总课时数比 AI 基础或 AI 应用与开发范畴的课程总课时数更短。表 3-3 将不同内容范畴、不同主题领域的百分比具体到课时数，清晰地说明了三个内容范畴的时间分配情况。

表 3-3 AI 课程三个内容范畴课时分配

	AI基础	AI伦理与社会影响	AI应用与开发
涵盖主题领域的课程数量（N=21）	20	20	18
课时范围	0～432	0～185	0～465
平均课时（N=21）	99.8	29.7	39.0
平均课时（含有主题领域的课程）	104.8	31.2	45.5
课时中位数（含有主题领域的课程）	31.3	13.7	11.9

（一）AI 基础

表 3-4 的数据显示，在 AI 基础范畴中，有 19 门课程包含算法与编程主题，课时分配为 0～269 小时，平均课时为 55.3 小时；有 14 门课程包含情境化问题解决主题，课时分配为 0～198 小时，平均课时为 42.5 小时；有 17 门课程包含数据素养主题，课时分配为 0～78 小时，平均课时为 26.5 小时。

表 3-4 AI 基础范畴 3 个主题领域的时间分配

	算法与编程	情境化问题解决	数据素养
涵盖主题领域的课程数量（N=21）	19	14	17
课时范围	0～269	0～198	0～78
平均课时（N=21）	50.0	28.3	21.5
平均课时（含有主题领域的课程）	55.3	42.5	26.5
课时中位数（含有主题领域的课程）	10.8	18.6	25.5

（二）AI 伦理与社会影响

表 3-5 的数据显示，在 AI 伦理与社会影响范畴，有 18 门课程包含 AI 应用主题，课时分配为 0～92 小时，平均课时为 14.1 小时；有 17 门课程包含 AI 伦理主题，课时分配为 0～54 小时，平均课时为 13.3 小时；有 12 门课程包含 AI 社会影响主题，课时分配为 0～78 小时，平均课时为 14.2 小时。

表 3-5　AI 伦理与社会影响范畴 3 个主题领域的课时分配

	AI应用	AI伦理	AI社会影响
涵盖主题领域的课程数量（N=21）	18	17	12
课时范围	0～92	0～54	0～78
平均课时（N=21）	11.9	10.8	8.1
平均课时（含有主题领域的课程）	14.1	13.3	14.2
课时中位数（含有主题领域的课程）	5.2	6	7.3

就课时分配而言，AI 伦理与社会影响范畴所占课时整体低于 AI 基础范畴。多个国家的课程开发者认为，这一内容范畴的学习时间无需太长，例如，奥地利数据科学与 AI 课程、卡塔尔计算机信息科学课程和比利时信息技术资源库课程中，该范畴的课时分配占比均不足 10%。除此之外，AI 应用主题占比高于其他两个主题，但平均课时相差不大，这是因为 AI 伦理和 AI 社会影响两个主题开设的课程数量较少，占比较低。

（三）AI 应用与开发

表 3-6 的数据显示，在 AI 应用与开发范畴，6 门课程包含 AI 创新主题，课时分配为 0～30 小时，平均课时为 11.7 小时；18 门课程包含 AI 方法主题，课时分配为 0～128 小时，平均课时为 17 小时；12 门课程包含 AI 技术主题，课时分配为 0～307.5 小时，平均课时为 36.9 小时。

表 3-6　AI 应用与开发范畴 3 个主题领域的课时分配

	AI创新	AI方法	AI技术
涵盖主题领域的课程数量（N=21）	6	18	12
课时范围	0～30	0～128	0～307.5
平均课时（N=21）	3.3	14.6	21.1
平均课时（含有主题领域的课程）	11.7	17	36.9
课时中位数（含有主题领域的课程）	11.3	5.5	11.1

整体来看，AI 创新占比最低，在调研的 21 个课程中仅有 6 个国家的课程包括与该主题相关的内容，其中，有 4 个课程在该主题的课时超过了 10 小时，分别是中国的信息技术课程、英特尔的 AI 青年全球发展课程、微软的 AI 青年课程及卡塔尔的高中计算与信息技术课程。

四、案例：奥地利 AI 课程内容架构

奥地利根据学段的不同，对数据科学和 AI 课程的内容主题进行了设计和编排，小

学和初中学段的主题包括数字基础知识、数字媒体类型、社会问题的设计和反思、数据安全等，高中学段的内容主题则涵盖编程语言、算法和仿真。通过参与该课程的学习，学生能够了解数据素养的基本原则、信息通用技术的未来发展趋势和智能伦理的相关内容。其中，数据素养的基本原则包括收集数据、构建电子表格、数据分析和可视化及数据信息评估；信息通用技术的未来发展趋势包括云计算、互联网、AI 及其他新兴领域的发展趋势及应用；而智能伦理则包括学生在学习使用 AI 技术时应遵循的社会伦理原则与规范。

奥地利数据科学与 AI 课程内容主题的课时分配如图 3-9 所示。

第一，AI 基础占总学时的 50%，共计 72 学时，其主题领域的学时分配如下：算法与编程占比 25%、数据素养占比 15%、情境化问题解决占比 10%；

第二，伦理与社会影响占总学时的 35%，其主题领域学时分配如下：AI 伦理占比 10%、AI 社会影响占比 10%、AI 应用占比 15%；

第三，AI 开发与使用占总学时的 15%，其主题领域的学时分配如下：AI 方法占比 5%、AI 技术占比 5%、AI 创新占比 5%。

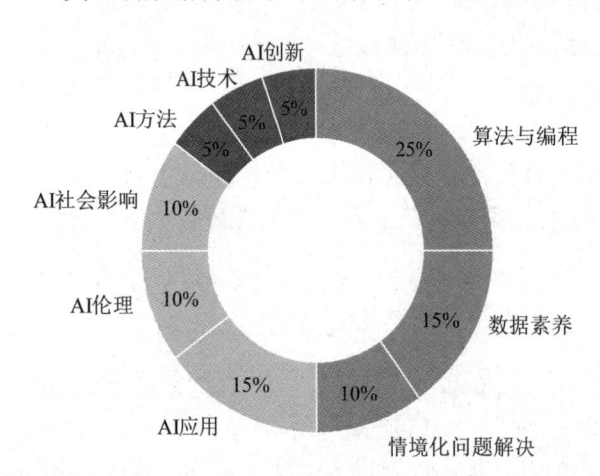

图 3-9　奥地利数据科学与 AI 课程内容主题的课时分配

第四节　AI 课程学习成果

政府从知识、技能和态度与价值观三个维度认定 AI 课程学习成果，不同学段的学生在三个维度达到的水平存在差异，以此形成 AI 课程的知识、技能和态度与价值观的学习成果图谱。韩国 AI 课程四个学段的学习成果图谱最具代表性。

一、知识学习成果图谱

知识学习成果表示一般性和特定领域所必需的基础认知，通常使用"知道""理解""反应"和"比较"等动词。知识学习成果图谱涵盖 AI 基础、AI 应用与开发、AI 伦理与社会影响 3 个范畴，包含算法与编程、AI 方法和 AI 伦理等 9 个主题，具体内容如图 3-10 所示。

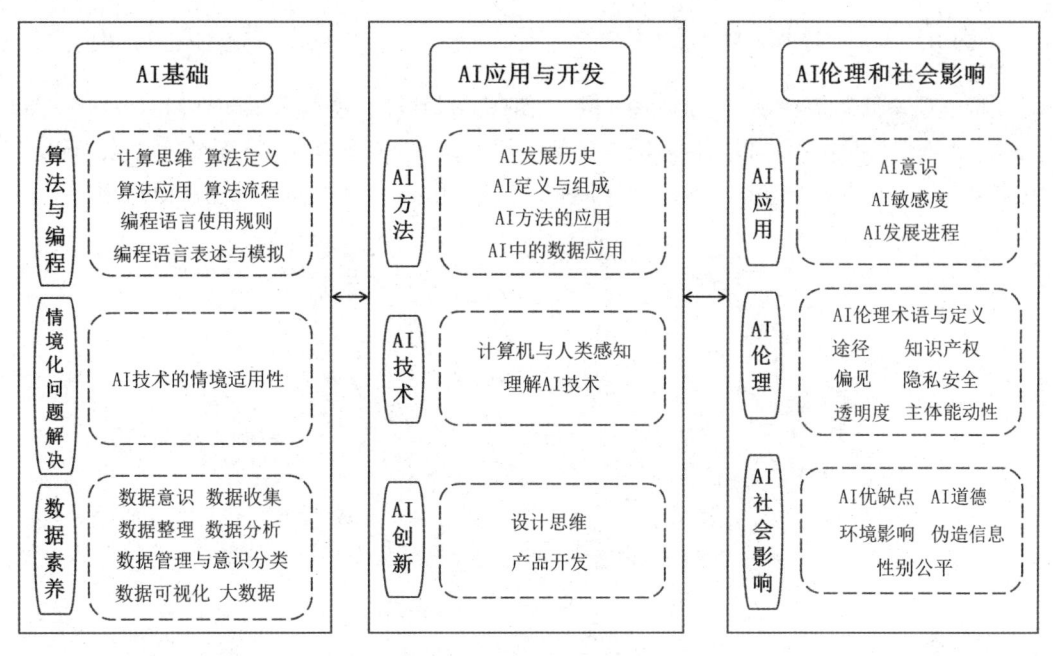

图 3-10 知识学习成果图谱

AI 基础
- 算法与编程：计算思维 算法定义 算法应用 算法流程 编程语言使用规则 编程语言表述与模拟
- 情境化问题解决：AI 技术的情境适用性
- 数据素养：数据意识 数据收集 数据整理 数据分析 数据管理与意识分类 数据可视化 大数据

AI 应用与开发
- AI 方法：AI 发展历史 AI 定义与组成 AI 方法的应用 AI 中的数据应用
- AI 技术：计算机与人类感知 理解 AI 技术
- AI 创新：设计思维 产品开发

AI 伦理和社会影响
- AI 应用：AI 意识 AI 敏感度 AI 发展进程
- AI 伦理：AI 伦理术语与定义 途径 知识产权 偏见 隐私安全 透明度 主体能动性
- AI 社会影响：AI 优缺点 AI 道德 环境影响 伪造信息 性别公平

二、技能学习成果图谱

技能成果表示个体通过联系形成的，完成某项活动所必需的完整动作或心智活动，通常使用"创建""掌握""能够"和"撰写"等动词来表示。技能学习成果图谱包含 AI 基础、AI 应用与开发、AI 伦理与社会影响 3 个范畴，以及情境化问题解决、数据素养等 10 个主题，具体内容如图 3-11 所示。

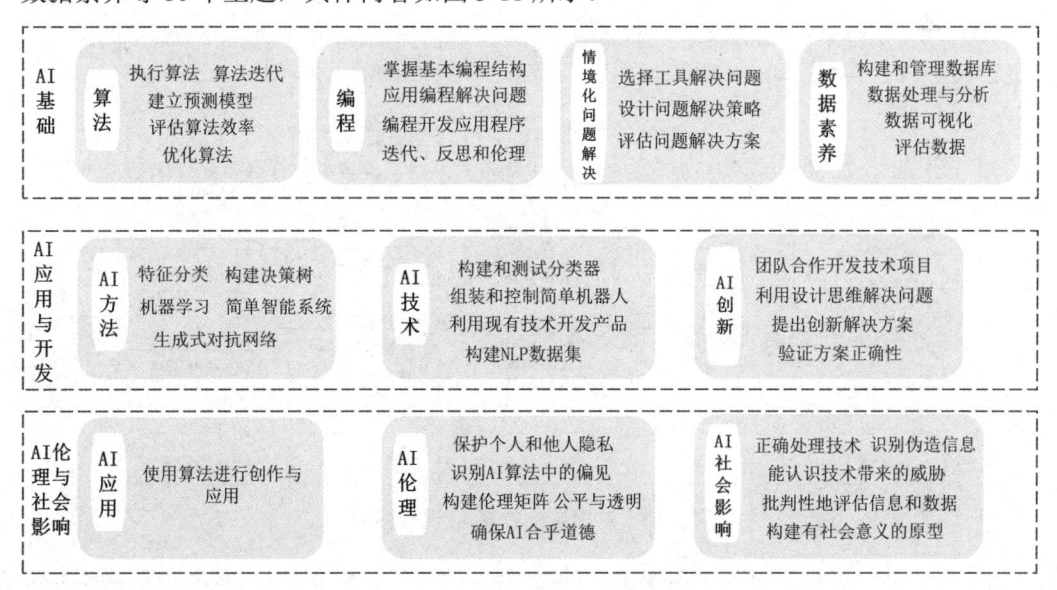

AI 基础
- 算法：执行算法 算法迭代 建立预测模型 评估算法效率 优化算法
- 编程：掌握基本编程结构 应用编程解决问题 编程开发应用程序 迭代、反思和伦理
- 情境化问题解决：选择工具解决问题 设计问题解决策略 评估问题解决方案
- 数据素养：构建和管理数据库 数据处理与分析 数据可视化 评估数据

AI 应用与开发
- AI 方法：特征分类 构建决策树 机器学习 简单智能系统 生成式对抗网络
- AI 技术：构建和测试分类器 组装和控制简单机器人 利用现有技术开发产品 构建 NLP 数据集
- AI 创新：团队合作开发技术项目 利用设计思维解决问题 提出创新解决方案 验证方案正确性

AI 伦理与社会影响
- AI 应用：使用算法进行创作与应用
- AI 伦理：保护个人和他人隐私 识别 AI 算法中的偏见 构建伦理矩阵 公平与透明 确保 AI 合乎道德
- AI 社会影响：正确处理技术 识别伪造信息 能认识技术带来的威胁 批判性地评估信息和数据 构建有社会意义的原型

图 3-11 技能学习成果图谱

三、价值观学习成果图谱

价值观表示个体在做出决定或者采取行动时的价值取向、态度及其对行为的影响[①]，通常使用"创造""独立""批判性思维"等词语来描述。价值观学习成果图谱包括 AI 基础、社交、人类、社会 4 个范畴，涵盖社会责任、团队合作等 14 个主题，如图 3-12 所示。

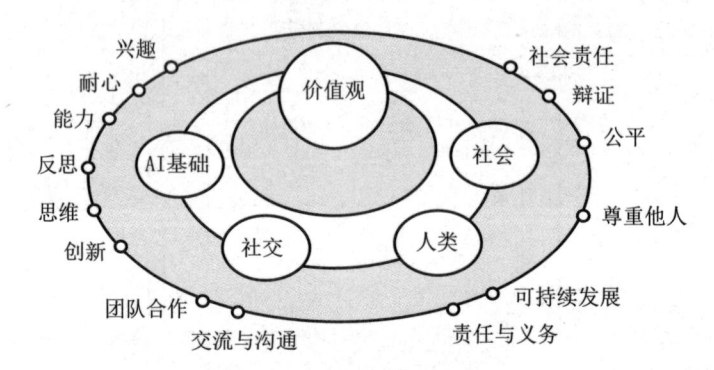

图 3-12 价值观学习成果图谱

四、案例：韩国 AI 课程学习成果进展

韩国在 2020 年公布了基础教育 AI 课程标准，将学习成果划分为三个层次：（1）理解 AI，包括 AI 与社会、智能代理；（2）AI 原理及应用（数据素养和机器学习），包括数据、识别、分类与推理、机器学习与深度学习；（3）AI 社会影响，包括 AI 影响、AI 伦理。以理解 AI、数据素养、机器学习和 AI 社会影响四个关键领域的学习成果为例，图 3-13 显示了韩国小学、初中、高中（基础）和高中（提升）四个学段的学习成果图谱。

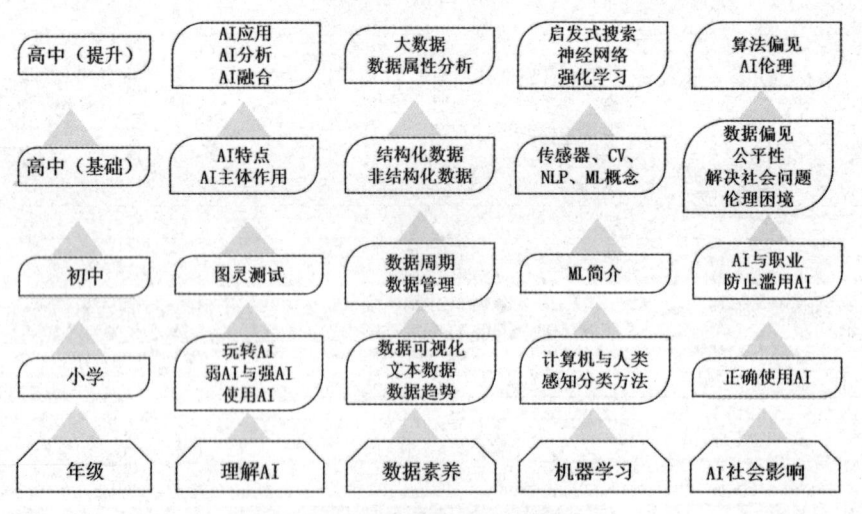

图 3-13 韩国基础教育 AI 课程标准

---

① IBE, 2013. IBE Glossary of Curriculum Terminology, (IBE).[EB/OL].[2022-04-08]. http://www.ibe.unesco.org/fileadmin/user_upload/Publications/IBE_GlossaryCurriculumTerminology2013_eng.pdf.

第五节 AI 课程实施

AI 课程实施依赖于教师培训与支持、学习工具与环境两个前置条件，同时也需要采用科学有效的教学策略与方法。中国在 AI 课程实施方面率先做出了探索性实践，为其他国家和地区提供了可参考的模式与经验。

一、教师培训与支持

教师的胜任力是 AI 课程实施的前提。全球多个国家的实践证明，培养 AI 课程教师有在职教师培训和师范生培养两条路径，并且需要向他们提供高质量的教学资源支持。

首先，政府或非政府组织开展在职教师 AI 课程培训。在职教师培训有三种组织方式：（1）国家统一组织 AI 课程教师培训；（2）地方政府组织在职教师进行分散的 AI 课程教师培训；（3）非政府组织提供 AI 课程教师培训项目，例如麻省理工学院组织基础教育教师参与 AI 夏令营，IBM 与麦考瑞大学教育学院合作，开展 16 学时的 AI 教育培训课程。以上三种方式能在较短时间内建设国家或地区 AI 课程教学所需要的教师队伍。

其次，高校面向在校师范生开设 AI 课程教学。师范生培养采用三种教育方式：（1）在高校师范生的培养方案中增加 AI 通识课程，要求未来的基础教育教师掌握 AI 基础、伦理与社会影响，以及基本的 AI 方法与技术；（2）在信息技术类专业的师范生中开设 AI 高级课程，要求未来的中小学信息技术课程教师掌握 AI 方法、技术开发与创新能力；（3）开设 AI 赋能教学的课程，如奥地利，要求师范生不仅要掌握 AI 技术，还要学会如何用 AI 支持和改进教学。以上三种方式可以确保一个国家或地区在未来拥有高级智能素养的教师队伍。

最后，政府或非政府组织提供 AI 课程教学资源服务。在政府领域，一些国家和地区政府设立 AI 教育专项计划，如塞尔维亚，开发 AI 课程教材、课程指南、课程微课、课程在线工具等教学资源，并在课程实施前向中小学教师免费开放，支持教师进行课程教学。在非政府领域，麻省理工学院在日常课程中，为教师提供幻灯片、教案和课程计划；IBM、英特尔和微软等企业为教师提供学习资源，包括手册、指南、教科书、微课和工具套件等。

二、学习工具与环境

AI 课程实施需要创建开放、非商业性质的学习工具和公共在线学习平台。通过对课程主题领域的学习需求分析发现，AI 课程实施需要五类学习工具：硬件、软件、机器人及配套工具包、编程语言和数据集。第一，硬件包括工作站、笔记本电脑、平板电脑和互联网；第二，软件包括常用的 Ubuntu 开源操作系统、开源体验项目（如 Machine Learning For Kids、Teachable Machine）、免费的软件机器学习库（如 TensorFlow、Keras、OpenVINO、Scikit-learn）等；第三，机器人及配套工具包，比如乐高风暴（EV3）、工业机器人、社交机器人（NAO/Pepper）等，还包括像树莓派等低成本的设备；第四，编程语言，一般选择开源和免费的编程语言，如 HTML、Javascript、Python、R、Scratch 等；第五，开发 AI 创新应用所需要的通用型数据集，帮助学生训练与测试模型并优化算法，支持学生基于数据集开展机器学习和深度学习的项目创新，比如，用于大规模目标检测、分割和关键点检测的 CoCo 数据集，以及包含超过 1400 万张图像的 ImageNet 图像数据集。以上五类学习工具构成了实施 AI 课程的线上线下融合的学习环境。

三、教学策略与方法

全球教学实践发现，AI 课程教学通常采用讲授式、小组合作式、活动化和项目式四种方式，如图 3-14 所示。

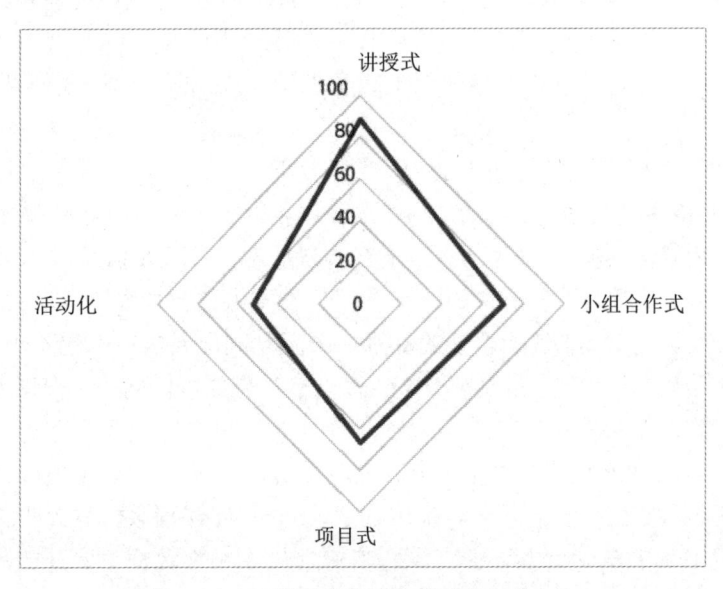

图 3-14　AI 课程教学采用的四种方式占比

第一，讲授式是指由教师、专家等通过口头、教科书或者多媒体等方式将教学内容传递给学生。报告显示，89% 的 AI 课程采用讲授式教学。

第二，小组合作式是指学生通过合作完成一项或多项任务，在团队合作的过程中学习技能。已经实施的 AI 课程中，约 50% 的课程采用小组合作式教学。

第三，活动化是指在教师的指导下，学生按照自己的节奏开展探究式学习活动，在活动中培养独立能力、探索能力等。已经实施的 AI 课程中，约有 52% 的课程采用活动化教学。

第四，项目式是指在教师的指导下，学生利用自身能力和所学技能应对现实问题的挑战。该方法的特点是任务来源于现实生活，学生自主确定目标和进行小组协作。已经实施的 AI 课程中，约 70% 的课程采用项目式教学。

四、案例：中国高中 AI 课程的实施

我国在 2017 年发布了国家《高中信息技术课程标准》，并于 2020 年对其进行了修订。该课程标准覆盖全国 22.5 万所学校，超 1.8 亿名学生。并将高中信息技术课程分为 2 个必修模块和 6 个选择性必修模块，共 126 个学时。必修模块包括数据与计算、信息系统与社会，共 54 个学时；选择性必修模块包括数据与数据结构、网络基础、数据管理与分析、AI 初步、三维设计与创意和开源硬件项目设计，共 72 个学时。其中"AI 基础知识"和"数据管理和分析"为二选一的强制性选修课，学生需选择其中一个模块进行学习。

我国正在有序、科学、有效地推进 AI 基础教育课程的实施。首先，教育部组织专家对课程标准进行论证和审核，并在试点学校进行试验，以确保课程内容对学生的适配性。其次，开展一系列 AI 课程实施的准备工作，包括调研、分析需求、开发资源、开展教师培训、安装基础设施及提供必备的设备和材料等。再次，根据各省市现有资源的差异，在区域间差异化地实施 AI 课程教学，设定 AI 课程目标和实施方式。例如，在经济发达地区，学生已熟悉 AI 相关设备，因此课程更强调 AI 伦理，相反，在经济欠发达地区，课程重点关注学生对 AI 设备与技术的认识和使用。最后，协同式推进 AI 课程校本教学创新，鼓励课程实施者邀请课程专家开发 AI 校本教材和资源，聘请第三方和企业在学校进行培训，以辅助 AI 课程的有效实施。

我国通过实施全国性的在职教师 AI 课程培训工作，在课程内容、学习工具和教学方法上做了探索性实践。在课程内容方面，教育部每年在假期举办两次在职教师培训，所有教师每三年参加一次，注重包含 AI 的信息技术应用能力的培训。在学习工具方面，为确保学生熟悉各种设备和应用程序，在培训过程中，教师可以接触多种品牌的设备、不同类型的平台和技术。在教学方法方面，综合运用多种教学方法与学习工具开展教学模式创新，包括现场教学、线上线下（Online To Offline，O2O）混合式教学、项目式教学和活动化教学等。

第四章　智能核心素养：创客核心素养发展的新维度

在对国内外 AI 教育、创客教育等的研究进展和实施状况进行梳理后，可以发现，目前创客教育和 AI 教育的实施情况参差不齐，没有统一的创客人才培养方向。AI 作为一种具有独立学科性质的课程，其核心目标应为培养学生的智能核心素养。因此，本章先从智能核心素养的逻辑起点出发，围绕六个要素构建核心素养模型，然后划分三个阶段的核心素养培养过程，这对于今后创客课程的开发、创客空间的构建与应用等都具有指导性的意义。

第一节　智能核心素养的逻辑起点

随着人类社会进入 AI 时代，AI 技术的广泛应用显著提高了社会生产力。从人机交互逐步向人机协同和人机共生转变，智能素养成为适应智能时代的关键能力。为了应对未来智能社会的挑战，个体学生需以"将来时"的状态不断发展自我，以具备智能核心素养，更好地在智能时代生存和发展。

通过对我国 AI 教育相关实施现状的梳理，我们发现 AI 教育仍存在以下问题：

首先，课程目标缺乏素养导向。尽管 AI 涉及综合实践活动和信息技术等课程，但缺乏统一的 AI 课程目标。在缺乏课程目标素养导向的情况下，学校和教师在教学过程中容易过于关注学生对 AI 知识和技能的掌握，而忽略了对学生素养的培养。

其次，实施路径亟待多元化。目前，AI 教育主要依赖于课堂教学，并以传统的讲授式教学为主，学生的体验和实践机会相对较少。

最后，缺乏智能伦理引导。在人机共生的智能时代，面对自主性不断增强的智能机器人，用户和创造者不仅需要对自身行为负责，还需遵守道德伦理和法律规范。然而，当前在将 AI 引入教学实践的过程中，对学生智能伦理意识的引导尚不充分。

因此，针对我国 AI 教育存在的素养导向缺乏、实施路径单一和智能伦理缺乏引导等问题，我们需要在进行 AI 教育时，首先明确智能核心素养的构成要素，然后分析智能核心素养模型构建，最终实现对学生智能核心素养的进阶培养。

第二节 智能核心素养的模型构建

智能核心素养是在 AI 时代对信息素养的重新审视，是学生发展核心素养的重要延伸，也是 AI 学科人才培养的集中体现。为了构建这个模型，笔者参考了中国学生发展核心素养、AI 素养设计框架及 AI3K12 框架，并结合社会需求和智能核心素养的内涵与特征，在考虑各要素间的层次和逻辑关系的基础上，成功地构建了中小学生智能核心素养同心圆模型[①]。

模型由内而外分为三层（见图 4-1），以智能核心素养为核心展开。智能核心素养是信息素养在 AI 时代的具体体现，与学生发展核心素养一脉相承。因此，我们仍沿用中国学生发展核心素养框架的第一层，分为社会互动、能力基础和自主提升三个部分。社会互动是指学生应具有协调能力，能够处理好人与 AI 之间的关系，遵守和履行 AI 时代的道德准则和行为规范，包括智能意识和智能伦理；能力基础是学生学习 AI 的基本条件和核心，要求学生能掌握与 AI 相关的知识和技能，包括智能知识和智能技能；自主提升是学生作为学习主体应具有的根本属性，即不仅要主动掌握程序性知识，还要不断改变思维、勇于创新，以有效应对复杂多变的环境，包括智能思维和智能创新。

---

① 王永固，李一航．中小学生智能核心素养模型与培养策略 [J]．中小学数字化教学，2021(10): 22-25．

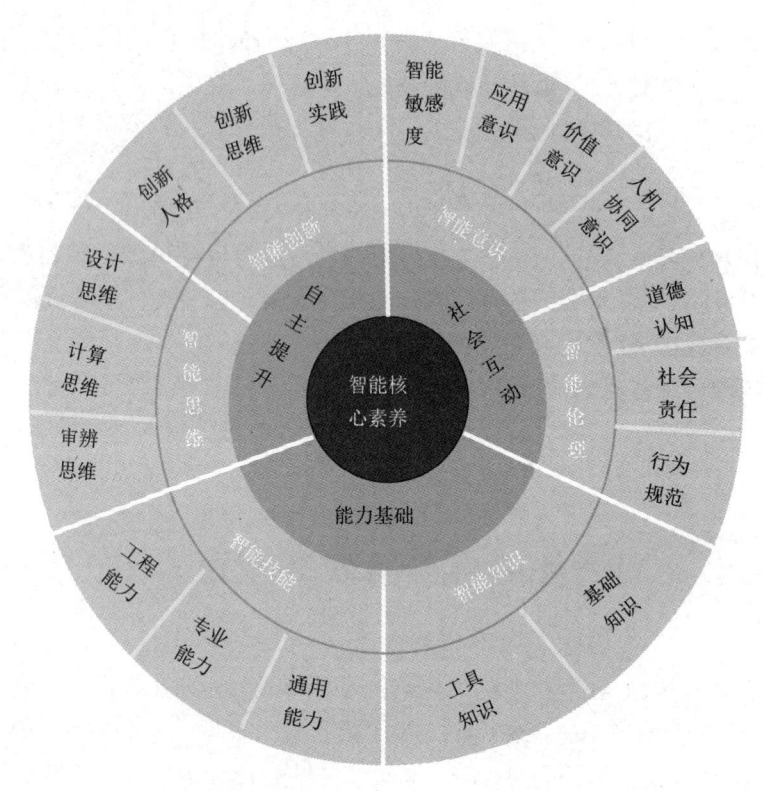

图 4-1　中小学生智能核心素养同心圆模型

一、智能意识

智能意识是对 AI 存在的反映和认识，即拥有利用 AI 技术解决生活中的问题的意识。它涵盖了智能敏感度、应用意识、价值意识和人机协同意识等方面。智能敏感度要求学生对 AI 在生活中的应用及发展有敏锐的感知能力。应用意识要求学生能够灵活运用 AI 产品或技术来解决生活中遇到的问题。价值意识要求学生深入了解 AI 产品和技术的价值所在，并以积极主动的态度探索其内在的价值。而人机协同意识要求学生具备将人的智慧与机器的智能相互融合的思维意识，使他们能够运用人机互动技术来解决问题并创造价值。

二、智能伦理

智能伦理源于信息伦理结构的概念，包括道德认知、社会责任和行为规范三个要素。在道德认知层面，学生应在心理上形成伦理意识，了解 AI 安全与伦理问题所遵循的规范。在社会责任层面，学生应通过运用 AI 技术为人类福祉作贡献，增强社会参与感和使命感。此外，在行为规范层面，学生应遵守法律法规和 AI 社会的道德伦理准则，在现实空间和虚拟空间中遵守公共规范，采用合理、合法的方式来维护个人和他人的权益及公共安全。

三、智能知识

智能知识是学习、使用和管理 AI 所必备的基本认知能力，它包括基础知识和工具知识两个方面。在基础知识方面，学生需要理解 AI 学科的通用知识和人文知识。而在工具知识方面，学生需熟练掌握计算机或系统的基本操作技能和应用知识。

四、智能技能

智能技能是通过实践培养的个体行为方式和智力活动方式，包括通用能力、专业能力和工程能力[1]。在通用能力方面，学生需要具备基础性和通用性能力，这些能力与专业能力有所区别，如与他人有效沟通的能力及与机器互动的能力。在专业能力方面，学生应掌握开发和创造 AI 产品所需的特定技能，包括数据处理与分析、编程和模型设计与训练等方面的技能。而在工程能力方面，学生应具备从综合角度来解决实际问题的能力，具备创造具有经济效益和社会价值的产品的能力。

五、智能思维

智能思维是对 AI 技术认识的高级阶段，包括审辩思维、计算思维和设计思维。审辩思维要求学生能够主动、谨慎地运用知识和证据，评估和判断其假设，并具备分析和评估自身及他人思维的能力[2]；学生应具备运用计算机科学领域的思维方式来解决问题的能力，其中包括数据思维、算法思维和数学思维等一系列思维方式。而在设计思维方面，学生需掌握一种系统性的问题解释方法，通过反复迭代的过程，以用户为中心思考产品设计。

六、智能创新

智能创新是智能核心素养培养中的最高层次，包括创新人格、创新思维和创新实践。创新人格是指创造力的非智力因素。它要求学生具有好奇心、开放心态、勇于挑战、敢于冒险和自信等特质，并具备驱动和调控创新活动的能力。创新思维作为人类最高级别的认知活动，要求学生以感知、记忆、思考、联想和理解等能力为基础，开展具有探索性、求新性和综合性特征的心智活动。在创新实践方面，学生应具备参与并全身心投入实践的能力，并取得新颖且有价值的成果。创新人格关注情感与意愿的

---

[1] 王世斌,顾雨竹,郄海霞.面向 2035 的新工科人才核心素养结构研究 [J].高等工程教育研究,2020(4):54-60.
[2] 马利红,魏锐,刘坚,等.审辩思维：21 世纪核心素养 5C 模型之二 [J].华东师范大学学报(教育科学版),2020(2):45-56.

因素，解决学生是否愿意参与创新的问题；创新思维关注内在的思维过程和方法，解决学生是否能够进行创新的问题；而创新实践关注外显的行为投入，解决学生是否能够真正付诸行动的问题[①]。

第三节 智能核心素养的进阶培养

培养智能核心素养并非一蹴而就，而是需要层层递进。在构建中小学生智能核心素养同心圆模型时，依据皮亚杰（Jane Piaget）的认知发展理论，结合学生核心素养一般发展规律的具体表现，突破原有年级学段的限制，采用进阶式分段培养策略，将核心素养划分为初级、中级和高级三个阶段，从易到难逐步培养[②]，如图 4-2 所示。

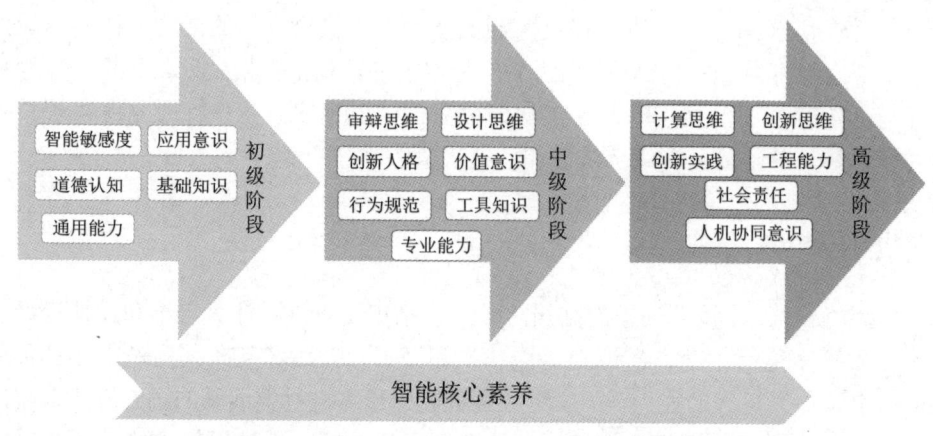

图 4-2 中小学生智能核心素养进阶式培养模型

一、初级智能核心素养

在 AI 时代，具备初级智能核心素养已成为对学生的基本素养要求。初级智能核心素养包括智能敏感度、应用意识、道德认知、基础知识和通用能力（见表 4-1）。

表 4-1 初级智能核心素养

核心素养	基本要点	主要表现描述
智能意识	智能敏感度	能够敏锐地感受到AI在生活中的应用及发展
	应用意识	可以应用AI产品或技术解决生活中遇到的问题
智能伦理	道德认知	能够在心理层面形成伦理认知，了解AI安全与伦理问题规范

---

① 甘秋玲，白新文，刘坚，等. 创新素养：21 世纪核心素养 5C 模型之三 [J]. 华东师范大学学报（教育科学版），2020(2): 57-70.

② 侯贺中，王永固. AI 时代中小学生智能素养框架构建及其培养机制探讨 [J]. 数字教育，2020(6): 50-55.

续表

核心素养	基本要点	主要表现描述
智能知识	基础知识	能理解AI学科的常识和人文知识，包括AI基本概念、发展历程、主要流派、算法程序和机器学习等相关技术的核心概念
智能技能	通用能力	应具备较为宽泛的且与专业能力有区别的基础性、通用性能力，包括与人沟通的能力、与机器互动的能力等

在这个阶段，学生能够察觉到 AI 在日常生活中的应用，并运用 AI 产品和技术来解决生活中遇到的问题。此外，他们在心理层面上形成了对 AI 伦理的认知，并掌握了 AI 的基本概念和发展历程等基础知识。除此之外，他们具备与机器互动的能力，从而能够主动感受和了解 AI 的运作方式。

二、中级智能核心素养

中级智能核心素养包括价值意识、行为规范、工具知识、专业能力、审辩思维、设计思维和创新人格（见表 4-2）。人类存在的本质是思维的存在，通过表征学习、运算判断和推理表达，可以培养学生的智能思维，从而提高其问题分析和解决能力[1]。作为 AI 设计者和用户，需要遵循人权、福祉、问责、透明和慎用的五项原则，以合理、有效地利用 AI，造福人类，同时避免受到潜在的威胁和伤害。

在这个阶段，学生不仅具备应用 AI 的意识，还能认识到 AI 产品和技术的价值所在，遵守法律法规和道德伦理准则；掌握 AI 相关工具的基本操作知识，具备开发和创造 AI 产品所需的专业技能；初步培养审辩思维和设计思维，具备推动和调控创新活动的能力。相较于初级智能核心素养，中级智能核心素养更加注重对学生思维的培养。

表 4-2　中级智能核心素养

核心素养	基本要点	主要表现描述
智能意识	价值意识	能够了解AI产品和技术的价值所在，并主动地、有意识地探索其价值
智能伦理	行为规范	遵守法律法规和AI社会的道德伦理准则，可以在现实空间和虚拟空间中遵守公共规范，采用合法合理的方式维护个人与他人的权益和公共安全
智能知识	工具知识	掌握与机器学习、自然语言处理、计算机视觉、知识图谱、人机交互和机器人操作等关联工具的基本操作知识，包括Python编程语言、机器人零件识别等
智能技能	专业能力	能够掌握开发、创造AI产品所需要的固定技能，包括可视化编程工具开发、模型训练和算法执行等

---

[1] 林崇德. 中国学生核心素养研究 [J]. 心理与行为研究, 2017, 15(2): 145-154.

续表

核心素养	基本要点	主要表现描述
智能思维	审辩思维	能够主动、慎重地利用知识、证据来评估和判断其假设,具备对自己及他人思维的分析和评估能力
	设计思维	能够掌握一种系统解释问题的方法论,可以通过迭代的过程,以用户为中心思考设计产品所需具备的能力,包括交互思维等
智能创新	创新人格	具备好奇心、开放心态、勇于挑战和冒险、独立自信等特质,具备研发和调控创新活动的能力

三、高级智能核心素养

高级智能核心素养包括人机协同意识、社会责任、工程能力、计算思维、创新思维和创新实践(见表4-3)。前两个阶段中,学生掌握了基本的智能知识和智能思维,为开发 AI 产品、提出创想和解决方案奠定了基础。

在这个阶段,学生不仅认识到了 AI 的价值,而且具备将人的智慧与机器的智能结合起来解决问题的意识,更有社会参与感和使命感,他们能从顶层层面看待问题,具备计算素养和创新素养。此外,在中级智能核心素养阶段,学生解决问题时只需考虑到预期功能,无需担心实现难度、工作效率、经济效益等问题。然而,在高级智能核心素养阶段,学生需要将自己视为 AI 设计者,不断创新和优化技术以达到预期效果。

表 4-3 高级智能核心素养

核心素养	基本要点	主要表现描述
智能意识	人机协同意识	具备将人的"智慧"与机器"智能"相互结合的意识,可以利用人机互动解决问题,创造价值
智能伦理	社会责任	可以通过AI技术造福人类,具备社会参与感和使命感
智能技能	工程能力	可以从顶层看待和解决实际问题,具备创造产生经济效益和社会价值的产品的能力
智能思维	计算思维	具备运用计算机科学领域的思想方法,形成问题解决方案的一系列思维,包括数据思维、算法思维、数学思维等
智能创新	创新思维	能以感知、记忆、思考、联想、理解等能力为基础,以探索性、求新性、综合性为特征开展心智活动
	创新实践	具备参与并投入实践的能力,可以生产出新颖且有价值的成果的实践活动

第五章　设计思维：AI 创客课程理论的新基石

第四章探讨了智能核心素养，强调了在当前快速发展的数字化时代中，培养学生的综合能力和创新精神的重要性。本章将进一步深入探讨 AI 创客课程（后文简称智创课程）的理论基础——设计思维，笔者以设计思维的概念和培养方式为出发点，分析学界常用的三种设计思维框架，并进一步介绍项目式学习、基于设计的学习，以及综合学习设计这三种创客课程的理论基础，为智创课程的实施提供了坚实的理论支持和实用的方法指导。

第一节　设计思维

一、设计思维的概念

诺贝尔奖获得者赫布·西蒙在他的著作中指出，自然科学和人工科学相比，最大的差别就是人工科学与人的设计相关，把人工与自然进行融合，设计人工科学离不开人的思维[1]。1987 年，哈佛大学设计学院教授彼得罗威在《设计思维》一书中正式提出了设计思维这一概念[2]。1991 年，大卫·凯利（David Kelley）创立了艾迪欧（IDEO）公司，把设计思维应用到商业领域中。2004 年，大卫·凯利创办了设计学院——斯坦

---

[1] SIMON H. The sciences of the artificial[M]. Cambridge, MA;MIT Press, 1969.
[2] ROWE P. Design thinking[M]. Cambridge, MA: MIT Press, 1987.

福大学设计学院（Institute of Design at Stanford），开设设计思维课程，至此，设计思维才正式进入了教育领域。

目前关于设计思维的概念尚无统一的定论。从不同的视角出发，不同学者对设计思维的解读也存在差异，主要包括以下几种观点。

第一种观点是方法论。该观点认为设计思维是一套用于支持设计创新、问题解决的方法论体系[1]。布坎南认为在现实中存在一些非常"麻烦""棘手"的问题，通常没有唯一的解决途径，需要考虑各种因素的影响。设计思维为解决这些"棘手"的问题提供了富有创造力的解决方法。拉祖克（Razzouk R）与舒特（Shute V）认为设计思维是一套具有启发性的方法、框架或方法论，指导人们去应对复杂困难的问题并创造出富有创造力的产品[2]。

第二种观点是思维方式说。这个观点认为设计思维指设计师们运用特定思维方式去解决问题，他们认为设计思维注重的是在设计过程中的心理活动而非最终设计成果[3]。学者蒂姆·布朗（Tim Brown）认为设计思维并不仅仅是思考和分析方式，还包括灵感、构想、实际操作等。罗曼则认为设计思维应包括提出问题、定义问题、思考解决方案和评价结果等创造性环节。

第三种观点是创新过程说。持这种观点的学者认为设计思维包括构思、原型制作、测试和评价等过程，这个过程是不断循环和更新的，直到找到解决问题的方法[4]。国内的许多学者如康何艳、聂森、伍立峰等都将设计思维视为一种能力，他们认为设计思维是一种思考方式，设计师们通过这种思考方式来构思作品。

可以看出，目前学术界对设计思维的定义尚未完全统一，学者们从不同的领域切入，但无论是在工业设计、教育，还是艺术领域，对设计思维本质的描述都是一致的。

通过对学者们的观点进行分析，笔者总结出设计思维的原理如下：

第一，设计思维主张通过与现实生活问题的联系来促进我们的认知行为和心理发展。一方面，教师传授给学生的知识和技能如同一个工具箱。学生要在实际生活中运用这些知识和技能解决问题，就需要了解工具箱中每个工具的使用方法及何时使用哪些工具，这就需要学生对自身知识和技能进行训练。另一方面，在日常的学习行为中，学生也会通过现实中的问题来理解所学内容，这个问题通常是"棘手"的问题，需要学生综合运用已学知识与技能，围绕这些问题不断构建新的知识，培养新的技能[5]。

---

[1] TIM B. Design thinking[J]. Harvard business review, 2008(6): 1-9.

[2] RAZZOUK R, SHUTE V. What is design thinking and why is it important?[J]. Review of educational research, 2012, 82(3): 330-348.

[3] DUNNE D, MARTIN R. Design thinking and how it will change management education: an interview and discussion[J]. Academy of management learning & education 2006, 5(4): 512-523.

[4] RAZZOUK R, SHUTE V. What is design thinking and why is it important?[J]. Review of educational research, 2012, 82(3): 330-348.

[5] 林琳. 设计思维的概念内涵与培养策略 [J] 现代远程教育研究 . 2016, 9(7).

第二，设计思维是由设计与思维组成的双螺旋式结构，强调两者之间密不可分的关系。尽管教师在平时的教学课堂活动中也会让学生进行思维和设计方面的练习，但不得不说，大部分课堂活动中，学生的思维过程往往是孤立的、碎片化的。而设计思维更加注重通过思维训练不断激发学生灵感，使学生能够更好地进行设计与创新活动。

第三，设计思维具有生成性。在解决问题的过程中，设计思维可以得到训练和强化。与一般的学习活动相比，设计思维更加重视发现问题及解决问题的过程，直到思考出问题的最终解决方案。

第四，设计思维具有创造性。设计思维最终结果通过设计者创作的设计成果来体现。这种成果比一般的作业具有更清晰的解决思路和方案，并强调满足人的基本需求。设计成果的质量可以通过应用转化来衡量。

总的来说，设计思维强调设计者如何系统地分析问题，如何综合运用所学技能，以及如何在实际问题的考量中找到解决问题的最佳方法。运用设计思维解决问题首先要将那些棘手的、复杂的、矛盾的难题视为机会而非障碍[1]，设计思维需要反复对相反面的相反面进行推理，直到最后得出综合、中立的解决方案[2]。林德伯格（Lindberg T）等人也认为设计思维是一种框架模式，这种框架模式有助于人们理解在日常生活中遇到的问题，并通过此框架探索出富有创新性且切实有效的问题解决方案[3]。

而在利用设计思维解决问题的过程中，有九个关键性的因素[4]：（1）不确定性，当问题不确定并且没有解决方案时，接受其不确定性；（2）学科融合和与他人的合作；（3）建设性，设计思维是基于任务的问题解决方法，在固有想法的基础上尝试提出新的点子可能更容易取得成功；（4）好奇心，接受新鲜事物，对无法理解的事物也保持好奇心；（5）同理心，从他人的角度看待、理解事情，关注人们的需求；（6）整体性，以宏观视角把握全局；（7）反复性，迭代优化解决方案；（8）不轻易下定义，不轻易地评判他人的想法，特别是在头脑风暴阶段；（9）放开思想，积极地跳出固有的思维定式，迸发出具有创新性的点子，实现新奇产品的创造，找到更多可能性。

二、设计思维的培养

设计和设计思维已成为许多工业和商业活动中至关重要的一部分。如今，它们不仅在传统行业中受到越来越多的关注，还在公共部门和各种非营利组织中引起了广泛

---

[1] JOBST B, MEINEL C. How prototyping helps to solve wicked problems[M]. Berlin: Design Thinking Research, Springer Berlin Heidelberg, 2014.
[2] JOBST B, KÖPPEN E, LINDBERG T, et al. The faith-factor in design thinking: Creative confidence through education at the design thinking schools Potsdam and Stanford?[M]. Berlin: Springer Berlin Heidelberg, 2012.
[3] LINDBERG T, KÖPPEN E, RAUTH I, et al. On the perception, adoption and implementation of design thinking in the IT industry[M]. Berlin: Design thinking research. Springer Berlin Heidelberg, 2012.
[4] CUREDALE R. Design thinking: Process and methods[M]. Topanga, CA: Design Community College Incorporated, 2016.

关注。越来越多的政府机构开始探索将设计思维应用于解决国家面临的问题和挑战。例如，丹麦政府支持一个跨部门的创新组织，该组织将设计思维与社会科学方法相结合，为社会创造新的解决方案。韩国和印度政府通过建立专注于培养设计思维能力的体系，推动大学教育中的设计思维发展。在新加坡，设计思维被视为建立教育与产业之间有益联系的关键。事实上，新加坡经济战略委员会在 2010 年的报告中提出的一项重要建议是，"通过在本地教育机构加速引入设计思维课程和模块，将设计思维渗透到我们的劳动力队伍中，并强调在年轻人中树立创新思维和创造力的重要性"。

根据以上研究，设计思维的培养可采取多种方式。林琳等人[①]指出，设计思维的培养不应追求统一的模式，而应关注以下五个方面：（1）培养学生对概念的理解，使他们能够内化知识并构建自己的概念网络；（2）设计目标应与实际需求相匹配；（3）将概念关系与设计过程相结合，以促进创新能力的发展；（4）注重引导学生将知识与技能以作品的形式呈现出来；（5）帮助学生建立推理意识、团队协作意识和需求意识。

杨绪辉则认为，设计思维的培养可以从技能层面、学科层面和意识层面入手[②]。（1）在技能层面，培养应具备标准化、开源化和多元化：标准化是指将设计的表现手法标准化；开源化是在标准化基础上根据不同的设计情境进行选择、修改和整合；多元化则强调开放性信息加工。（2）在学科层面，培养可分为单一学科、多学科和超学科：单一学科是指运用单一学科知识解决问题，培养初级设计思维能力；多学科则强调运用多个学科知识来解决问题；超学科则要求整合各种知识来解决问题。（3）在意识层面，培养包括显意识、潜意识和无意识：显意识是指有意识地对接收到的信息进行加工处理；潜意识是通过重复刺激形成自动化的思维习惯；无意识则指在不受干扰的情况下做出最正确的决策。

此外，还可以设立设计思维工作空间，如基于工作室的策略，即让新手与设计项目的专家一起工作一段时间，在这样的环境中提升学生的设计思维技能[③]。新手通常通过专家的反馈和指导或个人观察和反思来培养设计思维。这种方法类似于认知学徒制的概念，即在实践环境中学习技能和知识。然而，在基于工作室的方法中，新手虽然在很大程度上体验了设计过程，但可能缺乏结构化的教学经验，无法从经验中明确特定的设计知识和设计推理过程。

总的来说，设计思维的培养方法并没有固定的模式，不同学者的描述方式也各有不同，但都强调了设计思维培养的多维度和综合性，都强调了设计思维培养的目标是提升学生的创新能力和解决实际问题的能力，并且都关注了学生的参与和主动学习。因此，在实践培养过程中，应更重视学生的自主学习、实践能力和创新思维的发展。

---

① 林琳，沈书生．设计思维的概念内涵与培养策略 [J]．现代远程教育研究，2016, (6): 18-25.
② 杨绪辉．设计思维培养：基础教育思维教学困境的出路 [J]．中国电化教育，2019, (7): 54-59.
③ Koh J. H. L., Chai C. S., Wong B., Hong HY. Developing and Evaluating Design Thinking[J]. In: Design Thinking for Education, 2015.

第二节 设计思维模型分析

通过对比现有的几个广受认可的设计思维模型，包括斯坦福大学的设计思维模型、IDEO 设计思维模型及瑞德福大学的设计思维模型，分析不同领域的设计思维模型的流程与特点，为基于设计思维的创客教育教学模式的构建提供参考。

一、斯坦福大学的设计思维模型

在《设计思维指南》一书中，斯坦福大学设计学院详细阐述了设计思维模型，将设计思维分成共情（Empathize）、定义（Define）、构想（Ideate）、原型（Prototype）和测试（Test）这五个环节（见图 5-1）。这五个环节在设计思维模型中并非单向的、线性的，可以迭代反复进行。

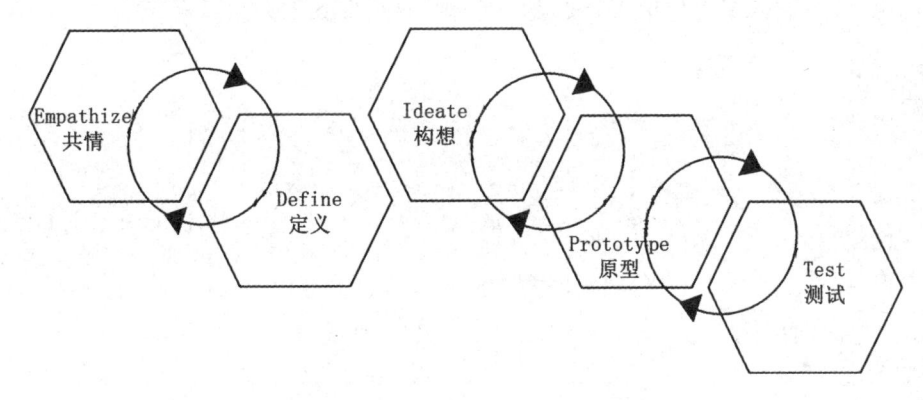

图 5-1 斯坦福大学的设计思维模型

第一，共情（Empathize）。也称换位思考，指站在另一立场理解他人的情感和想法的一种思考方式。在设计思维中，以人为本是前提，而共情是其中最核心的环节，共情的目标是收集到目标对象的真实需求，为下一个环节奠定基础。这一环节包括观察、研究、访谈及对目标受众数据的收集和分析。

第二，定义（Define）。是指对问题进行界定，并整合收集到的信息。对收集到的众多混乱需求进行分析，找出共同需求并在此基础上进行思维加工，提炼出关键、有意义、待解决的问题或者关键词。在这个环节常使用的工具有 5why 法、同理心地图、思维导图等。

第三，构想（Ideate）。该环节实际上是头脑风暴的过程，通过多种途径打开脑洞，激发大量创意。提出想法，梳理想法，尽可能多地记录下脑海中一闪而过的创意、点子。在整个构想的过程中，延迟判断是一个非常重要的原则，既不轻易判断他人的观点，也不能轻易否定他人的观点。这些想法是基于前两步收集和分析资料的基础上产生的。在该环节经常使用的方法有头脑风暴法、九宫图分析法等。

第四，原型（Prototype）。该过程涉及将脑海中的想法快速转化为实体形态，使用的是易于获取的现成材料。通过持续地测试和调整，使原型逐渐逼近满足特定需求的对象，并生成更加完善的解决方案。在实施这一过程时，关键是要注重速度，即迅速改进功能方面的问题。原型制作的核心目的不是得到精确的结果，而是测试和验证设计思路，为面临的学习和挑战提供解决方案。常见的制作原型的方式包括建模、手绘草图、软件创作和 3D 打印等。

第五，测试（Test）。设计者从目标受众那里获得反馈。尽管这是设计思维模型中的最后一步，但并不意味着整个设计过程的结束。它可以指导设计者朝着更正确的方向发展。测试过程中要注意让用户参与体验，不断针对该方案提出一些开放性的评价，以此来优化解决方案。在该环节经常使用观察法、问卷调查法等。

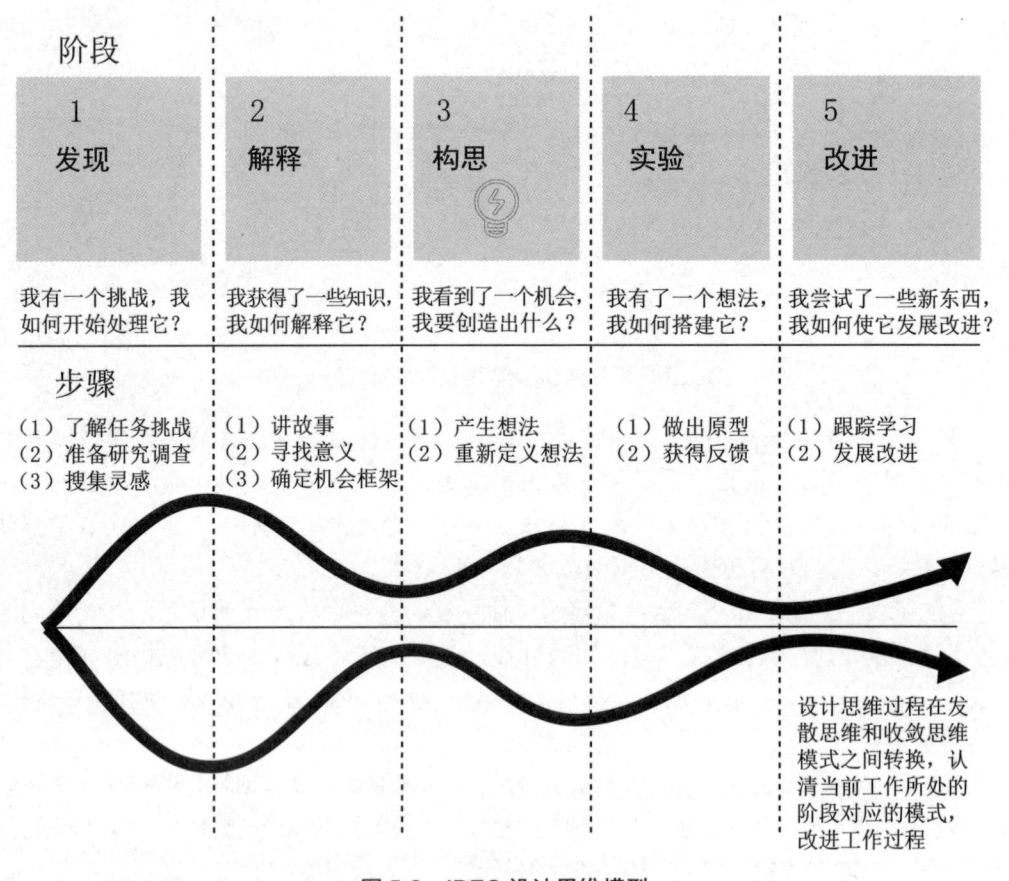

二、IDEO 设计思维模型

IDEO 设计思维模型包括 5 个阶段，具体描述如图 5-2 所示。

阶段	1 发现	2 解释	3 构思	4 实验	5 改进
	我有一个挑战，我如何开始处理它？	我获得了一些知识，我如何解释它？	我看到了一个机会，我要创造出什么？	我有了一个想法，我如何搭建它？	我尝试了一些新东西，我如何使它发展改进？
步骤	(1) 了解任务挑战 (2) 准备研究调查 (3) 搜集灵感	(1) 讲故事 (2) 寻找意义 (3) 确定机会框架	(1) 产生想法 (2) 重新定义想法	(1) 做出原型 (2) 获得反馈	(1) 跟踪学习 (2) 发展改进

设计思维过程在发散思维和收敛思维模式之间转换，认清当前工作所处的阶段对应的模式，改进工作过程

图 5-2　IDEO 设计思维模型

第一阶段，发现。面对挑战，设计者需要深入了解所遇到的任务挑战，通过各种

方法为应对挑战做好研究调查的准备。例如可以通过充分了解用户的需求，根据需求去收集信息，设计者的创意建立在理解和收集信息的基础上，从而达到搜集灵感的目的。该阶段有助于拓宽设计者的视野。

第二阶段，解释。设计者需要把收集到的信息转化为有意义的解释，即讲故事。观察或者实地考察都有可能会激发新的想法，但是从中寻找有意义的信息并将其转化成可行的设计方案并非易事。这涉及叙述整理及提炼总结，以便明确设计方向，最终确定机会框架。

第三阶段，构思。面对挑战问题的信息，设计者需要迅速构思，利用头脑风暴这一方法激发富有创意的思想火花，迸发出新奇大胆的观点，从而产生想法，接着通过重新定义想法来进行方案的优化。

第四阶段，实验。实验将构想变成现实，即做出想法的原型。制作原型会让构想变得具体可感。最初的原型是在学习及与他人的交流分享中产生的，并进一步提升和完善，即获取反馈。在这个阶段，需要考虑并动手实验如何推进方案的实现。

第五阶段，改进。记录从之前四个阶段获取的信息中得出的想法或概念，或者和可以帮助实现该构思的人进行交流，即通过跟踪学习的方式不断发展与改进每个阶段的成果。

三、瑞德福大学的设计思维模型

瑞德福大学为教育教学工作者专门设计了设计思维模型，并且编撰了《教育工作者的设计思维手册（Design Thinking For Educators）》，用来指导日常教学活动[1]。如图 5-3 所示，该模型包括四个基本环节：发现和定义（Discover & Define）、产生共鸣（Generate Empathy）、想象探索创建（Imagine Explore Create）、实施和发展（Implement & Evolve）。其中"想象探索创建"环节又包括"验证—测试—迭代（Test-Verify-Iterate）"这三个小环节。

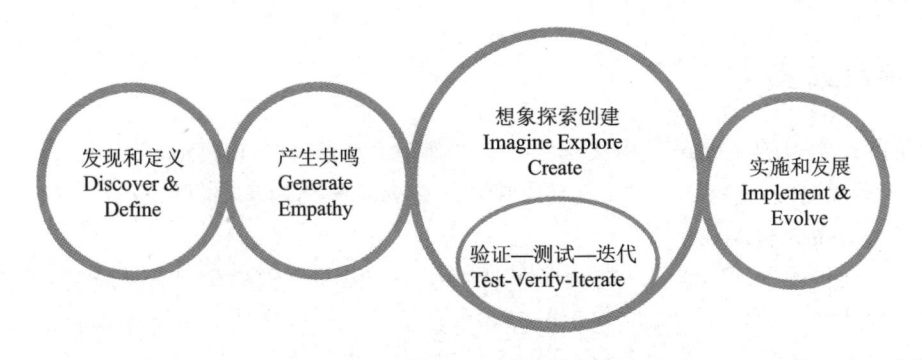

图 5-3 瑞德福大学的设计思维模型

第一，发现和定义。设计者通过与用户或利益相关者交流，深入了解他们的需

---
[1] 林琳. 基于设计思维的初中生信息技术课作品创作研究 [D]. 南京师范大学, 2017.

求、期望和体验。这涉及观察、采访、调查等方法，以建立对问题背景的全面理解。定义是指在发现的基础上，设计者需要明确问题的范围和关键挑战。这个环节的目标是确保团队成员对问题有共同的理解，并建立共识。

第二，产生共鸣。在这个环节，设计者需要与用户建立共鸣，深入了解用户的情感、需求和体验。通过观察、采访和情感连接，努力理解用户的视角，以便更好地设计符合他们需求的解决方案。

第三，想象探索创建。这个环节是创意和构思的环节。设计者在此尝试产生尽可能多的创意解决方案，通过头脑风暴、绘制草图、角色扮演等方法，激发创造性思维。在这个环节，验证—测试—迭代的过程是非常重要的，以便找到新颖的问题解决方案。

第四，实施和发展。在此环节，设计者将创意转化为现实，制作原型，并开始测试和评估其可行性。通过原型制作和测试，设计者可以快速了解哪些解决方案是有效的，哪些需要进一步改进。这个环节是设计想法最终实现的关键环节，也是不断迭代和完善的开始。

综上，对比现有的设计思维模型，可以发现它们内在的核心流程具有相似性，首先在探索和调研中发现问题，其次对问题进行解释或定义，再次进入方案构思阶段，构思完成之后进行实施或原型设计，最后进行测试和改进。这可以视为目前设计思维模型的基本思路。

第三节 项目式学习

设计思维的概念和框架为解决问题和促进创新提供了方法论。智创课程以设计思维为基础理论，旨在让学生通过参与项目实践和团队合作，探索并解决真实世界的问题，因此，项目式学习是将这种方法论应用到实际项目中的过程。

一、项目式学习

项目式学习的概念最早由美国学者杰罗姆·S·布鲁纳（Jerome S. Bruner）在19世纪60年代提出，并在21世纪初传入中国，通常也被称为基于项目的学习（Problem-Based Learning，PBL）。

对于项目式学习的定义，国内外学者存在不同意见，国外学者普遍将其定义为一种教学方法，该方法通过探究现实世界的复杂问题、设计解决方案并最终形成作品来教授知识和技能。相比之下，国内学者倾向于将项目式学习定义为一种基于特定学科知识概念和原理的项目开发过程，其目的是解决真实世界的问题，并通过有目的的探究活动和资源利用来达到学习目标。

项目式学习有两个关键特点：一是问题或挑战来源于现实生活；二是学生必须

通过主动探究和形成成果来解决这些问题或挑战。在美国，这种方法在中小学教育中被广泛采用，比如某创新高中采取全程跨学科项目式学习，学生通过小组合作完成项目，并在标准化考试中取得了不错的成绩。这种教学法旨在培养学生的综合素质、团队协作能力和实际问题解决能力，使他们能够将所学知识应用于现实情境。该创新高中的成功经验为项目式学习的实施提供了有力的支持，并为其他学校探索项目式学习提供了宝贵经验[①]。

项目式学习的理论基础包括建构主义、杜威的实用主义和布鲁纳的发现学习理论。以这些理论为基础，教师指导学生深入研究真实世界的问题，学生利用各种资源在实际环境中开展研究活动，并在规定的时间内解决一系列相关联的问题。

项目式学习作为一种学习理论，最早可以追溯到1918年美国教育家克伯屈的著作。虽然中国的项目式学习起步相对较晚，大多数理论是从国外引进的，但近年来随着新课程改革的推广，特别是在职业教育领域，项目式学习因其灵活的教学结构和较强的实践性而得到越来越多的应用。项目学习的主要特点是目标明确、体验真实，富有挑战性、包容性、持续性，支持团队合作、迭代改进，且评价方式多样化。

二、项目式学习的实施步骤

项目式学习的实施通常包括六个基本步骤：选择项目、制订计划、活动探究、作品制作、成果交流和学习评价。具体如图5-4所示。

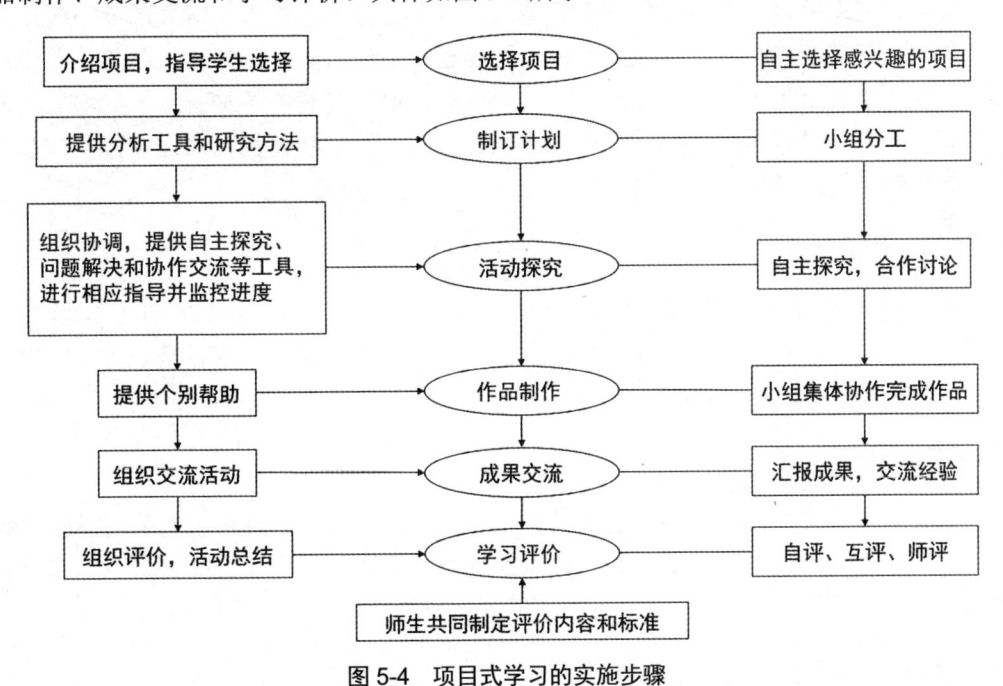

图5-4 项目式学习的实施步骤

---

① 项目式学习及问题浅析 [DB/OL]. (2018-03-23)[2024-05-06]. https://www.jianshu.com/p/dae3ba243259.

（一）选择项目

选择项目是项目式学习的起点，它决定了学生后续的研究方向、方式和成果。在选择项目时，应遵循以下原则：（1）生活化原则：项目应与学生的日常生活密切相关，能够帮助学生将生活中获得的经验性知识迁移到新知识的学习中；（2）开放性原则：学生应成为项目选择的主体，教师应给予他们自主选择和学习的空间，尊重学生的学习自由；（3）适度性原则：虽然生活中存在许多待解决的问题，但并非所有问题都适合学生去探索。不适当的学习项目可能会损害学生的自信。因此，教师需要评估学生是否有能力实施该项目，并思考如何融入学科知识，以帮助学生选择合适的项目。

（二）制订计划

制订计划包括时间安排和活动设计两个关键环节。在时间安排方面，学生需要根据项目任务的具体内容对整体学习时间进行合理的规划，目的是保证项目在规定的时限内顺利完成。而在活动设计方面，涉及对学习任务和项目活动的详细规划，其中包括对参与人员的分工和职责安排等方面，目的是确保项目的各个环节能够有序进行，最终达成既定目标。

（三）活动探究

活动探究是项目式学习中的核心环节，在这个过程中学生将获得大部分完成该项目所需的知识和技能。学生首先要对活动内容进行记录，同时记录下自己的思考和想法，并在此基础上提出问题和相应的假设。接着，他们要利用各种研究方法和工具来收集相关信息，进行信息处理和实验操作。在这个过程中，他们会验证假设，并最终得出问题的解决方案或者结论。

（四）作品制作

作品制作是项目式学习与传统学习之间的一个显著差异。在这一阶段，学生可以运用所学的知识和技能完成作品制作，作品的形式没有限制，可以是报告、实物模型，或者是表演等。

（五）成果交流

作品制作完成后，小组成员之间进行相互交流，分享学习过程中收获的经验和体会，并展示作品的创意和想法。此外，这个过程还有助于培养学生的语言表达能力和自信心。

（六）学习评价

项目式学习的评价需由专家、研究员、教师及学生共同参与。评价内容包括项目主题的选择、学生的过程表现、小组内的贡献及成果展示等多个方面。

第四节 基于设计的学习

基于设计的学习（Design-Based Learning，DBL）是一种学习方式，它侧重于通过设计解决方案并进行迭代的过程来解决实际问题，从而促进知识的获取与深化。这种学习方式建立在真实问题情境的基础上，要求学生运用批判性思维和创造力来设计和改进解决方案。

关于基于设计的学习的定义，学术界尚未达成统一的看法。部分学者认为它是一种将各种知识和理论创造性地应用于实际问题解决的项目式活动。例如，丁美荣等在其研究中指出，基于设计的学习的核心思想是激发学生的主观能动性，让他们运用各种技能和资源去创造满足特定需求的方案和产品。在这个过程中，学生不仅深化了对相关理论的理解，还提升了设计能力。

基于设计的学习的发展可以追溯到1996年，当时珍妮特·L·科洛德纳（Janet L. Kolodner）提出了"通过设计进行学习"的概念，以及多林·尼尔森（Doreen Nelson）在中小学科学实验中进一步界定了设计型学习。

一方面，科洛德纳提出的基于设计的科学探究式循环模型由设计再设计和调查研究两个环节组成，通过"需要做"和"需要知道"之间的联系来实现衔接。学生需要在不断循环中完善他们的方案，最终完成任务。这个模型充分展现了迭代性和探究性的特征。如图5-5所示，基于设计的学习始于设计环顶端的理解挑战环节。然后经过规划设计和应用科学环节，进入展示/分享和巩固/讨论环节。接着经过建构测试环节和分析/解释环节，最终在展示/分享作品呈现环节结束一轮设计过程。在设计之前，需要完成调查研究，包括澄清疑问和建立假设环节，然后进入设计调研和产品调查环节。在对结果进行分析后，进行展示/分享小组讨论。在实际操作中，调查研究可能会引发更多的问题，在解决问题的过程中需要不断修改方案。这两个环节之间循环运转，直到产生一个相对完善的产品或成果。

另一方面，尼尔森提出的逆向思维学习过程模型也对基于设计的学习做出了贡献[1]。他提出的逆向思维学习过程模型是一个循环模型，如图5-6所示。与传统的从基本事实出发的"顺向"教学相反，"逆向思维"从最高级别的推理开始，让学生在开始就面对一个未曾见过的学习对象进行设计和制作。实施过程包括以下六个环节：（1）研究者/教师需要确定课程的主题。（2）教师和学生共同选择一个问题，并共同将其转化为一个"未见过的"设计挑战。（3）师生共同设定评估标准，根据课程标准和内容确定"需要"和"不需要"的清单，作为评价的依据。（4）学生进行实践尝试。（5）教师传授知识。（6）学生综合制作模型的经验和课程所学知识进行迭代设计[2]。

---

[1] 王杨. 基于雨课堂的设计型学习模式探究 [J]. 中国教育信息化, 2019, (14): 72-75.
[2] 杨嘉檬. 基于设计型学习(DBL)的青少年机器人科普活动设计与实施 [D]. 杭州：浙江大学, 2017.

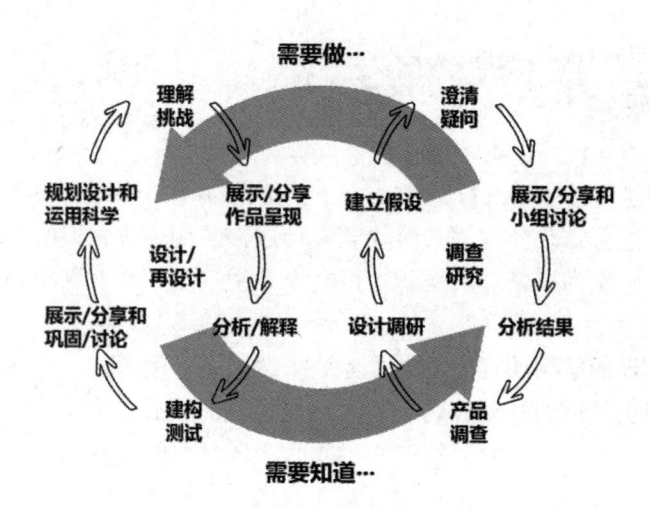

图 5-5　基于设计的科学探究式循环模型①

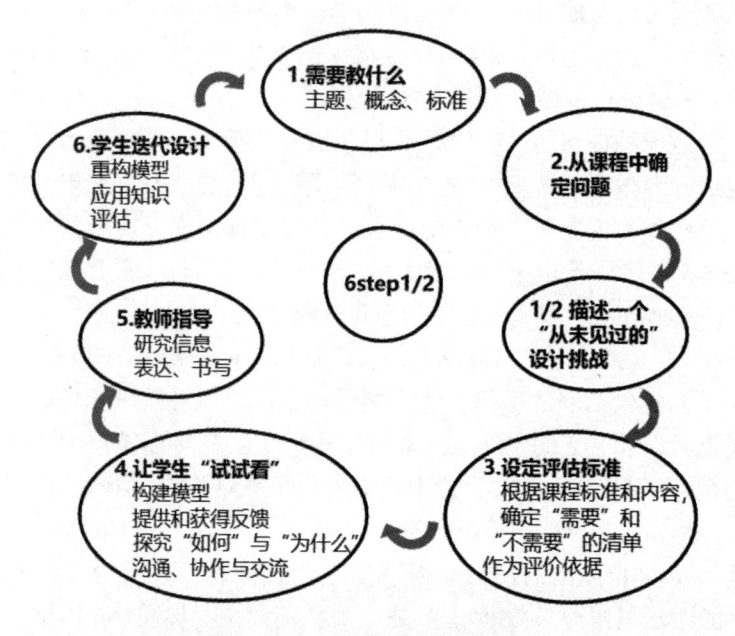

图 5-6　逆向思维学习过程模型②

总的来说，基于设计的学习要求学生在设计实物或模型时回顾和应用已有的知识，选择适当的解决方案并实施。在这个过程中，他们不断学习、发现问题并解决问题，以不断修改和完善方案。通过这个过程，学生能够将新学的知识与既有知识相结合，培养创新和迁移能力。综合来看，基于设计的探究学习具有五个特征：融合性（整合多学科知识）、多重性（学习目标具有多个方面）、迭代性（学习过程和产品设计经历多次迭代）、开放性和自主性（学生需要主动参与整个过程）。

---

① 钟正，陈卫东. 基于 VR 技术的体验式学习环境设计策略与案例实现[J]. 中国电化教育, 2018(2): 51-58.
② 黄利华，包雪，王佑镁，等. 设计型学习：学校创客教育实践模式新探[J]. 中国电化教育, 2016(11): 18-22.

第五节 综合学习设计

设计思维作为智创课程的理论基石，与综合学习设计密切相关。通过综合学习设计，教师可以将设计思维的原则和方法与其他学科的内容和实践相结合，为学生创造一个更丰富、更有意义的学习环境。

综合学习设计由杰罗姆·范梅里恩伯尔和保罗·基尔希纳提出。它旨在解决教育领域中的分割化、碎片化和迁移悖论等问题，既关注各个独立组成部分，又重视它们之间的相互联系。综合学习设计在四元教学设计模式（Four-Component Instructional Design，4C/ID）的基础上进行改进，并形成了四个基本元素和十个步骤。表 5-1 详细描述了这些元素和步骤。

表 5-1　综合学习设计的四个基本元素和十个步骤

综合学习设计的四个基本元素	综合学习设计的十个步骤
学习任务	设计学习任务
	开发评估工具
	排序学习任务
相关知能	确定相关知能
	厘清认知策略
	确定心理模式
支持程序	设计支持程序
	明确认知规则
	弄清前提知识
专项操练	安排专项操练

一、综合学习设计的四个基本元素

综合学习设计的四个基本元素包括学习任务、相关知能、支持程序和专项操练。

学习任务是基于真实生活中的实际任务，整合知识、技能和态度，以一系列完整的任务形式呈现，具备不同的难度和学习支撑。任务可以是案例学习、项目实施或待解决的问题，但每个学习任务都必须提供给学生完整的任务体验。

相关知能是指帮助学生掌握问题解决、推理和决策等方面的知识和技能，以支持学习任务中的创造性要素。相关知能向学生揭示了特定学科领域的组织方式及解决问题的一般模式。

支持程序是指帮助学生掌握常规性任务技能的方法，以支持学习任务中的重复性要素。支持程序具体规定了如何完成明确规则的任务，适合采用直接、有序的指导方式，促进学生熟练掌握步骤和流程。

专项操练通过提供有针对性的练习，帮助学生熟练掌握重复性技能。仅仅通过整体学习任务的练习是不够的，因此需要额外的专项操练，以确保学生对重复性技能的掌握达到高度熟练的程度。

二、综合学习设计的十个步骤

综合学习设计包括十个步骤，按照波纹环状的方式进行排序，依次为设计学习任务（步骤1）、开发评估工具（步骤2）、排序学习任务（步骤3）、确定相关知能（步骤4）、厘清认知策略（步骤5）、确定心理模式（步骤6）、设计支持程序（步骤7）、明确认知规则（步骤8）、弄清前提知识（步骤9）和安排专项操练（步骤10）。

其中，步骤1、步骤4、步骤7和步骤10与四个基本元素相对应，其他六个步骤作为必要的补充。步骤2根据学习目标和可接受的绩效标准开发评估工具，步骤3按照任务的难易程度组织学习任务，步骤5和步骤6帮助学生掌握相关知能，步骤8和步骤9帮助学生掌握支持程序。需要注意的是，在整体任务设计的过程中，并非按照步骤1到步骤10的线性顺序进行，而是迭代进行。综合学习设计的十个完整活动流程如图5-7所示。

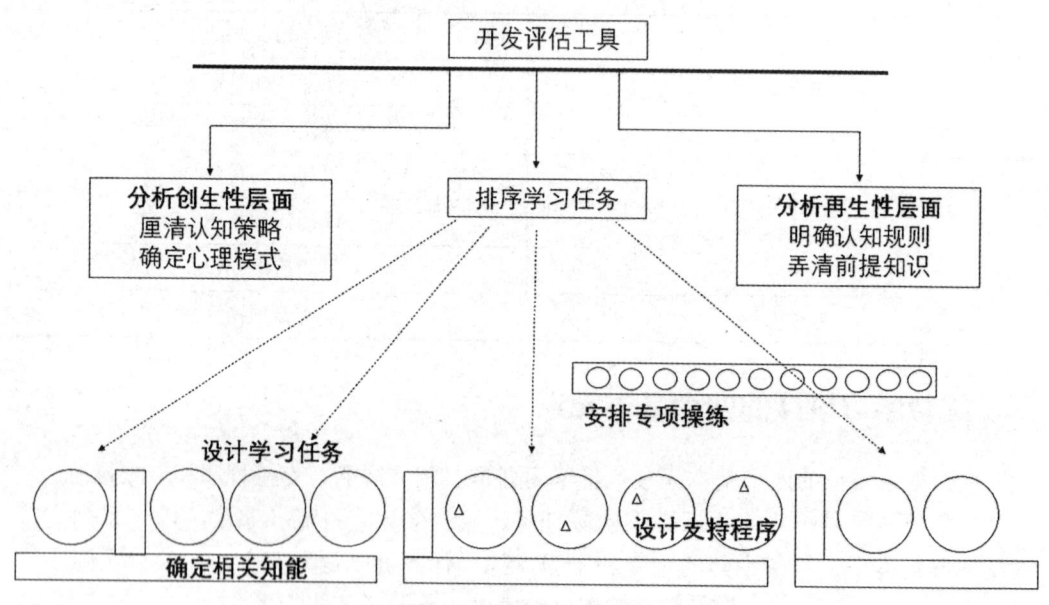

图5-7 综合学习设计的十个完整活动流程

在设计学习任务时，需要注意任务的整体性和变式度。整体性要求每个学习任务都是独立的工作过程或学习体验，而变式度要求不同任务之间在重要的维度上有差异。设计学习任务的过程可遵循以下步骤：首先，基于现实生活中的任务，设计逼真而安全的模拟环境；其次，根据不同任务的需求提供相应的支持力度，可以采用案例式学习或补全任务的方式；最后，建立"脚手架"支持系统，根据学生的学习能力逐步减少支持和指导。

开发评估工具需要构建评价量规，描述评估标准，以评估学生在多大程度上达到预设的学习目标，并监测其整体学习表现。评估工具的开发流程包括以下步骤：首先，说明同一技能层级中相关组成技能及其相互关系；其次，构建技能层级，确定学业目标，并对技能进行垂直或水平排序，明确学生在培训后可以达到的行为标准；然后，根据学业目标对评估维度、评估标准、评估工具和评估人员进行分类；最后，建立学生的电子发展档案袋。

排序学习任务涉及整体任务和局部任务的组织。整体任务包含完整的真实任务，代表了现实生活中可能遇到的情境，而局部任务则是由整体任务分割而成的有意义且相互关联的技能群组。对学习任务进行排序时，首先从整体任务开始，按照难易程度进行排序；如果难易程度无法区分，可以采用重点调控方法；如果无法找到足够简单的完整任务，可以利用滚雪球的方式对局部任务进行排序。

确定相关知能有助于学生完成学习任务中的创生性内容。相关知能可以是解决问题的一般知能，也可以是解释具体知能的实例，或者是根据学业任务表现给予的认知反馈。确定相关知能需要明确认知策略，确定心理模式。认知策略用于描述领域专家在解决问题时采用的认知策略，通常分阶段和步骤进行描述。确定心理模式用于描述事物的组织方式，包括概念型、结构型和因果型三个维度。

设计支持程序有助于学生完成学习任务中的再生性内容和专项操练。支持程序可以是复杂技能再生性层面具体操作的前提性知识，也可以是应用规则和程序过程中的示证和前提性知识的实例，或者是针对错误的矫正性反馈。设计支持程序需要明晰认知规则，弄清前提知识。认知规则用于分析领域专家在完成任务时采取的规则和程序，要求确定条件和行动的配对。前提知识用于明确学生在掌握某一规则或做出决策时所需的先验知识和技能。

安排专项操练是根据学生的需求进行选择的步骤。一般来说，专项操练主要针对那些需要达到高度熟练水平的再生性组成技能，或者涉及操作风险的技能，如焊接等。在安排专项操练时，对于相对简单的程序，可以采用重复练习的方法，而对于复杂的问题，则需要逐层递进，由易到难。

综上所述，综合学习设计的四个元素和十个步骤提供了一个全面的教学框架，能够促进学生的综合发展和创造性思维。通过综合学习设计，学生不仅可以在跨学科的学习环境中获得丰富的知识和技能，还能够培养问题解决、合作与沟通等重要能力。因此，综合学习设计不仅是智创课程的重要理论基石，也是推动学生设计思维和创新能力提升的关键路径。

第六章 开发框架：智创课程开发的新模型

本章基于上一章的理论，探索了几种不同理论组合下智创课程框架的可能性，旨在为后续创客空间的模型构建提供理论参考。

第一节 智创课程开发的通用框架

智创课程包括课程目标、课程内容、学习活动、学习空间、课程评价五个要素（见图6-1）。其中课程目标以提升学生智能素养为出发点，从智能知识、智能技能、智能意识、智能思维、智能伦理五个维度进行设计；课程内容侧重科普，分层次设计学习任务，以让学生理解AI相关基础知识与原理，学习编程等相关技能，培养学生的系统工程思维与设计思维；设计"项目认知、项目分解、实践展示"三阶段学习活动，基于体验式学习、发现式学习及设计思维开发丰富的学习活动；学习空间为课程的开展提供环境及设备支撑，以智能机器人为主要设备载体，打造富有智能氛围的AI主题创客空间；课程评价将教师、学生、小组同伴作为三方评价主体，利用三种评价方式（素养测评、课程细评、反思）展开评价。

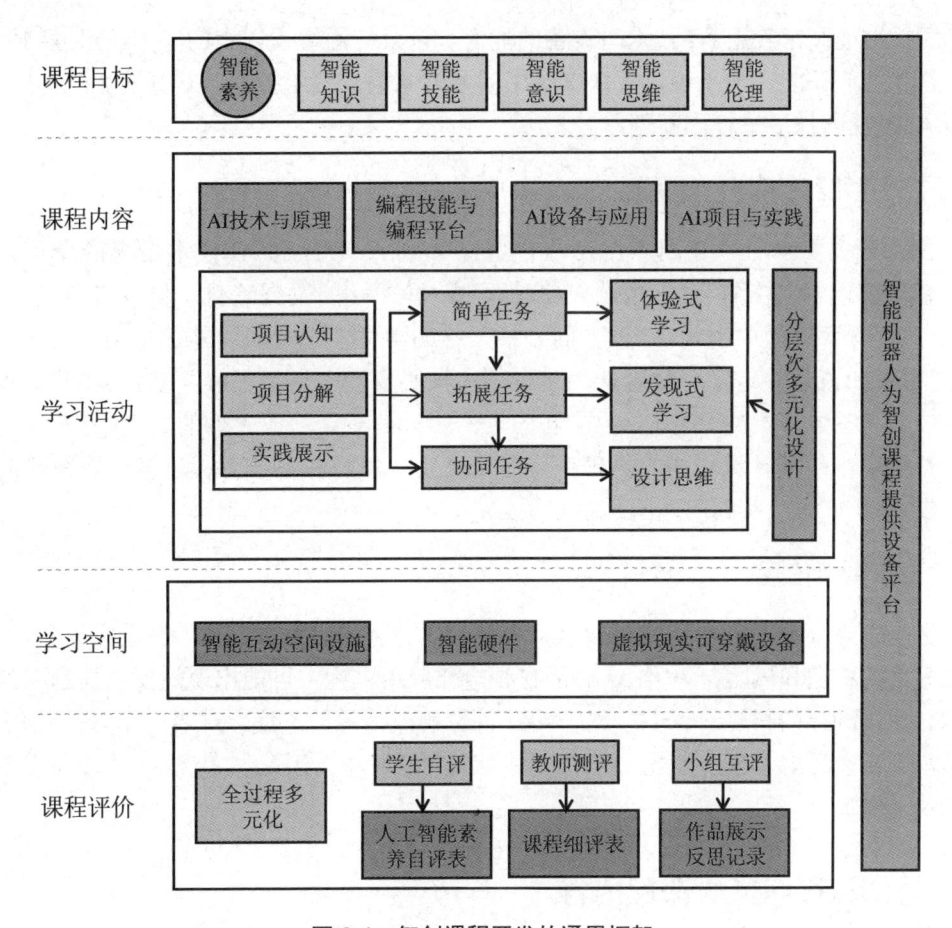

图 6-1　智创课程开发的通用框架

一、智创课程五维度课程目标

在学习目标的设计上，主要以提高学生的 AI 素养为目的，普及 AI 相关知识，并通过易于上手的 AI 设备激发学生深入学习其他 AI 知识的兴趣。朱永新等在《创新教育论纲》一文中指出创新教育涉及四个方面，分别为创新意识的培养、创新思维的培养、创新技能的培养及创新情感和创新人格的培养[1]，这与智能核心素养的培养模型相似。

（一）智能知识与智能技能

智能知识和智能技能是 AI 教育的基础，对于帮助学生理解和应用 AI 具有重要作用。学生对 AI 的掌握程度会直观地体现在这两个方面。智能知识主要包括 AI 的相关概念、技术、原理等，例如历史与发展、产品使用方法等。学生应该了解 AI 的历史与发展过程，掌握 AI 产品的使用方法等。

---

[1] 朱永新, 杨树兵. 创新教育论纲[J]. 教育研究, 1999(8): 8-15.

智能技能则指应用 AI 技术与设备的能力，以及应用编程语言的能力。通过利用智能知识和智能技能，学生可以解决实际生活中的问题，使用编程工具开发 AI 产品，并应用 AI 产品与技术进行创新创造。

（二）智能意识与智能思维

智能意识要求学生在日常生活中能够感知到 AI 产品和 AI 技术带来的变革。学生应有意识地主动了解 AI，体验 AI 产品，并关注 AI 的发展趋势。日本自 2016 年开始推广 AI 教育，其中小学 AI 教育的目标是帮助学生建立时代所需的"AI 思维"。关于 AI 思维的概念界定，有学者认为包含三大核心要素：一是了解并掌握 AI 的基本原理；二是具备区分人类智能与 AI 的能力；三是培养与 AI 协同工作的能力。

智能思维包括计算思维、数理逻辑思维、设计思维和系统工程思维，旨在帮助学生形成利用 AI 解决实际问题的思维方法。

（三）智能伦理

智能伦理要求学生以正确的价值观和情感态度看待 AI 的发展。学生应关注 AI 为社会带来的机遇和风险，以及 AI 产品在社会化应用过程中可能出现的安全问题和隐私问题。在 AI 时代背景下，如果学生对 AI 持怀疑或抵触的态度，或者无法学会使用 AI 产品，则难以适应未来智能化的工作、学习和生活环境。因此，关注 AI 伦理和安全问题至关重要。

二、智创课程四模块课程内容

中国电子学会为了响应相关国家政策，推出了全国青少年机器人技术等级考试，这是一项面向全社会 8～18 岁青少年的机器人技术能力水平评价考试[1]。理论考试涵盖了机器人相关的理论知识，而实际操作考试则包括机器人搭建的机械原理、编程运行及现场实践调试等。在以科普 AI 为主的教育阶段，智创课程的内容主题主要侧重于帮助学生理解 AI 基础概念并进行体验式学习，让学生通过与 AI 设备的互动，感受 AI 为生活带来的便利。

为了实现这一目标，我们设计了四个模块的智创课程内容（见图 6-2）：AI 技术与原理，编程技能与编程平台，AI 设备与应用，AI 项目与实践。通过这些模块，学生可以全面了解 AI 的相关知识，掌握实用技能，并在实际项目中应用所学知识，从而提高综合素质。

---

[1] 全权，王帅. 机器人等级考试和比赛 [J]. 机器人产业，2018(3): 56-68.

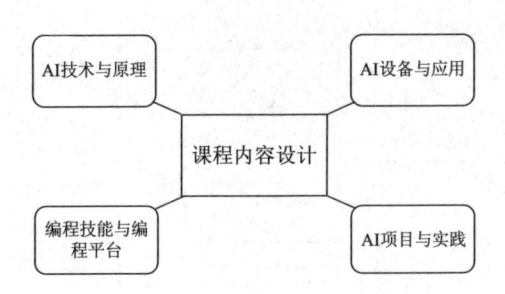

图 6-2　四个模块的智创课程内容

三、智创课程三阶段学习活动

在学习活动设计方面，教师既可以通过案例分析、项目设计等方式引导学生拓展思维，也可以向学生展示或剖析典型的智能系统，引导学生在案例或实践中发现问题，并尝试用 AI 方法解决问题。

第一，在学习任务上进行分层次设计：简单任务、拓展任务和协同任务；在学习活动类型上进行多元化设计：根据任务类型和学习内容，分别设计基于发现的学习、基于体验的学习、基于设计的学习，引导学生从思维上的发现体验到自己动手设计实践，最终实现项目或案例的创新。

第二，课程开发以项目式为主。项目旨在解决真实存在的问题（problems），而非简单的问答问题（questions）。在学习过程中，学生将生成相应的作品，实现知识的建构[1]。基于傅骞提出的"SCS 创客教学法"，我们将学习活动分为七个步骤，包括项目情境引入、项目方案分析、简单任务应用体验、知识要点学习、拓展任务原理探究、创新激发引导、协同任务实践开发、成功作品展示。实践证明，"SCS 创客教学法"能有效指导创客教学[2]。

在此基础上，我们提出了一种基于项目式学习的智创课程通用教学模式。如图 6-3 所示，该模式以完成一个实际项目作为课程内容，并在项目基础上分解学习任务，设计多元化的学习活动。

（一）项目认知阶段

项目认知是项目式学习的起点。通过运用多媒体视听教学资源，引入与项目相关的情境，帮助学生更深入地了解项目，激发他们的学习兴趣。在这个阶段，学生可以上网查阅相关知识，深入了解项目背景，为接下来的学习任务奠定基础。在对要取得的项目成果有了一定了解之后，学生将以小组为单位交流心得，并设计一套方案来完成项目。此时，项目方案可能并不成熟或完全正确，但在持续推进后续学习任务的过程中，学生可以根据学习反馈，不断修正和完善方案。

---

[1] 胡佳怡. 从"问题"到"产品"：项目式学习的再认识 [J]. 基础教育课程, 2019(9): 29-34.
[2] 傅骞. 基于"中国创造"的创客教育支持生态研究 [J]. 中国电化教育, 2015(11): 6-12.

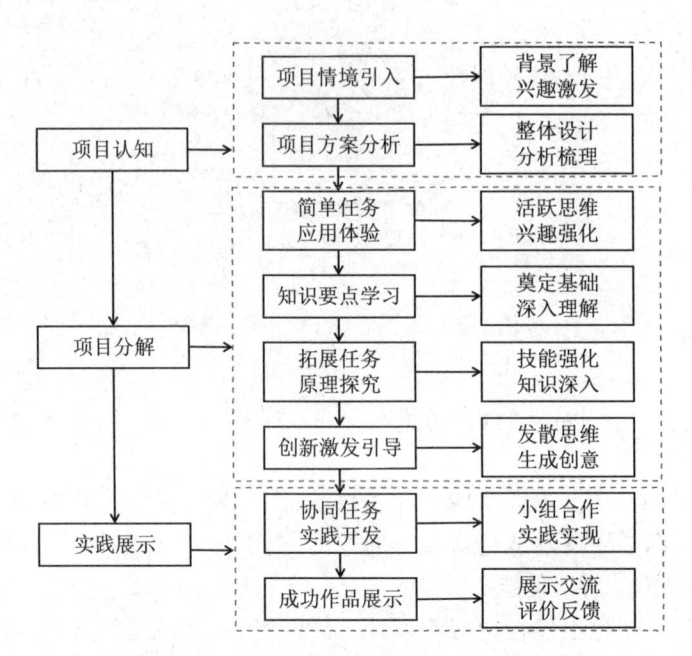

图 6-3　基于项目式学习的智创课程通用教学模式

（二）项目分解阶段

课程采用项目式学习方式，将实际问题转化为学生能够完成的创客项目。通过将项目分解为小任务单元，降低学习难度，并递进式地安排学习内容和技能的掌握。在这个阶段，学生通过完成分解后的任务，理解和掌握实现创客项目的知识要点和技能。

在学习过程中，部分学生可能会产生有创意的想法，或者对初期的设计方案进行反馈和修改。教师可以通过引导学生参与头脑风暴和进行发散思维，与同伴和教师沟通交流，激发学生的创意灵感。任务设计由简到难，简单任务为学生打下知识基础，拓展任务加深学生的理解，强化技能的培养。

（三）实践展示阶段

学生在实践过程中对项目成果进行测试、反馈、修改，最终完成项目任务。协同任务的设计能够帮助学生整合、总结项目。在协同任务中，学生以小组为单位，明确项目成果的最终呈现形式，并通过对初始设计方案的总结、修改，形成相对成熟、可操作的方案。小组成员分工合作，共同完成智创项目，生成最终作品。在展示与交流阶段，每个小组汇报成果，分享问题与经验，小组间进行互评，指出各自的创新点与不足。最后，教师对每组作品进行点评、打分与总结。

四、智创课程学习空间

在推进 AI 教育、开展 AI 课程的过程中，创建良好的学习环境至关重要。因此，建设智创课程学习空间（简称智创空间）很有必要，其能够为学生和教师提供进行 AI 体验、实践和创新创造的平台。王同聚于 2015 年率先在广州市建立起国内第一个市级智能机器人创客教育体验中心。广州市中小学创客教育依托于此创建智创空间，表明线下智创空间是基于智能机器人等智能化设备为主体建设的实体创客教育中心[1]。

智创空间以 AI 为主题，与传统的校园创客空间相比，更注重融入 AI 元素，主要设备都是 AI 产品（如机器人、机械臂、智能家居等）。相较于传统创客空间，智创空间突破了传统的布局和格局，更加注重整体感知，增强了学生的体验感。它鼓励学生在体验和实践中学习 AI，并应用 AI 进行创新。

然而，对一些学校进行走访后发现，部分学校的创客空间设计仍然沿袭传统教学空间的模式，内部单一、封闭，无法满足新技术创新活动的需求。这些空间缺乏完整的设计，学生进行创新交流活动的空间有限。另外，一些学校在建设创客空间时没有挖掘自身的学科特色和资源优势，无法将创客空间与学校特色和本土文化结合，导致空间定位不明确，难以吸引学生。

在设备配置上，雒亮、祝智庭[2]在《创客空间 2.0：基于 O2O 架构的设计研究》中提出，教育创客空间中主要的工具设备按照加工与手工制造、设计与 3D 打印、开源硬件设计与开发分为三类：（1）在智能硬件上，与传统的创客空间选择的开源硬件有所不同，智创空间多选用智能性较高的硬件设备作为开展创客教育的载体。智能硬件设备选择较多，如智能机器人、智能机械臂、3D 打印机、3D 扫描仪等。例如越疆桌面机械臂，能够二次开发，学生可以通过脚本开发更多功能。选择的智能硬件设备以机器人为主线，能够支持系列化、工程性、创新性项目教学，提高学生的综合能力、工程能力、创新能力。（2）智能互动空间设施。交互机器人能够进行智能性的语音交互、触屏交互、人脸识别等，识别预设用户并输出设定的动作与问候语。打造 AI 文化氛围，通过机器人智能引导提供互动性与趣味性，利用人脸识别进门，机算机视觉识别创客身份并与之进行个性化互动，机器人机械臂参与创客创意的产生和创作过程。（3）虚拟现实可穿戴设备，适用于三维场景漫游的交互实训体验。

五、智创课程多元化课程评价

课程评价是课程开发的最后一环，其重要性不言而喻。评价的多元性、合理性、公平性至关重要，这有助于确保评价达到既定的目标。良好的课程评价不仅能够帮助学生对学习过程和学习结果进行反思，深化其对知识和技能的学习，也能让教师发现

---

[1] 王同聚. 走出创客教育误区与破解创客教育难题——以"智创空间"开展中小学创客教育为例 [J]. 电化教育研究, 2017, 38(2): 44-52.

[2] 雒亮, 祝智庭. 创客空间 2.0: 基于 O2O 架构的设计研究 [J]. 开放教育研究, 2015, 21(4): 35-43.

课程实施中的不足,从而进行反思和调整。

AI 课程与传统学科课程有着明显的不同,因此传统的测验型评价方式并不适用于 AI 创客教育。如图 6-4 所示,在设计课程评价时,更应关注学生的过程性表现,采用综合评价模式。这种模式能够有效关注学生在学习过程中的表现。智创课程采用过程性评价与结果性评价相结合的方式对学生的表现进行评估,遵循多评估者原则。评价量表中包括个人评价、小组互评和教师测评等。

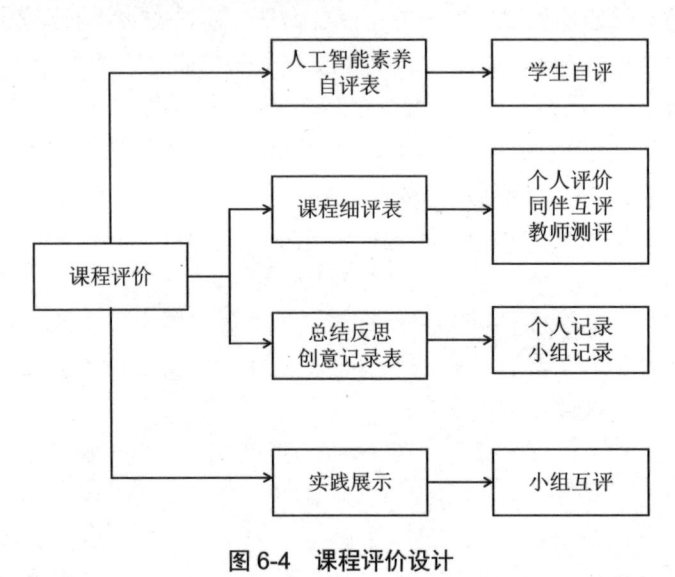

```
                    ┌─ 人工智能素养自评表 ──→ 学生自评
                    │
                    ├─ 课程细评表 ──→ 个人评价 同伴互评 教师测评
        课程评价 ───┤
                    ├─ 总结反思创意记录表 ──→ 个人记录 小组记录
                    │
                    └─ 实践展示 ──→ 小组互评
```

图 6-4　课程评价设计

第二节　基于设计思维的智创课程设计框架

根据目前的设计思维模型,结合课程目标、内容、实施和评价四个设计原则及中学生的学习特点,本节将智创课程教学活动设计分为五个基本环节:"发现需求—定义问题—构思方案—制作原型—评价分享",构建了基于设计思维的智创课程设计框架,如图 6-5 所示。

中学生与大学生在身心发展、知识储备和经验积累等方面存在较大差异,因此不能简单地将前人总结的设计模型直接套用。

针对中学生的学习特点进行分析,进一步阐述如何构建适合中学生的智创课程设计框架。目前参与创客课程的中学生对 3D 技术特别感兴趣,对信息化学习工具与方法接受能力强;他们喜欢展示个性和特长,积极与他人交流;倾向于通过简单易懂的方式获取知识,喜欢动手实践,不擅长理解抽象的理论与概念。

关于儿童创造力发展特点的研究,有的学者指出青少年的创造力随年龄增长逐渐提高,而有的学者认为创造力发展过程是有起伏的。心理学家托伦斯(E.P. Torrance)

的研究表明，中学生的创造力发展在 13 岁和 17 岁[①]分别存在两次"低潮"，因此在青春期培养学生的创造性思维尤为重要。早期的设计思维模型都将"共情"作为设计中重要的一环。根据相关研究和调查，对 3D 技术感兴趣的中学生具有强烈的好奇心，喜欢与人分享，已具备一定的共情能力，创造性思维也正在从具象向抽象转化，因此具备了培养设计思维的条件。

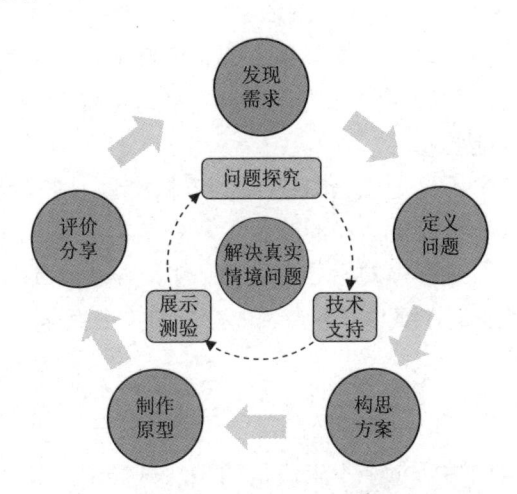

图 6-5　基于设计思维的智创课程设计框架

一、发现需求

发现需求是设计过程中的第一步。作为项目的开发者，教师首先需要创建一个任务情境，使学生了解任务问题的背景。学生在这个情境下需要进行调研或者讨论交流。接着，他们根据调研结果提出自己对问题的理解，并开展需求分析。这个过程需要在调研的基础上查阅资料，学生不仅是资料的收集者，还是需求的分析者。只有经历了发现需求的过程，他们产生的想法才切实有效。

在发现需求阶段，教师的教学任务不仅是创设情境，还包括组织学生进行团队活动，启发和引导学生，并及时解答他们的疑问。在这个阶段，学生通过观察和调查等方式，从生活中发现问题，并确定要解决的问题。

二、定义问题

学生在发现需求后会分析需求，并在此基础上进行头脑风暴，提出几个可行的假设。在这个阶段，会形成一个较为清晰的主线，学生会将精力集中在这个主线上，分析这条主线是否具有完成项目任务的价值和意义，最后讨论并确定实践的大致方案。

在这个过程中，学生充当着需求与价值的分析者、想法的提供者与输出者，同

[①] Torrance E P. The Minnesota studies of creative behavior: National and international extensions[J]. The Journal of Creative Behavior, 1967, 1(2): 137-154.

时也是主题选择的决策者。而教师是学生活动的参与者和观察者，并在学生确定方案的过程中提供指导和评估。在这一阶段，教师需要鼓励学生大胆、积极地提出各种想法，通过集思广益迅速产生大量想法，并全面评估各种方法的利弊，进行意见整合。

三、构思方案

团队中的每个学生都参与了头脑风暴，针对项目主题分别发表了自己的看法，并绘制了关于该问题主线的思维导图。随后确定方案的初稿，并进行可行性评估，即该方案是否能够解决实际问题。

在这个过程中，学生不仅是想法的提供者和输出者，同时也是方案的决策者和评价者。在这个阶段，教师不仅是活动的监督者，更是需要和学生一起探讨和分析的参与者，同时也是方案构思过程中的指导者和评估者。学生小组确定方案的初稿后，要绘制草图，草图不需要非常详细，只需要表现方案的关键点即可。

四、制作原型

在这个阶段，学生们先将每个小组成员的想法分类汇总，然后进行讨论并正式设计草图，随后不断修改和优化草图，再根据优化后的草图设计出模型。接着，他们会咨询老师并对模型进行修改和优化。除了课程每个环节的记录表，教师还会提供其他便利工具，如便笺纸、白板等，供学生设计原型使用。最好在此阶段鼓励学生使用诸如3D打印机、建模软件或者三维扫描等新兴科技工具，以辅助他们快速、精准地完成原型设计，而且可以让他们学到一门新技能。

在原型设计过程中，学生既是想法的输出者，也是原型设计的具体操作者，同时，他们需要对同组成员的模型进行评价。而教师不仅是活动过程的参与者、指导者和监督者，同时也是设计工具的提供者。

五、评价分享

完成原型制作后，学生对方案或者作品进行反复测试，根据测试结果进行改进，并在小组之间分享交流，相互评价，完善后形成最终方案或完成作品。在这个过程中还需要小组成员互相交流制作过程中的心得体会，可以通过宣讲、视频展示或者PPT展示等活动形式来实现。该阶段提倡互相包容、共同成长的探讨氛围。

在这个过程中，学生是想法的提供者与输出者，也是作品的评价者与决策者。而教师在评价作品的过程中需要以中立、宽容的立场来看待学生的观点，除了监督和调控，更要注重鼓励和开导。教师在该阶段既是活动的参与者和监督者，也是方案优化过程中的指导者与评估者。

第三节 基于创新思维的智创课程设计框架

在已有的研究基础上,笔者提出基于 Arduino(一种流行的开源电子平台)的智创课程设计框架,如图 6-6 所示。该框架包括智创课程目标、智创课程内容、Arduino 智创空间、学习活动和智创课程评价 5 个部分。

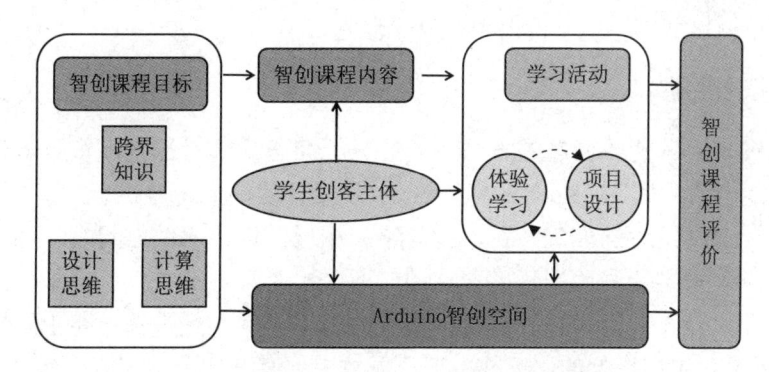

图 6-6 基于 Arduino 的智创课程设计框架

一、智创课程目标

本节提出的智创课程设计框架重点关注学生的动手实践、分享表达及团队协作能力的培养,旨在激发学生的积极性,通过更适合的方式提升他们的计算思维和设计思维。因此,该框架的目标设计从跨界知识、计算思维和设计思维三个方面出发,而最终目的都是培养创新思维。

(一)跨界知识

跨界知识是指来自不同领域的知识在交叉融合中产生的新知识,跨越学科、个体、组织、时间、空间和媒体介质等边界。当面临复杂问题时,人们需要超越自身认知图式、组织环境和学科边界,寻求跨界知识的帮助[1]。跨界知识具有内隐性和专属化两种属性。其中,内隐性包括抽象性、编码性和传播性;专属化包括系统化、结构化和壁垒化。基于这些属性,跨界知识可以分为四类:高内隐性高专属化知识、高内隐性低专属化知识、低内隐性低专属化知识和低内隐性高专属化知识。

(二)计算思维

计算思维是一种运用计算机科学的思维方式和基础概念来解答问题及进行系统设计的思维方式。它包括像计算机科学家一样思考问题、理解问题和解决问题的一系列

---
[1] 刘哲雨,尚俊杰,郝晓鑫.跨界知识驱动创新教育:变革机制与实施路径[J].远程教育杂志,2018,36(3):3-12.

思维活动[1]。然而，对计算思维的定义并不唯一，可以从五个方面进行解释。第一是解决问题的观点，即计算思维是解决问题过程中的一系列思维活动。第二是系统性的观点，计算思维被视为一种系统性思维，强调人们对现实世界及其规律的认识。第三是过程的观点，计算思维被看作一种思维模拟或信息处理过程，强调计算思维概念中的计算特质。第四是活动和方法的观点，计算思维是一种构造思维的框架，是人们设计和建造现实世界的思维方法。第五是工具的观点，计算思维是解决现实问题的工具，其显著特征包括自动化、信息模拟和计算模拟等。

（三）设计思维

设计思维是一种解决问题的方法，通过分析问题后进行探索，发展出与他人不同的复杂思维能力[2]。罗兰（Rowland Gordon）将设计思维描述为一个由以下过程构成的流程："不要追求绝对的准确与否、对与错。相反，设计师做出判断，并通过对这些判断效果的学习来判断其明智程度。这种判断既不是理性的决策，也不是直觉。它是通过经验和反思获得洞察力，并将这种洞察力应用于复杂、不确定和矛盾情况下的能力"[3]。关于设计思维模型的研究在本书第五章中已有具体、详实的介绍，其中斯坦福大学的设计思维模型是最常用的，该模型包含"共情（Empathize）、定义（Define）、构思（Ideate）、原型（Prototype）和测试（Test）"这五个环节。

二、智创课程内容

在 AI 时代，单一学科的知识已经无法满足解决复杂问题的需求。因此，多学科知识的跨界融合已成为课程改革的趋势。创客课程的内容构建主要包括两种模式：一是相关课程模式，即以某一学科问题为导向，引入其他学科的内容来解决项目问题；二是广域课程模式，即以生活问题为导向，综合运用多学科知识来解决问题。创客课程的组织结构主要通过整合方式来呈现，作为一种整合性课程，其内容设计的核心在于主题或项目的设计。通过这种设计，学生可以在跨学科的环境中进行实践和探索，培养综合应用知识解决问题的能力。

创客课程的主题目前主要有以下四类，如表 6-1 所示。

表 6-1　智创课程主题

主题类别	涉及内容
逻辑程序类	图形化编程语言和软硬件编程工具平台（Scratch、Arduino IDE、App Inventor 和 Processing）

---

[1] WING J M. Computational thinking[J]. Communications of the acm, 2006, 49(3): 33-35.

[2] 林琳，沈书生. 设计思维与学科融合的作用路径研究——基础教育中核心素养的培养方法[J]. 电化教育研究，2018, 39(5): 12-18.

[3] Rowland, G. Shall we dance? A design epistemology for organizational learning and performance[J]. Educational Technology Research and Development, 2004, 52(1): 33–48.

续表

主题类别	涉及内容
电子机械类	电子电路的设计、机械组合、传感器技术和智能机械及机器人等
结构创意类	创意原型设计、设备制造等工具（车床、激光切割和3D打印等）
艺术创作类	文化、艺术创作（平面设计、Autodesk设计和陶艺、纸艺等的设计）

此外，针对同一智创课程主题，可以将课程内容划分为多个相对独立的模块，这些模块共同致力于解决某一现实问题。每个模块由多个跨界知识点组成。智创课程的内容可以从多个渠道获取，包括中小学学科课程、网络资源、学习社区及真实生活问题等，甚至可以通过学生生成的内容（Student-generated Content，SGC）来产生课程内容。智创课程的内容应与学生的知识经验和生活经历相关联。

因此，通过将不同领域的知识进行整合和应用，创客课程可以为学生提供一个全面的学习环境，促进学生跨学科思维和实践能力的培养。

三、Arduino 智创空间

智创空间作为智创课程实施的场所，通常配备了激光切割、3D 打印和数控机床等设备，以及各种生产工具和开源硬件平台，如树莓派单片机和 Arduino。在智创空间中，学生能够根据创客项目的具体需求，选择合适的材料，并通过团队合作进行作品的设计与制作。最终，他们可以通过各种线上线下平台分享自己的成果。因此，为了开展跨学科、创新和综合性的智创课程，一个合理分区、资源丰富且具有开放氛围的创客空间是十分必要的。

在此基础上，笔者认为可以采用分区域的方式来构建创客空间，这种做法是具有借鉴意义的。主要区域可以包括情景体验区、资料检索区、材料加工与制作区、创意机器人制作区、开源硬件设计开发区、方案设计研讨区和公共服务区等。其中，材料加工与制作区配备了 3D 打印机、激光切割机、小型数控机床及各种常用工具；开源硬件设计开发区则提供了用于调试的计算机、各类常见传感器及硬件搭建所需的各种耗材。通过这种分区的设计，创客空间能够为学生提供一个有序的、功能明确的环境，促进他们创新思维和实践能力的培养。

四、学习活动

库伯（David A. Kolb）提出的体验式学习包括四个阶段：具体体验、反思观察、抽象概括和积极实验[1]。具体体验阶段要求学生全身心地融入学习情境。学生的投入程度越高，体验越深刻，记忆中的片段也更多。这些片段促使学生形成新的见解，进入下一个阶段。随着片段的积累，学生会建立自己的理论和模型来解释一些现象和问

---

[1] 钟正，陈卫东. 基于 VR 技术的体验式学习环境设计策略与案例实现 [J]. 中国电化教育，2018(2): 51-58.

题。通过在其他情境中验证理论，学生完成了整个学习过程。体验式学习强调学生的主体地位，学生的投入程度决定学习的进行与否，小组合作中学生的学习风格多样，集体学习效率高于个人。这种学习方式让学生通过实践解决问题，体现了寓教于乐和学以致用的思想。

本节选择库伯的科学探究术循环模型作为具体学习活动模型的基础。图6-7展示了"体验学习、项目设计"双轮驱动的创客学习模式，该模式注重培养学生的设计思维、计算思维和创新能力，通过创建真实情境并为学生提供必要的资源和工具，组织小组合作来引导学生创造性地完成项目。这种模式基于逆向思维，以项目课程为核心，融合了体验式学习理论和基于设计的学习理论。

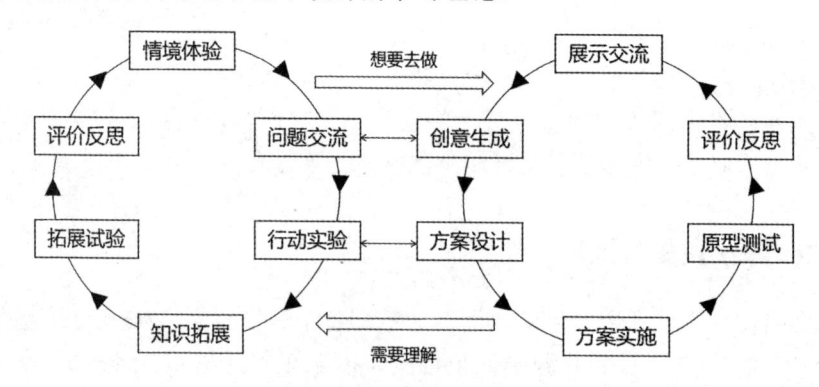

图6-7 "体验学习、项目设计"双轮驱动的创客学习模式

（一）体验学习

情境体验环节是指教师创造一个真实情境下的问题，引发学生的兴趣，使学生将此时的体验与已有经验联系起来，从中获得灵感。问题交流环节是小组成员根据特定任务进行沟通。行动实验环节是学生根据指南对简单的示例项目进行模仿，以获取程序性知识。知识拓展环节是学生根据项目中所使用的知识进行总结，偏向陈述性知识。拓展实验环节是在简单项目示例模仿的基础上增加难度，以检验学生是否能够理解并应用所学知识。评价反思环节是学生陈述在示例项目模仿和拓展实验环节中的收获和反思。

（二）项目设计

创意生成环节是指学生在体验学习轮中的情境体验环节后，将已有经验与体验内容碰撞生成的创新点。方案设计环节是指在形成创意后，小组内进行交流，在思维碰撞下形成方案。方案实施环节是将形成的方案应用于实践。原型测试环节是对方案实施后的结果进行测试，以评估方案的质量。项目设计轮中的评价反思环节采用计算思维中的"回溯"方式，检验整个设计过程是否存在问题，并让学生对自己在整个环节的表现进行反思。展示交流环节是各小组展示他们完成的作品，分享整个制作过程中的心得。

（三）智创课程活动实施

图 6-8 展示了"体验学习、项目设计"双轮驱动的创客学习模式的具体流程。整个学习流程从情境体验环节开始，在真实情境问题中引发学生的思考，学生进而对问题进行交流，唤起相关经验。部分学生可能会生成创意想法，直接进入方案设计阶段。然而，由于缺乏实现功能所需的知识支持，此时的设计想法并不完善，存在许多漏洞。通过小组沟通明确问题，并融合思路后，进入行动实验环节，将所需的理论知识内化，然后进入方案设计环节，完善设计方案，待形成相对完善的方案后进行作品/模型的制作，即抽象概括与实施方案。制作完成后，采用计算思维中的纠错思想对所设计的作品/模型进行评估，检查是否存在潜在问题，即开展拓展实验与原型测试。最终对成型的作品/模型进行展示交流与评价反思。

首先，整个创客学习模式的过程是循环迭代的，学生从体验学习轮到项目设计轮，再回到体验学习轮，不断进行反思、改进和创新。这种学习模式注重学生的实际动手能力和解决问题的能力，通过实践项目设计和体验学习的结合，促进学生创新思维和创造力的培养。同时，小组合作和交流也是创客学习模式的重要组成部分，通过团队合作和思维碰撞，促进学生之间的互动和合作能力的发展。

其次，创客学习模式的实施需要提供适当的学习资源和指导，包括教师的指导、实验设备和材料的准备等。教师在学习过程中扮演着引导者和促进者的角色，通过提供学习资源、组织学习活动和引导学生的思考，推动学生的学习和成长。

最后，创客学习模式是一种注重实践和体验的学习方式，通过项目设计和体验学习的结合，培养学生的创新思维和解决问题的能力。这种学习模式注重对学生的实际动手能力和合作能力的培养，通过循环迭代的学习过程，推动学生的学习和成长。

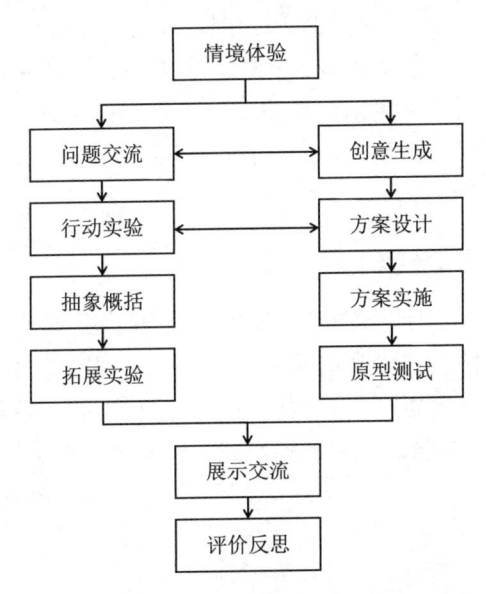

图 6-8 "体验学习、项目设计"双轮驱动的创客学习模式的具体流程

五、智创课程评价

学习评价设计在课程设计中扮演着至关重要的角色，其目的在于验证学生是否达到设定的目标，并评估其学习成果，为课程的进一步完善提供依据。考虑到智创课程的创新性，传统的单一学科评价体系已不再适用。因此，针对智创课程的目标，需要建立多元化的评价体系。

（一）多维度的评价内容

从智创课程的目标和学习过程出发，结合布朗温（Bronwyn Bevan）等人的研究[①]，可将智创课程的评价内容划分为以下五个维度：主动性和意向性、解决问题的能力和批判性思维、概念理解、创造力和自我表达、交际和情感投入。（1）主动性和意向性维度包括积极参与、设定个人目标、敢于创新和根据创客过程调整目标等四个评价指标；（2）解决问题的能力和批判性思维维度包括通过反复迭代进行故障排除、分析问题原因、寻求解决问题的思路、工具和材料，以及制定解决方案四个评价指标；（3）概念理解维度包括观察并提出问题、测试初步想法、构建解释及将解决方案应用于新问题四个评价指标；（4）创造力和自我表达维度包括有趣的探索、对材料和现象的艺术把握、将项目与个人兴趣和经历联系起来，以及以新颖的方式运用材料四个评价指标；（5）交际和情感投入维度包括团队合作、相互教与学、表达自豪感和主人翁精神，以及记录他人想法/与他人分享想法四个评价指标。

（二）多元化的评价主体

在创客课程的学习评价中，参与评价的主体包括教师、学生，以及他们的同伴。不同评价者在评价过程中关注的内容各不相同。（1）教师评价主要侧重于评估学生的学习状态，以及评判操作流程是否规范；（2）学生自评主要关注整个学习过程的自我反思和自我调整，这是激发学生创作热情和培养批判性思维的重要途径；（3）同伴评价主要关注小组成员在学习活动中的参与度和表现情况，以及对他人作品的评判，从而使学生通过互相评价来进行自我反思、取长补短。

（三）多样化的评价方法和工具

由于传统课程的评价体系无法充分反映学生的学习效果，我们采用了过程性评价和总结性评价相结合的方式。常用的评价方法包括观察记录、量规评价和汇报展示等。在应用这些方法时，需要根据具体项目进行选择，并开发相应的评价工具。常见的评价工具包括协作学习评价表、问题解决能力评价表、创客作品评价量规等。

---

① Bronwyn Bevan & Jean J. R. Making Deeper Learners A Tinkering Learning Dimensions Framework[J]. Connected Science Learning, 2018, (7).

六、设计原则

最后，本节为了更好地介绍智创课程与创客教育的实施过程和关键要素，探讨了智创课程设计的五大原则。

第一，课程项目的来源应当是真实情境中存在的问题。通过以真实项目为起点，可以激发学生的学习动力，并唤起他们已有的经验，使其更容易融入。学生在解决项目中的问题时，实际上是在解决真实情境中的问题，这有助于他们将相关的知识和技能应用到其他情境中。通过项目经验的积累，学生在面对真实情境中的复杂问题时更容易找到解决方法。

第二，课程内容的设计应该涵盖多个学科的知识。通过以大项目为核心，开展多个任务单元的学习活动，让学生在解决每个任务单元的问题时，必须综合运用多个学科的知识，这将有效提升他们综合运用知识的能力。通过设计方案、发现问题和不断完善的过程，可以培养学生的设计思维。通过实施方案、测试和不断修改完善模型的过程，可以培养学生的计算思维。通过不断设计和完善，学生可以总结个人经验，随着经验的积累，他们更容易产生创新性的想法。而计算思维和设计思维的提高直接促进了学生创新能力的提升，使他们能更好地适应当今时代。

第三，课程活动中应充分发挥学生的自主性。教师在整个学习活动中的角色仅限于情境的创设者，更多的是让学生进行自主探究。在项目过程中，学生能够掌握程序性知识，并利用工具和资源来填补知识的盲区，将新知识与已有知识建立联系，在大脑中形成知识网络。正如关联主义学习理论所强调的，只有将知识应用于实践才能更符合当时的情境，只有在这样的过程中，学生所学得的知识才更有意义。在信息时代，知道在哪里获取知识比仅仅学会特定知识更为重要，掌握信息搜寻、筛选和决策的能力将有助于学生更好地实现个人价值。

第四，课程的实施应以小组合作的方式展开。学生在整个学习活动中都处于小组环境中，可以随时进行交流来解决问题。在不同学习风格和思维方式的碰撞下形成有效方案的过程中，展现了学生在真实工作情境下进行团队协作的场景。通过这种模拟训练，为学生的职业发展奠定基础。学习活动中的一个环节是汇报和分享，通过这个环节，学生可以积累在多人场合下汇报的经验，这同样有助于他们的职业生涯发展。

第五，课程评价应重点关注学生的表现。应重视学生的自我评价和小组互评，关注学生基于失败经验的反思。评价应贯穿整个学习活动，例如，在问题交流环节，学生可以通过思维导图工具展现整个讨论过程，以作为学习的证据。在实际操作环节，观察学生的操作流程是否规范。在知识学习环节，观察学生对知识的掌握程度，对知识的掌握可以不作要求或者不占过多比重。在拓展实验环节，主要检查结果是否达到预期要求，并记录学生是否提出改进方案及这些方案是否可行。在展示交流环节，主要评估学生在分享时的表现及作品的外观、功能和创新性等方面。在评价反思环节，主要评估学生自我反思的深度，并积极引导，同时综合之前各个环节的评分进行汇总。

综上所述，基于创新思维的智创课程的核心是通过真实情境的体验和项目设计来激发学生的学习兴趣和创新能力。课程应源于真实问题，涵盖多学科知识，注重学生的自主性和小组合作，以及重视学生的表现和评价。这种学习模式不仅有助于学生在课堂内外培养综合应用知识的能力，更重要的是为其未来的职业发展奠定了坚实的基础。随着时代的发展，创客教育将继续发挥重要作用，成为培养学生创新精神和实践能力的重要途径。

第四节　基于智能素养的智创课程设计框架

泰勒原理对于现代课程开发具有重要影响。根据该原理，课程设计需要围绕四个方面进行，即确定教育目标、选择教育经验、组织教育经验和评价教育计划。因此，智创课程作为一种特殊的课程形式，也应基于内容进行设计。课程设计必须包括课程目标、课程内容、学习活动及课程评价。

基于对现有研究的分析，笔者提出了基于智能素养的智创课程设计框架，该框架由五个部分构成：目标设计、内容重构、空间构造、活动设计及评价实施。

一、目标设计

目标有三个方面：计算思维、AI 知识、创新能力，这三个目标最终都指向智能素养的提升。

AI 知识即指与 AI 相关的知识。目前，AI 的应用领域非常广泛，包括人脸识别、语音识别、自然语言处理等。人脸识别在身份认证领域得到广泛应用，例如，火车站的进站身份核验和支付宝刷脸认证等；语音识别则应用于手机语音助手和各种输入法的语音输入功能；自然语言处理可以帮助人们发现文章中的语法错误，如中文写作辅助工具。我国已出版的中学 AI 教材基本都涵盖了以上三种技术的相关知识，因此，让学生了解 AI 知识并掌握其应用具有一定的意义。

二、内容重构

在基于智能素养的智创课程内容设计上，我们认为可以将每个主题课程划分为若干个相对独立的子任务。每一个子任务可以包含一个或多个特定的知识点，通过这些子任务的组合，学生能够解决一个完整的问题。智创课程作为一种综合实践课程，其内容应当源于日常生活中的实际问题，并以问题解决为导向。同时，课程内容应强调生活化和时代化，以提高学生的实践能力和创新思维。

鉴于本设计框架中所包含的要素的多样性，本节综合考虑了学生现有的学习基础、未来的发展需求及创客教育的总体目标。因此，笔者在教学实践中利用 App Inventor 网站来开发 Android 系统应用程序作为培养学生计算思维的主要途径。同时，通过结合越疆 Dobot 魔术师机械臂的实践项目，引导学生深入学习 AI 相关知识，以此来锻炼他们的创新能力，并实现中级智能素养的培养目标。

三、空间构造

在教育领域的创客空间内，教师采用循序渐进的教学方法，从简单到复杂，从基础到高级，逐步引导学生参与不同程度的创客项目。这样，学生可以逐渐掌握运用各种技术工具和非技术方法协作处理问题的方法和技巧，从而提升问题解决能力。通过这种学习过程，学生的沟通、团队协作、批判性思维及动手操作能力等都能得到有效的锻炼和提升。

为了实施基于智能素养的智创课程，有必要构建一个充满智能特色的创客空间。该空间的墙壁上可以展示关于 AI 技术的原理介绍；在"智能体验区"，学生们能够尝试和体验典型的 AI 应用；"知识学习区"则为他们提供了查找资料和学习理论知识的静谧角落；装备有高性能计算机的"软件编程区"能够满足学生们的各类编程需求；在"硬件调试区"，Arduino 开发板、机械臂、教育机器人等丰富的硬件设备可供学生实践操作；"产品制作区"的 3D 打印机和激光雕刻机等工具支持学生创作个性化的作品；最后，在"交流讨论区"，学生们可以自由地交流创意，碰撞思想，孕育出创新性的解决方案。这样一个全方位的创客空间不仅为学生营造了理想的学习氛围，而且激发了他们的创造力和创新意识。

四、活动设计

本设计框架采用项目式学习作为主要的学习模式。这种方法以师生间的互动为基础，强调核心概念和基本原则，并确保与教学目标的紧密结合。在学习过程中，学生面对的是实际问题的解决，而不仅仅是简单地问答问题。项目式学习的终极目标是让学生通过产出实际的作品来内化知识。然而，仅仅完成项目并不够，创客教育的核心在于培养学生的"创"造力。如果只是机械地完成任务而不进行深入的思考和创新，那么真正的学习就不会发生。

前文提到，SCS 教学法能够有效指导创客教学。本节在 SCS 教学法的基础上，提出了一种基于项目式学习的智创课程教学模式，将创客教育活动划分为项目学习阶段和创客实践阶段，如图 6-9 所示。

项目学习阶段

学习下一个任务单元

学习情境引入（体验 激发 职业 兴趣）→ 简单任务模仿（强化 活跃 兴趣 思维）→ 拓展知识学习（深入 奠定 理解 基础）→ 扩展任务模仿（强化 拓展 操作 能力）→ 创新想法生成（鼓励 记录 创新 创意）

↓

项目交流讨论（发散 确定 思维 功能）→ 协同任务生成（小组 生成 合作 作品）→ 成功作品分享（交流 评价 互动 作品）

创客实践阶段

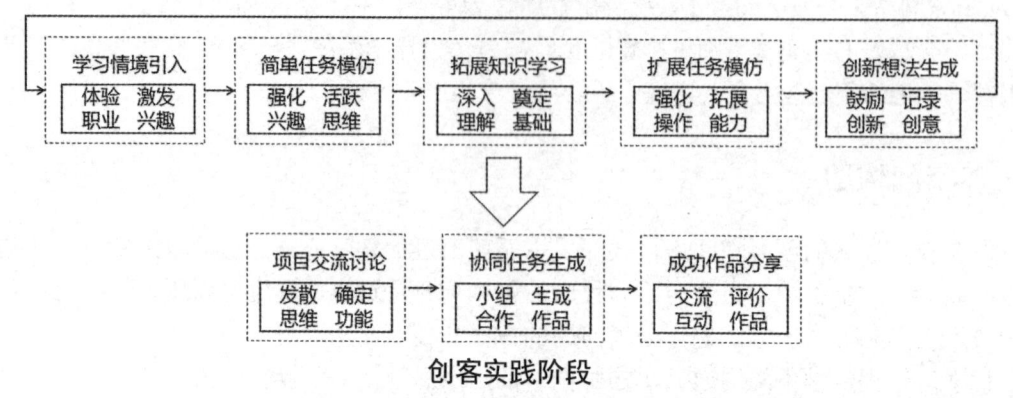

图 6-9 基于项目式学习的智创课程教学模式

（一）项目学习阶段

项目学习的第一步是学习情境引入。在创客教育中，这些情境往往模拟了未来的职业环境，让学生提前体验职场生活，从而提高他们对创客活动的兴趣。第二步，通过完成一些简单的任务，学生可以熟悉必要的知识和技能，这不仅增强了他们的自我效能感，而且进一步激发了他们的学习热情和思维活力。第三步，掌握了基本任务后，学生需要巩固和拓展相关知识，这些知识是完成任务的核心。通过自主探究或同学间的交流，学生可以丰富自己的知识储备。第四步，扩展任务模仿则是对简单任务的深化，它帮助学生进一步熟练掌握技能，并拓宽项目学习的范围。第五步，在学习新知识、实践简单及扩展任务之后，学生需要对所学内容进行总结，并在创意记录表上记录下自己基于任务单元产生的创新想法。完成这一系列步骤后，学生将准备就绪，进入下一个任务单元的学习，这个过程将持续到学生完成所有任务单元。

（二）创客实践阶段

在项目学习的前期阶段，学生们掌握了开展创客项目的基础知识和技能，接下来他们将进入综合运用这些知识和进行创新创造的实践环节。在先前的学习过程中，学生们可能已经萌生了一些解决问题的创意，这些创意现在需要通过具体的实践来进一步打磨和完善。

首先，学生以小组为单位进行深入的交流和讨论，以明确具体目标和要解决的问题。通过头脑风暴和发散思维，小组成员将确定作品各组件的功能，并选择适合的主技术栈。接着，小组成员分工协作，各自负责程序逻辑和界面设计的一小部分，之后共同完成上位机 App 的调试及其与下位机的对接，最终形成完整的创客作品。在作品展示环节，每个小组向其他小组展示成果，分享在学习和创作过程中遇到的挑战和学到的经验。通过小组间的互相评价，学生能够探讨彼此作品的创新之处和改进空间。最后，教师对每组作品给出专业的评价、评分和总结性反馈。

（三）教师角色

在项目学习阶段，教师充当着关键的"中介"角色：当学生在项目学习的过程中遇到障碍时，教师会为他们解答知识上的困惑，协助他们克服技术上的难关，从而辅助学生建立和完善知识体系，掌握所需技能。

进入创客实践环节后，教师的角色转变为"引导者"：面对学生在技术和项目功能方面碰到的问题，教师会适时地给予指引，帮助他们朝正确的方向前进，以防学生陷入无尽的问题循环中。恰当的引导有助于学生更高效、迅速地完成他们的创客项目。

五、评价实施

智创课程评价是创客课程开发的最后一步，必须确保公平、合理，以实现评价的目标。创客教育注重过程和表现，通常采用综合评价模式[①]。

本节基于 5ONs 的创客课程评价框架与制造教育（Maker Education，Maker Ed）组织开发的创客课程评估细则，开展基于智能素养的智创课程评价。其中 5ONs 的创客课程评价框架包括 Minds-on（思维参与）、Hands-on（实践参与）、Hearts-on（情感参与）、Social-on（社交参与）和 Acts-on（行动参与），具体如表 6-2 所示。而 Maker Ed 组织开发的创客课程评价细则则帮助确定创客课程在各阶段的情况，该细则包括五个方面的内容，每个方面从低到高有四个阶段，具体如表 6-3 所示。

表 6-2　基于 5ONs 的创客课程评价框架

要素	内容	具体指标
Minds-on	学生通过创客课程学会完成项目所需的各种技能和知识，所有的学习过程都是由自我主导的	创造性
		自我主导性
		探究精神
		批判性思维
Hands-on	学生利用各种工具和IT技术进行体验性创作活动，以制作自己计划好的作品	利用工具和材料的能力
		作品的功能性
Hearts-on	学生基于个人的兴趣和热情参与创客活动，内部动机不屈服于失败体验，培养持续挑战的态度	挑战和冒险精神
		对失败的态度（持续性）
		满足感和自信心
Social-on	学生在创客过程中及完成作品后，与其他学生一起参与技术和知识相关的分享、交流、讨论，体验合作和沟通的过程	学习指导
		协作
		共享
		共鸣力

---

① 万超, 魏来, 戴玉梅. 创客课程开发模型设计及实践[J]. 开放教育研究, 2017, 23(3): 62-70.

续表

要素	内容	具体指标
Acts-on	创客活动是为解决实际问题而进行的脉络性活动,当其结果可以被作为问题的解决方案时,就会成为创客教育的目标	道德责任感的实践
		作为变革促进者的反思

表 6-3 创客课程评价细则

		入门	探索和发展	实施与整合	嵌入、维持和共享
设定目标	目标、价值	主要根据外部组织施加的价值来设定目标	根据教育者和机构的价值观设定目标	设定符合社会价值观的目标,包括学生、家庭、教育者、机构和标准	与社区共同制定目标
	多维目标	设定的目标为其中之一:内容、技能或思维	设定的目标包括以下两项:技能和思维	设定的目标包括以下三项:内容、技能和思维	与其他教育工作者合作设定包括所有三个类别的目标
	学习维度	确定已存在的思维	使用学习维度为年轻人设定思维目标	使用学习维度为所有五种思维设定一个目标	将所有五个学习维度整合到各个级别的思维目标中
设计活动和课程	方法	设计一个单一类型的学习驱动着的活动	设计以学生为主导的活动,使用至少两种以学生为中心的学习方法	使用以下以学生为中心的学习方法,设计各种活动:修补发现,做中学,应用项目和社区影响项目	利用以创客为中心的方法来组合课程活动,以支持更深入的学习
	内容组成	尝试独立制作项目	进行创客活动实验,以支持已有的课程和活动	跨领域集成以学生为中心的学习	跨领域集成以学生为中心的学习,以支持更深入的学习
	多维目标	关注内容、技能或者思维	整合内容、技能和思维之间的学习重点	设计在内容、技能和思维方式方面达到平衡的学习	
	代理构建:学习所有权	创建让学生理解问题,解决问题及技能培养的活动	创建活动,让学生偶尔有机会形成自己的见解	开展活动,使学生拥有不断解决问题的机会,并帮助他们认知及技能习得	营造一个学生问题解决的环境,并帮助他们认知及习得技能
	代理构建:学生驱动	学生有机会分享他们的价值观、理解和自我反思	将学生的价值观、理解和思考融入活动	学生有机会根据他们的价值观、理解和思考来推进学习的方向	学生经常基于他们的价值观、理解和思考来推进学习
	学习维度	注意学生的活动中体现思维发展的地方	策划一个在过程中体现一种思维的活动	策划一个在整个过程中显示多种思维的活动	策划多个促进多种级别的多种思维发展的活动
	目标	策划的活动偶尔与目标相关	策划的活动大部分与目标相关	根据目标策划活动	

续表

		入门	探索和发展	实施与整合	嵌入、维持和共享
设计学习过程	方法	制订活动计划，将活动与核心学习分开进行	偶尔将作品制作整合到进度中，通常在进度的最后作为应用项目	在整个学习活动中融合作品制作以支持最初的学习，让学生有机会去完善、去探索及在制作中学习	将真实的项目、主题或框架整合到整个学习过程中
	进程	根据学习目标策划一系列的活动	设计在实际应用过程中所进行的各项活动	通过真实的情境或有目的的学习来构架进度（如基于真实情境、社会价值观、兴趣）	
	代理构建：合作	学习活动的进度设计者大多数来自教育工作者	在学习过程中学生有较少机会互相帮助、相互启发	在整个学习过程中，学生始终可以互相帮助、相互启发	创造一个学生可以相互寻求帮助和灵感的环境
	学习维度	注重思维发展在设计的进程中的位置	规划一个有助于一种思维发展的学习进程	规划一个有助于多种思维发展的学习进程	规划一个有助于多种级别的多种思维发展的学习进程
	目标	规划的学习进程有时与目标一致	规划的学习进程通常与目标一致，但对于螺旋式学习可能无法达成目标	规划的学习进程可以使学生通过螺旋式学习不断接近目标	
促进作用	技术	尝试1~3个学生驱动的促进技巧	定期整合2~3种促进技术；尝试2~3种其他促进技术	灵活而有策略地运用各种课堂教学辅助技术	在所有的实践领域中灵活而有策略地使用各种课堂促进技术
	代理构建：学习所有权	关注学生何时需要额外的帮助来解决问题及促进他们认知和技能习得	协助者使用可见的思维策略和探究性问题来帮助学生解决问题和促进认知和技能习得	学生使用提问技巧和自己的可视化思维策略来解决问题和建立认知	营造一个学生问题解决的环境，并帮助他们认知和技能习得
	代理构建：合作	有时会给学生分享他们的工作并获得反馈的机会	为学生提供一样的机会来分享他们的作品，并互相给予反馈和支持	将学生重定向到其他学生，以提供反馈、指导、帮助和启发	营造一个环境，使学生之间能够相互提供反馈、指导、支持和启发
	学习维度	注意到促进技巧如何推动思维方式的发展	有意修改促进技巧，以帮助思维发展	对环境做出灵活的反应，促进技术对思维发展的帮助	

续表

		入门	探索和发展	实施与整合	嵌入、维持和共享
促进作用	目标	使用并不总是支持学生朝着目标前进的促进技巧	有时将促进技术与目标相结合	一直且有目的地使促进技术与目标保持一致	
记录和评估	在项目中	在学习的过程中收集和评估几个方面的数据	在学习的过程中收集和评估多个方面的数据	持续收集和评估大量的数据以不断了解实践中的学习和影响	支持学生收集项目过程中的资料和数据来作为作品集的一部分
	证据的形式	以一到两种形式记录和收集数据	以多种形式记录和收集数据	以多种形式和规模记录和收集数据,并整合到活动和进程中	以多种形式和规模记录和收集数据,并作为学生经验的一部分
	多维度的	获取与内容、技能、心态中其中一个相关的数据或证据	获取数据和证据,使内容、技能、心态中至少一个可以明显看出来	利用多种证据来评估内容学习、技能形成及心态发展	
	代理构建:自我评估	偶尔促进学生反思	开始利用学生的反思作为学习证据	在学习过程中持续促进反思和自我评估	创造一个支持学生不断反思和评估他们学习的环境
	学习维度	在获取的证据中发现心态的迹象	收集与设定的心态目标相符的证据	设计学生反思和观察协议来评估心态的增长	设计评估学习者心态的内容,包括支持学习者反思的能力及支持教育者随时间变化发现学习者心态变化的能力
	目标:价值	设计与目标相关的评估内容	设计与目标相符的评估内容	设计与目标完全相符并且可以测量增长程度的评估内容	设计与目标完全相符并且可以让学生根据目标自己测量增长程度的评估内容

综上,在本节的智创课程设计框架中,课程活动以项目式为核心,构建了一个具有智能特色的、全方位的课程教学空间,课程的评价主要针对学生的学习情况进行。这样的课程设计不仅关注学生对知识和技术的掌握,还重视他们的实际操作能力、创新思维和团队协作能力的培养,最终目的是培养学生的多元智能素养。

第五节 基于综合学习设计的智创课程开发框架

本节依托于项目式学习、设计思维及综合学习设计的理论框架,结合对多所学校

AI 课程现状的调研结果，分析了学生群体的特点。从智能核心素养培育的角度出发，笔者提出了一种名为"双设计理论+PBL"的智创课程开发框架。

该框架涵盖了课程目标、课程内容、学习活动、课程评价和课程空间五个关键要素，并将其细化为包括课程目标设定、项目选择等在内的十五个具体步骤，如图 6-10 所示。我们的目标是为当前智创课程的开展与实施提供一种可参考的实用方案，以促进学生智能核心素养的有效提升。

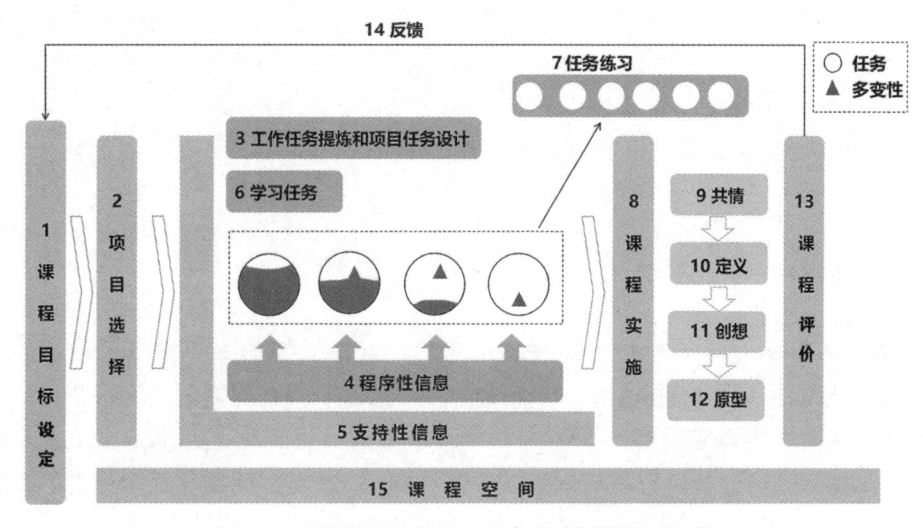

图 6-10 "双设计理论+PBL"智创课程开发框架

第一，课程目标设定（步骤 1）是课程开发的起点。清晰的课程目标使得项目选择（步骤 2）成为可能。首先，理想的项目应与学生的日常生活紧密相连，保证学生能全身心投入；其次，项目也需具有丰富性，足以支撑学生至少一周的探究；同时，教师和学校应具备对该项目学习进行评估的能力。

第二，确定课程目标和具体项目后，就进入课程内容的详细设计阶段。根据项目的需求，我们要进行工作任务提炼和项目任务设计（步骤 3），并在设计过程中针对不同任务层次，设置相关联的学习问题和知识点。在构筑学习任务时，需要注意任务之间的连贯性和完整性，并分别处理两类不同的学习内容：（1）程序性信息（步骤 4），用于处理任务中的例行问题，强调遵循步骤和流程；（2）支持性信息（步骤 5），针对任务中的创新性挑战，侧重于理论支撑。在学习任务（步骤 6）的开展过程中，学习支持逐步减少（大圆中的阴影代表学习支持），每个学习任务也有相应的变化（三角符号），直至学生能够独立完成最后一个学习任务。对于某些学习任务，额外的练习和操练是必要的，因此需要开发任务练习（步骤 7）的应用程序。

第三，完成课程设计后，进入课程实施阶段（步骤 8）。在实施过程中，秉承设计思维的原则，以共情作为基础，通过深入了解项目受众和与用户共情（步骤 9）启动项目设计。接着，将通过同理心洞察到的用户意图转化为用户需求，并据此生成解决方案，即定义（步骤 10）问题。在创想阶段（步骤 11），集合所有参与者（小组成员）

的想法，使用诸如头脑风暴、九宫格等技巧来完善解决方案。经过讨论和迭代，逐渐打造出项目任务的原型（步骤 12），这些原型可以是简单的草图、模型等形式，用以快速传达创意。

第四，课程评价（步骤 13）是评估课程成效的关键环节，也是衡量学生学习成果的重要手段。评价过程中，需要强调过程性评价与结果性评价相结合，注重评价的全程化、评价主体的多元化、评价依据的数据化、评价内容的多维化及评价结果的精确性。同时，课程评价也能为课程的改进提供反馈（步骤 14），针对发现的问题进行有针对性的调整，优化教学过程。最终达成学习目标。

第五，整个课程的实施离不开课程空间（步骤 15）的支持。与传统的教室空间不同，该课程空间突破了时空的束缚，采用"线上平台＋线下空间＋虚实融合"的模式，营造了更具未来教育特色的学习环境。

一、目标设计

智创的总目标是培养学生的智能核心素养，促进其发展六个维度的核心能力：智能意识、智能伦理、智能知识、智能技能、智能思维和智能创新。为了实现这一目标，结合 AI 课程的具体内容，本节在六个维度上进行了细化，并确定了十九个课程目标。为了避免重复，本节列出在智能知识、智能技能与智能创新三个维度的详细内容，如表 6-4 所示。

表 6-4 基于综合学习设计的智创课程目标维度（部分）

智能素养维度	评价指标
智能知识	了解基本概念、发展历程
	理解智能算法相关技术
	掌握相关工具的操作方法
智能技能	AI 基础通用能力
	开发智能作品专业能力
	顶层看待，解决问题
智能创新	具备好奇心，驱动调控创新的特质
	心智活动有探索求新和综合性特征
	能够参与投入创新实践

二、内容重构

考虑到学生的学习基础和课程目标，笔者对已出版和试行的中小学 AI 教材进行了系统梳理。通过重新构思智创课程内容，如图 6-11 所示，我们设计了一种以学生体验为主导的项目式课程。在实际学习过程中，学生需要在现实情境中找到案例，或者在专门的情境和状态下应用原理与方法。这些概念或原理的普适性越高，学生就越难将其应用于实际情境中[①]。

首先，我们对智创课程中学生需要重点学习的知识点进行了梳理，包括 AI 概述、算法与程序、传感器及其应用、图像处理、自然语言处理、模式识别、机器学习等领域。

其次，为了激发学生的学习兴趣，本课程采用了以实践为主的教学方式，将理论知识融入实际项目课程。我们计划设计智能导盲杖、老年智能药盒、智能天气台、智能家居、无人值守商店和智能商品分拣六个项目。

最后，到将每个项目课程都融入了工匠精神等思政元素，并以行业竞赛的形式培养学生的团结协作能力，实现课程内容的融合。这使得课程具备了"课赛创情境化融合"的特点。

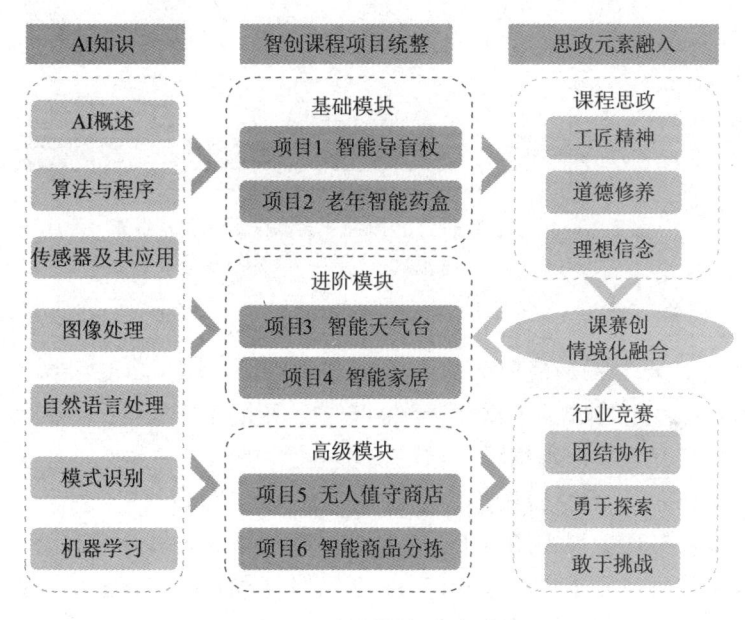

图 6-11　智创课程内容结构

三、活动实施

若将课程内容或 AI 知识视作智能核心素养的主要载体，那么课程活动便是智能核心素养形成的重要途径。杜威（William Dewey）的教育理念指出，真正的知识应当是个人与外界对象互动过程中，通过密切关联经验材料而产生的。他倡导将学科教材或各类知识回归到实际经验中，以整体视角将教材与学生的成长经验相结合。因此，在设计课程活动时，本研究吸收了"双设计"理论的精髓，并将课程实施环节分为六个

---

① Klauser F. Deklaratives, prozedurales, strategisches Wissen und Metakognition als Leitkategorien der Lernfeldgestaltung[J]. Lernen in Lernfeldern, Theoretische Analysen und Gestaltungsansätze zum Lernfeldkonzept, Markt Schwaben: Eusl-Verlagsgesellschaft mbH, 2000.

步骤：情境体验、问题探讨、方案设计、任务实施、测试排故和成果展示，如图6-12所示。通过这些步骤，学生能够在实践中进行深入体验和探索，从而有效促进智能核心素养的发展。

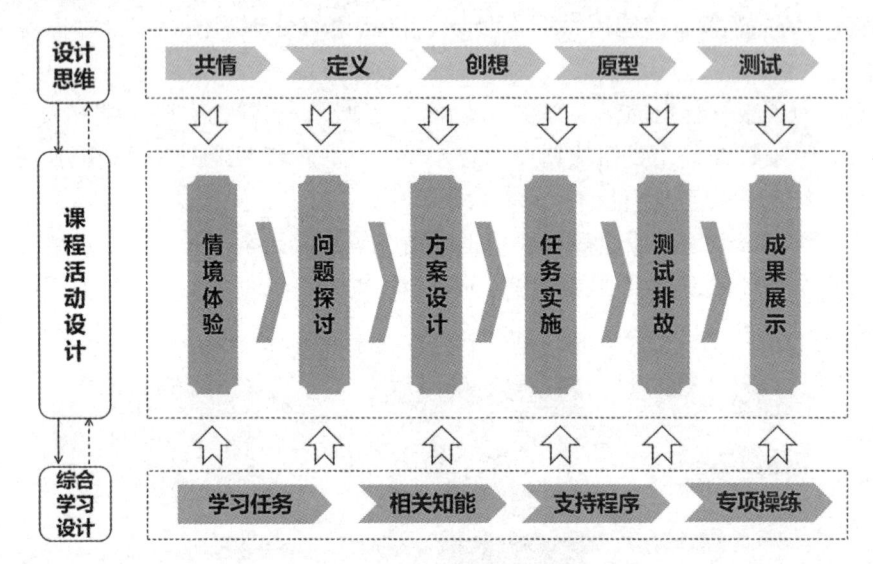

图6-12 "双设计理论"指导下的课程活动实施步骤

（一）情境体验

课程活动的首要步骤是情境体验，通过综合考虑心理、功能和物理三个维度，采用了结合现实宏观情境和虚拟微观情境的方式，帮助学生根据个人经历构建认知图示。首先，我们建立现实宏观情境，通过使用视频、新闻等，让学生了解职业环境的政策和环境，以现实生活中的任务为基础构建任务情境，以便学生全面掌握综合能力。然而，现实任务环境很难涵盖学生所面临的所有问题，并且很难为所有职业教育学生提供足够的培训场所来完成各种任务。鉴于此，模拟任务场景具有重要作用。相较于现实任务场景，模拟任务场景更便于教师控制任务进度，最大限度地减少任务实施过程中的不安全和危险情况，并降低教学成本。因此，我们利用增强现实教育游戏开发微观情境，构建与课程项目相符的体验场景，学生使用AEIOU分析表、移情分析表和POV分析表绘制同理心地图，从第一视角建立认知图示。

（二）问题研讨

课程活动的第二步是问题研讨。这一步骤通过定义在前一步骤中获取的用户意图，描述用户面临的问题，并明确解决问题所需的相关技能及其之间的关系。首先，利用前一步骤中的同理心地图，教师和学生可以通过设疑、提问和列提纲等方式对用户意图进行总结和整理，明确解决问题的对象（成功完成任务后需要改变或处理的事物）、工具（用于改变对象的物品）及目标群体的需求（用户或作品用户）。其次，对解决问题所需的技能进行分解，以更清晰地描述所有组成技能及其之间的关系，技能分解后形成一个技能层级结构。最后，学生对特定的组成技能进行分类：涉及问题解决、推理和决策的属于创造性技能，需要提供相关知识；涉及应用规则和程序的属于再生性技能，需要支持程序的运用，再生性技能又可进一步分为需要熟练掌握和不需要熟练掌握的再生性技能。

（三）方案设计

课程活动的第三步是方案设计。按照产品的发展规律和任务的复杂程度，我们采用流程图的形式设计具体的项目开发流程。首先，对已分解的技能进行排序。与问题研讨部分的横向分类不同，这一阶段按任务操作的一般步骤，通过流程图纵向展示项目具体实施方案。然后，对具有不同重点的任务进行设计。在"重点调控"环节，学生始终面对完整的任务，但在不同的任务类别中，所强调的组成技能有所差异，以此确保学生既能集中注意力完成整体任务，又能专注于特定的技能发展。最后，设计任务的评估标准和评估方法，以便在实施过程中对学生的能力进行评估和反馈。

（四）任务实施

课程活动的第四步是任务实施。通过执行方案设计的项目，培养学生的综合能力。在实施过程中，教师应提供必要的指导和支持，确保学生按照方案设计的步骤进行任务。同时，教师还应注意观察学生的表现，及时提供反馈和指导，帮助他们改进和提高，可运用例如观察记录、优秀作品展示、口头报告等方式来开展指导和评估。评估结果可以用于调整课程设计和提供个性化的学习支持。

（五）测试排故

课程活动的第五步是测试排故。实施任务后，需要对任务实施产生的作品/模型进行实验测试，从中检测出任务实施过程与结果存在的问题，即"故障"，并对该问题进行诊断与排除。通常包括四步：问题的发现、分析问题产生的原因、修改任务"零件"，最终再次进行测试排故以检查问题是否已被解决。该迭代过程是任务实施与成果展示之间至关重要的步骤。

（六）成果展示

课程活动的最后一步是成果展示。即将制作完成并通过测试排故的作品/模型完整展现出来，在展示过程中学生通过对展示的效果进行分析，明确后续的改进方向。

四、评价方案

高质量的评价对于学习过程和学习成果具有积极的推动作用。它能够帮助学生深入学习和理解知识技能，同时也为教师提供了及时调整和修正课程的机会。在智创课程的评价中，注重评价过程的全面性、评价主体的多样性、评价依据的数据化、评价内容的多维性及评价结果的准确性。因此，本节设计了一个名为"多元全程、四维成长、八度增值"的评价模型，以满足这些要求，如图6-13所示。

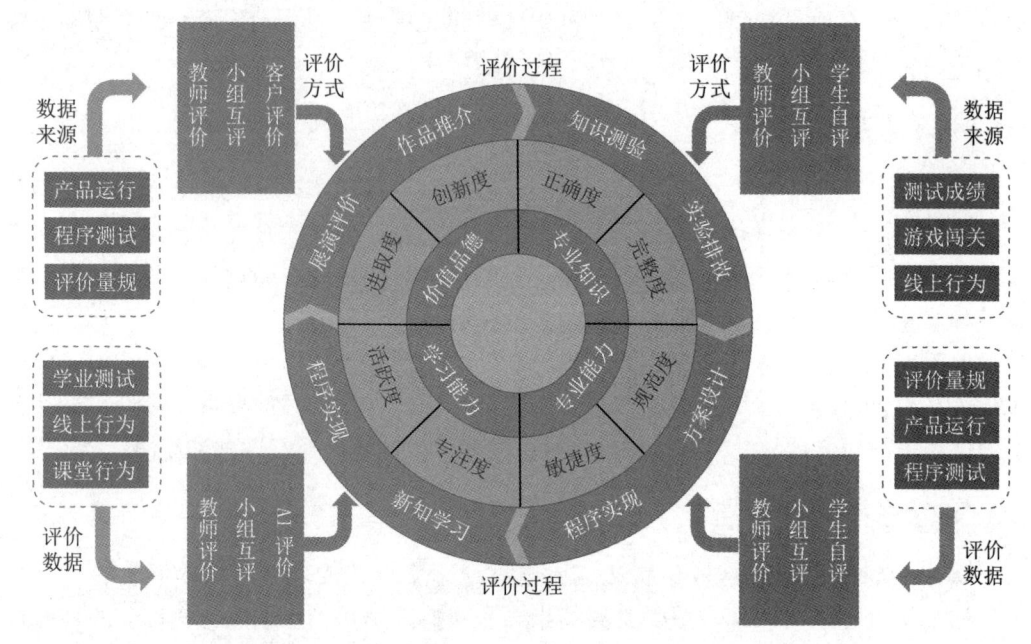

图6-13 "多元全程、四维成长、八度增值"评价模型

基于表现性行为原则，制定了"四维八度"增值评价标准，将评价维度划分为专业知识、专业能力、学习能力和品德价值四个一级指标。针对每个维度，我们进行了表现性行为的具体分解，并将多个表现性行为整合为八个测量指标，包括准确度、完整度、规范度、敏捷度、专注度、活跃度、进取度和创新度。通过这一评价体系，我们能够实现对学生学习成长的精确增值测评。

同时，采用多源数据驱动的方法，实施多元主体的全过程教学评价。教师、学生、小组和AI系统四类主体分别利用多个来源的测评数据，包括课堂行为、线上行为、程序调试等，进行课前诊断性评价、课中过程性评价和课后发展性评价。通过综合汇总这些评价数据，我们能够形成总结性评价结果。

这样的评价方法能够充分考虑学生在不同方面的表现，提供全面而准确的评估。同时，多元主体的参与也能够促进评价的客观性和有效性。通过这样的评价方案，我们可以更好地了解学生的学习情况，及时调整教学策略，推动学生的全面发展。

五、空间构造

环境心理学研究表明，人与环境之间存在着相互作用和相互影响的关系。在人与环境的互动中，个体通过行为改变环境，同时环境也会对个体的行为产生一定的影响。个体的行为方式决定了其空间需求的特点，不同的行为模式形成了不同的空间需求。

在本节中，我们将定义一种"智创空间"，如图 6-14 所示，打破原有的空间和时间限制，建立"线上线下、虚实融合"的智慧学习空间，使学习更具平等性、共享性、体验性和实践性。

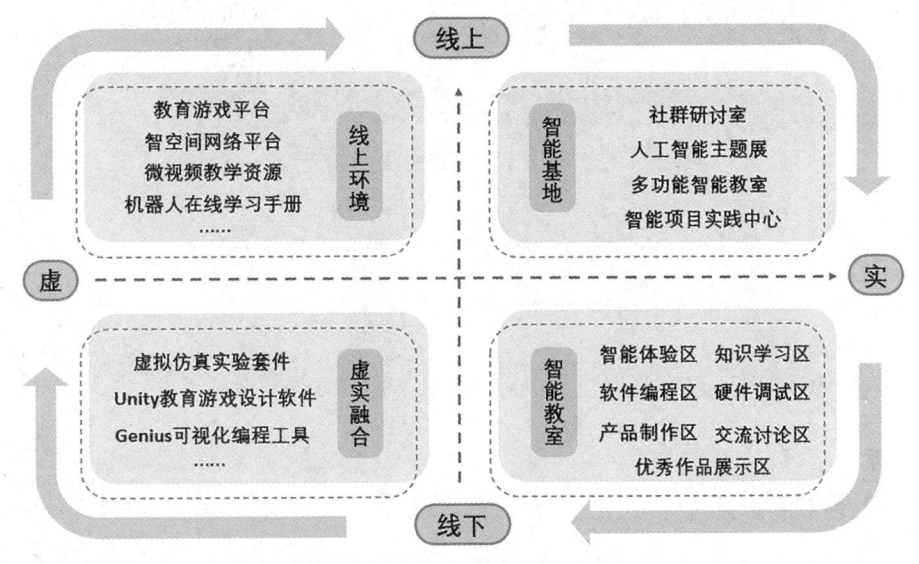

图 6-14　AI 学习空间——智创空间

首先，在线学习环境提供了智能空间网络平台、机器人在线学习手册、教育游戏平台和微视频教学资源等工具。学生可以利用这些线上平台开展自主学习，而教师也能够通过平台与学生进行互动，了解他们在课后的学习情况。

其次，线下学习环境包括 AI 教室和 AI 教育基地。AI 教室的空间被划分为智能体验区、知识学习区、软件编程区、硬件调试区、产品制作区、交流讨论区和优秀作品展示区七个部分。其中前六部分已在第四节中做出具体阐述，本节在其基础上，新增了优秀作品展示区。优秀作品展示区展示了学生完成的项目作品。

最后，智能创客空间的使用主体为在校学生。将学生在智能创客空间中的行为归纳为五个类别：学习和智造行为、加工和制作行为、交流和交际行为、展示和汇报行为，以及休闲和休息行为。通过对学生在空间内的日常行为活动进行分析，我们合理组织了空间布局，并将智能创客空间的功能区域划分为智能制造区、加工制作区、交流互动区、休息休闲区和多功能区[①]。这种基于行为分类和空间布局的方法有助于满足学生的不同需求，促进他们在智能创客空间中的学习和创造。通过提供适宜的空间环境，我们能够支持学生的学习和创新活动，提升他们的学习体验和成果。因此，智能创客空间的物理环境建设需要综合考虑学生的行为需求，并相应地设计和规划功能区域。基于以上目标、原则及空间功能划分，构建了如图 6-15 所示的智能创客空间模型。

---

① 李凤仪. 中等职业学校智创空间物理环境建设策略研究 [J]. 内江科技，2021，42(7): 18-19.

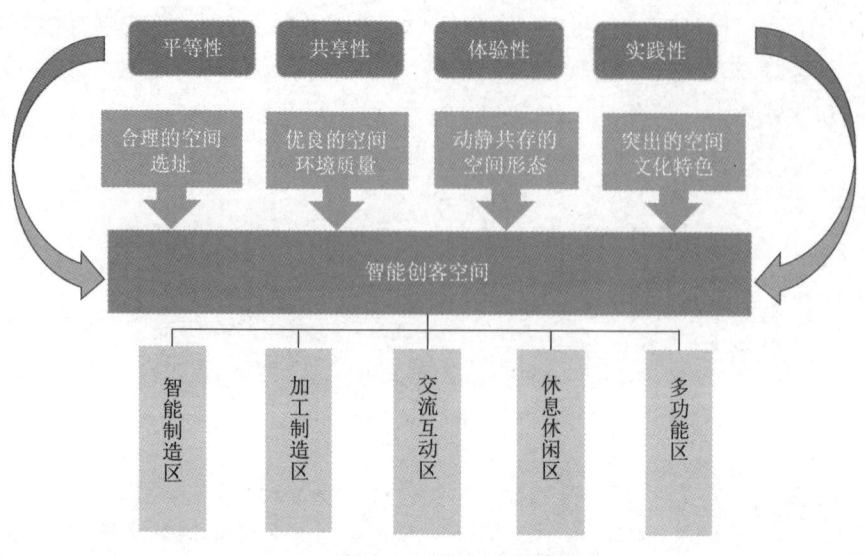

图 6-15 智创空间模型

（一）智能制造区

智能制造区致力于提供 AI 技术与设备的实践学习体验，鼓励学生由观察者逐渐转变为创造者，以培养他们在 AI 产品和项目领域的创新能力。该区域包括开放式的智能设备工作台、独立的临时听课区、休息区和储存区。根据动静共存的原则，在设计此区域时，学校可以将休息区和临时听课区设计成半封闭或全封闭的空间，以实现空间的开放性和私密性并存。智能设备工作台上主要配备 AI 产品，临时听课区增设幕布用于投影，储存区则用于存放智能套件、电子套件、设备零件或半成品等。这个区域旨在提供 AI 的实践与学习机会，促进 AI 项目的产生与推进，并支持智创课程讲座等活动的开展。

智能制造区为学生提供了一个实践学习的场所，使他们能够亲身体验和探索 AI 的世界。在这个区域中，学生可以动手操作智能设备，参与 AI 项目的开发，并利用投影设备进行相关课程的学习。此外，储存区的设立也方便学生存放和管理智能套件、电子设备、零件或半成品等资源。

总之，智能制造区为学生提供了一个多功能的空间，促进他们在 AI 领域的实践与学习。通过参与该区域的活动，学生能够积累实际操作的经验，培养创新思维和问题解决能力，从而更好地适应 AI 时代的发展需求。

（二）加工制造区

在智能创客空间中，学生的创造意识被激发，他们将想法转化为实际成果，并积极参与产品的加工制作。机械加工、木制品加工、工艺品加工等活动也是创客活动的重要组成部分。学校拥有丰富的专业资源，学生们具备较强的动手能力。因此，加工制作区成为学校实施跨专业创新想法的纽带，为师生们提供了实现创新想法的场所。在这个区域内，任何富有创造性的想法都可以得到尝试。加工制作区不仅适用于制作机器人、电子电路板等高科技产品，还能够在 AI 的背景下产生许多智能交互的工艺产品，如陶艺、木工等手工制造活动。这个区域为创客活动中基础的材料加工和手工制造提供了支持，培养了学生的手工实践操作技能。

综上所述，加工制作区在学校的智能创客空间中扮演着重要角色，为学生提供了一个实践创新的场所。通过参与各种加工制作活动，学生能够发展自己的创造力和实践能力，为未来的个性化、多样化学习打下坚实的基础。

（三）交流互动区

交流互动区设计为开放或半开放形式，分为创业区和接待区。在创业区，师生们可以组建自己的创业团队，进行交流、研讨和头脑风暴。同时，创客导师和企业专家将为创业项目提供指导，并孵化优秀案例。接待区则专门用于接待学校外部的参观人员，促进交流和洽谈。

（四）休息休闲区

从环境心理学的角度来看，人们在一个较为放松和舒适的工作环境中能够释放自我，从而培养一定的空间认同感和安全感，进而提高工作效率。因此，在智能创客空间中，除了工作区域，还应提供与公共工作区隔离的休息区域，用于创客们的休息、休闲和压力缓解，以及情绪调节。这样的休息区域为创客们提供了一个能够放松心情的场所，在繁忙的创作过程中获得片刻的宁静和舒适。

（五）多功能区

多功能区被设计为一个封闭式的多功能会议室，可用于各种活动，包括项目展示、项目路演、交流会议及讲座等。不同的项目团队可以在这里展示他们的成果，并接受指导教师的评审和建议，同时也可以相互学习和交流。当团队取得阶段性成果后，可以使用多功能会议室展示和汇报优秀案例，从而产生商业价值和学术价值。这样的设计为创客们提供了一个重要的场所，以促进他们的成果展示、交流和合作，进一步推动创新和知识的传播。

除了前述的五个区域，学校还可以根据需求增设服务区和空间文化墙。服务区作为一个辅助服务空间，为创客们提供咨询、打印和储存等服务。同时，空间文化墙用于展示智能空间的特色文化，以及创客项目的成果和荣誉。服务区的设立将为创客们提供更多的支持和便利，促进他们在创新过程中的顺利进行。空间文化墙则扮演着展示和宣传的角色，彰显智能创客空间的独特魅力和成就，激发更多学生参与创客活动的兴趣。

综上所述，本节设计的基于综合学习设计的智创课程开发框架虽然在步骤上大致相同，但在内容、活动与空间等方面存在更细致的区别。我们设计了一种以学生体验为主导的项目式课程，结合综合学习设计理论，重构和打造"双设计"支撑的课程内容与智创空间，从而更加精细化地推进了课程开发的实践。

第七章 智慧辅具：智能导盲杖

项目描述

根据首都医科大学附属北京同仁医院网站的数据，2014年，全球有 2.85 亿名视力残疾（包括盲和低视力）患者，中国约有 8000 万名。中国是全球拥有视力残疾患者最多的国家，也是全球盲人最多的国家之一，盲人达 700 多万人，约占全球总数的 18%，数量十分庞大。[1] 此外，中国还有几千万名低视力者，由于社会公共设施不够完善，以及人们重视程度不够等，出行安全一直是困扰视障者的最大问题。

假如给你三天黑暗，你会怎样面对？小美意外失明，独自去海边散心。路途中，有过马路的无奈，有等车的无助，小美用听觉来判断水声，在经历好多次迷路之后，跌跌撞撞地来到了海边。请你通过黑屏、线条触摸和声音模拟视障者的出行感受，体会视障者的感受。

学习目标

知能目标：知识与技能

（1）掌握智能导盲杖中传感器的工作原理和使用方法，包括 LED 模块、光敏检测模块、语音模块和超声波测距模块的安装与连接。

---

[1] 陆秋洁. 视障人士口述影像服务的实践与思考——以广州图书馆为例 [J]. 图书馆界, 2020(6): 33-37.

（2）掌握智能导盲杖的应用场景演示方法，包括通过传感器监测得到距离、环境亮度等数据，并判断各个传感器是否能够在指定场景下正常实现功能。

（3）了解智能导盲杖的程序开发过程，包括基本程序指令、语法，可以根据功能理解程序，并进行修改以满足要求。

方法目标：过程与方法

（1）能够根据需求完成外观设计，包括各传感器的位置安放、外形设计与开合板的安装，满足智能导盲杖在实际环境中的适用性。

（2）熟练运用 App Inventor 制作简单的移动应用软件。

素养目标：情感、态度与价值观

培养通过 AI 技术造福人类的社会参与感和使命感，能够主动探索 AI 的社会价值。

任务一　智能导盲杖开发任务分析

本任务利用 Arduino UNO 开发板与传感器实现了智能导盲杖的功能设计，为视障者设计了转向提示、夜间示警、语音提醒、避障提醒、紧急求助 5 项功能（见图 7-1）。

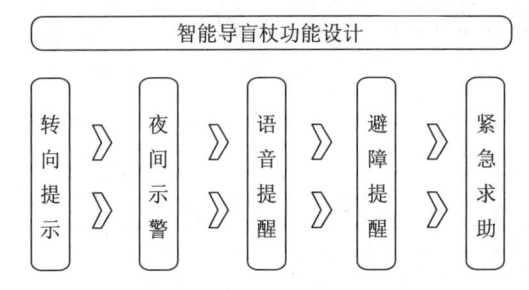

图 7-1　智能导盲杖功能设计

所需的硬件有 Arduino UNO 开发板、Arduino 拓展板、LED 模块（3 个）、按钮模块（黄色、绿色、红色的各 1 个）、模拟光线传感器、DFPlayer MP3 模块、SD 存储卡和扬声器、超声波测距传感器、GPS 和物联网模块；所需的软件有 Mind+、App Inventor 等。

智能导盲杖的具体开发流程如图 7-2 所示。

```
                    智能导盲杖的具体开发流程
                              │
                    任务一  智能导盲杖开发任务分析
                              │
      ┌───────────────────────┼───────────────────────┐
      │                       │                       │
  连接LED模块和按钮模块 ──── 任务二 ──── 转向提示功能设计
      │                                               │
  连接模拟光线传感器 ─────── 任务三 ──── 夜间示警功能设计
      │                                               │
  连接DFPlayer MP3模块、
  SD卡和扬声器    ────────── 任务四 ──── 语音提醒功能设计
      │                                               │
  连接超声波测距传感器 ───── 任务五 ──── 避障提醒功能设计
      │                                               │
  连接GPS和物联网模块 ────── 任务六 ──── 紧急求助功能设计
      └───────────────────────┬───────────────────────┘
                              │
                    任务七  智能导盲杖的App设计
                              │
                    任务八  智能导盲杖测试与排故
```

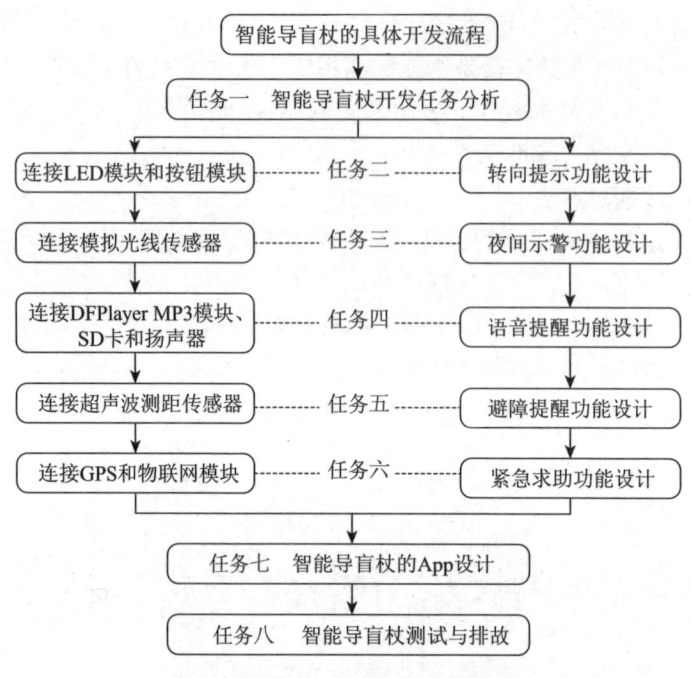

图 7-2 智能导盲杖的具体开发流程

任务二 转向提示功能设计

任务描述

转向提示功能设计所需硬件主要有 LED 模块、按钮模块、Arduino UNO 开发板，它们的连接示意图如图 7-3 所示。

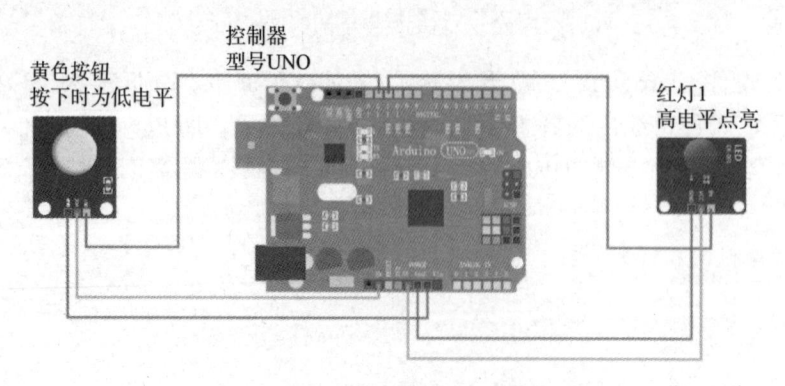

图 7-3 转向提示功能硬件连接示意图

（1）根据图7-3，完成LED模块、按钮模块与Arduino UNO开发板的连接。

（2）使用Mind+软件完成逻辑设计。实现以下功能：按左键，左转向灯亮；按右键，右转向灯亮。

（3）使用Arduino IDE软件，利用C语言，完成上述功能设计。

知识链接：Arduino UNO开发板是Arduino USB接口系列的最新版本，也是整个Arduino系列中最常用的主板。该板使用的处理器核心是ATmega328，同时具有14路数字输入/输出口（其中6路可作为PWM输出）、6路模拟输入口、一个16 MHz的晶体振荡器、一个USB口、一个电源插座、ICSP报头和复位按钮等，它包含支持微控制器运行所需的功能，只需用USB电缆将其连接到计算机，也可以用AC-to-DC适配器或电池供电，造价低廉，初学者使用起来非常方便。

任务实施

步骤1　安装LED模块

本任务选用DFR0021系列的LED模块（见图7-4），也可以根据实际需要选择与Arduino UNO开发板兼容的LED模块。

使用杜邦线将LED模块连接至Arduino UNO开发板的数字端口。注意：将LED模块的G端连接Arduino UNO开发板的GND引脚，+端连接VCC引脚，S端连接D引脚。

知识链接：DFR0021系列的LED模块引脚S为控制端，引脚+为电源端口（VCC），引脚G为接地端口（GND），控制方式为高电平灭，低电平亮。

步骤2　安装按钮模块

将按钮模块连接到Arduino UNO开发板的模拟端口。注意：将按钮模块的GND、VCC分别与Arduino UNO开发板模拟端口中的GND、VCC对应连接，OUT与A引脚相连接，如图7-5所示。

知识链接：按钮是一种最简单、最直观的传感器，有两种状态，即开和关。

图7-4　DFR0021系列的LED模块　　　　图7-5　按钮模块

步骤3　LED模块的逻辑设计

LED模块的逻辑设计如图7-6所示，具体分为如下9个步骤。

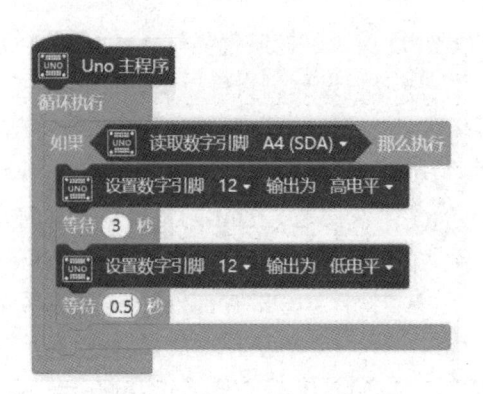

图 7-6 LED 模块的逻辑设计

（1）打开 Mind+ 软件，拖动模块。

（2）为了重复实现通过按键控制 LED 灯的亮灭，可以选择"控制"栏中的"循环执行"模块。

（3）选择"控制"栏中的"如果……那么执行"模块，拖动至"循环执行"模块的下方。

（4）选择"Arduino UNO 开发板"栏中的"读取数字引脚"模块，将按钮模块连接到 Arduino UNO 开发板上对应的引脚 [本示例中为 A4（SDA）]。

（5）选择"Arduino UNO 开发板"栏中的"设置数字引脚输出为高/低电平"模块，将 LED 模块连接到 Arduino UNO 开发板上对应的引脚，并设置为高电平（本示例中为 12）。

（6）选择"控制"栏中的"等待*秒"模块，设置 LED 灯亮的等待时间为 3 秒。

（7）选择"Arduino UNO 开发板"栏中的"设置数字引脚输出为高/低电平"模块，将 LED 模块连接到 Arduino UNO 开发板上对应的引脚，并设置为低电平（本示例中为 12）。

（8）选择"控制"栏中的"等待*秒"模块，设置等待时间为 0.5 秒（用于消除按键抖动）。

（9）点击"上传到设备"，将程序上传到 Arduino UNO 开发板。

知识链接：Mind+，全名 Mindplus，诞生于 2013 年，是一款拥有自主知识产权的国产青少年编程软件，集成多种主流主控板及上百种开源硬件，支持人工智能（AI）与物联网（IoT）功能，既支持图形化积木编程，也支持 Python/C/C++ 等高级编程语言编程。

知识提炼

Arduino UNO 开发板驱动方法：使用数据线将开发板与计算机正确连接，板上会有两个红灯亮起；打开计算机的设备管理器，查看 Arduino UNO 开发板是否已经驱动，如果图标前面有叹号标志，表明没有驱动成功。图 7-7 为成功驱动 Arduino UNO 开发板的示意图。

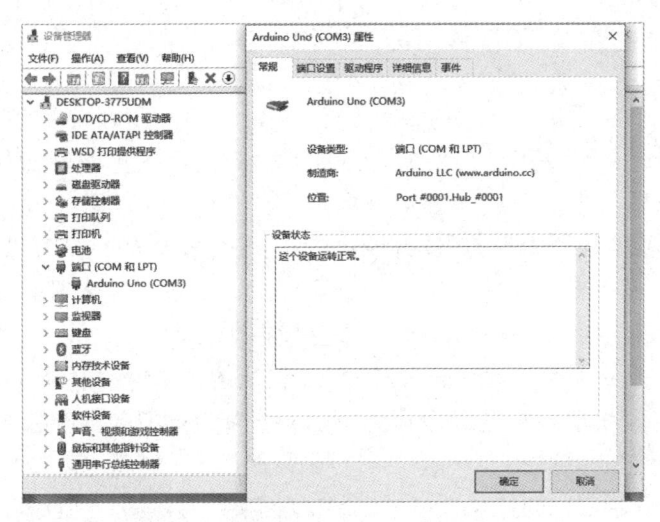

图 7-7　成功驱动 Arduino UNO 开发板

将程序上传到 Arduino UNO 开发板的方法：编程者拖动图形化积木进行编程的同时，右侧代码区会自动生成高级编程语言，有助于快速帮助开发者理解编程的思路。程序上传完成后，若右下方显示"avrdude done. Thank you."和"上传成功"，即表示编写的程序已被上传到 Arduino UNO 开发板中（见图 7-8）。

图 7-8　程序上传成功

步骤 4　LED 模块关键代码

通过对 LED 模块的逻辑设计，得到以下关键的 C 语言代码：

```
void loop() {
  if (digitalRead(A4)) {
    digitalWrite(12, HIGH);
    delay(3000);
    digitalWrite(12, LOW);
    delay(500);
  }
}
```

知识链接：Arduino IDE 是一款专业的 Arduino 开发工具，主要用于 Arduino 程序的编写和调试，拥有开放源代码的电路图设计，支持 ISP 在线烧录，同时兼容 Flash、

Max/Msp、VVVV、PD、C、Processing 等多种程序。

知识提炼

开源硬件使用的传感器一般具有标准化的接口，可以更方便地与开发板或拓展板进行连接。通常，电源正极的表示符号有"+""V""5V"，接地端的表示符号有"-""G"等，数据信号输出的表示符号有"A"（模拟信号）、"D"（数字信号）、"S"。在使用传感器前，要仔细阅读产品说明书，了解该传感器的输入输出信号类型，从而确定应该连接到开发板数字端口还是模拟端口。

LED 模块的尺寸大约为 30 mm×20 mm，模块的 4 个角都设置了标准的固定孔，方便固定。LED 模块适用的电源电压为 +3.3～5 V，类型为数字模式。LED 模块有白、蓝、黄、红等多种颜色，但一般同一时刻只能显示一种颜色。全彩 LED 模块可以通过控制内置的 3 种颜色的灯珠亮度来调制多种颜色。在选择 LED 模块时，需要注意该模块是高电平点亮还是低电平点亮。

问题拓展

LED 模块控制中容易出现的问题：LED 灯不亮。请你仔细思考出现该问题的原因，并给出解决方案。

任务三　夜间示警功能设计

任务描述

夜间示警功能设计所需硬件主要有 LED 模块、模拟光线传感器、Arduino UNO 开发板，它们的连接示意图如图 7-9 所示。

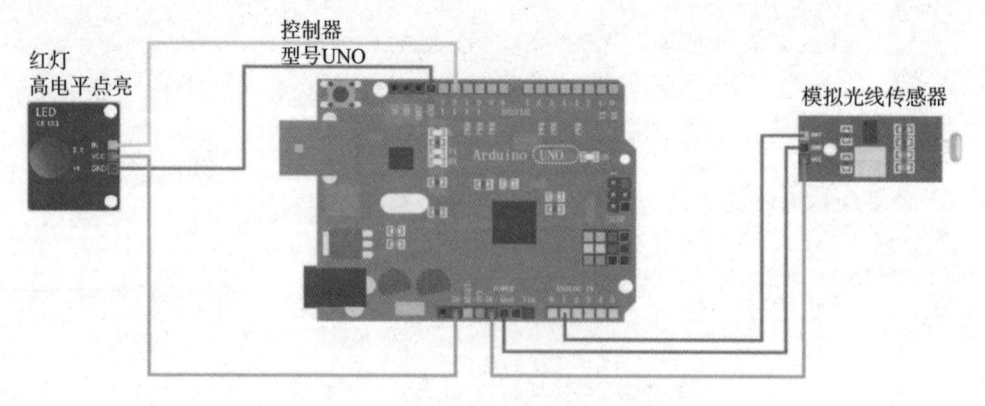

图 7-9　夜间示警功能硬件连接示意图

（1）根据图 7-7，完成 LED 模块、模拟光线传感器与 Arduino UNO 开发板的连接。

（2）使用 Mind+ 软件，完成逻辑设计。实现以下功能：当检测到环境亮度低于 10 时，LED 灯亮起；环境亮度高于 10 时，LED 灯关闭。

（3）使用 Arduino IDE 软件，利用 C 语言，完成上述功能设计。

任务实施

步骤 1　安装模拟光线传感器模块

使用杜邦线，连接模拟光线传感器（见图 7-10）与 Arduino UNO 开发板的模拟端口中的 A0 引脚。

知识链接：模拟光线传感器感受到周围亮度后，可以将亮度转化为模拟信号，输入到 Arduino UNO 开发板的主控板上，光线越强，数值越小。

步骤 2　安装 LED 模块

同样使用杜邦线，将 LED 模块连接至 Arduino UNO 开发板的数字端口。注意：LED 模块的 G 端连接 Arduino 的 GND 引脚，+ 端连接 VCC 引脚，S 端连接 D 引脚。

图 7-10　模拟光线传感器

步骤 3　模拟光线传感器的逻辑设计

模拟光线传感器的逻辑设计如图 7-11 所示，具体分为如下 10 个步骤。

（1）打开 Mind+ 软件，在扩展的传感器中找到模拟光线传感器。

图 7-11　模拟光线传感器的逻辑设计

（2）在任务二的基础上，选择"变量"栏，新建变量"亮度"，用来存储模拟光线传感器读取到的亮度值。

（3）选择"变量"栏中"设置亮度的值"模块，拖动至"循环执行"模块的下方。

（4）选择"传感器"栏中"读取引脚环境光"模块，将亮度设置为环境光。

（5）选择"控制"栏中"如果……那么执行……否则"模块。

（6）选择"运算符"栏中"小于或等于"模块。

（7）选择"变量"栏中"变量亮度"模块，设置亮度值（本示例中为小于或等于10）。

（8）选择"Arduino UNO 开发板"栏中"设置数字引脚输出高/低电平"模块，将 LED 模块连接到 Arduino UNO 开发板上对应的引脚，并设置为高电平（本示例中为A1），拖动到"如果"模块下。

（9）选择"Arduino UNO 开发板"栏中"设置数字引脚输出高/低电平"模块，将 LED 模块连接到 Arduino UNO 开发板上对应的引脚，并设置为低电平（本示例中为A1），拖动到"否则"模块下。

（10）点击"上传到设备"，将程序上传到 Arduino UNO 开发板。

知识链接：在 Mind+ 软件的扩展界面中，可以添加套件、主控板、传感器、执行器等。以添加传感器为例，若传感器的类型较少，可以在界面右上角切换到"上传模式"，如果未找到所需型号的传感器，可以尝试使用右上角的"搜索"功能查找。如果仍未找到，则可以尝试自己建立用户库。

步骤 4　模拟光线传感器关键代码

通过对模拟光线传感器的逻辑设计，得到以下关键的 C 语言代码：

```c
void loop() {
    mind_n_LiangDu = analogRead(A0);
    if ((mind_n_LiangDu<=10)) {
        digitalWrite(A1, HIGH);
    }
    else {
        digitalWrite(A1, LOW);
    }
}
```

知识链接：分支结构中，二分支结构使用 if…else…保留字对条件进行判断，语法格式如下：

```
if< 条件 >
   < 语句块 1>
else
   < 语句块 2>
```

"语句块 1"在 if 中"条件"满足（为 true）时执行；"语句块 2"在 if 中"条件"不满足（为 false）时执行。简单地说，二分支结构根据条件的 true 或 false 结果产生两条路径。除此以外，二分支结构还有一种更为简洁的表达方式，适用于"语句块1"和"语句块2"都只包含简单表达式的情况，语句格式如下：

```
<语句块1> if  <条件>  else  <语句块2>
```

知识提炼

国家标准 GB 7665-87 中对传感器的定义为：能感受规定的被测量并按照一定的规律转换成可用信号的器件或装置。传感器通常由敏感元件和转换元件组成。以光敏传感器为例，其被广泛应用于路灯、太阳能草坪灯、监控器、防盗钱包等电子产品中。光敏传感器中的光敏电阻，是利用半导体的光电效应制成的一种电阻值随着入射光的强弱而改变的电阻器。电阻值的测量一般是利用串联已知阻值的电阻构成分压电路，并施加已知大小的激励电压，通过测量已知阻值的电阻上的分压值，可以计算得出被测电阻的阻值。

模拟光线传感器也称环境光传感器，是光敏传感器的一种，采用环保型光敏二极管，可以对环境光线的强度进行检测。模拟光线传感器适用的电源电压为 +3 ～ 5 V，模拟输出电压为 0 ～ 5 V。模拟光线传感器引脚连接示意图如图 7-12 所示，其中，引脚 1 连接输出信号，引脚 2 为电源端口（VCC），引脚 3 为接地端口（GND）。

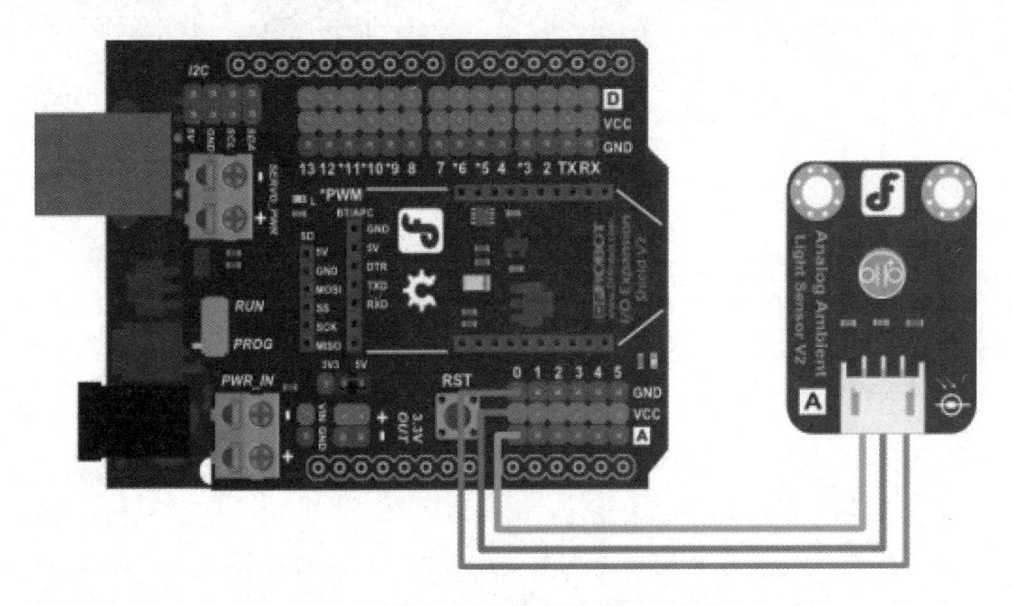

图 7-12　模拟光线传感器引脚连接示意图

问题拓展

- 模拟光线传感器连接中容易出现的问题：模拟光线传感器无法正常工作。请你思考出现该问题的原因，并给出解决方案。
- 功能编程中容易出现的问题：代码编程提示错误，显示编译失败。请你思考出现该问题的原因，并给出解决方案。

任务四　语音提醒功能设计

任务描述

语音提醒功能设计所需模块主要有 DFPlayer MP3 模块、SD 存储卡和扬声器、Arduino UNO 开发板，它们的连接示意图如图 7-13 所示。

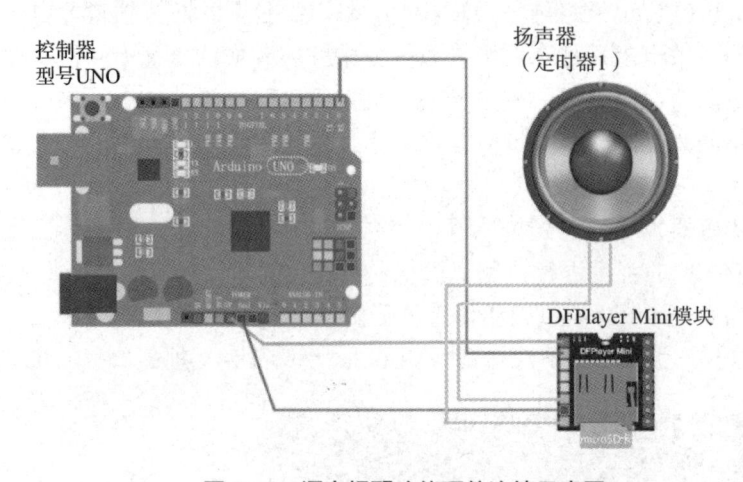

图 7-13　语音提醒功能硬件连接示意图

（1）根据图 7-13，完成 DFPlayer MP3 模块、扬声器与 Arduino UNO 开发板的连接。

（2）使用 Mind+ 软件，完成逻辑设计。实现以下功能：当按左侧按钮时，左侧 LED 灯亮起，并发出语音提醒"我要左转了"；当按右侧按钮时，右侧 LED 灯亮起，并发出语音提醒"我要右转了"。

（3）使用 Arduino IDE 软件，利用 C 语言，完成上述功能设计。

任务实施

步骤 1　连接 DFPlayer MP3 模块和扬声器

使用杜邦线连接扬声器（见图 7-14）与 DFPlayer MP3 模块（见图 7-15）的 SPK_1、SPK_2 两个引脚。

图 7-14　扬声器 　　　　图 7-15　DFPlayer MP3 模块

知识链接：DFPlayer MP3 模块最多支持 32G 的 SD 存储卡；SPK 引脚用于外接喇叭、扬声器，不能驱动 3W（含）以上的喇叭。

使用杜邦线将 DFPlayer MP3 模块连接至 Arduino UNO 开发板的数字端口。注意：DFPlayer MP3 模块的 GND 端连接 Arduino 的 GND 引脚，TX 端连接 2 号引脚，VCC 端连接 VCC 引脚，RX 端连接 6 号引脚（见图 7-16）。

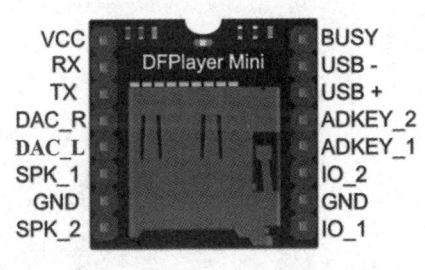

知识链接：DFPlayer MP3 模块引脚 RX 为 UART 串行数据输入端口，TX 为 UART 串行数据输出端口，VCC 为模块电源输入端口，范围为 3.5～5V，GND 为接地端口。

步骤 2　安装 DFPlayer MP3 模块

首先利用读卡器在准备好的 SD 存储卡中存储要播放的 MP3 音频文件，需要注意的是，要把 MP3 音频文件放在 SD 存储卡的根目录下；然后将 SD 存储卡放置在 DFPlayer MP3 模块上端的卡槽内。SD 存储卡如图 7-17 所示。

图 7-16　DFPlayer MP3 模块引脚示意图　　　图 7-17　SD 存储卡

知识链接：SD 存储卡（Secure Digital Memory Card）是一种基于半导体快闪存储器的新一代高速存储设备。SD 存储卡技术是从 MMC 卡（MultiMedia Card）格式上发展而来的，在兼容 SD 存储卡的基础上发展了 SDIO（SD Input/Output）存储卡，两者的兼容性包括机械、电子、电力、信号和软件，通常将 SD 存储卡和 SDIO 存储卡统称为 SD 存储卡。SD 存储卡具有高记忆容量、快速数据传输率、极大的移动灵活性及很高的安全性等特点，它被广泛地应用于便携式装置上，如数码相机、平板电脑、多媒体播放器等。

步骤 3　DFPlayer MP3 模块的逻辑设计

DFPlayer MP3 模块的逻辑设计如图 7-18 所示，具体分为以下 5 个步骤。

（1）打开 Mind+ 软件，在扩展的执行器中找到 DFPlayer MP3 模块。

（2）在任务三的基础上，选择"执行器"栏，初始化 DFPlayer MP3 模块，将其设置为软串口，并设置对应 RX、TX 引脚的接口（本示例中为 Rx_2、Tx_6）。

（3）选择"执行器"栏，设置 DFPlayer MP3 模块的音量（本示例中为 70%）。

（4）选择"执行器"栏，添加至任务 1.2 中"读取数字引脚 A4"下方，当按钮被按下时，灯亮起，播放 DFPlayer MP3 中的音频（本示例中为第 14 首）。

（5）点击"上传到设备"，将程序上传到 Arduino UNO 开发板。

图 7-18　DFPlayer MP3 模块的逻辑设计

步骤 4　DFPlayer MP3 模块关键代码

通过对 DFPlayer MP3 模块的逻辑设计，得到以下关键的 C 语言代码：

```
#include <DFROBOT_PlayerMini.h>
#include <SoftwareSerial.h>
// 动态变量
volatile float mind_n_LiangDu;
// 创建对象
DFROBOT_PlayerMini mp3;
SoftwareSerial     softSerialmp3(2, 6);
// 主程序开始
void setup() {
  mp3.begin(&softSerialmp3);
  mp3.volume(70);
}
void loop() {
  mind_n_LiangDu = analogRead(A0);
  if (digitalRead(A4)) {
      digitalWrite(12, HIGH);
      mp3.playMp3Folder(14);
      delay(3000);
      digitalWrite(12, LOW);
      delay(500);
  }
  if ((mind_n_LiangDu<=10)) {
      digitalWrite(A1, HIGH);
  }
  else {
      digitalWrite(A1, LOW);
  }
}
```

知识链接：Arduino IDE 使用了 C 语言进行编程，有丰富的库函数，方便用户直接调用。然而，要想在 Arduino IDE 中使用库函数，需要先将所需库函数加载到软件中：选择 Arduino IDE 中的"项目"选项，选择"项目"下的"导入库"，点击"添加库"，选择要添加的库文件的压缩文件，点击"打开"，库文件加载成功后，在 Arduino IDE 中会显示库文件加载成功的提示。和 C 语言的库函数调用方法相同，利用"#include"指令调用库函数即可。

知识提炼

声音模块能够实现通过声音进行人机交互的功能，蜂鸣器是一种常见的声音模块，除此之外，还有语音播放模块、语音合成模块等。DFPlayer MP3 模块为语音播放模块的一种，价格低廉，可以直接连接 SD 存储卡和扬声器，通过简单的串口播放指定声音，其引脚布局如图 7-19 所示。同时，DFPlayer MP3 模块集成了 MP3、WAV、WMA 的硬解码器，可以配合供电电池、扬声器、按键独立使用，也可以通过串口控制，各引脚功能如下。

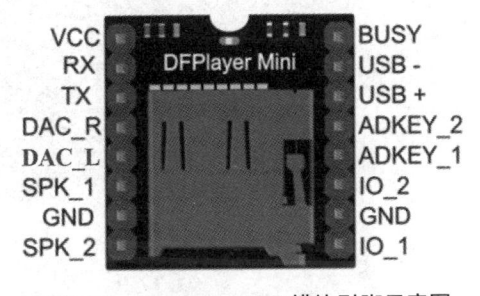

图 7-19　DFPlayer MP3 模块引脚示意图

（1）VCC：模块电源输入范围为 3.3～5V。

（2）RX：UART 串行数据输入。

（3）TX：UART 串行数据输出。

（4）DAC_R：音频输出右声道（驱动耳机、功放）。

（5）DAC_L：音频输出左声道（驱动耳机、功放）。

（6）SPK_1：外接小喇叭（喇叭驱动小于 3 W）。

（7）GND：接地引脚。

（8）SPK_2：外接小喇叭（喇叭驱动小于 3 W）。

（9）IO_1：触发口（默认上一曲，长按音量减小）。

（10）IO_2：触发口（默认下一曲，长按音量加大）。

（11）ADKEY_1：AD 口 1（当触发时是第一首时，长按循环第一首）。

（12）ADKEY_2：AD 口 2（当触发时是第五首时，长按循环第五首）。

（13）USB+：USB+DP（接 U 盘或插电脑的 SBU 口）。

（14）USB-：USB-DM（接 U 盘或插电脑的 SBU 口）。

（15）BUSY：播放状态（有音频，输出低；无音频，输出高）。

在开源硬件项目的开发或应用中，经常需要对开发板进行调试或者双向通信，常用的方式是利用数据线通过串行通信技术进行通信。DFPlayer MP3 模块采用了通用异步收发传输器（Universal Asynchronous Receiver Transmitter，UART）。为了确保通信可靠，需要在通信双边接共地。其中，TX 是发送端，RX 是接收端，通信双方使用交叉互联的方式，RX 端接对方的 TX 端，TX 端接对方的 RX 端，并共用电源接地线（GND）。DFPlayer MP3 模块硬件连接示意图如图 7-20 所示。

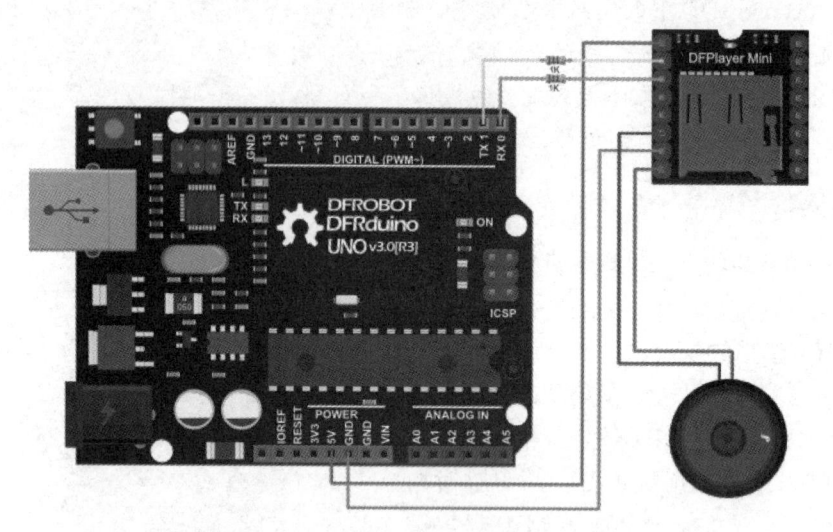

图 7-20　DFPlayer MP3 模块硬件连接示意图

知识链接：按同步方式的不同，串行通信可以分为同步通信和异步通信。

在异步通信中，收发双方有各自的时钟，通过数据起始位和停止位实现信息同步。这种通信通常以一个字节为一组，在每个字节开始和结束的位置添加标识（开始位和停止位）。由于每个字节都需要添加辅助位，所以异步通信的效率较低。

在同步通信中，双方使用频率一致的时钟，将多个字节的数据合并为一组，使用特定的字符作为开始和结束的标识。发送方要以固定的频率发送数据，接收方时刻做好接收数据的准备。因为分组较大，需要添加的辅助位较少，所以效率较高，但同时对于时序的要求也较高。

问题拓展

DFPlayer MP3 模块在连接中容易出现的问题：音频文件无法正常播放。请你思考出现该问题的原因，并给出解决方案。

任务五　避障提醒功能设计

任务描述

避障提醒功能设计所需硬件主要有超声波测距传感器、DFPlayer MP3 模块、扬声器、Arduino UNO 开发板，它们的连接示意图如图 7-21 所示。

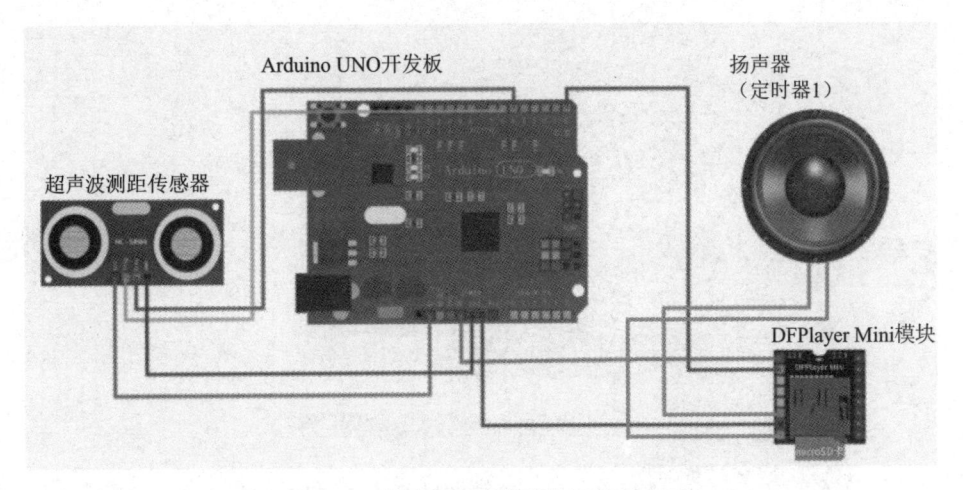

图 7-21　避障提醒功能硬件连接示意图

（1）根据图 7-21，完成超声波测距传感器、DFPlayer MP3 模块、扬声器与 Arduino UNO 开发板的连接。

（2）使用 Mind+ 软件，完成逻辑设计。实现如下功能：当障碍物距离超声波测距传感器 30 cm 时，超声波测距传感器播放"嘀嘀嘀"的语音提醒。

（3）使用 Arduino IDE 软件，利用 C 语言，完成上述功能设计。

任务实施

步骤 1　安装超声波测距传感器

在任务四的基础上，使用杜邦线将超声波测距传感器连接至 Arduino UNO 开发板的数字端口。注意：超声波测距传感器有 4 个引脚，分别为 VCC、Trig、Echo、GND。Trig 为触发引脚，Echo 为回拨引脚。VCC 端连接 Arduino UNO 开发板的 5 V 引脚，GND 端连接 Arduino UNO 开发板的 GND 引脚，Trig 端连接 4 号引脚，Echo 端连接 5 号引脚。超声波测距传感器实物图如图 7-22 所示。

图 7-22　超声波测距传感器实物图

步骤 2　超声波测距传感器的逻辑设计

超声波测距传感器的逻辑设计如图 7-23 所示，具体分为以下 15 个步骤。

（1）打开 Mind+ 软件，在扩展的传感器栏中找到超声波测距传感器。

（2）选择"变量"栏，新建变量模块"前方测距""i=0""前方 30 时间"。

（3）选择"传感器"栏，设置前方距离的值为"读取超声波的距离"，匹配 Trig 和 Echo 端的引脚（本示例分别对应引脚 4 和引脚 5）。

（4）选择"控制"栏中"如果……那么执行"模块。

（5）选择"运算符"栏中"小于或等于"模块，设置前方距离范围（本示例为小于或等于 30）。

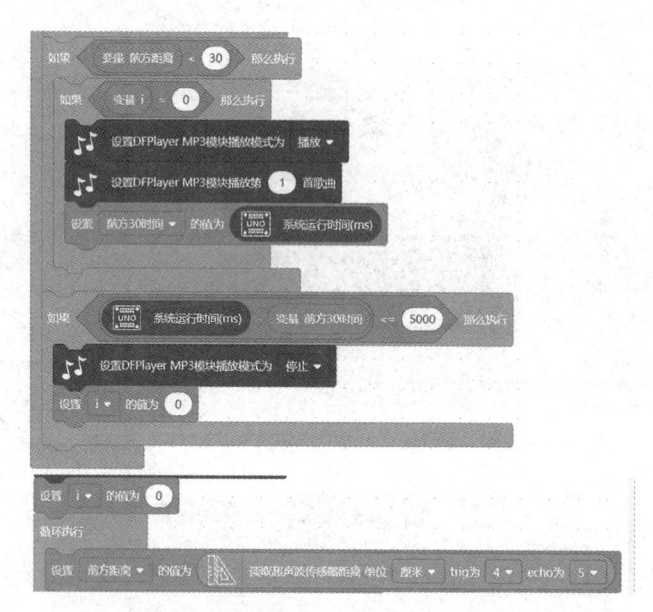

图 7-23　超声波测距传感器的逻辑设计

（6）选择"控制"栏中"如果……那么执行"模块。

（7）选择"运算符"栏中"等于"模块，设置 i 的值为 0（没有音乐播放时）。

（8）选择"变量"栏中"设置 i 的值"，根据所选音频设置（本示例为1）。

（9）选择"执行器"栏中"设置 DFPlayer MP3 模块播放模式为播放"。

（10）选择"执行器"栏中"设置 DFPlayer MP3 模块播放音频"（本示例为第 1 首）。

（11）选择"变量"栏中"设置前方 30 时间"，选择"Arduino UNO 开发板"栏中"系统运行时间"模块。

（12）选择"控制"栏中"如果……那么……"模块，选择"运算符"中"减号"与"小于或等于"模块，设置"系统运行时间 - 前方 30 时间 <=5000"。

（13）选择"执行器"栏中"设置 DFPlayer MP3 播放模式为停止"（也就是 5s 后，音乐停止）。

（14）选择"变量"栏中"设置 i 的值为 0"。

（15）点击"上传到设备"，将程序上传到 Arduino UNO 开发板。

知识链接：可以选择"运算符"栏，利用"字符串串口输出值"来测试是否成功，可以观察界面右下角黑色运行区域来判定测试效果。如果在串口中观察到超声波测距传感器对距离的实时读取，即为成功。

步骤 3　超声波测距传感器关键代码

通过对超声波测距传感器的逻辑设计，得到以下关键的 C 语言代码：

```
#include <DFROBOT_URM10.h>
#include <DFROBOT_PlayerMini.h>
#include <SoftwareSerial.h>
// 动态变量
```

```
volatile float mind_n_i, mind_n_QianFangJuLi, mind_n_LiangDu, mind_n_
QianFang30ShiJian;
// 创建对象
DFROBOT_PlayerMini mp3;
SoftwareSerial       softSerialmp3(2, 6);
DFROBOT_URM10        urm10;
// 主程序开始
void setup() {
  mp3.begin(&softSerialmp3);
  mp3.volume(70);
  mind_n_i = 0;
}
void loop() {
  mind_n_QianFangJuLi = (urm10.getDistanceCM(4, 5));
  if ((mind_n_QianFangJuLi<30)) {
     if ((mind_n_i==0)) {
        mp3.start();
        mp3.playMp3Folder(1);
        mind_n_QianFang30ShiJian = millis();
     }
  }
  if (((millis() - mind_n_QianFang30ShiJian)<=5000)) {
     mp3.stop();
     mind_n_i = 0;
  }
}
```

知识链接：millis() 函数表示 Arduino 系统的运行时间，返回 Arduino UNO 开发板，开始运行当前程序的毫秒数。这个数字在大约 50 天后溢出，即回归到零。

知识提炼

超声波测距传感器是利用超声波的特性研制的传感器，可以用来获得在其声呐范围内与物体之间的距离，从而使机器可以像蝙蝠一样通过声呐来感知周围的环境，实现避障功能。HC-SR04 超声波测距模块可提供 2～400 cm 的非接触式距离感测，测距精度可达到 3 mm；模块包括超声波发射器、超声波接收器与控制电路。HC-SR04 时序触发图如图 7-24 所示。

当 Arduino UNO 开发板的数字接口与超声波测距传感器连接后，触发端口（Trig），发送一个长 10 μs 的高电平信号，发射器循环发出 8 个 40 kHz 的超声波脉冲，同时模块内部计时器开始运行。当超声波脉冲遇到障碍物后立即返回，接收器在接收到返回脉冲的同时会从回拨端口（Echo）向 Arduino UNO 开发板发送一个持续高电平，高电平持续的时间即超声波从发射到被接收的时间，再通过声速与时间的关系，测出被测物体与模块之间的距离。

除了上述提到的超声波测距传感器，还有一种测距传感器——红外测障传感器

（见图7-25），它经常被用于远距离测障，是一种集发射和接收于一体的反射式光电传感器。红外测障传感器可以通过其背面的电位器调节测量范围，被广泛用于机器人避障、互动媒体、工艺流水线等领域。

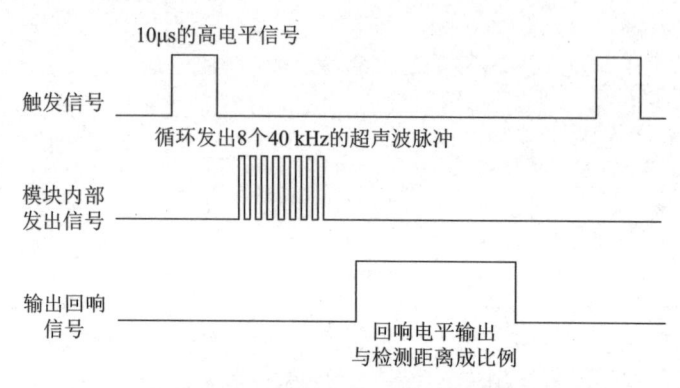

图7-24　HC-SR04时序触发图

图7-25　红外测障传感器

问题拓展

超声波测距传感器模块在连接中容易出现的问题：超声波测距传感器无法正常工作。请你思考出现该问题的原因，并给出解决方案。

任务六　紧急求助功能设计

任务描述

紧急求助功能设计所需的硬件主要有GPS模块、OBLOQ物联网模块、Arduino UNO开发板，它们的连接示意图如图7-26所示。

（1）根据图7-26，完成GPS模块、OBLOQ物联网模块与Arduino UNO开发板的连接。

（2）使用Mind+软件，完成逻辑设计。实现以下功能：按下紧急求助按钮，向物联网平台发送经度和纬度。

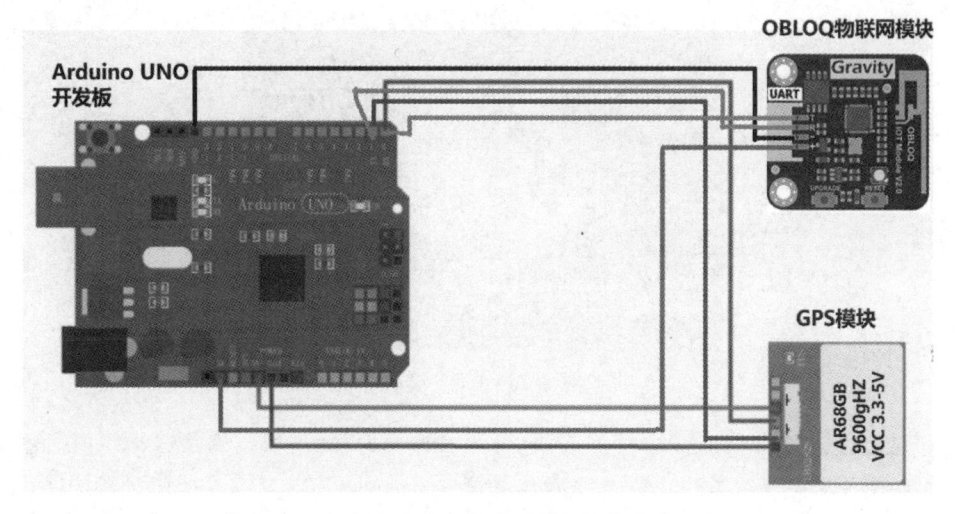

图 7-26　紧急求助功能设计所需硬件的连接示意图

（3）使用 Arduino IDE 软件，利用 C 语言，完成上述功能设计。

任务实施

步骤 1　安装 OBLOQ 物联网模块

使用杜邦线将 OBLOQ 物联网模块（见图 7-27）连接至 Arduino UNO 开发板的数字端口。注意：OBLOQ 物联网模块的 T（TX）端为串口发送端，连接 Arduino UNO 开发板的 RX 引脚；R（RX）端为串口接收端，连接 Arduino UNO 开发板的 TX 引脚；＋端连接 VCC 引脚；－端连接 GND 引脚。

知识链接：OBLOQ 物联网模块是一款基于 ESP8266 设计的串口转 Wi-Fi 物联网模块，用以接收和发送物联网信息，适用于 3.3～5 V 的控制

图 7-27　OBLOQ 物联网模块

系统。Arduino UNO 开发板读取传感器中的数据，通过 OBLOQ 物联网模块发送数据到物联网平台。在本任务中 OBLOQ 物联网模块接收数据并发送给 Arduino UNO 开发板，Arduino UNO 开发板再通过串口显示接收的数据。

步骤 2　安装 GPS 模块

将 GPS 模块连接到 Arduino UNO 开发板，同样要注意将 GPS 模块（见图 7-28）的 GND、VCC 引脚分别与 Arduino UNO 开发板模拟端口中的 GND、VCC 连接，RX、TX 端与 Arduino UNO 开发板引脚交叉连接，PPS 与 EN 端口连接（上传程序时需要拔掉蓝色线和绿色线，以防上传失败）。

图 7-28　GPS 模块

知识链接：PPS（白色端口）——时间标准脉冲输出；EN（黄色端口）——电源使能，高电平/悬空模组工作，低电平模组关闭。

步骤 3　创建物联网设备

（1）打开 DFROBOT 网页，选择物联网模块（见图 7-29），进入物联网网站，注册账号并登录。

（2）登录后，点击菜单栏的"工作间"，进入工作间后可点击"+"号创建物联网设备，程序中通过绑定设备的 Topic 号来实现对特定设备的消息发送和接收功能。

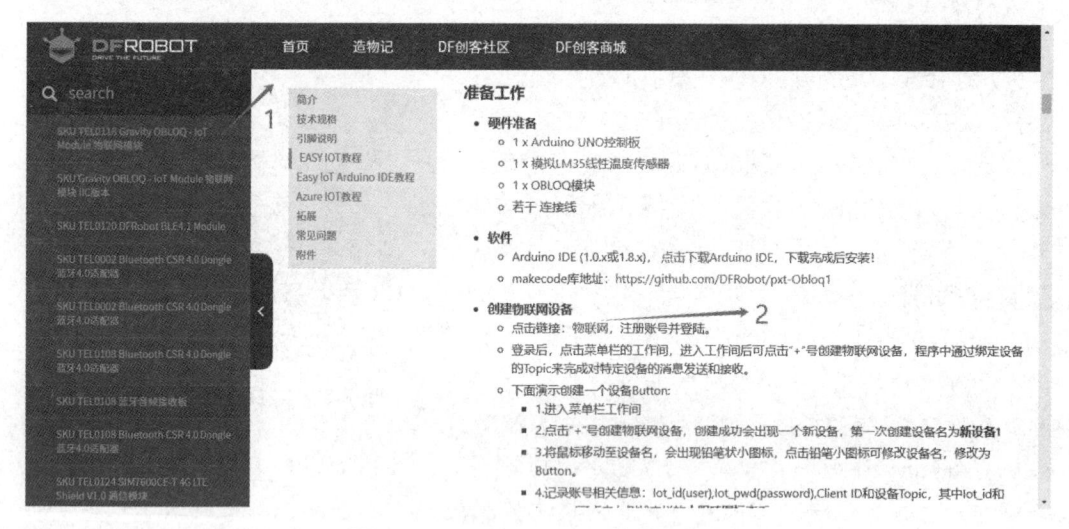

图 7-29　DFROBOT 网页物联网模块

步骤 4　OBLOQ 物联网模块的逻辑设计

OBLOQ 物联网模块的逻辑设计如图 7-30 所示，具体可分为以下 11 个步骤。物联网平台如图 7-31 所示。

（1）打开 Mind+ 软件，在扩展栏中找到"通信模块"栏中的"OBLOQ 物联网模块"。

（2）选择"通信模块"栏中"Obloq mqtt 初始化"模块，拖动至主程序下方，设置初始化参数，包括 Wi-Fi、物联网平台参数及服务器、RX 与 TX 引脚。

（3）在拓展栏中找到"通信模块"栏中的"GPS 信号接收模块"。

（4）选择"通信模块"栏中"GPS mqtt 初始化"模块，拖动至物联网初始化模块下方，设置硬串口。

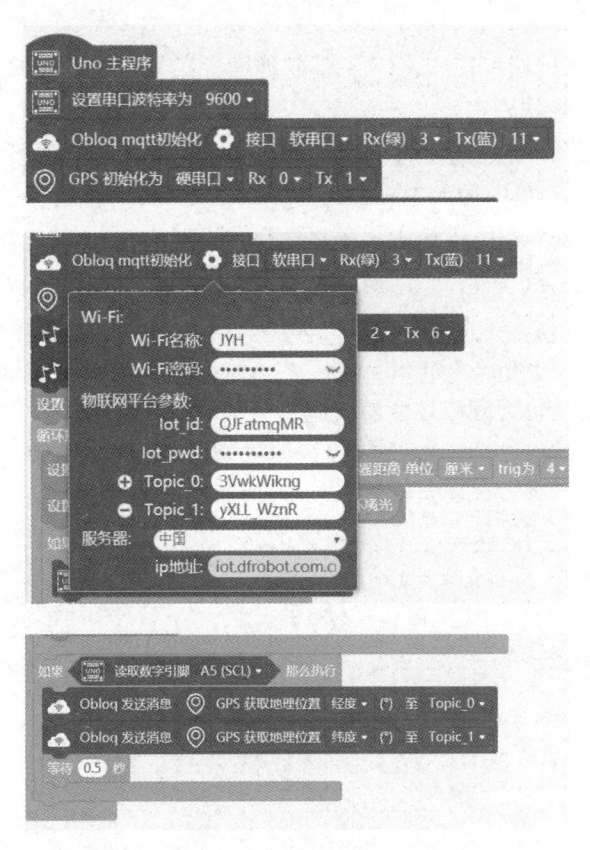

图 7-30　OBLOQ 物联网模块的逻辑设计

图 7-31　物联网平台

（5）选择"控制"栏中"如果……那么"模块，拖动至任务五基础上的模块下方。
（6）选择"Arduino"栏中"读取数字引脚"，将其拖动至"如果"之后，作为条件语句。本示例中 A5（SCL）为紧急按钮所连接的引脚（按钮连接方法请参考任务二）。

（7）选择"通信模块"栏中"Obloq 发送消息"模块，连续拖动两个该模块至"那么执行"下方。

（8）选择"通信模块"栏中"GPS 获取地理位置"模块，连续拖动两个该模块至"Obloq 发送消息"模块栏中。

（9）在物联网工作间中创建两个物联网设备，一个命名为经度，另一个命名为纬度，并分别在初始化参数中加入 Topic 值。

（10）选择"控制"栏中"等待*秒"模块，设置为 0.5，防止按钮抖动。

（11）点击"上传到设备"，将程序上传到 Arduino UNO 开发板。

知识链接：注意记录账号相关信息：lot_id(user)、lot_pwd(password)、Client ID 和设备 Topic，其中，对于 lot_id 和 lot_pwd，可点击左侧状态栏的小眼睛图标查看。

步骤 5　OBLOQ 物联网模块关键代码

通过对 OBLOQ 物联网模块的逻辑设计，得到以下关键的 C 语言代码：

```c
#include <UNO_Obloq.h>
#include <DFROBOT_GPS.h>
// 静态常量
const String topics[5] = {"BkMH48Djf","","","",""};
// 创建对象
UNO_Obloq          olq;
SoftwareSerial     softSerial(3, 11);
DFROBOT_GPS        gps;
// 主程序开始
void setup() {
  softSerial.begin(9600);
  olq.startConnect(&softSerial, "dfrobotYanfa", "hidfrobot", "SJISVLvoz", "r1xUSVUwsz", topics, "iot.dfrobot.com.cn", 1883);
  gps.begin(&Serial, 0, 1);
  }
void loop() {
if (digitalRead(A5(SCL))) {
    olq.publish(olq.topic_0, gps.getLatitude());
    olq.publish(olq.topic_1, gps.getLongitude());
    delay(500);
  }
}
```

知识链接：Serial 用于 Arduino UNO 开发板和一台计算机或其他设备之间的通信。所有的 Arduino UNO 开发板都至少有一个串口（又称 UART 或 USART），串口通过连接引脚 0（RX）和引脚 1（TX），经过串口转换芯片连接到计算机 USB 端口，与计算机进行通信。因此，如果使用 Serial 则不能使用引脚 0 或引脚 1 作为输入或输出，可以选择使用 Arduino IDE 内置的串口监视器与 Arduino UNO 开发板进行通信，点击

工作栏上的"串口监视器",调用 begin() 函数,选择相同的波特率即可。常用的波特率有 1200 Bd、2400 Bd、4800 Bd、9600 Bd、19200 Bd、38400 Bd、115200 Bd 等,如本例中的 soft Serial.begin(9600)。

知识提炼

在开源硬件项目的开发中,越来越多的设备通信不再局限于基于数据线的有线通信技术。借助无线通信技术,多个设备之间可以进行非接触式的点对点或点对多的数据传输。常见的无线通信技术包括 FM、红外、2.4 GHz 等。特别值得一提的是 2.4 GHz 技术,人们常用的蓝牙和 Wi-Fi 都是基于 2.4 GHz 技术的无线传输协议。目前,蓝牙最常用的版本是 2.0 和 4.0,从 4.1 版本开始,蓝牙支持同时连接多个设备。在设计项目时,无须一味追求高版本的蓝牙模块,尽量采用相同版本的。比起蓝牙模块,Wi-Fi 模块的传输速率更快,但它的最大缺点在于功耗较高,不适合可穿戴设备等低功耗传输设备。OBLOQ 物联网模块可连接 DFROBOT 自有的物联网平台,还能够连接如 SIOT 和其他标准的 MQTT 协议的 IoT 平台。OBLOQ 物联网模块工作原理如图 7-32 所示。

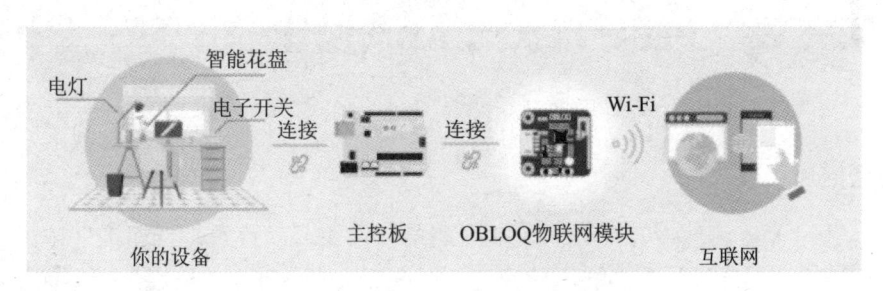

图 7-32 OBLOQ 物联网模块工作原理

GPS 导航模块就是集成了 RF 射频芯片、基带芯片和核心 CPU,并加上相关外围电路而组成的一个集成电路。通过 TinyGPS 库,可以在 Arduino UNO 开发板上获取地理坐标(包括经纬度、海拔高度)、航速、航向、GMT 时间信息。GPS 导航模块引脚示意图如图 7-33 所示。

图 7-33 GPS 导航模块引脚示意图

（1）PPS：时间标准脉冲输出。

（2）VCC：系统主电源，供电电压为 3.3～5V。

（3）TX：UART/TTL 接口。

（4）RX：UART/TTL 接口。

（5）GND：接地端口。

（6）EN：电源使能，高电平/悬空模组工作，低电平模组关闭。

问题拓展

1. 物联网参数设置中容易出现的问题：OBLOQ 物联网模块无法正常工作。请你思考出现该问题的原因，并给出解决方案。

2. 编码过程中显示上传程序失败，请你思考出现该问题的原因，并给出解决方案。

任务七　智能导盲杖的 App 设计

任务描述

（1）进行 App 组件设计，界面包括"连接"按钮、"查看是否连接"按钮、"查看位置"按钮、"连接状态"文本标签、"经度"文本标签、"纬度"文本标签。

（2）进行 App 逻辑设计，点击"连接"按钮连接物联网平台，点击"查看是否连接"按钮显示连接状态，点击"查看定位"按钮打开百度地图。

任务实施

步骤 1　打开 App Inverter 界面

利用 App Inverter 建立一个 App，这样就可以在手机上接收物联网平台传递过来的经纬度信息，并显示定位。连接 App 和物联网平台需要用到 MQTT 协议，首先在项目中直接导入资源中本身只有 MQTT 协议的项目，然后在左侧增加的 Extension 栏中选择"MQTTTCP"模块并拖入主界面。

步骤 2　App 的组件设计

进行 App 的组件设计（见图 7-34），在界面中添加"连接"按钮、"查看是否连接"按钮、"查看位置"按钮、"连接状态"文本标签、"经度"文本标签、"纬度"文本标签组件，拖入通信连接中的 Activity 启动器，用来打开百度地图 App，查看定位，设置启动器的 action 为"android.intent.action.VIEW"。

步骤 3　App 的逻辑设计

进行 App 的逻辑设计（见图 7-35）：当点击"连接"按钮时，连接物联网平台；

当点击"查看是否连接"按钮时,"连接状态"文本标签显示连接状态;当接收到消息时,经度、纬度文本标签分别显示经度和纬度;当点击"查看定位"按钮时,将经纬度信息设置为查看定位 URI(见图 7-36)并通过 Activity 启动器打开百度地图 API(见图 7-37)。

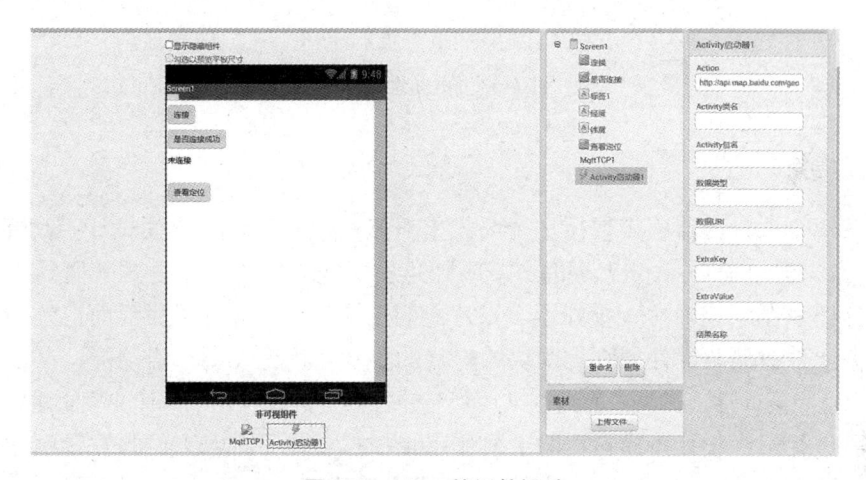

图 7-34 App 的组件设计

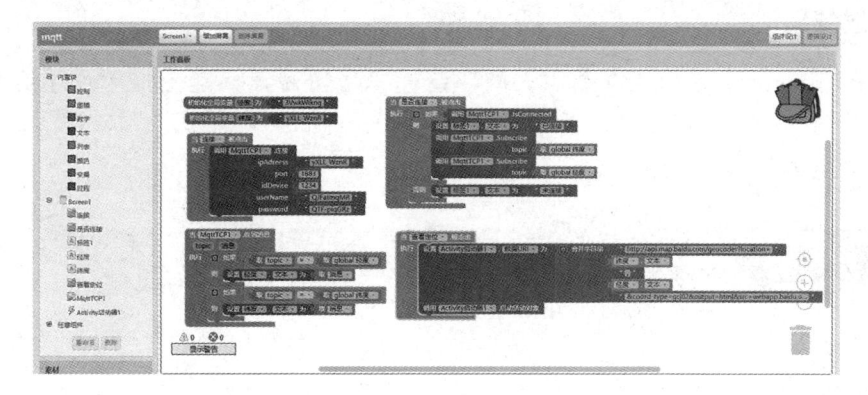

图 7-35 App 的逻辑设计

图 7-36 查看定位 URI

图 7-37　百度地图 API

知识提炼

开发一个项目的流程可以用一个公式来概括：项目开发 = 界面设计 + 功能设计 + 测试运行。与此对应，App Inventor 的项目开发同样可以用一个公式来概括：项目开发 = 设计器 + 图块编辑器 + 模拟器。设计器的主要作用是设计项目界面，包括设置项目、设置元件布局与元件属性；图块编辑器的主要作用是实现项目功能，可以对定义的元件设置不同属性，提供多种指令来控制元件行为等，通过积木式作业模式进行程序结合，从而进行程序设计；模拟器的主要作用是模拟实体手机，方便开发者运行和测试项目，在没有 Android 设备前，可以用模拟器模拟手机进行项目运行和测试。

问题拓展

App Inventor 上显示 API 调用失败，请你思考出现该问题的原因，并给出解决方案。

任务八　智能导盲杖测试与排故

任务描述

（1）整合任务二到任务七的功能模块的硬件，完成模块组装，合理安置功能位置（注意：Arduino UNO 开发板引脚有限，可叠加扩展板）。

（2）整合图形化代码，上传至 Arduino UNO 开发板并进行调试。

（3）整合图形化代码与各模块关键代码，以 C 语言自行编写完成代码，并在 Arduino IDE 中运行。

（4）选择场景，进行功能测试。

任务实施

步骤 1　整合任务单元模块

准备智能导盲杖所需的主要硬件，如图 7-38 所示。

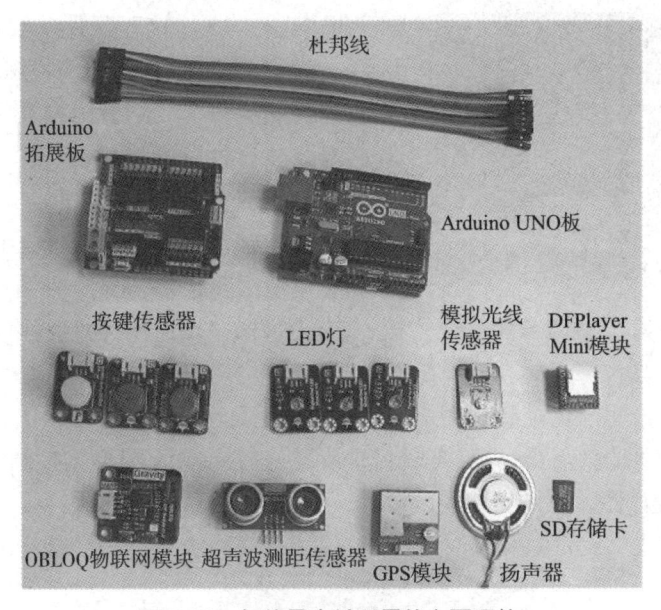

图 7-38 智能导盲杖所需的主要硬件

整合任务二到任务七各模块的引脚连接示意图，如图 7-39 所示。

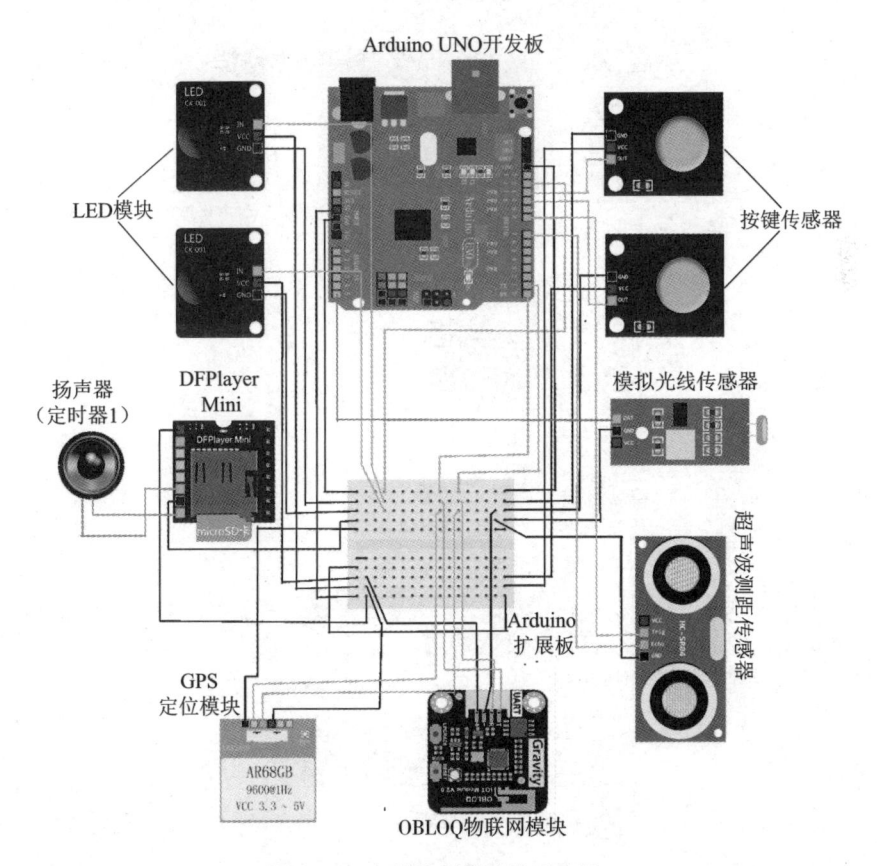

图 7-39 各模块引脚连接示意图

根据图 7-39 连接元器件，实物组装如图 7-40 所示。使用无顶白色纸盒作为模拟智能导盲杖功能的"黑匣子"，便于用户看清各模块间的构造。智能导盲杖以传统拐杖为原型，在传统拐杖把手左右各放置转向提醒按钮，对应"黑匣子"左右两面的红色提示灯；在把手前方放置红色紧急求助按钮；在"黑匣子"前方分别放置光敏模块、超声波模块和小喇叭；将开发主板、电源模块、OBLOQ 物联网模块、GPS 模块及杜邦线收治于"黑匣子"内部。

图 7-40　实物组装

步骤 2　整合图形化控制程序

根据各单元模块功能，进行逻辑梳理，整合任务单元图形化控制程序，得到智能导盲杖的逻辑设计图，如图 7-41 所示。

图 7-41　智能导盲杖的逻辑设计

步骤3　整合关键代码

通过对图 7-41 的梳理与整合，可以得到如下关键的 C 语言代码：

```c
#include <UNO_Obloq.h>
#include <DFROBOT_GPS.h>
#include <DFROBOT_URM10.h>
#include <SoftwareSerial.h>
#include <DFROBOT_PlayerMini.h>
#include <SoftwareSerial.h>
// 动态变量
volatile float mind_n_i, mind_n_QianFangJuLi, mind_n_LiangDu, mind_n_QianFang30ShiJian;
// 静态常量
const String topics[5] = {"BkMH48Djf","","","",""};
// 创建对象
UNO_Obloq           olq;
SoftwareSerial      softSerial(3, 11);
DFROBOT_GPS         gps;
DFROBOT_PlayerMini  mp3;
SoftwareSerial      softSerialmp3(2, 6);
DFROBOT_URM10       urm10;
// 主程序开始
void setup() {
  softSerial.begin(9600);
   olq.startConnect(&softSerial, "dfrobotYanfa", "hidfrobot", "SJISVLvoz", "r1xUSVUwsz", topics, "iot.dfrobot.com.cn", 1883);
  gps.begin(&Serial, 0, 1);
  mp3.begin(&softSerialmp3);
  mp3.volume(70);
  mind_n_i = 0;
}
void loop() {
  mind_n_QianFangJuLi = (urm10.getDistanceCM(4, 5));
  mind_n_LiangDu = analogRead(A0);
  if (digitalRead(A4)) {
      digitalWrite(12, HIGH);
      mp3.playMp3Folder(14);
      delay(3000);
      digitalWrite(12, LOW);
      delay(500);
  }
  if ((mind_n_LiangDu<=10)) {
      digitalWrite(A1, HIGH);
  }
  else {
      digitalWrite(A1, LOW);
```

```
        }
        if ((mind_n_QianFangJuLi<30)) {
            if ((mind_n_i==0)) {
                mp3.start();
                mp3.playMp3Folder(1);
                mind_n_QianFang30ShiJian = millis();
            }
        }
        if (((millis() - mind_n_QianFang30ShiJian)<=5000)) {
            mp3.stop();
            mind_n_i = 0;
        }
        if (digitalRead(A5)) {
            olq.publish(olq.topic_0, gps.getLatitude());
            olq.publish(olq.topic_1, gps.getLongitude());
            delay(500);
        }
    }
```

步骤 4　功能测试

将组装好的智能导盲杖在实际场景进行功能测试，测试场景为咖啡厅，测试时间为晚上 8 点左右，测试者从所在位置（标记点处），沿着图 7-42 所示的路径，避开桌椅和其他客人，顺利到达取餐点，并在取到咖啡后离开。

测试者从标记点起身，向前方出发，遇到障碍物，智能导盲杖发出嘀嘀嘀的声音（见图 7-43）。

图 7-42　取餐路径　　　　　图 7-43　智能导盲杖发出语音提醒

测试者按左侧按钮，智能导盲杖左侧灯亮起，并发出语音提醒"我要左转了"（见图 7-44）。

根据咖啡厅里客人的提示"右转后直走可到达取餐点"，测试者按下右侧按钮，智能导盲杖右侧灯亮起，并发出语音提醒"我要右转了"（见图 7-45）。

测试者顺利到达取餐点，拿到咖啡。根据服务员的提示"左转直走可从咖啡厅前门离开"，测试者按下左侧按钮，智能导盲杖左侧灯亮起，并发出语音提醒"我要左转了"。

图 7-44　智能导盲杖左侧灯亮 　　图 7-45　智能导盲杖右侧灯亮

测试者离开咖啡厅，时间为晚上 8 点 10 分左右，外部环境昏暗，夜间示警灯亮起（见图 7-46）。

遇到意外情况时，如因外部盲道被占用，测试者无法顺利找到盲道，可按下紧急求助按钮，将测试者位置发送至测试者亲属或朋友的手机 App 端，请求帮助（见图 7-47）。

图 7-46　智能导盲杖夜间示警灯亮 　　图 7-47　智能导盲杖紧急求助按钮

步骤 5　智能导盲杖评价

第七次全国人口普查数据显示，截至 2020 年 11 月 1 日零时，我国 60 岁以上人口占比为 18.70%，与 2010 年第六次全国人口普查数据相比，上升了 5.44 个百分点。社会老年群体的增加，凸显出更多与老年人生活相关的问题。拐杖作为一种常见的辅助行走工具，其设计与功能对老年群体来说尤为重要。传统拐杖一般具有支撑与辅助行走的功能。随着社会向智能化发展，单一的功能已不再满足老年人的个性化需求。因此，可参考智能导盲杖的功能设计，考虑老年人对智能设备的陌生感，综合老年群体的特征与使用场景，对拐杖在原有功能的基础上进行改进和完善。

第八章 智慧养老：老年智能药盒创作

项目描述

随着人口老龄化进程加快，各类问题逐渐凸显，越来越多的年轻人外出务工，独居老年人越来越多。而患有慢性疾病的老年人需要长期服药，这对于许多老年人来说是一种困难。

花花的奶奶已年过花甲，记性不好，经常忘记吃药，有时候还会把药物错误分类，花花为此很是苦恼。花花每周都会了解药品的种类并将其提前分好类，每天督促奶奶吃药。花花一直盼望有一个智能药盒能帮助奶奶归类药品，提醒奶奶按时吃药。

学习目标

知能目标：知识与技能

（1）掌握制作智能药盒所需硬件的工作原理和使用方法，包括舵机、Arduino UNO 开发板、DFPlayer MP3 模块、红外模块等的接线方式。

（2）了解智能药盒的程序开发过程。

（3）熟练使用 C 语言的基本指令和语法，根据功能编写程序，并结合自身需要进行更改。

方法目标：过程与方法

（1）熟悉 Arduino IDE 软件的各种开发库，了解不同库文件的作用、代码格式，培养编码思维。

（2）掌握各个传感器的使用方法与使用情境，举一反三，完善项目功能。

素养目标：情感、态度与价值观

（1）了解老年人的困境，关爱老年群体。

（2）激发对智能物联的兴趣，成为人口老龄化战略的新生力量。

任务一　智能药盒开发任务分析

本任务聚焦老年群体的健康问题，开发了一款智能药盒，解决老年人因记性差而吃药不及时等问题。

智能药盒的主要功能有：①药品分类，自动区分不同的药品；②药品拾取，将不同的药品拾取到定制的药盒中；③时间显示，通过液晶显示屏显示吃药的具体时间；④定时提示，根据设定的时间，及时进行语音播报，闪烁灯光。智能药盒的功能如图 8-1 所示。

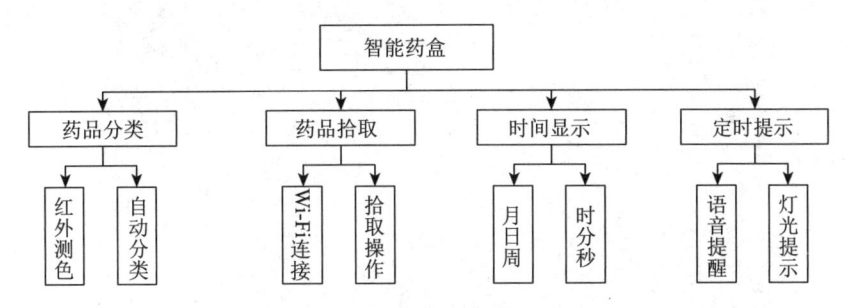

图 8-1　智能药盒的功能

智能药盒开发任务所需软硬件有 Arduino IDE 软件、Arduino UNO 开发板、舵机、红外模块、面包板、LCD 1602 液晶显示屏模块、DFPlayer MP3 模块、扬声器、Tiny RTC DS 1307 时钟模块、21 格药盒等。

智能药盒的具体开发流程如图 8-2 所示。

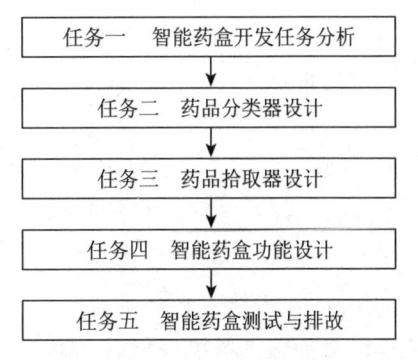

图 8-2　智能药盒的具体开发流程

任务二　药品分类器设计

任务描述

本任务是设计、开发药品分类器，借助颜色识别模块，根据药品颜色智能识别，自动区分黑白两种颜色的药品。具体任务如下。

（1）认识颜色识别模块的组成元器件。
（2）组装颜色识别模块元器件。
（3）编写颜色识别模块代码。
（4）设计药品分类器外观。

任务实施

步骤1　认识颜色识别模块的组成元器件

颜色识别模块主要有Arduino UNO开发板、舵机、红外模块、船型开关、黑白棋子、泡沫胶、螺丝、PVC管、胶棒、木板、短直杆、杜邦线等。颜色识别模块的组成元器件如图8-3所示。

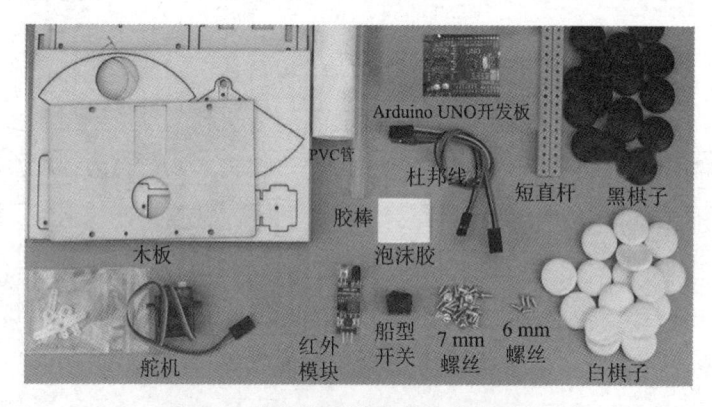

图8-3　颜色识别模块的组成元器件

知识链接：舵机，也称直流伺服电机，是一种角度伺服的驱动器，适用于需要不断改变角度并可以保持特定角度的控制系统。舵机的转动角度是通过调节脉冲宽度调制（PWM）信号的占空比（占空比是指高电平在一个周期之内所占的时间比率）来完成的。舵机品牌不同，接线的方式可能也不同，一般有两种接线方式：一种是红色线连接VCC引脚、黑色线连接GND引脚、黄色线连接PWM引脚；另一种是红色线连接VCC引脚、棕色线连接GND引脚、橙色线连接PWM引脚。舵机的应用范围广泛，如无线飞机使用舵机控制飞机的飞行轨迹、遥控汽车使用舵机控制转向机构、模型船使用舵机控制船舵、机器人使用舵机控制关节运动等。

步骤 2　组装颜色识别模块元器件

（1）使用杜邦线连接 Arduino UNO 开发板和面包板。使用杜邦线将开发板的 GND 引脚、VCC 引脚分别连接到面包板的第九列、第十二列的指定引脚上。

（2）使用杜邦线连接舵机与开发板、面包板。将舵机的 GND 引脚、VCC 引脚分别连接到面包板的第九列、第十二列的指定引脚，将舵机信号引脚连接到开发板的 12 号引脚。

（3）使用杜邦线连接红外模块与开发板、面包板。将红外模块的 GND 引脚、VCC 引脚分别连接到面包板的第九列、第十二列的指定引脚，将红外模块的 OUT 引脚连接到开发板的 7 号引脚。

（4）取一根公对公杜邦线，先用剪刀将其剪成长度相同的两段，再用打火机点燃切口处，使切口处露出金属导线，将两根金属导线分别缠绕在船型开关的接线柱上，并将公头杜邦线插在面包板第十二列的两个指定引脚上。

知识链接：船型开关常用作电子设备的电源开关，其触点分为单刀单掷和双刀双掷等，有些开关还带有指示灯。船型开关应用广泛，常应用于饮水机、跑步机、电脑音箱、电动自行车、摩托车、咖啡壶、插排、按摩仪等。

（5）各部分与 Arduino UNO 开发板的连接示意图如图 8-4 所示。

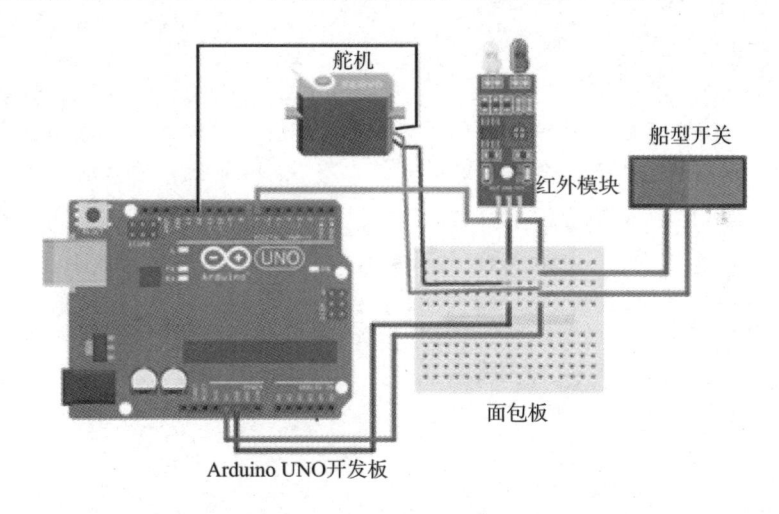

图 8-4　药品分类器连接示意图

步骤 3　编写颜色识别模块代码

```
#include<Servo.h> // 引用 Servo 库函数
Servo servo1; // 声明 servo1 对象
```

知识链接：Servo 库函数是 Arduino 平台中用于控制舵机的标准库之一。Arduino 支持两种常见的舵机类型，一种舵机的轴可以旋转 180°，另一种舵机的轴能够以可控速度连续旋转。Servo 库函数有 5 个常用函数，如表 8-1 所示。

表 8-1　Servo 库函数的 5 个常用函数

函数	说明
servo.attach(pin)	告知舵机的数据线连接在哪一个引脚上。pin是连接舵机数据线的Arduino引脚号
servo.write(angle)	告知舵机轴旋转相应的角度。angle是旋转角度数值
servo.read()	返回值为舵机轴角度数值（0～180）
servo.attached()	检查某一个舵机对象是否连接在开发板引脚上，若连接则返回true，否则返回false
servo.deattach()	将舵机对象与Arduino UNO开发板断开连接

```
int initial = 100;              // 设置舵机的初始角度
const int pinIRd = 7;           // 指定红外模块与 Arduino UNO 开发板连接的引脚编号
int servoPin1 = 12;             // 指定舵机连接到 Ardinuo UNO 开发板的引脚编号
int IRvalueD = 0;
void setup() {
  servo1.attach(servoPin1);  // 调用 attach() 函数，将舵机与开发板的 12 号引脚相连
  servo1.write(initial);
  pinMode(pinIRd,INPUT);
}
```

知识链接：pinMode (pin,mode) 函数，用来配置引脚的模式。参数 pin 为指定配置的引脚编号，参数 mode 为指定的配置模式，参数 mode 的取值有 3 种：INPUT（输入模式），OUTPUT（输出模式），INPUT_PULLUP（输入上拉模式）。使用该函数配置引脚的模式后，需要使用 digitalWrite() 函数使该引脚输出高电平（HIGH）或低电平（LOW）。

```
void loop() {
  IRvalueD = digitalRead(pinIRd);    // 红外模块检测
  if (IRvalueD == LOW) {
    servo1.write(60);
    delay(500);
    servo1.write(initial);           // 白棋子往左
  }else {
    servo1.write(140);
    delay(500);
    servo1.write(initial);           // 黑棋子往右
  }
  delay(500);
}
```

知识链接：digitalRead(pin) 函数，用来读取外部输入的数字信号。pin 为指定读取状态的引脚编号。比如，当 Arduino 以 5 V 供电时，会将范围为 −0.5～1.5 V 的输入电

压识别为低电平,将范围为 3 ~ 5.5 V 的输入电压识别为高电平。

步骤 4　设计药品分类器外观

(1) 固定舵机与开发板。

(2) 固定红外模块。

(3) 将固定好的舵机与红外模块固定在木板上。

(4) 安装扇形片。首先放入扇形木板,其次放上方形木板并用螺丝固定,最后将小块木板放在最上方,用螺丝固定。

(5) 拼接木板。首先安装舵机组木板,其次将中间木板与两侧隔板相连,最后将其拼接在底板上。

(6) 固定电路板与安装顶板。首先撕开泡沫胶,固定电路板,其次将开关安装到顶板上,最后插入 PVC 管。药品分类器外观设计图如图 8-5 所示。

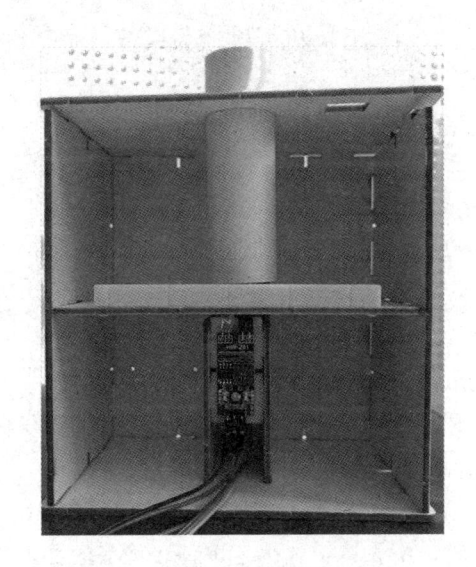

图 8-5　药品分类器外观设计图

知识提炼

药品分类器的原理是利用红外模块区分黑色药品和白色药品,通过控制舵机带动扇形片的左右移动来分拣黑色药品和白色药品。那么,红外模块是如何区分黑色和白色两种颜色的呢?

光线是一种辐射电磁波,以人的经验而言,通常指的是肉眼可见的光波域。红外线是一种肉眼不可见的光,红外模块是利用红外线为介质进行数据处理的一种传感器,由一个红外线发射管和一个红外线接收管组合而成。通电后,发射管发射红外线,遇到黑色棋子,黑色吸收光线能力强,接收管接收到的波长比较短,在电路上以高电平形式呈现;遇到白色棋子,白色反射光线能力弱,接收管接收到的波长比较长,在电路上以低电平形式呈现,因此就可以区分黑色棋子和白色棋子了。

问题拓展

在本次任务中，我们区分了黑白两种颜色的药品，那么利用红外传感器的原理能不能增加颜色的种类？利用药品分类器能否区分更多颜色的药品呢？如果可以，请完善药品分类器的功能。

任务三　药品拾取器设计

任务描述

本任务是设计药品拾取器，借助机械臂动力模块，实现机械臂的转动和抓取药品的操作。具体任务如下。

（1）认识药品拾取器的组成元器件。
（2）组装机械臂动力模块元器件。
（3）编写机械臂动力模块代码。
（4）设计药品拾取器的外观。

任务实施

步骤1　认识药品拾取器的组成元器件

药品拾取器的组成元器件主要有1块Arduino UNO开发板、1块面包板、6个舵机、若干杜邦线、若干机械臂零件等，如图8-6所示。

知识链接：Arduino UNO开发板（见图8-7）的处理核心是ATMEGA328P，它有14个数字输入/输出引脚，6个模拟输入引脚，16 MHz晶振时钟，USB接口，ICSP接头和复位按钮，它只需要通过USB数据线连接计算机就可以进行程序烧录及数据通信，其中，Arduino UNO开发板中的TX和RX引脚用于串口通信。

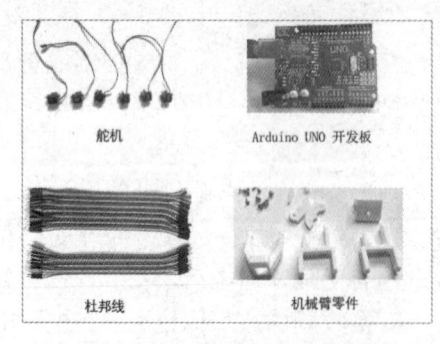

图8-6　药品拾取器的组成元器件

图8-7　Arduino UNO开发板

步骤 2 组装机械臂动力模块元器件

（1）使用杜邦线连接开发板与面包板，如图 8-8 所示。

（2）使用杜邦线将面包板的 GND 和 VCC 引脚与 6 个舵机连接。舵机的红色线与面包板的 VCC 引脚相连，舵机的棕色线与面包板的 GND 引脚相连，舵机的黄色线与开发板的 13 号、12 号、11 号、10 号、9 号、8 号引脚相连。

知识链接：将 6 个舵机分别与 13 号、12 号、11 号、10 号、9 号、8 号引脚连接，为了便于后续外壳安装与代码设计，依次将舵机命名为 X、Y、Z、B、T、E。

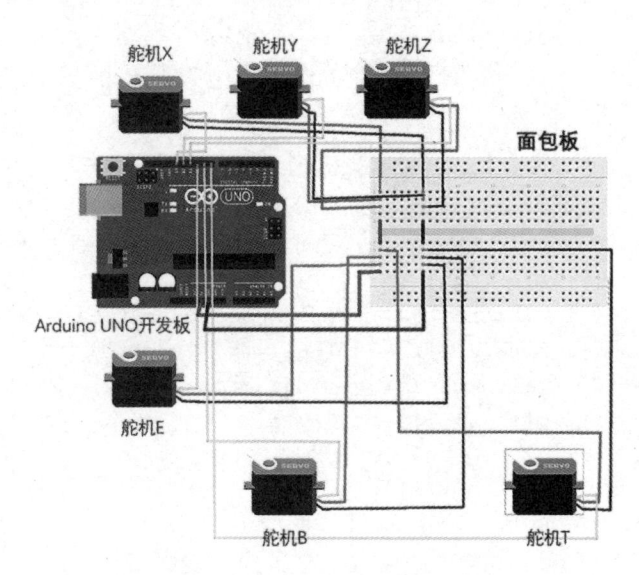

图 8-8 药品拾取器连接示意图

步骤 3 编写机械臂动力模块代码

```
#include <Servo.h>
int      ss=6;                                    //定义舵机个数为 6
Servo    S[6];                                    //定义 6 个舵机对象
int pinnum=13;
char    XYZE[6] = {'X','Y','Z','B','T','E'};//定义 6 个舵机对象，从底座到夹子分别为 X、Y、Z、B、T、E
static int newdms[6] = {0,0,0,0,0,0};      //定义舵机的初始角度
void setup() {
  Serial.begin(9600);
  for(int i=0;i<ss;i++){
    S[i].attach(pinnum);
    S[i].write(newdms[i]);
    pinnum=pinnum-1;
  }
}
void loop() {
  if(Serial.available()>0){                        // 有串口数据 >0 字节
```

```
            String t=Serial.readString();            // 读取指令
            Serial.println(t);                       // 串口回显指令
            Command(t);
        }
    }
    String Command(String t)   {              // 解析 XYZBTE 电机指令：底座 X,
前后 Y, 上下 Z, 平衡 B, 旋转 T, 夹子 E
        for(int i=0;i<ss;i++){
          if(XYZE[i]==t.charAt(0)){
            if(t.charAt(1)=='-' and t.charAt(2)=='3'){
              S[i].write(S[i].read()-3);
            } else if (t.charAt(1)=='-' and t.charAt(2)=='6'){
              S[i].write(S[i].read()-6);
            } else if (t.charAt(1)=='-' and t.charAt(2)=='9'){
              S[i].write(S[i].read()-9);
            } else if (t.charAt(1)=='+' and t.charAt(2)=='3'){
              S[i].write(S[i].read()+3);
            }else if (t.charAt(1)=='+' and t.charAt(2)=='6'){
              S[i].write(S[i].read()+6);
            }else if(t.charAt(1)=='+' and t.charAt(2)=='9'){
              S[i].write(S[i].read()+9);
            }
            Serial.println(S[i].read());
            delay(2000);
          }
        }
    }
```

步骤 4 设计药品拾取器外观

将步骤 2 中组装好的 6 组舵机嵌入机械臂积木缺口处，积木零件较多，请参照图 8-9 认真完成机械臂的组装。

知识提炼

本模块中的药品拾取器所采用的通信方式主要是串口通信。串口通信是指外部设备和计算机之间通过数据信号线、控制信号线等，按位进行数据传输的一种通信方式。本模块采用的串口通信的通信模式为单工模式，即数据传输是单向的，通信双方中，计算机为固定发送端，机械臂为固定接收端。当计算机输出相应指令时，机械臂会跟随计算机指令进行相应角度的旋转。

串口通信还有一个重要的参数就是波特率，这在代码"Serial.begin(9600);"中就有体现，波特率是一个衡量信号传输速率的参数，它可以决定数据的传输

图 8-9 药品拾取器外观设计图

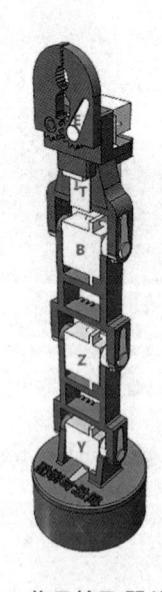

速率。代码中波特率的设置为 9600 Bd，通过设置波特率可以完成串口的初始化，一般串口的波特率可以设置为 9600 Bd、14400 Bd、28800 Bd 等。

问题拓展

本模块中的药品拾取器使用 Arduino UNO 开发板与六轴机械臂来实现串口连接，是否还有其他种类的开发板可与机械臂相连，进而实现药品拾取功能呢？如果有，请实现，并说明开发板与机械臂使用的是哪一种通信方式。

任务四 智能药盒功能设计

任务描述

智能药盒可以定时提醒老年人服药，通过语音和灯光提示引起老年人的注意，并在 LCD 显示屏上显示当前日期和时间。具体任务如下。
（1）认识智能药盒模块的组成元器件。
（2）组装智能药盒模块元器件。
（3）编写智能药盒模块代码。
（4）设计智能药盒外观。

任务实施

步骤 1 认识智能药盒模块的组成元器件

智能药盒模块的组成元器件主要有 Arduino UNO 开发板、Tiny RTC DS1307 时钟模块、LCD 1602 液晶显示屏、I2C LCD 1602 转接板、DFPlayer MP3 模块、扬声器、杜邦线插座、21 格药盒、WS2812B 灯带、若干杜邦线，如图 8-10 所示。

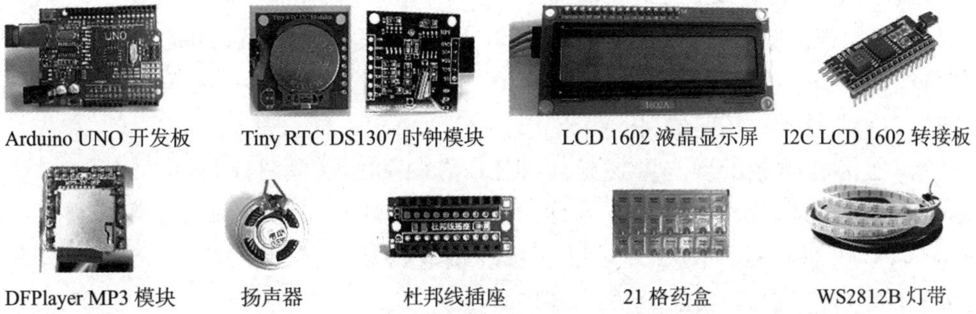

Arduino UNO 开发板	Tiny RTC DS1307 时钟模块	LCD 1602 液晶显示屏	I2C LCD 1602 转接板
DFPlayer MP3 模块	扬声器	杜邦线插座	21 格药盒	WS2812B 灯带

图 8-10 智能药盒模块的主要组成元器件

知识链接：LCD 1602 液晶显示屏利用液晶的物理特性，通过电压控制显示区域来显示图形。它能够同时显示两行，每行 16 个字符。LCD 1602 液晶显示屏与 Arduino

UNO 开发板连接需要 7 个 I/O 接口（RS、RW、E、D4～D7），如图 8-11 所示。由于 Arduino UNO 开发板的 I/O 接口数量有限，如果直接将 Arduino UNO 开发板与 LCD 1602 液晶显示屏相连，那么会占用 Arduino UNO 开发板较多的 I/O 接口，不利于连接其他设备。而借助 IIC 接口转接板则只需要占用 Arduino UNO 开发板上两个 I/O 接口，大大减少了 Arduino UNO 开发板的 I/O 接口的使用数量，如图 8-12 所示。

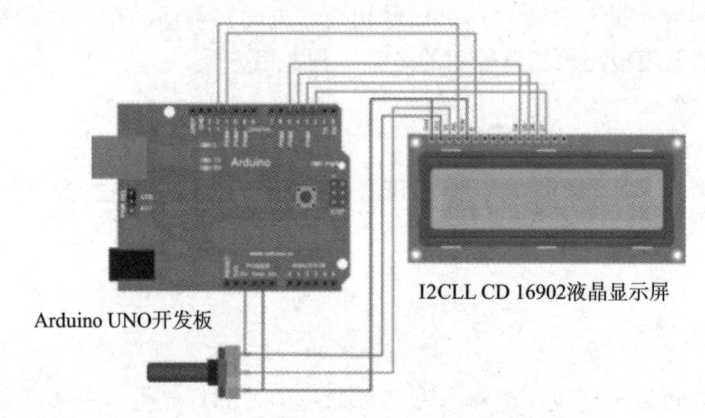

图 8-11　连接液晶显示屏与开发板

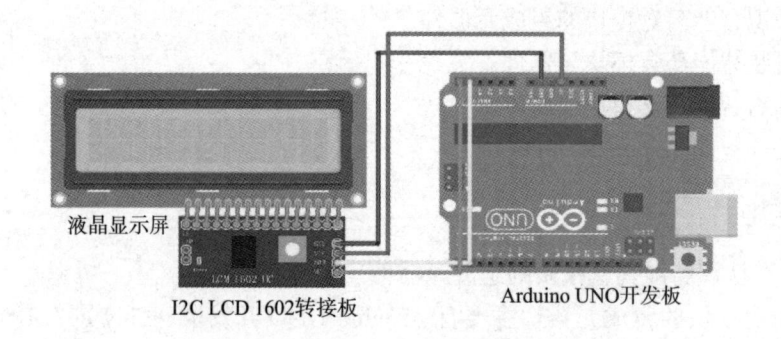

图 8-12　连接 I2C LCD 1602 转接板与开发板

步骤 2　组装智能药盒模块元器件

（1）拓展开发板端口数量。使用一根公对公杜邦线将 Arduino UNO 开发板的 GND 引脚与杜邦线插座的某一列相连，再使用另一根公对公杜邦线将 Arduino UNO 开发板的 VCC 引脚与杜邦线插座的另一列相连。

（2）连接液晶显示屏与开发板。I2CLL CD 16902 液晶显示屏和 LCD 1602 液晶显示屏使用公对母杜邦线将液晶显示屏的 GND、VCC 引脚分别与杜邦线插座上的 GND、VCC 引脚连接。使用公对母杜邦线将液晶显示屏的 SDA、SCL 引脚分别与 Arduino UNO 开发板的 A4、A5 引脚连接。

（3）连接时钟模块与 Arduino UNO 开发板。使用公对母杜邦线将时钟模块的 GND、VCC 引脚分别与杜邦线插座上的 GND、VCC 引脚连接。使用公对母杜邦线将时钟模块的 SDA、SCL 引脚分别与开发板的 SDA、SCL 引脚连接。

（4）连接扬声器与 DFPlayer MP3 模块。将扬声器的红色引脚、黑色引脚分别插入该模块的 SPK1、SPK2 引脚。

（5）连接 DFPlayer MP3 模块与 Arduino UNO 开发板。使用公对母杜邦线将 DFPlayer MP3 模块的 GND、VCC 引脚分别与杜邦线插座上的 GND、VCC 引脚连接。使用公对母杜邦线将 DFPlayer MP3 模块的 RX、TX 引脚分别与开发板的 11 号、10 号引脚相连。

（6）药盒装饰。将 WS2812B 灯带缠绕在 21 格药盒的侧边并用双面胶固定，防止灯带滑落。

（7）连接药盒与 Arduino UNO 开发板。使用公对公杜邦线将灯带连接器与 Arduino UNO 开发板相连，灯带连接器的红色接口、白色接口、绿色接口分别与开发板的 GDN、VCC、12 号引脚相连。

（8）组装后的智能药盒连接示意图如图 8-13 所示。

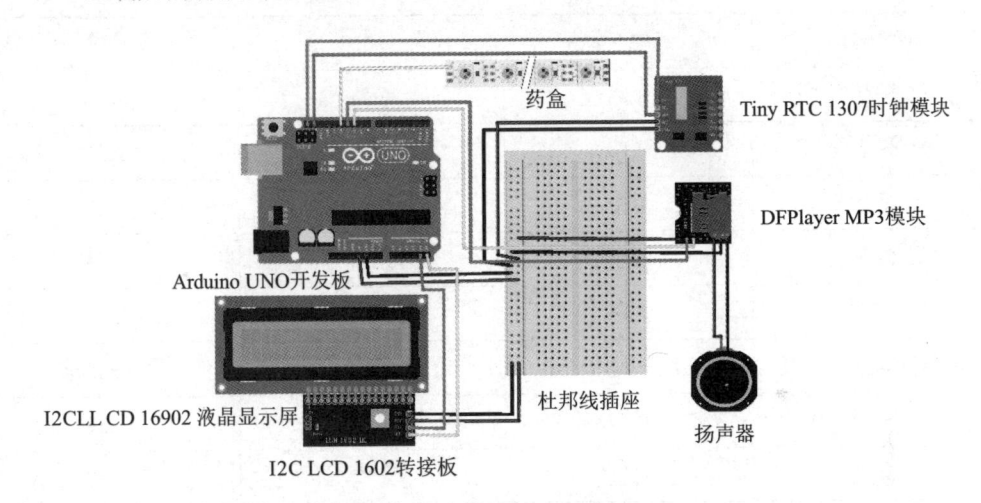

图 8-13　智能药盒连接示意图

步骤 3　编写智能药盒模块代码

```
#include "FastLED.h"                    // 引用 LED 库
#include <Wire.h>                       // 引用总线库
#include <RTClib.h>                     // 引用时钟库
#include "Arduino.h"                    // 引用 Arduino 库
#include "SoftwareSerial.h"             // 引用软串口库
#include "DFROBOTDFPlayerMini.h"        // 引用 MP3 模块库
#include <LiquidCrystal_I2C.h>          // 引用显示屏库
```

知识链接：#include <SoftwareSerial.h> 的作用是将其他数字、模拟引脚通过程序模拟成串口通信引脚。Arduino UNO 开发板上标注的 RX、TX 串口叫作硬串口。除了硬串口，Arduino 还提供了一种软串口，也叫虚拟串口，它通过程序定义的一组串口映射到 Arduino 的 I/O 口，这样就额外多出一组串口。

```
#define NUM_LEDS 21                           // 定义 LED 灯的数量，共 21 个
#define DATA_PIN 12                           // 定义 LED 引脚
CRGB leds[NUM_LEDS];                          // 声明 LED 对象
DFROBOTDFPlayerMini myDFPlayer;               // 声明 MP3 对象
SoftwareSerial mySoftwareSerial(11, 10);      // 定义 RX、TX 引脚为软串口读写
RTC_DS1307 RTC;                               // 定义 RTC 对象
LiquidCrystal_I2C lcd(0x27,16,2);             // 定义 LCD 对象
void remind(int i);                           // 声明提醒函数
```

知识链接：LiquidCrystal_I2C 是一个通过 I2C 驱动 LCD 显示屏的库函数，格式为：LiquidCrystal_I2C 对象名 (地址, 行, 列)，地址取决于转接板上 A0、A1、A2 的连接，悬空即拔掉跳线帽，短路即插上跳线帽。本任务中使用的 I2C 接口转换器的 A0、A1、A2 都处于悬空状态，因此地址为 0x27（见表 8-2）。

表 8-2 I2C 接口转换器的地址

A0	A1	A2	地址
短路	短路	短路	0x20
悬空	短路	短路	0x21
短路	悬空	短路	0x22
悬空	悬空	短路	0x23
短路	短路	悬空	0x24
悬空	短路	悬空	0x25
短路	悬空	悬空	0x26
悬空	悬空	悬空	0x27

不同显示屏的 I2C 接口转换器的地址可能有所不同，如果地址有误，可能会导致显示屏亮起但不显示文字，常用的解决方法有以下两种。①先检查地址是否有误：打开 Arduino IDE 将以下代码复制过去，并上传至 Arduino UNO 开发板，上传成功后，打开串口监视器，就能看到 I2C 的地址是多少（常见的地址为 0x20 和 0x27）。②如果地址无误，再确定显示屏对比度是否有问题：使用小螺丝刀旋转显示屏背后的十字钮，直至显示屏可以正常显示文字，屏幕上没有白色方块为止。

```
void setup() {
  Wire.begin();                            // 初始化总线
  RTC.begin();                             // 初始化实时时钟
  mySoftwareSerial.begin(9600);            // 设置软串口波特率
  Serial.begin(115200);                    // 设置串口波特率
  myDFPlayer.setTimeOut(500);              // 设置软串口超时时间为 500 毫秒
  myDFPlayer.volume(30);                   // 设置音量 (0 ~ 30)
```

```
    FastLED.addLeds<NEOPIXEL, DATA_PIN>(leds, NUM_LEDS);   // 初始化 LED
    Serial.println();                        // 以下为 DFPlayer MP3 模块调试信息
    Serial.println(F("DFROBOT DFPlayer MP3 Demo"));
    Serial.println(F("Initializing DFPlayer ... (May take 3~5 seconds)
"));
    if (!myDFPlayer.begin(mySoftwareSerial)) {
      Serial.println(F("Unable to begin:"));
      Serial.println(F("1.Please recheck the connection!"));
      Serial.println(F("2.Please insert the SD card!"));
      while(true); }
    Serial.println(F("DFPlayer MP3 online."));           // 以上为MP3模块调试信息
    for(int i=0;i<21;i++){
      leds[i] = CRGB::Black;
      FastLED.show();}// 初始化 21 个 LED 灯的颜色
    RTC.adjust(DateTime(__DATE__, __TIME__));// 使时钟显示时间与当前时间同步
    lcd.init();                           // 初始化屏幕
    lcd.backlight();                      // 开启背光
    lcd.setCursor(1,0);  // 设置显示屏上光标的位置，1 表示第 1 列，0 表示第 0 行
    lcd.print("Smart Pill Box");          // 在显示屏上打印信息
}
void loop() {
    DateTime now = RTC.now();        // 获取时钟当前显示的时间并赋值给 now 对象
    int yearVal = now.year();
    int monthVal = now.month();
    int dayVal = now.day();
    int hourVal=now.hour();
    int minVal=now.minute();
    int secVal=now.second();
int weekVal =now.dayOfTheWeek();
    lcd.setCursor(0,1);// 设置显示屏上光标的位置，0 表示第 0 列，1 表示第 1 行
    lcd.print(now.month(), DEC);
    lcd.print("/");
    lcd.print(now.day(), DEC);
    lcd.print(" ");
    lcd.print(now.dayOfTheWeek());
    lcd.print(" ");
    lcd.print(now.hour(), DEC);
    lcd.print(":");
    lcd.print(now.minute(), DEC);
    lcd.print(":");
    lcd.print(now.second(), DEC);
lcd.print(" ");
```

知识链接：以上代码表示显示屏上显示的就是当前时间，如 4/15 5 13:55:10，表示当前时间为 4 月 15 日 星期五 13 时 55 分 10 秒。

```c
if((weekVal==1)&&(hourVal==6)&&(minVal==0)&&(secVal<15)){
    remind(12);                     // 星期一早提醒吃药
    }else if ((weekVal==1)&&(hourVal==12)&&(minVal==0)&&(secVal<15)){
    remind(15);                     // 星期一午提醒吃药
    } else if ((weekVal==1)&&(hourVal==19)&&(minVal==0)&&(secVal<15)){
    remind(1);                      // 星期一晚提醒吃药
    }else if ((weekVal==2)&&(hourVal==6)&&(minVal==0)&&(secVal<15)){
    remind(11);                     // 星期二早提醒吃药
    }else if ((weekVal==2)&&(hourVal==12)&&(minVal==0)&&(secVal<15)){
    remind(16);                     // 星期二午提醒吃药
    }else if ((weekVal==2)&&(hourVal==19)&&(minVal==0)&&(secVal<15)){
    remind(2);                      // 星期二晚提醒吃药
    }else if ((weekVal==3)&&(hourVal==6)&&(minVal==0)&&(secVal<15)){
    remind(10);                     // 星期三早提醒吃药
    }else if ((weekVal==3)&&(hourVal==12)&&(minVal==0)&&(secVal<15)){
    remind(17);                     // 星期三午提醒吃药
    }else if ((weekVal==3)&&(hourVal==19)&&(minVal==0)&&(secVal<15)){
    remind(3);                      // 星期三晚提醒吃药
    }else if ((weekVal==4)&&(hourVal==6)&&(minVal==0)&&(secVal<15)){
    remind(9);                      // 星期四早提醒吃药
    }else if ((weekVal==4)&&(hourVal==12)&&(minVal==0)&&(secVal<15)){
    remind(18);                     // 星期四午提醒吃药
    }else if ((weekVal==4)&&(hourVal==19)&&(minVal==0)&&(secVal<15)){
    remind(4);                      // 星期四晚提醒吃药
    }else if ((weekVal==5)&&(hourVal==6)&&(minVal==0)&&(secVal<15)){
    remind(8);                      // 星期五早提醒吃药
    }else if ((weekVal==5)&&(hourVal==12)&&(minVal==0)&&(secVal<15)){
    remind(19);                     // 星期五午提醒吃药
    }else  if ((weekVal==5)&&(hourVal==19)&&(minVal==0)&&(secVal<15)){
    remind(5);                      // 星期五晚提醒吃药
    }else if ((weekVal==6)&&(hourVal==6)&&(minVal==0)&&(secVal<15)){
    remind(7);                      // 星期六早提醒吃药
    }else if ((weekVal==6)&&(hourVal==12)&&(minVal==0)&&(secVal<15)){
    remind(20);                     // 星期六午提醒吃药
    }else if ((weekVal==6)&&(hourVal==19)&&(minVal==0)&&(secVal<15)){
    remind(6);                      // 星期六晚提醒吃药
    }else if ((weekVal==7)&&(hourVal==6)&&(minVal==0)&&(secVal<15)){
    remind(13);                     // 星期日早提醒吃药
    }else if ((weekVal==7)&&(hourVal==12)&&(minVal==0)&&(secVal<15)){
    remind(14);                     // 星期日午提醒吃药
    }else if ((weekVal==7)&&(hourVal==19)&&(minVal==0)&&(secVal<15)){
    remind(0);                      // 星期日晚提醒吃药
    }
}
```

知识链接：通过 if...else... 语句可以实现在固定时间提醒吃药的功能，当时间为星期日 19 时 00 分 0 秒到 19 时 00 分 15 秒时，if 条件语句成立，正常执行 remind() 函数，0 号药盒灯亮并提醒吃药。代码如下。

```
void remind(int i){
    leds[i] = CRGB::Green;
    FastLED.show();// 设置对应药盒的灯发绿色光
    myDFPlayer.play(1);// 播放吃药提醒声音
    delay(3000);  // 延迟 3 秒继续执行程序
    leds[i] = CRGB::Black;
    FastLED.show();// 设置对应药盒不亮灯
}
```

步骤 4　设计智能药盒外观

将步骤 2 中组装好的元器件嵌入塑料板。零件较多，请认真完成机械臂的组装。组装完成后的实物图如图 8-14 所示。

知识提炼

智能药盒的主要功能是定时提醒老年人吃药，所以 Tiny RTC DS1307 时钟模块是本任务模块的关键。Tiny RTC DS1307 时钟模块（见图 8-15）是一款低功耗、I2C 总线接口的实时时钟芯片，可独立于 CPU 工作，且计时准确，月累积误差一般小于 10 s，并且具有产生秒、分、时、日、月、年及闰年自动调整的功能；带有 56 个字节的 NV RAM，可存放数据，具有 2 线串口及可编程的方波输出，主要引脚定义为：SDA——串行数据；SCL——串行时钟。

本模块需要连接的引脚为 SCL、SDA、VCC 及 GND。获取同步时间的关键代码为 "RTC.adjust(DateTime(__DATE__,__TIME__))"，通过读取该条语句，时钟显示时间可与当前时间同步。

图 8-14　智能药盒线路连接实物图

图 8-15　Tiny RTC DS1307 时钟模块

问题拓展

（1）DFPlayer MP3 模块是一款小巧且价格低廉的 MP3 模块，可以直接接入扬声器。模块可以配合供电电池、扬声器、按键单独使用，也可以通过串口控制。通过简单的串口指令可以实现播放音乐等功能。请大家使用 DFPlayer MP3 模块，设计一个属于自己的音乐播放器吧！

（2）当电路连接好后，首先要对电路中的装置进行测试，排除设备故障，药盒中嵌有 LED 灯，参考步骤 3 中有关 FastLED 的代码，思考如何设计"走马灯"来测试灯的好坏。

任务五　智能药盒测试与排故

任务描述

在完成药品分类器设计、药品拾取器设计、智能药盒功能设计之后，需要对作品进行测试，从而发现问题、排除故障，具体任务如下。

（1）测试药品分类器的准确率。
（2）测试药品拾取器的稳定性。
（3）测试智能药盒的准时性与有效性。

步骤 1　测试药品分类器的准确率

打开 Arduino IDE 软件，用数据线将 Arduino UNO 开发板与计算机相连，点击"上传到设备"，等待代码上传完成。上传完成后，将部分黑白棋子混装在 PVC 管中，打开船型开关，使药品分类器自动进行黑白棋子的分类，测试药品分类器的准确率。

将大约 10 枚黑白棋子全部放入药品分类器，模拟根据药品颜色进行分类的情形，经过测试得知药品分类器的正确率达 100%（见图 8-16）。

步骤 2　测试药品拾取器的稳定性

打开 Arduino IDE 软件，用数据线将机械臂上连接的 Arduino UNO 开发板与计算机相连，点击"上传到设备"，等待代码上传完成。代码上传完成后，用某一物品代替药品，测试药品拾取器的稳定性（见图 8-17）。

图 8-16　药品分拣器分拣后的状态　　　　图 8-17　药品拾取器拾取药品

步骤 3　测试智能药盒的准时性与有效性

打开 Arduino IDE 软件，用数据线将 Arduino UNO 开发板与计算机相连，点击"上传到设备",等待代码上传完成。上传完成后,查看液晶显示屏上是否同步当前时间,显示"月、日、周、时、分、秒"信息(见图8-18)。

【功能测试】在 0～15 秒,智能药盒要提醒老年人吃第 9 个药盒的药品,并发出语音提醒"该吃药了"。测试结果是,智能药盒可以顺利完成该功能,即在秒数小于 15 内,药盒会一直发出语音"该吃药了"来提醒老年人(见图8-19)。

图 8-18　显示屏同步显示时间　　　图 8-19　智能药盒提醒

步骤 4　智能药盒评价

智能药盒能完成基础的黑白药品分类、拾取及定时提醒,考虑到老年人除记性差、不能按时吃药外,出行不便也是他们面临的一大问题。子女有时忙于工作,不能立即带老年人去医院看病,因此能不能在原有的设计基础上再开发一个智能送药机器人呢?医生开好处方后,机器人将处方药送到老年人家中,并且对药物进行分类,自动拾取至药盒,提醒老年人每天按时吃药。这样,老年人足不出户就可以根据医嘱定时服用药品。

第九章　智慧天气：智能天气台创作

项目描述

随着科学技术的发展和教育改革的深入，气象科学教育已成为很多国家对在校学生进行科学教育的载体与平台。搭建校园气象站或购置现代气象仪成本较高，而且维护费用高，一些偏远、经济欠发达的地区，由于经费紧张，很难建设这样一个平台，而且学生无法参与到气象站的建设过程中。

随着时代的发展，简单的物—物沟通交流已经不能满足我们的日常需求，我们希望能够实现跨越时间、空间的"万物互联"。如果拥有一个能够实时感知天气变化的智能设备，我们可以更加便捷地了解当前周边的气温、降水和空气质量等，从容地应对各种天气问题，为出行做好准备。那么，如何把 AI 技术和物联网技术相结合，为人们提供随时随地的贴身气象服务呢？

学习目标

知能目标：知能与技能

（1）理解智能天气台所需硬件的工作原理，掌握智能天气台系统的构成。

（2）能设计智能天气台，用于测量温湿度、PM2.5 和 PM10、紫外线强度、雨势等，能够使用 Arduino UNO 开发板控制不同场景下的演示操作。

（3）理解智能天气台向 Easy IoT 物联网云平台上传数据及手机 App 实时接收云平台数据消息的工作原理。

方法目标：过程与方法

（1）掌握各传感器、显示屏和物联网模块与 Arduino UNO 开发板的正确连接方法，整合后完成外观设计。

（2）掌握搭建 Easy IoT 物联网云平台的方法，实现主控板与 Web 端的连接。

（3）熟练使用 App Inventor 2 开发 Android 系统手机 App，实现 Web 端与 App 端的连接。

素养目标：情感、态度与价值观

（1）养成使用智能物联网创造便利生活的科技意识，树立科技为民的理念。

（2）树立 AI 赋能社会绿色发展的生态观。

任务一　智能天气台开发任务分析

本任务利用 Arduino UNO 开发板、传感器模块、显示屏模块和物联网模块等搭建了一个智能天气台套件，能准确地监测当地天气情况。

该套件具有的功能包括：①采集温度、湿度、是否下雨、PM2.5、PM10、紫外线强度等数据；②将采集数据与 Arduino 内部标准进行比对和推理，给出相关出行建议；③使用 LCD 显示器实时显示天气数据和图表；④将采集的数据通过 MQTT 协议发送给 Easy IoT 物联网云平台，将天气数据存储于云端数据库；⑤使用 App Inventor 2 开发手机 App，在移动端实时接收数据。智能天气台功能设计图如图 9-1 所示。

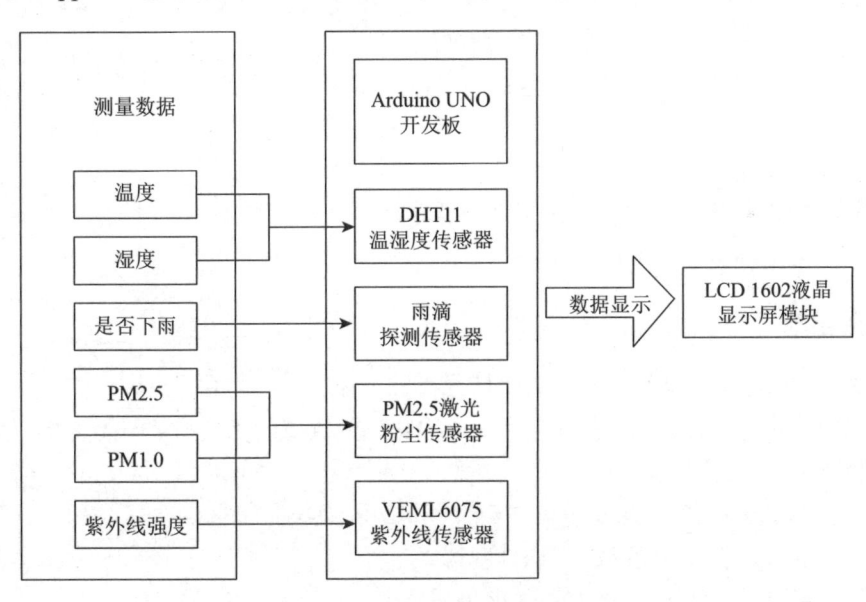

图 9-1　智能天气台功能设计图

基于智能天气台的功能设计，本单元包括设计温湿度检测、雨势判断、紫外线强度检测、空气质量判断等 8 个任务，具体开发流程如图 9-2 所示。

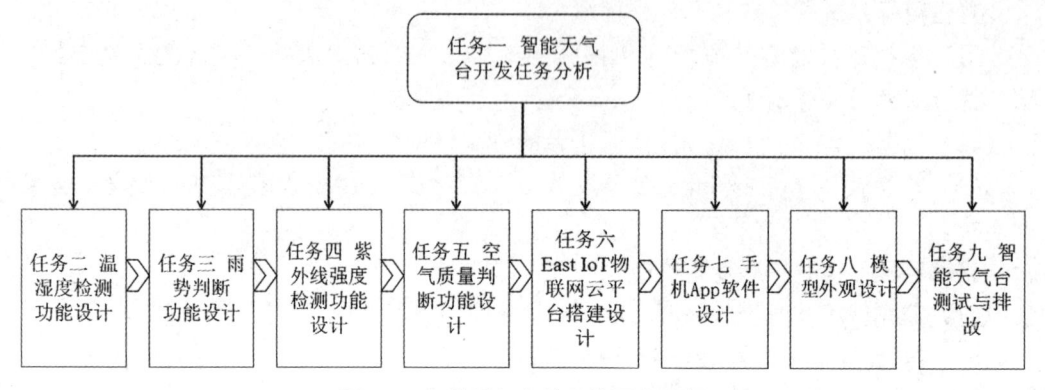

图 9-2　智能天气台的具体开发流程

任务二　温湿度检测功能设计

任务描述

温湿度检测功能是指智能天气台监测空气中温度和湿度的数值，并将湿度和温度数值显示在液晶显示器上。智能天气台的温湿度检测功能设计所需要的硬件有 Arduino UNO 开发板、温湿度传感器、液晶显示屏、I2C 转接板、面包板、若干杜邦线等。具体任务如下。

（1）认识温湿度检测模块的组成元器件。
（2）组装温湿度传感模块的元器件。
（3）编写温湿度传感器的数据采集程序。
（4）编写液晶显示器数据显示的程序。
（5）编写将温湿度数据上传到云平台的程序。
（6）测试温湿度检测模块的功能。

任务实施

步骤 1　认识温湿度检测模块的组成元器件
温湿度检测模块的组成元器件与 Arduino UNO 开发板的连接示意图如图 9-3 所示。
步骤 2　组装温湿度检测模块的元器件
（1）将 Arduino UNO 开发板的 VCC、GND 引脚与面包板的"+"极和"-"极相连，作为 Arduino UNO 开发板的拓展接口。

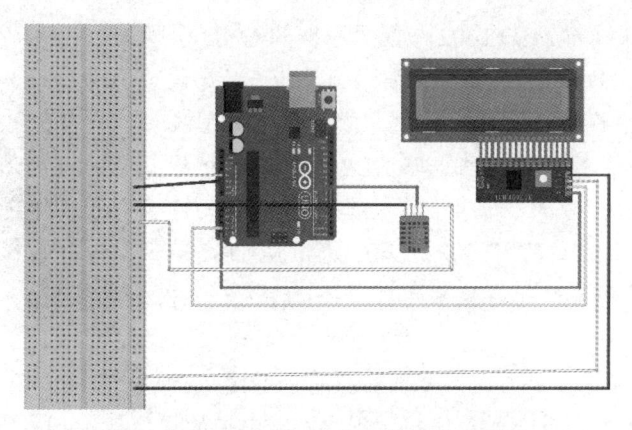

图 9-3　温湿度检测功能硬件连接示意图

（2）使用杜邦线将 DHT11 模块的 DATA 引脚与 Arduino UNO 开发板的 5（输出）引脚相接。

（3）使用杜邦线将 DHT11 模块的 VCC 引脚与面包板"+"极相接。

（4）使用杜邦线将 DHT11 模块的 GND 引脚与面包板"-"极相接。

知识链接：DHT11 是一款温湿度一体的数字传感器（见图 9-4），其内部包括一个电阻式测湿元器件和一个 NTC 测温元器件，并与一个高性能 8 位单片机连接；其外部只需要简单的电路连接，就能实时采集本地温湿度。DHT11 与单片机等控制器采用简单的单总线进行通信，只需要一个 I/O 口。传感器内部一次性传输 40 Bit 温湿度数据给单片机，数据采用校验和的方式进行校验，有效地保证了数据传输的准确性，其测量精度为：湿度 ±5% RH，温度 ±2 ℃；测量范围为：湿度 20%～90% RH，温度 0～50℃。

图 9-4　DHT11 数字传感器

步骤 3　安装 LCD 1602 液晶显示屏模块

（1）将 I2C LCD 1602 转接板与 LCD 1602 液晶显示屏的所有引脚相连，作为 LCD 1602 液晶显示屏的拓展接口。

（2）使用杜邦线将 LCD 1602 液晶显示屏的 SDA 引脚与 Arduino UNO 开发板的 SDA 引脚相接。

（3）使用杜邦线将 LCD 1602 液晶显示屏的 SCL 引脚与 Arduino UNO 开发板的 SCL 引脚相接。

（4）使用杜邦线将 Arduino UNO 开发板的 VCC 引脚和 GND 引脚连接到面包板，作为 Arduino UNO 开发板"+"极和"-"极的拓展引脚接口。

（5）使用杜邦线将 LCD 1602 液晶显示屏的 VCC 引脚与面包板"+"极相接。

（6）使用杜邦线将LCD 1602液晶显示屏的GND引脚与面包板"–"极相接。

知识链接：LCD 1602液晶显示屏（见图9-5）是被广泛使用的一种字符型液晶显示模块。它是由字符型液晶显示屏（LCD）、控制驱动主电路HD44780及其扩展驱动电路HD44100，以及少量电阻、电容元件和结构件等装配在PCB板上组成的，其中，1602是指LCD显示的内容为16×2，即可以同时显示两行，每行16个字符（1个汉字占2个字符）。

图9-5　LCD 1602液晶显示屏

LCD 1602液晶显示屏与单片机的连接有两种方式：一种是直接控制方式，另一种是间接控制方式。它们的区别只是各自所用的数据线的数量不同，其他都一样。间接控制方式也称四线制工作方式，是利用HD44780所具有的4位数据总线的功能，将电路接口简化的一种方式。本任务中为了减少接线数量及对Arduino UNO开发板I/O资源的需求，采用四线连接方式。

步骤4　编写温湿度传感器模块代码

（1）打开Mind+软件，在连接设备里选中Arduino UNO开发板的COM3端口（见图9-6）。

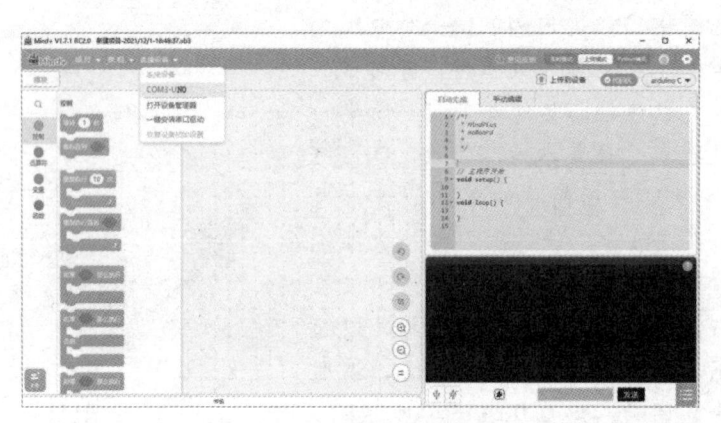

图9-6　选择连接设备

（2）在软件左下角的"扩展"→"主控板"里选择"Arduino UNO"（见图9-7）。

（3）点击"扩展板"右边的"传感器"，找到DHT11/22温湿度传感器（见图9-8），将其加载到模块区。

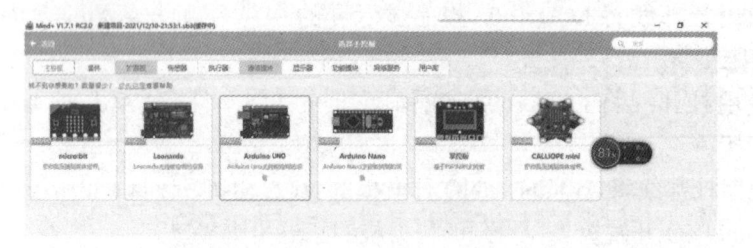

图9-7　选择Arduino UNO开发板

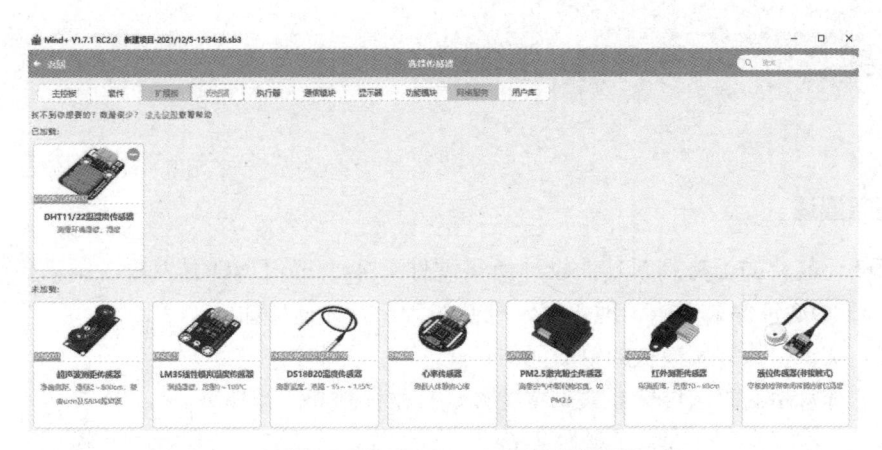

图 9-8　加载 DHT11/22 温湿度传感器

（4）点击"返回"，拖动积木，进行图形化编程（见图 9-9）。

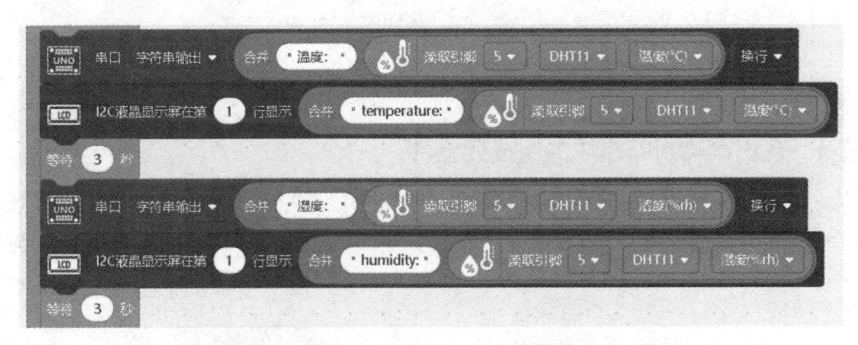

图 9-9　DHT11 温湿度传感器模块的图形化编程

（5）在右边代码区编写 C 语言代码，关键代码如下：

```
Serial.println((String("温度：") +String(dht11_5.getTemperature())));
   LCD 1602.printLine(uint32_t(1), (String("temperature:") + String(dht11_5.getTemperature())));
   delay(3000);
   Serial.println((String("湿度：") + String(dht11_5.getHumidity())));
   LCD 1602.printLine(uint32_t(1), (String("humidity:") + String(dht11_5.getHumidity())));
   delay(3000);
```

（6）点击"上传到设备"，检查程序能否通过编译。

问题拓展

编写通过 LCD 1602 液晶显示屏给出相关出行建议的程序：当没有下雨时，判断空气湿度是否高于 75%，如果高于 75%，则说明可能会下雨，LCD 输出"出门请携带雨伞"。要注意的是，需要先对 LCD 1602 液晶显示屏进行初始化。

任务三　雨势判断功能设计

任务描述

智能天气台的雨势判断功能设计所需硬件有 Arduino UNO 开发板、雨滴探测传感器、LCD 1602 液晶显示屏、面包板、杜邦线等。具体任务如下。

（1）认识雨势判断模块的组成元器件。

（2）理解雨滴探测传感器的基本特性、技术参数和工作原理。

（3）完成雨势判断模块的硬件连接。

（4）使用 Mind+ 软件编写雨滴探测传感器的控制程序，实现 Arduino UNO 开发板串口输出"下雨/不下雨"和 LCD 1602 显示天气情况的功能。

（5）完成控制程序的成功上传，测试雨势判断模块的功能。

任务实施

步骤 1　认识雨势判断模块的组成元器件

雨势判断功能设计所需硬件主要有 Arduino UNO 开发板、雨滴探测传感器、LCD 1602 液晶显示屏、I2C 转接板、面包板、杜邦线等，它们的连接示意图如图 9-10 所示。

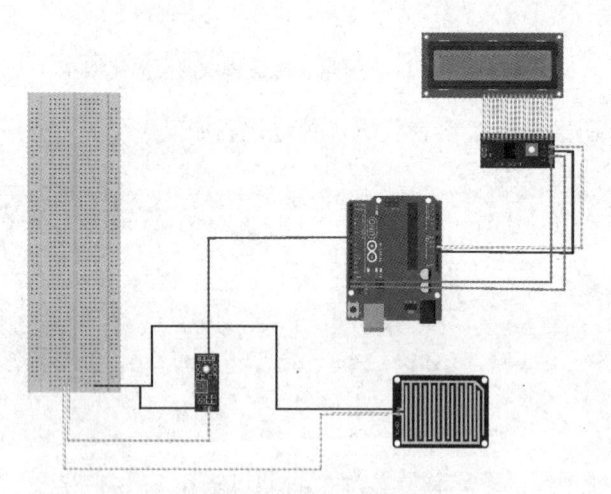

图 9-10　雨势判断模块硬件连接示意图

步骤 2　安装雨滴探测传感器模块（见图 9-11）

（1）使用杜邦线将雨滴探测传感器探测板的 DO 引脚与 Arduino UNO 开发板的 7 号引脚相接。

（2）使用杜邦线将雨势探测器感受板的 VCC 引脚和 GND 引脚连接到面包板上，作为该传感器"+"极和"-"极的拓展接口。

图 9-11　雨滴探测传感器模块

（3）使用杜邦线将雨滴探测传感器探测板的 VCC 引脚与面包板"+"极相接。

（4）使用杜邦线将雨滴探测传感器探测板的 GND 引脚与面包板"-"极相接。

知识链接：我们在系统中使用 YL-83 雨滴探测传感器模块来判断雨势，这个型号的雨滴探测传感器模块已在天气情况检测中大规模使用，它可将雨势转换成数字信号（DO）和模拟信号（AO）输出。

步骤 3　安装 LCD 1602 液晶显示屏模块

完成 LCD 1602 液晶显示屏的连接工作。

步骤 4　编写雨滴探测传感器模块代码

（1）将 Mind+ 软件连接 COM3-UNO，选择 Arduino UNO 开发板作为主控板。

（2）雨滴探测传感器仅通过信号传输判断是否下雨，所以 Mind+ 软件中没有专门的模块，只需要连接硬件电路即可。

（3）点击"返回"，拖动积木，进行图形化编程（见图 9-12、图 9-13）。

图 9-12　"不下雨"时雨滴探测传感器模块的图形化编程

图 9-13　"下雨"时雨滴探测传感器模块的图形化编程

（4）在代码区编写 C 语言代码，关键代码如下：

```
if (digitalRead(7))
{
    Serial.println(" 不下雨 ");
}
else {
    Serial.println(" 下雨 ");
    LCD 1602.printLine(uint32_t(1), "It'a rainy day ");
    delay(3000);
}
```

（5）点击"上传到设备"，检查程序能否通过编译。

知识链接：当感应板上没有水滴时，DO输出为高电平，开关指示灯灭；当感应板上有水滴时，DO输出为低电平，开关指示灯亮；擦掉感应板上的水滴后，DO恢复高电平输出状态，开关指示灯灭。

知识提炼

雨滴探测传感器简称雨滴传感器，用于检测是否下雨及雨量的大小，主要用于汽车的智能灯光（AFS）系统、自动雨刷系统、智能车窗系统等。当汽车在雨雪天等恶劣天气下行车时，由雨滴传感器向自动灯光系统微型计算机提供信号，微型计算机自动调整前照灯的宽度、远近度和明暗度，同时天窗系统也会自动关闭车窗。为确保驾驶员在雨天具有良好的视线，汽车挡风玻璃上装有自动雨刷，可以随雨量的变化自动调整开闭时间和频率，确保行车安全。

常见的雨滴探测传感器主要有流量式雨滴传感器、静电式雨滴传感器、压电式雨滴传感器和红外线式雨滴传感器。传感器应安装在适当的位置，保证刚下雨时就能接收到雨滴，同时应有必要的防护措施，以保证传感器不受损害。

问题拓展

1. 如何模拟下雨情境，以测试该功能模块雨滴探测的准确性？

2. YL-83雨滴探测传感器的耐腐蚀性较差，请你设计一个YL-83雨滴探测传感器的日常防护方案。

任务四 紫外线强度检测功能设计

任务描述

智能天气台的紫外线强度检测功能设计所需硬件有Arduino UNO开发板、VEML6075紫外线传感器、LCD 1602液晶显示屏、面包板、杜邦线等。具体任务如下。

（1）认识紫外线强度检测模块的组成元器件。

（2）理解VEML6075紫外线传感器的基本特性、技术参数和工作原理。

（3）完成紫外线强度检测模块的硬件连接。

（4）使用Mind+软件编写VEML6075紫外线传感器的控制程序，实现LCD 1602液晶显示屏显示紫外线指数的功能。

（5）完成控制程序的成功上传，测试紫外线强度检测模块的功能。

任务实施

步骤 1　认识紫外线强度检测模块的组成元器件

紫外线强度检测模块各组成部分与 Arduino UNO 开发板的连接示意图如图 9-14 所示。

步骤 2　安装 VEML6075 紫外线传感器模块（见图 9-15）

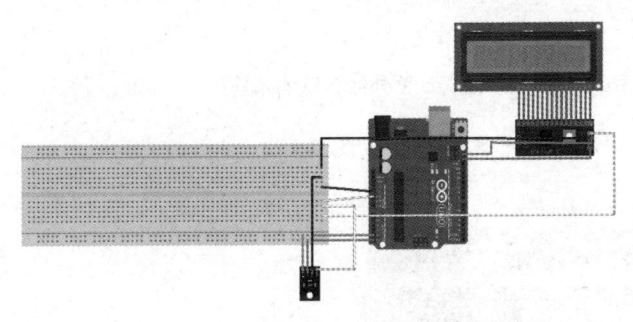

图 9-14　紫外线强度检测模块各组成部分
　　　　与 Arduino UNO 开发板的连接示意图

图 9-15　VEML6075 紫外线传感器

（1）使用杜邦线将 Arduino UNO 开发板的 SDA 引脚和 SCL 引脚分别接入面包板两列中的某两个引脚，作为该引脚的拓展。

（2）使用杜邦线将 VEML6075 模块的 SDA 引脚与面包板上的 A4（SDA）引脚相接。

（3）使用杜邦线将 VEML6075 模块的 SCL 引脚与 Arduino UNO 开发板的 A5（SCL）引脚相接。

（4）使用杜邦线将 Arduino UNO 开发板的 VCC 引脚和 GND 引脚连接到面包板上，作为 Arduino UNO 开发板"+"极和"-"极的拓展接口。

（5）使用杜邦线将 VEML6075 模块的 VCC 引脚与面包板"+"极相接。

（6）使用杜邦线将 VEML6075 模块的 GND 引脚与面包板"-"极相接。

知识链接：VEML6075 紫外线传感器具有独立的 16 位分辨率的 UVA 和 UVB 通道，且在长时间的曝晒下，仍然能正确测量数据，非常适合作为户外智能天气台的测量传感器。主要参数：工作电压为 3.3～5 V，工作电流为 700 μA，输出类型为数字量，工作温度为 -40～+85℃。

步骤 3　安装 LCD 1602 液晶显示屏模块

参照任务二的步骤 3，完成 LCD 1602 液晶显示屏模块的接线。

步骤 4　编写 VEML6075 紫外线传感器模块代码

（1）将 Mind+ 软件连接 COM3-UNO，选择 Arduino UNO 开发板作为主控板。

（2）Mind+ 软件的传感器库中没有 VEML6075 紫外线传感器模块，点击"用户库"，在搜索框中输入"VEML6075"，将 Mind+ 软件爱好者制作的 VEML6075 紫外线传感器模块加载到模块区（见图 9-16）。

图 9-16　在用户库中添加 VEML6075 紫外线传感器模块

（3）点击"返回"，拖动积木，进行图形化编程（见图 9-17、图 9-18）。

图 9-17　VEML6075 紫外线传感器模块初始化程序

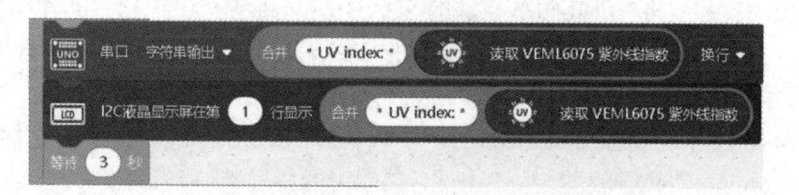

图 9-18　VEML6075 紫外线传感器模块图形化编程

（4）在代码区编写 C 语言代码，关键代码如下：

```
Serial.println((String("UV index:") + String((VEML6075.getUvi(VEML6075.getUva(),VEML6075.getUvb())))));
LCD 1602.printLine(uint32_t(1), (String("UV index:") + String((dfstring.substring((VEML6075.getUvi(VEML6075.getUva(),VEML6075.getUvb())),0,1,0,3)))));
delay(3000);
```

（5）点击"上传到设备"，检查程序能否通过编译。

知识链接：Mind+ 软件内置支持上百种常见的传感器库，并从 V1.6.2 开始开放用户库，任何用户均可以建立和分享自己的用户库，并提供了本地及网络加载方式，方便用户使用。

各种用户库是不定期更新的，在搜索框中输入"ext"即可查看更多的用户库（见图 9-19）。

图 9-19　用户库列表

知识提炼

紫外线传感器（UV sensor/transducer）是利用光敏元件将紫外线信号转换为电信号的传感器，它的工作模式通常分为光伏模式和光导模式两类。

最早的紫外线传感器是基于单纯的硅，但是根据美国国家标准与技术研究院的指示，单纯的硅二极管也响应可见光，形成本来不需要的电信号，导致精度不高。在十几年前，日本的日亚公司研发出 GaN 系晶体，成为 GaN 系的开拓者，并由此开辟了 GaN 系市场，该公司生产的 GaN 紫外线传感器，精度远远高于单晶硅，成为最常用的紫外线传感器材料。

二六族 ZnS 材料也已被研发出来，并且被应用于紫外线传感器领域。从研发的角度及性能测试上看，其精度比 GaN 系紫外线传感器提高了近 10^5 倍。

问题拓展

编写通过 LCD 1602 液晶显示屏给出相关出行建议的程序：当没有下雨时，判断天气情况是晴天还是多云。如果紫外线指数小于 4，则输出"今天多云"；如果紫外线指数小于 11，则输出"今天天气晴朗"，并输出提醒"出门注意防晒"。

任务五　空气质量判断功能设计

任务描述

智能天气台的空气质量判断功能设计所需硬件有 Arduino UNO 开发板、PM2.5 激光粉尘传感器、LCD 1602 液晶显示屏、面包板、杜邦线等。具体任务如下。

（1）认识空气质量判断模块的组成元器件。

（2）理解 PM2.5 激光粉尘传感器的基本特性、技术参数和工作原理。

（3）完成空气质量判断模块的硬件连接。

（4）使用 Mind+ 软件编写 PM2.5 激光粉尘传感器的控制程序，实现通过 LCD 1602 液晶显示屏显示 PM2.5、PM10 指数的功能。

（5）完成控制程序的成功上传，测试空气质量判断模块的功能。

任务实施

步骤 1　认识空气质量判断模块的组成元器件

空气质量判断模块各组成部分与 Arduino UNO 开发板的连接示意图如图 9-20 所示。

步骤 2　安装 PM2.5 激光粉尘传感器模块（见图 9-21）

图 9-20　空气质量判断模块各组成部分与 Arduino UNO 开发板的连接示意图

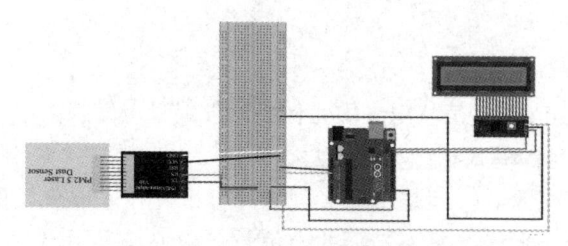

图 9-21　PM2.5 激光粉尘传感器模块

（1）使用杜邦线将 Arduino UNO 开发板上的 2 号、3 号引脚分别接入面包板的指定两个引脚上，作为 2 号引脚和 3 号引脚的拓展。

（2）使用杜邦线将 PM2.5 激光粉尘传感器模块的 RX 引脚与面包板的 2 号引脚相接。

（3）使用杜邦线将 PM2.5 激光粉尘传感器模块的 TX 引脚与面包板的 3 号引脚相接。

（4）使用杜邦线将 Arduino UNO 开发板的 VCC 引脚和 GND 引脚连接到面包板上，作为 Arduino UNO 开发板"+"极和"-"极的拓展接口。

（5）使用杜邦线将 PM2.5 激光粉尘传感器模块的 VCC 引脚与面包板"+"极相接。

（6）使用杜邦线将 PM2.5 激光粉尘传感器模块的 GND 引脚与面包板"-"极相接。

知识链接：在智能天气台系统中使用的 PM2.5 激光粉尘传感器是 DFROBOT 公司自主研发的一款测量空气中悬浮颗粒的传感器，不属于 Arduino 家族系列，但因为适配于 Mind+ 软件，且功能完备，能够依据检测到的 PM2.5 和 PM10 的指数较好地判断空气质量，所以在本任务中它是我们最好的选择。

步骤3　安装 LCD 1602 液晶显示屏模块

完成 LCD 1602 液晶显示屏的接线工作。

步骤4　编写 PM2.5 激光粉尘传感器模块代码

（1）将 Mind+ 软件连接 COM3-UNO，选择 Arduino UNO 开发板作为主控板。

（2）点击"扩展板"右边的"传感器"，找到 PM2.5 激光粉尘传感器，将其加载到模块区（见图 9-22）。

图 9-22　加载 PM2.5 激光粉尘传感器

（3）点击"返回"，将接口改为软串口，拖动积木，进行图形化编程（见图 9-23）。

图 9-23　PM2.5 激光粉尘传感器模块图形化编程

（4）在代码区编写 C 语言代码，关键代码如下：

```
Serial.println((String("PM2.5: ") + String(spm23.readPM2_5())));
   LCD 1602.printLine(uint32_t(1), (String("PM2.5:") + String(spm23.readPM2_5())));
      delay(3000);
   Serial.println((String("PM10: ") + String(spm23.readPM10())));
      LCD 1602.printLine(uint32_t(1), (String("PM10:") + String(spm23.readPM10())));
      delay(3000);
```

（5）点击"上传到设备"，检查程序是否通过编译。

知识链接：Mind+ 软件设有专门配对 PM2.5 激光粉尘传感器的模块（见图 9-24），可以直接读取 PM2.5 和 PM10 的数值，编程时保持 TX 和 RX 接口与硬件电路一致即可。硬串口一般默认定义为 RX 0、TX 1，软串口定义方式一般为引入"Software.h"库。RX 和 TX 的引脚位置不固定，可以根据不同的需要进行连接。

图 9-24　Mind+ 软件内置的 PM2.5 激光粉尘传感器模块

知识提炼

空气中漂浮着大量的颗粒物质，它们被称为空气中的总悬浮颗粒（TSP），TSP 是空气污染物的主要成分。

在 TSP 中，通常把直径在 10 μm 以下的颗粒物称为 PM10，又称可吸入颗粒物或飘尘，主要来源于被风扬起的尘土、植物散发的花粉等，能被人吸入呼吸道并对人体造成危害，对大气能见度也有着较大影响。

PM2.5 是指在 TSP 中，直径小于 2.5 μm 的颗粒物，又称可入肺颗粒物，主要来源于化石燃料的燃烧，如机动车尾气等。

与 PM10 相比，PM2.5 的危害性要大很多。环境科学研究表明，PM2.5 与 PM10 相比，含有更多有毒有害物质，且在大气中的停留时间更长、输送距离更远，因而对人体健康和大气环境质量的影响更大。直径在 2.5 μm 以上的颗粒物，在被人吸入体内的过程中可以被鼻子、呼吸道黏膜等组织和器官挡住，从而排出体外；但由于 PM2.5 颗粒物的直径极小，仅相当于人类头发的 1/20，可直接穿过呼吸道系统进入肺部，引发哮喘、支气管炎和心血管等方面的疾病。空气质量等级 24 小时 PM2.5 平均值标准值如表 9-1 所示。

表 9-1　空气质量等级 24 小时 PM2.5 平均值标准值

空气质量等级	24小时PM2.5平均值标准值
优	0～35 μg/m³
良	35～75 μg/m³
轻度污染	75～115 μg/m³
中度污染	115～150 μg/m³
重度污染	150～250 μg/m³
严重污染	≥250 μg/m³

为了能够及时监测空气质量，减少粉尘对人们的伤害，PM2.5 激光粉尘传感器被广泛应用于新风系统、便携式空气质量检测仪、空气净化器、工业劳动生产灰尘环境

监测等领域。本任务中的 PM2.5 激光粉尘传感器是一款数字式通用颗粒物浓度传感器，用于获得单位体积空气中 0.3～10 μm 的悬浮颗粒物个数，即颗粒物浓度，以数字接口形式输出，同时也可输出每种粒子的质量数据，还可嵌入各种与空气中悬浮颗粒物浓度相关的仪器仪表或环境改善设备，为其提供及时、准确的浓度数据。

问题拓展

编写通过 LCD 1602 液晶显示屏给出相关出行建议的程序：当 PM2.5 激光粉尘传感器检测到空气中 PM2.5 浓度高于 75 μg/m³ 时，显示屏输出提醒"出行请戴口罩"。

任务六 Easy IoT 物联网云平台搭建设计

任务描述

搭建物联网云平台自然需要用到物联网模块，本任务选择 OBLOQ 物联网模块实现 Web 端与 Arduino UNO 设备互联的功能。具体任务如下。

（1）理解 Easy IoT 物联网云平台搭建的原理。

（2）理解 OBLOQ 物联网模块的基本特性、技术参数和工作原理。

（3）完成 OBLOQ 物联网模块的硬件连接。

（4）使用 Mind+ 软件编写 OBLOQ 物联网模块的控制程序，实现通过 MQTT 协议传输数据至 Easy IoT 物联网云平台的功能。

（5）完成控制程序的成功上传，测试所搭 Easy IoT 物联网云平台的功能。

任务实施

步骤 1 认识物联网云平台搭建的组成元器件

物联网云平台模块主要有 Arduino UNO 开发板、OBLOQ 物联网模块、LCD 1602 液晶显示屏、面包板、杜邦线等，它们的连接示意图如图 9-25 所示。

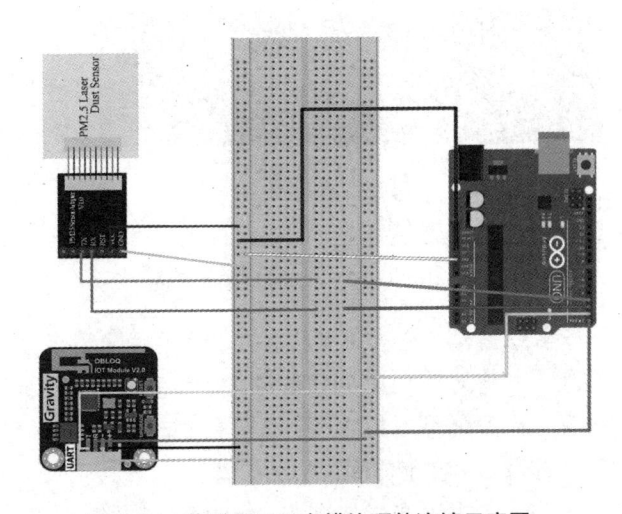

图 9-25 物联网云平台模块硬件连接示意图

步骤 2　安装 OBLOQ 物联网模块（见图 9-26）

（1）使用杜邦线将 Arduino UNO 开发板上的 0 号（RX）、1 号（TX）、2 号、3 号引脚分别连接到面包板的某一个引脚，该列的其他引脚就是这个引脚的拓展接口。

（2）使用杜邦线将 OBLOQ 物联网模块的 TX 引脚与面包板上的 1 号引脚相接。

（3）使用杜邦线将 OBLOQ 物联网模块的 RX 引脚与面包板上的 0 号引脚相接。

图 9-26　OBLOQ 物联网模块

（4）使用杜邦线将 Arduino UNO 开发板的 VCC 引脚和 GND 引脚连接到面包板上，作为 Arduino UNO 开发板"+"极和"-"极的拓展接口。

（5）使用杜邦线将 OBLOQ 物联网模块的 VCC 引脚与面包板"+"极相接。

（6）使用杜邦线将 OBLOQ 物联网模块的 GND 引脚与面包板"-"极相接。

知识链接：OBLOQ 物联网模块同样是 DFROBOT 公司自主研发的 Wi-Fi 物联网模块，它尺寸紧凑、价格低、接口简单、即插即用，适用于 3.3～5 V 的控制系统，搭配 DFROBOT 自有的物联网平台，大大降低了学习物联网的难度。OBLOQ 物联网模块还能够连接 Microsoft Azure IoT 平台和其他使用标准的 MQTT 协议的 IoT 平台，用户无须掌握复杂的基础知识，就能迅速搭建出一套物联网应用。

步骤 3　安装 PM2.5 激光粉尘传感器模块

完成 PM2.5 激光粉尘传感器模块的安装，用于后续的数据传输测试。

步骤 4　进入 Easy IoT 物联网云平台注册账号并登录

（1）使用谷歌浏览器进入 Easy IoT 物联网云平台首页（见图 9-27）。

（2）点击"注册"，注册一个账号并登录（见图 9-28）。

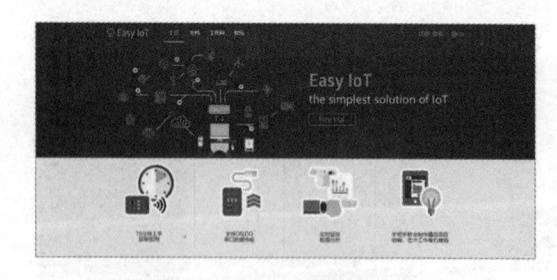

图 9-27　Easy IoT 物联网云平台首页

图 9-28　平台注册与登录界面

知识链接：Easy IoT 物联网云平台是免费注册的，支持手机号、邮箱、QQ 和微信登录，具有可视化设备数据定义、端到端在线调试、多功能开发板套件、灵活的应用部署方式等优势，且用户免费享有 1 万条消息存储空间。

步骤 5　在工作间添加新设备

（1）点击顶部菜单的"工作间"，出现如图 9-29 所示的界面。

（2）点击"添加新的设备"，为 PM2.5 激光粉尘传感器模块收集的两种数据分配不同的存储区域（见图 9-30）。

图 9-29　Easy IoT 物联网云平台工作间

图 9-30　添加两个存储设备

知识链接：用户在工作间可以自由添加新的设备来存储不同种类的数据，其中 IoT id、密码及各设备的 Topic 都是自动生成的，用户在使用 Mind+ 软件编程时修改对应代码即可。我们还可以自行编辑各工作间的名称，通过"发送消息"和"查看详情"按钮实现与 Arduino 设备之间的消息互联和数据可视化。发送消息界面如图 9-31 所示，查看消息界面如图 9-32 所示。

图 9-31　发送消息界面

图 9-32　查看消息界面

步骤6　编写 OBLOQ 物联网模块代码

（1）将 Mind+ 软件连接 COM3-UNO，选择 Arduino UNO 开发板作为主控板。

（2）完成 PM2.5 激光粉尘传感器模块代码的编写。

（3）点击顶部菜单中的"通信模块"，找到 OBLOQ 物联网模块，将其加载到模块区（见图 9-33）。

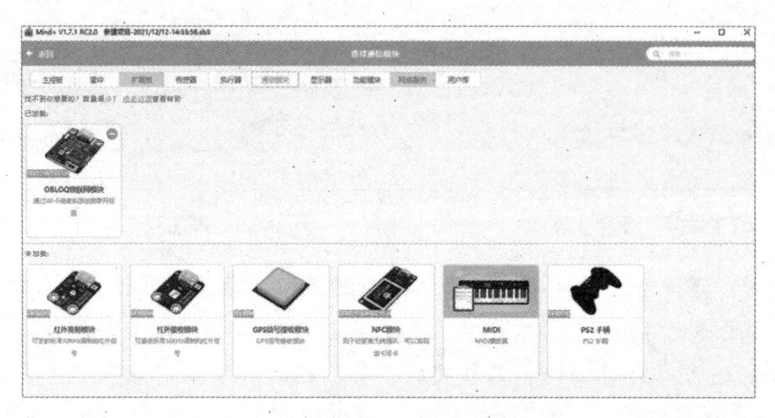

图 9-33　加载 OBLOQ 物联网模块

（4）点击"返回"，拖动积木，进行图形化编程（见图 9-34、图 9-35、图 9-36）。

图 9-34　OBLOQ 物联网模块初始化　　　　图 9-35　设置初始化参数

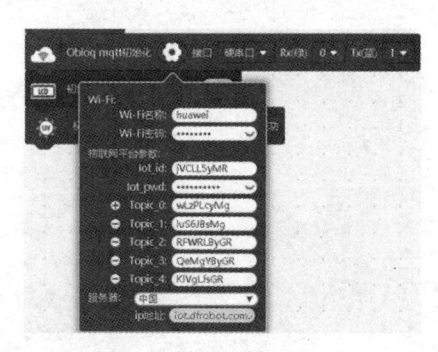

图 9-36　OBLOQ 物联网模块数据传输图形化编程

（5）在代码区编写 C 语言代码，关键代码如下：

```
olq.startConnect(0, 1, "huawei", "19990805", "W5cwEY8Gg",
"WccQPY8Ggz", topics, "iot.dfrobot.com.cn", 1883);
    olq.publish(olq.topic_0, spm23.readPM2_5());
    olq.publish(olq.topic_1, spm23.readPM10());
```

（6）点击"上传到设备"，检查程序能否通过编译。

知识链接：Mind+ 软件有专门开发的 OBLOQ 物联网模块（见图 9-37），本任务中我们只用 MQTT 协议模块来发送消息，Wi-Fi 参数和物联网平台参数需要一一对应。

步骤 7 在 Easy IoT 物联网云平台查看数据界面

数据分析界面如图 9-38 所示。

图 9-37 Mind+ 软件内置的 OBLOQ 物联网模块　　图 9-38 数据分析界面

知识提炼

OBLOQ 物联网模块是设备连接互联网的中介，在 Wi-Fi 环境下，设备通过 OBLOQ 模块就能连上互联网，按时发送设备数据或接收远端控制指令。形象地说，可以把 OBLOQ 物联网模块看成一个"网卡"，设备（包含主控）插上这个"网卡"，在 Wi-Fi 环境下就能和互联网交换数据了。物联网数据传输原理如图 9-39 所示。

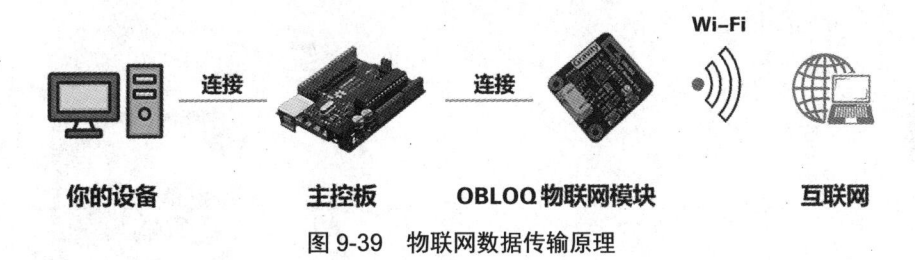

图 9-39 物联网数据传输原理

联网后，当 OBLOQ 物联网模块检测到最新版固件时，该模块会自动升级固件，LED 指示灯变成白色。升级结束后，LED 指示灯会由白色变成红色，此时需要重启主控板，使 OBLOQ 最新固件生效。一般情况下，OBLOQ 物联网模块上的 LED 指示灯为红色，表示 OBLOQ 物联网模块没有正常运行；为蓝色，表示正在连接 Wi-Fi；为绿色，表示正常工作；为紫色，表示 MQTT 协议连接断开。

问题拓展

探究 OBLOQ 物联网模块接线、代码均正确时，始终报错的可能原因；尝试编写一个程序，将温湿度数据上传至 Easy IoT 物联网云平台。

任务七　手机 App 软件设计

任务描述

DFROBOT 公司推出了只需 10 分钟即可上手的 Easy IoT 物联网平台及对应的 OBLOQ 硬件模块，但没有提供手机端的相关软件。因此，在本任务中，我们要选择谷歌公司研发的汉化增强版 App Inventor 2 服务器，开发一个使用 MQTT 协议连接 Web 端的智能天气台 Android 系统手机 App。具体任务如下。

（1）理解 App Inventor 2 开发手机 App 的原理。

（2）查阅知识点，熟悉 App Inventor 2 图形化编程界面中的组件面板、工作面板、组件列表和组件属性等开发环境。

（3）完成智能天气台 Android 系统手机 App 的界面设计。

（4）完成智能天气台 Android 系统手机 App 的代码设计。

（5）测试所开发的 Android 系统手机 App 下载至手机上的实际界面效果图。

任务实施

步骤 1　进入 App Inventor 2 官方服务器并登录

（1）通过搜索引擎，进入汉化增强版 App Inventor 2 官方服务器（见图 9-40）。

（2）点击界面右上角的"开始使用 WxBit 图形化编程系统"，选择"QQ 账号登录"，登录界面如图 9-41 所示。

图 9-40　App Inventor 2 官方服务器　　　　图 9-41　账号登录界面

知识链接：App Inventor 2（见图 9-42）是一个可视化的 Android 系统 App 制作平台，用户使用非 IE 浏览器打开 App Inventor 2 平台网站，通过拖曳组件和逻辑块，即可完成 Android 系统应用的制作。

步骤 2　开始设计 Android 系统 App

（1）点击"新建项目"，输入"项目名称"（见图 9-43）。

图 9-42　App Inventor 2 图标　　　　图 9-43　新建项目

（2）在工作面板中设计智能天气台 App 所需的组件及布局，如图 9-44、图 9-45 所示。

图 9-44　智能天气台 App 界面设计　　图 9-45　智能天气台 App 组件属性设置示例

知识链接：在组件面板中选中所需的组件后，使用鼠标拖曳到中间的手机界面区域内，就能使用该组件了。如果对内置组件还不熟悉，可以点击组件右边的问号查看其介绍。若发现组件不够用，可以点击"扩展→导入扩展"上传其他用途的组件，制作功能更加丰富的 App。

选中的组件都会出现在组件列表中，不同的组件有不同的属性，用户可以根据需要上传各种图片、音频素材等，还可以对安装在手机中的应用进行显示名称、应用图标等属性的修改。

（3）在工作面板中设计智能天气台 App 的逻辑代码，如图 9-46、图 9-47 所示。

图 9-46　MQTT 客户端 "连接出错" 和 "连接中断"　　图 9-47　MQTT 客户端初始化和 "已连接"

知识链接："模块"区域列出了 App Inventor 2 内置的逻辑块和组件，点开查看，可以通过文字理解每个模块的作用。"工作面板"区域为摆放逻辑块、拼接逻辑功能的区域，下凹槽为逻辑块，左凹槽接收属性值。将逻辑块拖曳至右下角的垃圾桶图标处，可以删除所拖动的逻辑块；将逻辑块拖曳至右上角类似背包的图标处，则可以在多个屏幕中共享逻辑块。

步骤 3　测试 App 在手机上的实际效果

（1）点击"帮助"→"下载调试助手"，按照图 9-48 中的指示下载手机版 WxBit 调试助手（见图 9-49）。

图 9-48　下载手机版 WxBit 调试助手

（2）打开手机版 WxBit 调试助手，点击网页版 App Inventor 2 菜单栏中的"预览"→"连接调试助手"，根据提示输入代码连接或扫描二维码连接（见图 9-50、图 9-51）。

图 9-49　成功安装手机版 WxBit 调试助手　　图 9-50　手机版 WxBit 调试助手界面

（3）该 App 在手机上的界面效果如图 9-52 所示。

图 9-51　连接到调试助手的两种方式　　　　图 9-52　该 App 在手机界面效果

知识链接：手机 WxBit 调试助手可以使正在开发的 App 显示在 Android 系统设备上，如果在设计界面进行修改，Android 系统设备会即时更新，这种方式叫作"实时调试"。

知识提炼

App Inventor 的全称是 App Inventor for Android，所以用它开发的 App 是与 Android 系统相适配的。App Inventor 原是 Google 实验室（Google Lab）的一个子计划，当时也叫 Google App Inventor。2013 年 12 月，MIT 推出了免装 jdk 和免设环境变量的真正浏览器版本 App Inventor 2，两个版本间的代码并不通用，App Inventor 1 导出的文件是特定压缩包格式，而 App Inventor 2 导出的是 aia 文件。与 App Inventor 1 相比，App Inventor 2 的界面设计更加美观、模块更加精简、操作更加方便（见图 9-53）。

图 9-53　App Inventor 2 导出的天气台 aia 文件

问题拓展

尝试优化所开发的手机 App，编写 MQTT 客户端代码，使 App 能够使用 MQTT 协议实时接收传感器传输至 Easy IoT 物联网云平台的数据，并在后台自行进行逻辑判断后显示天气情况和出行注意事项。

智创未来：人工智能创客课程的理论、应用与创新

任务八　模型外观设计

任务描述

对一个模型的评估包括内部和外观两个部分。现在，我们需要为智能天气台模型设计一个合适的外观，将其内部功能与外观设计科学有机地结合。具体任务如下。

（1）对智能天气台的外观与结构进行需求分析。

（2）了解现有相关 AI 产品或模型的外观造型，并从中提取造型元素、风格和设计思路。

（3）头脑风暴，在综合考虑结构功能关系的基础上，完成智能天气台外观的草图绘制。

（4）制定详细的智能天气台外观设计方案，包括整体造型、所需材料、装配工艺和成本等。

（5）根据方案进行智能天气台外观的制作，完成后相互交流学习经验。

任务实施

步骤1　进行需求分析

从智能天气台模型的硬件构成来看，它主要有 4 个传感器、1 个显示屏、1 个物联网模块、1 个主板和 1 块面包板，其中主板、面包板和物联网模块可以安装在设备模型内部，4 个传感器模块则需要镶嵌在设备表面，至少可以透过缝隙检测设备模型之外的环境数据。从智能天气台模型的应用场景来看，它还需要具备较好的防潮防晒能力，才能很好地在户外发挥作用。

知识链接：外观设计和结构功能设计是模型设计的两个阶段，如果将外观设计与结构功能设计相分离，那么再好、再美观的外观设计也只能停留在表面，成为一个展示窗口，而不是一个合格的创意产品或模型。

步骤2　开展外观设计的前期调研

系统地搜集、记录和整理同类 AI 创意模型的信息和资料，为后续设计工作提供依据。

知识链接：外观设计的核心是外观创新，创新也并非凭空产生，它需要广阔的认知基础，故创新总是从模仿开始。通过类比，产生新的外观创意，再通过磨合逐渐脱离模仿，产生独特的设计思路。

步骤3　绘制智能天气台模型草图

（1）底座设计。底座尺寸示例如图 9-54 所示。

若在智能天气台底层放置 Arduino UNO 开发板（见图 9-55）和用于连接各路硬件的中型面包板（见图 9-56），考虑到 Arduino UNO R3 的尺寸为 75 mm×55 mm，面包板的尺寸为 82 mm×65 mm，可以得出底面最小尺寸为 82 mm×120 mm；又考虑到两板

的高度在 15 mm 左右，为保留一定的空间，我们可以将底座设计为边长 160 mm 的正方形。

图 9-54　底座形状和尺寸示例

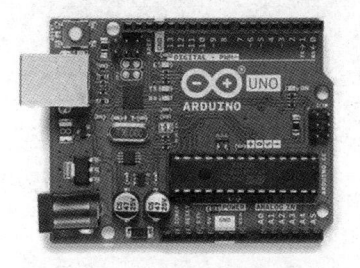

图 9-55　Arduino UNO 开发板

（2）整体骨架设计——正四棱锥。每个斜面视情况露出不同尺寸的方形孔，用于传感器模块和显示屏模块的镶嵌，可方便传感器检测环境数据。

（3）开合面与隔板设计。考虑到设置和调整硬件的方便性，我们可以将四棱锥的某一面做成一个开合面，PM2.5 激光粉尘传感器可以通过这一面的开口对外界空气质量进行检测。由于底层剩余空间不多，我们可以添加一个隔板，将 PM2.5 激光粉尘传感器安置在智能天气台内部的上半部分（见图 9-57）。

图 9-56　中型面包板

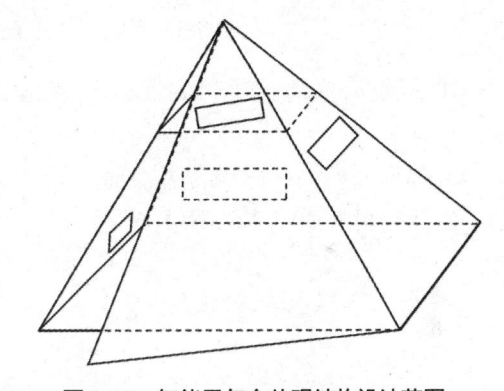

图 9-57　智能天气台外观结构设计草图

知识链接：草图设计在整个模型外观设计的过程中起着十分重要的作用，因为将头脑中无序的构思和想法用图解的方式记录下来，再进行整理和推敲，有助于寻找解决问题的办法。然而记录只是最基本的作用，我们在绘制草图的过程中必然要对一些结构进行仔细的分析和推敲，所以，绘制草图的过程也是图解思路的过程，有助于对方案进行整体把握和细化处理。

步骤 4　撰写智能天气台外观设计方案

（1）外壳材质选择：防潮防晒的亚克力板（见图 9-58）。

（2）外壳颜色：白色（美观性高）（见图 9-59）。

（3）斜面一设计：LCD 1602 液晶显示屏面。

显示屏面开一个方孔，仅露出显示屏。LCD 1602 液晶显示屏尺寸如图 9-60 所示。

图 9-58 亚克力板材　　　　　　图 9-59 白色亚克力板

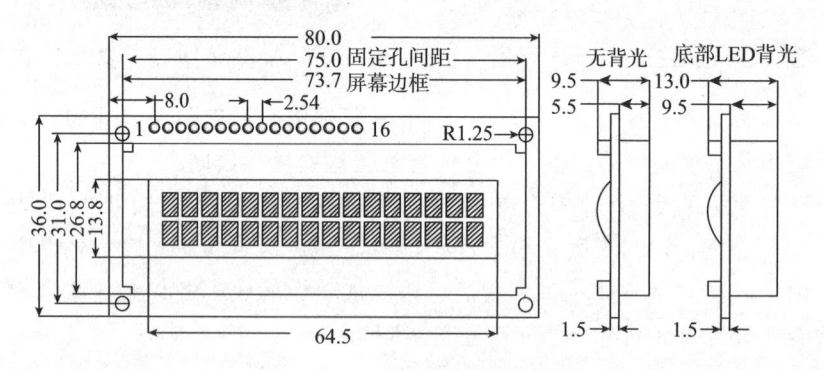

图 9-60 LCD 1602 液晶显示屏模块尺寸

按液晶显示屏的尺寸，为底端预留出 20 mm 的空间后，斜面一尺寸如图 9-61 所示。

（4）斜面二设计：雨滴传感器面（同上，仅露出尺寸为 55 mm×40 mm 的雨滴传感器）斜面二尺寸如图 9-62 所示。

图 9-61 斜面一尺寸　　　　　　图 9-62 斜面二尺寸

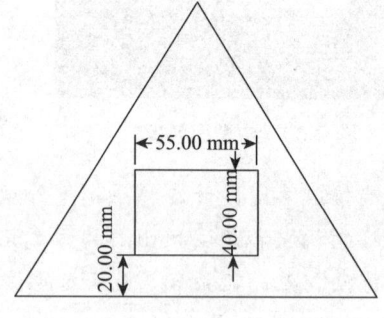

（5）斜面三设计：紫外线传感器面（同上，仅露出尺寸为 22 mm×30 mm 的紫外线传感器）紫外线传感器尺寸如图 9-63 所示。斜面三尺寸如图 9-64 所示。

（6）开合面设计。开合面尺寸如图 9-65 所示。

（7）隔板设计。隔板尺寸如图 9-66 所示。

图 9-63　紫外线传感器尺寸

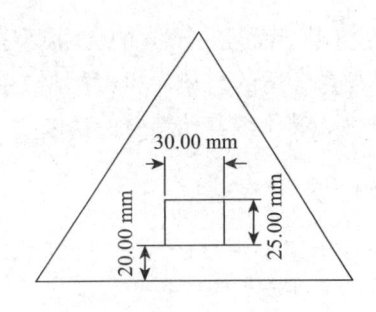

图 9-64　斜面三尺寸

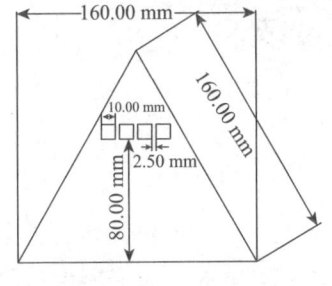

图 9-65　开合面尺寸

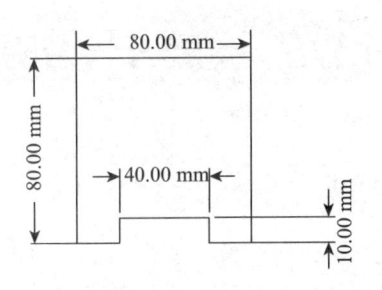

图 9-66　隔板尺寸

知识链接：一个完整的外观设计方案要求设计者非常熟悉模型的结构、模块功能、使用条件、装配工艺等，在了解各部分模块具体尺寸的前提下，确定外壳的尺寸、厚度及相关的加工方法，力求模型外观设计美观性和功能性的最大化。

步骤5　开始制作原型

如图 9-67 所示，智能天气台外观采用了正四棱锥体结构，可以让 3 个传感器和 1 个显示屏分别镶嵌在一个面上，同时在正四棱锥的中间部分加一层板，将内部空间分为两层，在底层安置主板和面包板，在上层放 PM2.5 激光粉尘传感器，并且在激光口对应的那一面同高开几个孔。

知识提炼

产品或模型的外观设计是非常重要的，当我们针对一个特定的模型（又叫原型）进行外观设计时，会根据功能需求对它进行形态的构想，形成一个比较完整的外观形态。为了寻找设计灵感，可以运用艺术形式和创意手段将草图真实地绘制在稿纸上或通过电脑设计软件绘制，再对细节进行调整和修改，充分发挥艺术创造力，精心布局设计元素，力求局部与整体协调统一。

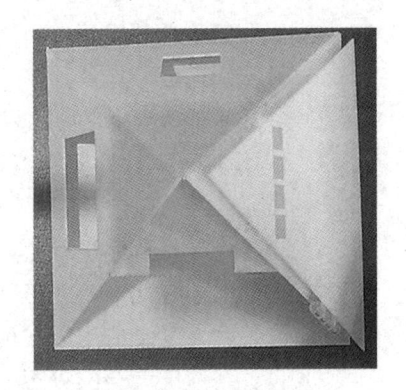

图 9-67　外观效果

色彩会直接影响人们的感情，故色彩的运用应符合该模型的功能，与应用情境

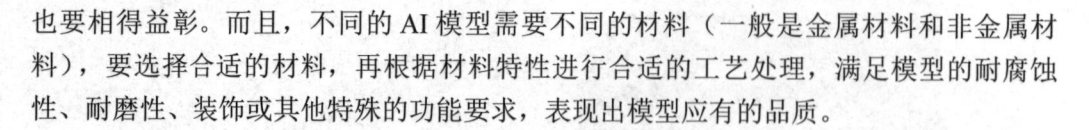

也要相得益彰。而且，不同的 AI 模型需要不同的材料（一般是金属材料和非金属材料），要选择合适的材料，再根据材料特性进行合适的工艺处理，满足模型的耐腐蚀性、耐磨性、装饰或其他特殊的功能要求，表现出模型应有的品质。

问题拓展

在完成上述外观设计后，请思考如何做好外观设计的需求分析？快速制作原型应遵循的原则是什么？

任务九　智能天气台测试与排故

任务描述

完成任务二到任务八的学习后，你是否对智能天气台的整体功能有了全面了解？接下来我们就动手制作一个属于自己的智能天气台吧！它将具有温湿度检测、雨势判断、紫外线强度检测、空气质量判断等多种功能，采集到的天气数据既能在 Easy IoT 物联网云平台实时显示，也能通过 MQTT 协议传输至手机 App 上，方便用户随时随地查看天气情况和出行建议。制作智能天气台需要用到的硬件有 Arduino UNO 开发板、Android 系统手机、DHT11 温湿度传感器、雨滴探测传感器、VEML6075 紫外线传感器、PM2.5 激光粉尘传感器、OBLOQ 物联网模块、LCD 1602 液晶显示屏、面包板、USB 数据线和若干杜邦线等。具体任务如下。

（1）查阅知识点，复习智能天气台组成元器件的基本特性、技术参数和工作原理。
（2）完成智能天气台各功能模块的硬件连接。
（3）使用 Mind+ 软件分别编写各功能模块的控制程序，测试对应功能，确保程序正确。
（4）将各个模块程序进行整合，完成控制程序的成功上传。
（5）搭建 Easy IoT 物联网云平台，实现天气数据的实时上传。
（6）设计开发移动应用，实现天气数据和出行建议的实时接收。
（7）设计智能天气台的外观。
（8）对完成的智能天气台进行测试和评价。

任务实施

步骤 1　准备制作智能天气台所需的硬件

制作智能天气台所需的主要硬件如图 9-68 所示。

第九章 智慧天气：智能天气台创作

图 9-68 制作智能天气台所需的主要硬件

知识链接：面对市面上种类繁多的 Arduino 学习套件，我们应根据任务的硬件需求选出最合适的那一款。考虑到本任务对动手能力要求较强，需要自己动手搭建电路，因此建议大家选择方便组合的相关学习套件。

步骤 2　连接智能天气台硬件电路

（1）将所有传感器模块的 VCC 引脚和 GND 引脚与面包板 "+" "−" 极对应连接。

（2）DHT11 温湿度传感器模块的 DATA 引脚与 Arduino UNO 开发板的 5 号引脚相接，雨滴探测传感器模块的 DO 引脚与 7 号引脚相接，VEML6075 紫外线传感器模块的 SDA、SCL 引脚分别与 A5、A4 引脚相接，PM2.5 激光粉尘传感器模块的 RX、TX 引脚分别与 2 号、3 号引脚相接，OBLOQ 物联网模块的 TX、RX 引脚分别与 1 号、0 号引脚相接。整体的线路连接示意图如图 9-69 所示。

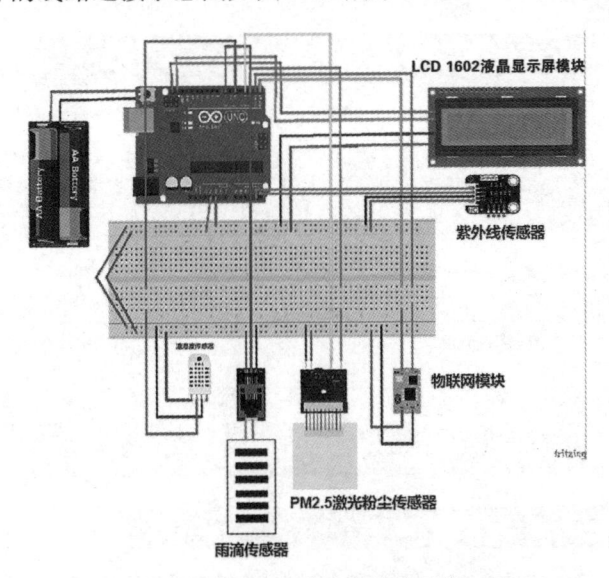

图 9-69　智能天气台整体的线路连接示意图

知识链接：Fritzing 软件可以支持 Windows 32 位、64 位系统，Mac OX 和 Linux 32 位、64 位系统，同时我们可以在 GitHub 中下载软件的源代码。我们需要根据自己的计算机系统，选择正确的版本进行下载，本任务使用的版本为 Windows 64 位系统的 Fritzing.0.9.9（2021.9.24 更新）。Fritzing 官网如图 9-70 所示。

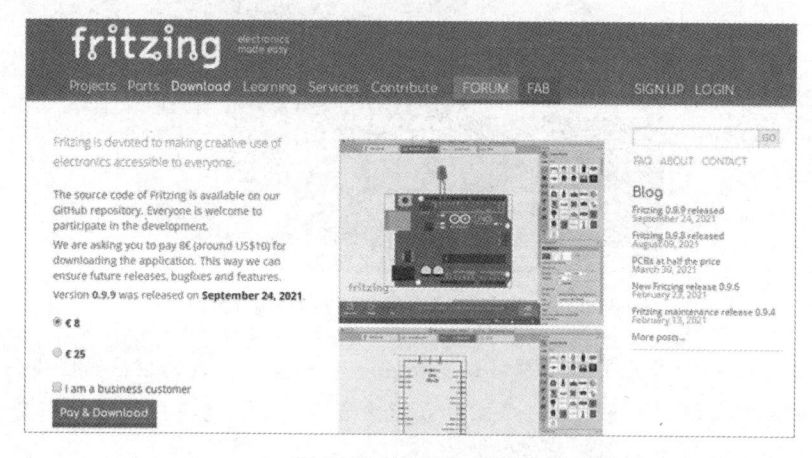

图 9-70　Fritzing 官网

步骤 3　使用 Mind+ 软件编写智能天气台的控制程序

（1）使用 USB 数据线连接 Arduino UNO 开发板和计算机。

（2）在 Mind+ 软件中编写图形化控制程序，如图 9-71 所示。

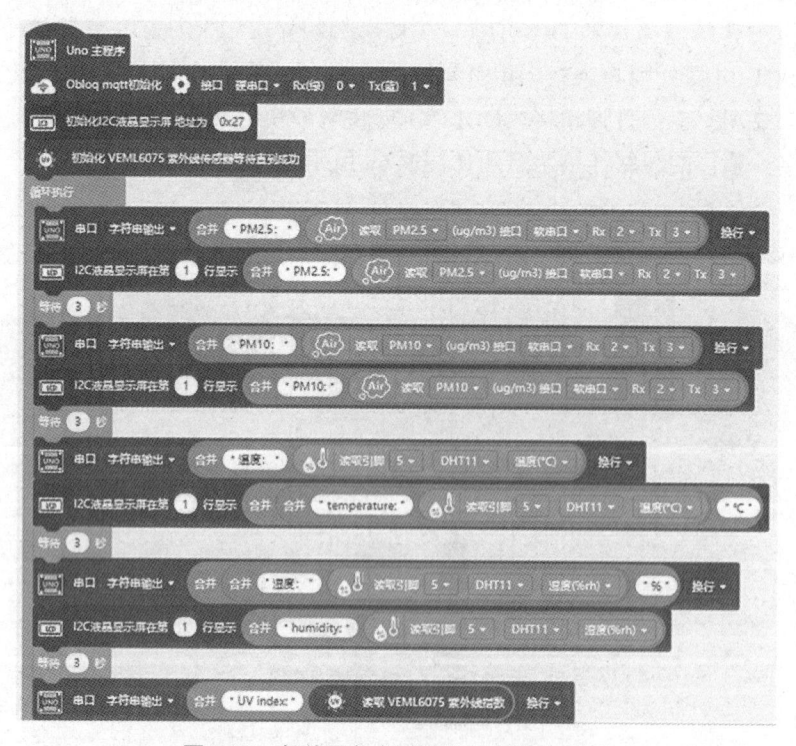

图 9-71　智能天气台图形化控制程序示例

（3）在 Mind+ 软件中编写 C 语言控制程序，示例如下。

```c
/*!
 * MindPlus
 * uno
 *
 */
#include <Wire.h>
#include <UNO_Obloq.h>
#include <DFROBOT_PM.h>
#include <DFROBOT_DHT.h>
#include <SoftwareSerial.h>
#include <DFROBOT_VEML6075.h>
#include <DFROBOT_LiquidCrystal_I2C.h>
// 静态常量
const String topics[5] = {"wLzPLcyMg","IuS6JBsMg","RFWRLByGR","QeMgYBy GR","KlVgLfsGR"};
// 创建对象
UNO_Obloq                   olq;
DFROBOT_LiquidCrystal_I2C   LCD1602;
DFROBOT_VEML6075_I2C        VEML6075(&Wire,0x10);
DFROBOT_PM                  spm23;
SoftwareSerial              softSerialPm23(2, 3);
DFROBOT_DHT                 dht11_5;
// 主程序开始
void setup() {
    Serial.begin(9600);
    while(VEML6075.begin() != 0);
    spm23.begin(&softSerialPm23);
    dht11_5.begin(5, DHT11);
    olq.startConnect(0, 1, "huawei", "19990805", "jVCLL5yMR", "CVCYL5yGRz", topics, "iot.dfrobot.com.cn", 1883);
    LCD1602.begin(0x27);
}
void loop() {
    Serial.println((String("PM2.5: ") + String(spm23.readPM2_5())));
    LCD1602.printLine(uint32_t(1), (String("PM2.5:") + String(spm23.readPM2_5())));
    delay(3000);
    Serial.println((String("PM10: ") + String(spm23.readPM10())));
    LCD1602.printLine(uint32_t(1), (String("PM10:") + String(spm23.readPM10())));
    delay(3000);
    Serial.println((String(" 温度: ") + String(dht11_5.getTemperature())));
    LCD1602.printLine(uint32_t(1), (String("temperature:") + String(dht11_5.getTemperature())));
```

```
        delay(3000);
        Serial.println((String(" 湿度: ") + String(dht11_5.getHumidity())));
        LCD_1602.printLine(uint32_t(1), (String("humidity:") + String(dht11_5.getHumidity()))));
        delay(3000);
        Serial.println((String("UV index:") + String((VEML6075.getUvi(VEML6075.getUva(),VEML6075.getUvb())))));
        LCD_1602.printLine(uint32_t(1), (String("UV index:") + String((VEML6075.getUvi(VEML6075.getUva(),VEML6075.getUvb())))));
        delay(3000);
        if (digitalRead(7)) {
            Serial.println(" 不下雨 ");
            if ((dht11_5.getHumidity()>75)) {
                LCD_1602.printLine(uint32_t(1), "take an umbrella if get out");
                delay(3000);
            }
            else if ((4>(VEML6075.getUvi(VEML6075.getUva(),VEML6075.getUvb())))) {
                LCD_1602.printLine(uint32_t(1), "It's cloudy today");
                delay(3000);
            }
            else if ((11>(VEML6075.getUvi(VEML6075.getUva(),VEML6075.getUvb())))) {
                LCD_1602.printLine(uint32_t(1), "It's a sunny day");
                delay(3000);
                LCD_1602.printLine(uint32_t(1), "pay attention to sun protection");
                delay(3000);
            }
        }
        else {
            Serial.println(" 下雨 ");
            LCD_1602.printLine(uint32_t(1), "It' a rainy day ");
            delay(3000);
        }
        if ((75<spm23.readPM2_5())) {
            LCD_1602.printLine(uint32_t(1), "wear a mask");
        }
        delay(1000);
        olq.publish(olq.topic_0, spm23.readPM2_5());
        olq.publish(olq.topic_2, dht11_5.getTemperature());
        olq.publish(olq.topic_1, spm23.readPM10());
        olq.publish(olq.topic_3, dht11_5.getHumidity());
        olq.publish(olq.topic_4,
        (VEML6075.getUvi(VEML6075.getUva(),VEML6075.getUvb())));
    }
```

知识链接：在整合各模块控制程序时，基于循序渐进的原则将碎片化功能集成，在分析各段程序功能的基础上将抽象问题具体化，做到先进行单元测试再进行集成测试。

步骤4　连接 Easy IoT 物联网云平台

（1）为天气数据的接收与存储建立5个工作间，Easy IoT 工作区域界面如图 9-72 所示。

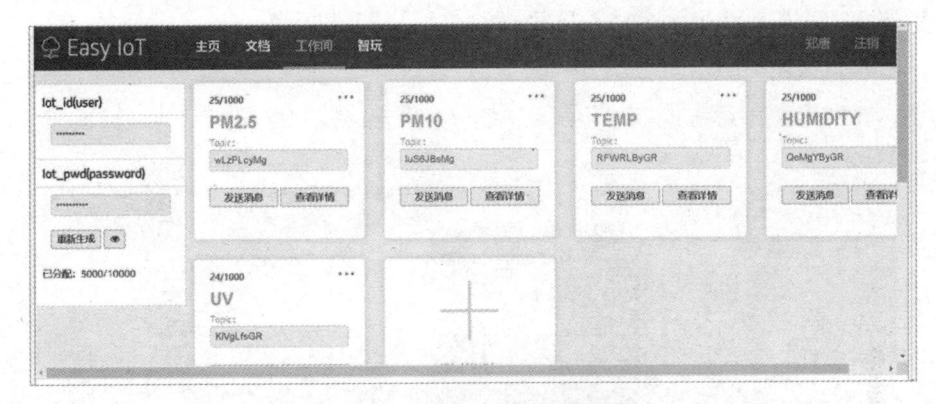

图 9-72　Easy IoT 工作区域界面

（2）连接 Wi-Fi，同时在 Mind+ 软件中修改 OBLOQ 物联网模块的对应参数（见图 9-73）。

图 9-73　修改 OBLOQ 物联网模块的对应参数

（3）检查 OBLOQ 物联网模块的指示灯是否为绿色。

（4）查看 Easy IoT 物联网云平台的天气数据界面。

知识链接：当 OBLOQ 物联网模块和 Easy IoT 物联网云平台的通信卡顿时，按下模块上的复位按钮，再重新运行程序即可。Easy IoT 物联网云平台上的每个设备都最多只能接收 1000 条消息，如果接收到的消息累积数量已经超过了 1000 条，就必须在工作间里手动清除，否则新接收到的消息不会再显示。

步骤 5　使用 App Inventor 2 开发 Android 系统手机应用

（1）界面设计示例如图 9-74 所示。

图 9-74　智能天气台手机 App 界面设计示例

（2）逻辑设计示例如图 9-75 所示。

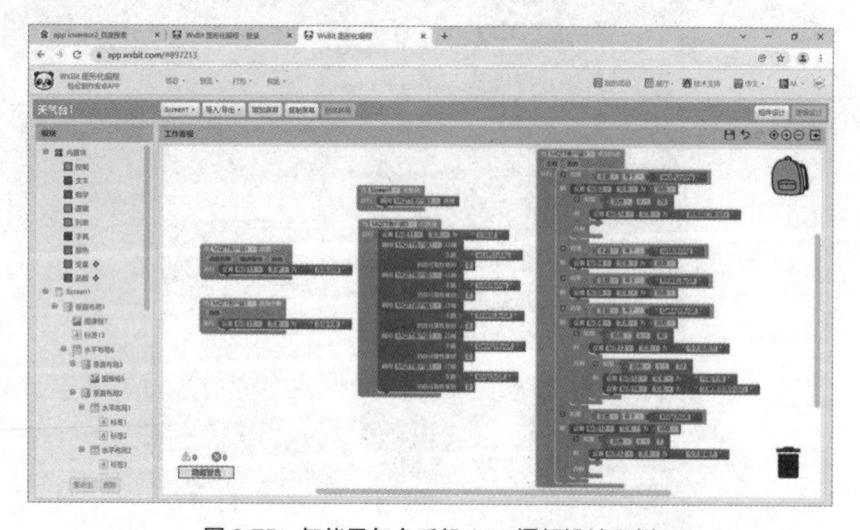

图 9-75　智能天气台手机 App 逻辑设计示例

知识链接：利用 App Inventor 2 作为开发工具，我们只需要进行简单的组件设计和逻辑设计，再将两者对应搭配，即可搭建项目所需的 Android 系统手机 App，无须繁杂的计算机语言编写过程。

步骤 6　对智能天气台进行外观设计

最终成品实拍效果图如图 9-76 所示。

步骤 7　功能测试

将搭建好的天气台进行实际场景功能测试，测试时间是上午，测试者根据天气台的测试数据决定今天是否出行。

从显示屏可以看到今天天气为多云，说明紫外线指数小于 4，适宜出门散步。紫外线强度检测如图 9-77 所示。

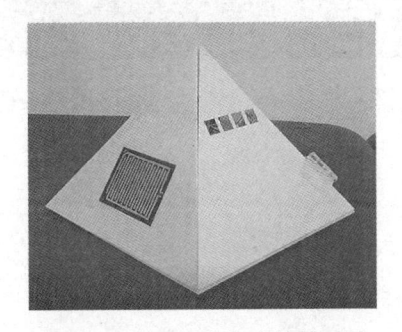

图 9-76　智能天气台实拍效果图　　　图 9-77　紫外线强度检测

显示屏显示当前温度为 20.0℃，湿度为 32.00%RH，说明今天气温适宜，适合出门（见图 9-78、图 9-79）。

图 9-78　温度检测　　　图 9-79　湿度检测

步骤 8　智能天气台评价

虽然智能天气台目前已经可以完成包含温湿度、雨势、紫外线强度、空气质量功能的实现，但是天气不可能只包含这些内容，当人们外出时，也要考虑诸如风向、强风等级等指标，才能更从容地应对当天的天气变化。因此，请考虑是否能在本项目的基础上再增添一些额外功能来更加精确地识别当天的天气情况，并且，请考虑是否还可以使用其他程序语言来进一步优本项目的设计。

第十章　智慧生活：智能家居设计与搭建

项目描述

随着 AI、物联网等技术的不断发展，以及数字化和网络化进程的不断加快，智能化的浪潮正席卷世界的每一个角落，智能家居行业也在蓬勃发展，各种智能化产品的不断出现让我们的生活越来越方便、越来越智能，传统的家居用品已经无法满足现如今人们对"快生活"的需要。

七七最近搬进了新家，家里的许多家居用品都换成了智能化的。但是刚刚接触这些智能家居用品时，七七还不是很理解它们的原理和用途。和七七一起来学习智能家居产品的知识吧！

学习目标

知能目标：知识与技能

（1）掌握智能家居所需传感器的使用方法，以及亮度传感器、DHT11 温湿度传感器等模块的安装与连接。

（2）了解常用传感器的工作原理，在这个过程中掌握信息检索的方法。

方法目标：过程与方法

（1）通过模仿任务单元示例，掌握 Arduino UNO 开发板与 Arduino IDE 的基本使用方法，能对常用模块完成硬件编程，并可以及时处理编码中常见的问题。

（2）掌握 App Inventor 的基本操作方法，能够制作简单的 App，能够实现对下位机的控制。在这个过程中，不断提升动手能力和自主学习能力。

素养目标：情感、态度与价值观

（1）通过各个任务单元的实践，培养不畏失败、勤于反思、自我批判、乐于分享、敢于创新的精神。

（2）通过项目设计、开发与测试，掌握产品设计的一般流程与方法，学会团队协作，逐渐养成设计思维和计算思维，树立科技便民的理想和目标。

任务一　智能家居开发任务分析

本任务利用 Arduino UNO 开发板、几类传感器与直流电机等实现智能家居功能设计，能够准确地满足当前人们对智能化生活的需要。本任务中的智能家居包括三类，分别是智能灯控、智能单品及智能安防。智能单品包括智能小风扇、智能小风扇 App。智能安防包括智能窗户、智能烟雾报警系统。智能家居功能设计图如图 10-1 所示。

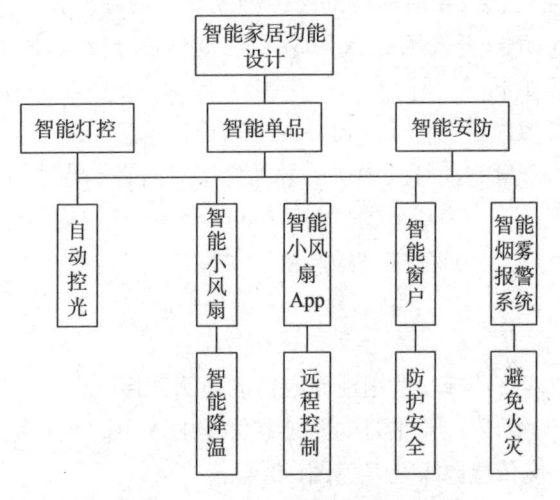

图 10-1　智能家居功能设计图

智能家居的具体开发流程如图 10-2 所示。

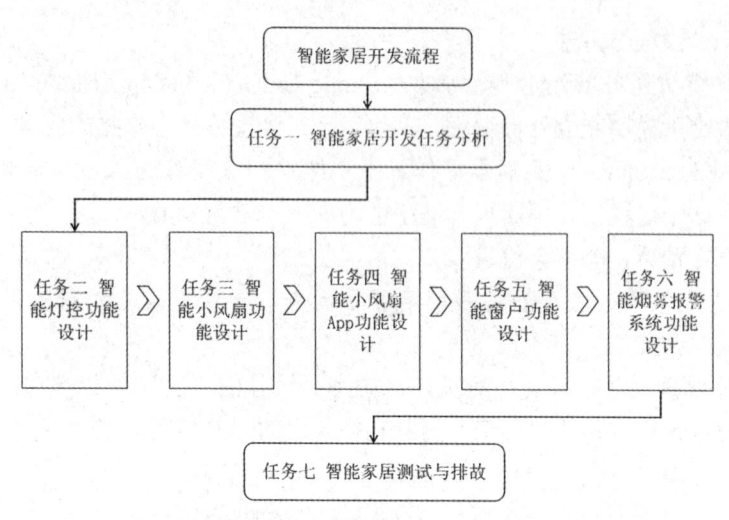

图 10-2　智能家居的具体开发流程

任务二　智能灯控功能设计

任务描述

智能灯控是指通过获取当前环境的光照强度来控制灯的亮灭。智能灯控功能设计所需硬件有 Arduino UNO 开发板、亮度传感器、电阻、电池、发光二极管、面包板、杜邦线等。具体任务如下。

（1）认识智能灯控模块的组成元器件的电路连接示意图。

（2）查阅资料，理解智能灯控模块的各类传感器的基本特性和技术参数。

（3）结合电路连接图，完成元器件与 Arduino UNO 开发板的组装。

（4）编写控制程序，完成智能灯控功能的实现。

任务实施

步骤 1　认识智能灯控模块的组成元器件的电路连接图

智能灯控模块的组成元器件的电路连接示意图如图 10-3 所示。

步骤 2　安装亮度传感器模块（见图 10-4）

（1）将发光二极管插入面包板。

（2）使用杜邦线将 Arduino UNO 开发板的 GND 引脚与面包板"-"极连接，使两者共地。

（3）使用杜邦线将发光二极管的短脚连接到面包板的 GND 引脚。

（4）将 220 Ω 电阻的一端连接到发光二极管的长脚。

（5）将电阻的另外一端用杜邦线连接到 Arduino UNO 开发板的 8 号引脚。

（6）将亮度传感器模块的 VCC 引脚与面包板电源线相接，GND 引脚与面包板接地线相接。

（7）将亮度传感器模块的 OUT 引脚与 Arduino UNO 开发板的 A0 引脚相接。

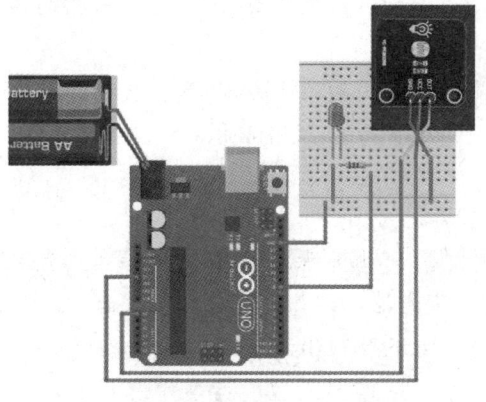

图 10-3　智能灯控模块的组成元器件的电路连接示意图

图 10-4　亮度传感器模块

步骤 3　编写智能灯控模块的控制程序

```
int sensorPin=A0;         // 亮度传感器与 Arduino UNO 开发板的接口为模拟接口 A0
int ledPin=8;             //LED 灯与 Arduino UNO 开发板的接口为数字接口 8
int val_sensor=0;
void setup(){
  pinMode(ledPin,OUTPUT);        // 将接口设置为输出模式
  Serial.begin(9600);            // 打开串口通信
  digitalWrite(ledPin,LOW);      // 将 LED 灯初始化为熄灭状态
}
void loop(){
    val_sensor=analogRead(sensorPin);// 将亮度传感器的模拟值储存到变量 val_sensor 中
    Serial.println(val_sensor);    // 将亮度传感器获得的数值显示在窗口中
    if(val_sensor>=500)            // 当数值大于等于 500 时，熄灭 LED 灯
     {
        digitalWrite(ledPin,LOW);
     }
     if(val_sensor<500)            // 当数值小于 500 时，点亮 LED 灯
{
        digitalWrite(ledPin,HIGH);
     }
 }
```

知识链接：setup() 函数用作初始化，在函数结构内的代码只运行一遍。在 Arduino 程序中必须含有 setup() 函数，且只能出现一次。

loop() 函数同样也只能出现一次，函数结构内的代码从上至下无限循环。Arduino 程序中必须含有 loop() 函数，且只能出现一次。

delay() 函数用于延时，格式为 delay（时间）；参数以毫秒为单位，如 2000 表示 2 秒。

analogRead(pin) 函数用于读取引脚的模拟量电压值，每读一次需要用 100 ms。参数 pin 表示所要获取模拟量电压值的引脚，该函数返回值为 int 型，表示引脚的模拟量电压值范围为 0～1023V。

digitalWrite(pin,value) 函数的作用是设置引脚的输出电压为高电平或低电平。注意：在使用此函数设置引脚之前，需要将引脚设置为 OUTPUT 模式。

知识提炼

本模块开发任务的关键为环境亮度的测算。亮度传感器是利用半导体的光电效应制成的一种电阻值随入射光的强弱而变化的电阻器，即入射光强，电阻减小；入射光弱，电阻增大。亮度电阻一般用于光的测量、光的控制和光电转换。

亮度传感器可以将光的亮度转换为电信号，输出的数值计量单位是 Lux 照度单位，以 Lux 为单位，其表面涂有高吸收率的黑光层，热接点在感光面上，冷热接点产生温差电势。输出信号与太阳辐射强度在一个线性范围内成比例，通过滤光片的可见光照射进传感器内，根据可见光的大小转换成电信号，然后电信号进入亮度传感器的处理器系统，从而输出光强。

问题拓展

能否实现通过亮度传感器和 Arduino UNO 开发板动态调节 LED 灯的亮度，如随着环境亮度变暗，系统可以逐步增强灯光的亮度。如果可以，请将你的想法用代码和硬件加以实现，并说明你添加的硬件传感器是什么。

任务三　智能小风扇功能设计

任务描述

智能小风扇功能设计是通过获取当前的环境温度，控制小风扇的智能开关。智能小风扇功能设计所需硬件有 Arduino UNO 开发板、DS18B20 温度传感器、L298N 电机驱动模块、面包板、杜邦线等。具体任务如下。

（1）认识智能小风扇的组成元器件的电路连接图。
（2）理解 DS18B20 温度传感器的基本特性和技术参数。
（3）结合电路连接图，完成元器件与 Arduino UNO 开发板的组装。
（4）编写温度传感器控制程序，实现智能小风扇的功能。

任务实施

步骤1　认识智能小风扇的组成元器件的电路连接图

智能小风扇的组成元器件的电路连接示意图如图10-5所示。

步骤2　安装DS18B20温度传感器模块

（1）使用杜邦线将面包板"+"极与Arduino UNO开发板5V引脚相接，"-"极与Arduino UNO开发板GND引脚相接。

（2）将DS18B20温度传感器模块的VCC引脚与面包板"+"极相接，GND引脚与面包板"-"极相接。

（3）将DS18B20温度传感器的DAT引脚与Arduino UNO开发板数字引脚7相接。

步骤3　安装LCD 1602液晶显示屏

（1）将LCD 1602液晶显示屏的VCC引脚与面包板"+"极相接，GND引脚与面包板"-"极相接。

（2）将LCD 1602液晶显示屏的SOA引脚与Arduino UNO开发板的A5引脚相接，SCL引脚与Arduino UNO开发板的A4引脚相接。

步骤4　安装L298N电机驱动模块（见图10-6）

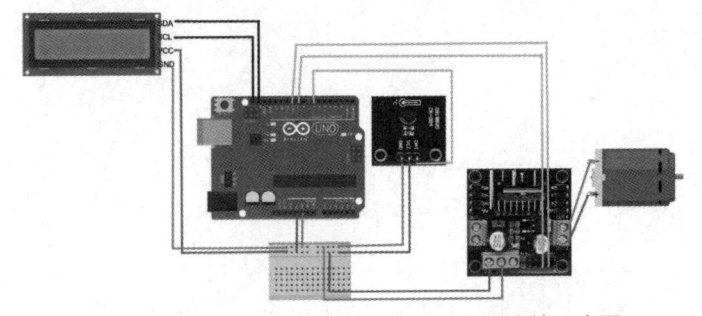

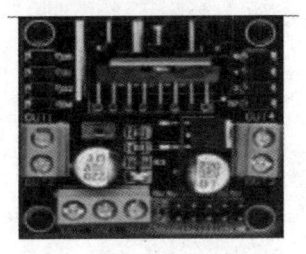

图10-5　智能小风扇的组成元器件的电路连接示意图　　图10-6　L298N电机驱动模块

（1）将L298N电机驱动模块的VCC引脚与面包板"+"极相接，GND引脚与面包板"-"极相接。

（2）将L298N电机驱动模块的IN3引脚与Arduino UNO开发板的数字引脚9相接，IN4引脚与Arduino UNO开发板的数字引脚10相接。

步骤5　安装电机模块

将电机"+"极与L298N电机驱动模块的OUT3引脚相接，电机"-"极与L298N电机驱动模块的OUT4引脚相接。

步骤6　编写智能小风扇模块的C语言代码

```
#include <DallasTemperature.h>
#include <OneWire.h>
#include <LiquidCrystal_I2C.h>
#define IN3 9
```

```
#define IN4 10
#define sensorPIN 7
OneWire oneWire(sensorPIN);
DallasTemperature sensors(&oneWire);
LiquidCrystal_I2C lcd(0x3f,16,2);
int val_sensor;
void setup(){
  Serial.begin(9600);
  pinMode(IN3,OUTPUT);
  pinMode(IN4,OUTPUT);
  lcd.init();
  lcd.backlight();
  lcd.clear();
}
void loop(){
  DS18B20();
  if(val_sensor>=30){
    digitalWrite(IN3,HIGH);
    digitalWrite(IN4,LOW);
  }
  if(val_sensor<=26){
    digitalWrite(IN3,LOW);
    digitalWrite(IN4,LOW);
  }
  delay(1000);
}
void DS18B20(){
  sensors.requestTemperatures();
  val_sensor=sensors.getTempCByIndex(0);
  lcd.setCursor(0,0);
  lcd.print("Tep:");
  lcd.print(sensors.getTempCByIndex(0,2);
  lcd.print("c");
  delay(1000);
}
```

知识提炼

L298N 电机驱动模块可对电机进行直接控制，通过主控芯片的 I/O 输入对其控制电平进行设定，就可为电机进行正转反转驱动，操作简单、稳定性好。

L298N 电机驱动模块的主要端口说明如图 10-7 所示。

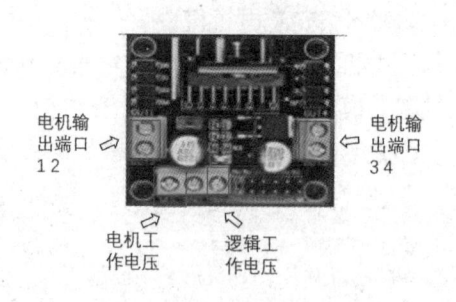

图 10-7　L298N 电机驱动模块的主要端口说明

L298N 电机驱动模块的逻辑功能如表 10-1 所示。

表 10-1 L298N 电机驱动模块的逻辑功能

IN1	IN2	ENA	电机状态
X	X	0	停止
1	0	1	顺时针
0	1	1	逆时针
0	0	0	停止
1	1	0	停止

问题拓展

本模块完成的功能为使用 L298N 电机驱动模块实现智能小风扇功能设计，请你思考 L298N 电机驱动模块还可以应用在何种场景？请将该场景下的问题描述出来，并选择合适的传感器与电机驱动模块进行连接，编写代码，完成功能的实现。

任务四 智能小风扇 App 功能设计

任务描述

通过 App Inventor 编写程序，通过蓝牙控制小风扇。具体学习任务如下。
（1）在任务三的基础上加入蓝牙模块，认识 HC-05 蓝牙模块的基本特性和技术参数。
（2）结合电路连接图，完成元器件与 Arduino UNO 开发板的组装。
（3）编写程序，通过蓝牙控制小风扇。
（4）完成智能小风扇模块 App 的界面设计。
（5）将完成的 App 下载至手机上，测试其实际界面效果及功能。

任务实施

步骤 1 认识智能小风扇蓝牙模块的电路连接图

智能小风扇蓝牙模块各组成部分与 Arduino UNO 开发板的连接示意图如图 10-8 所示。

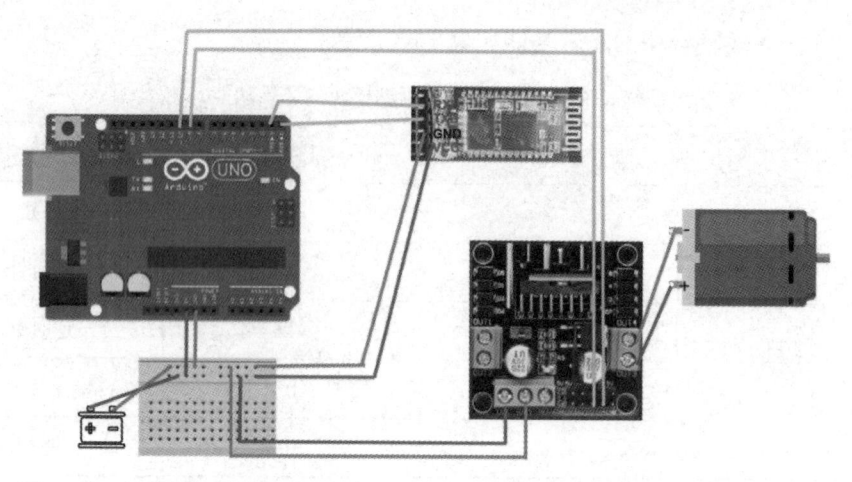

图 10-8　智能小风扇蓝牙模块各组成部分与 Arduino UNO 开发板的连接示意图

步骤 2　安装 L298N 电机驱动模块

（1）使用杜邦线将面包板"+"极与 Arduino UNO 开发板 5 V 接口相接，"-"极与 Arduino UNO 开发板 GND 接口相接。

（2）5 V 直流电源"+"极与面包板"+"极相接，电源"-"极与面包板"-"极相接。

（3）L298N 电机驱动模块 VCC 与面包板"+"极相接，GND 与面包板"-"极相接。

（4）IN3 与 Arduino UNO 开发板数字引脚 9 相接，IN4 与 Arduino UNO 开发板数字引脚 10 相接。

步骤 3　安装电机模块

（1）电机"+"极与 L298N 电机驱动模块的 OUT3 相接。

（2）电机"-"极与 L298N 电机驱动模块的 OUT4 相接。

步骤 4　安装蓝牙模块

（1）将 HC-05 蓝牙模块 VCC 与面包板"+"极相接，GND 与面包板"-"极相接。

（2）将 TXD 与 Arduino UNO 开发板 RX 相接，RXD 与 Arduino UNO 开发板 TX 相接。

步骤 5　编写智能小风扇蓝牙模块代码

```
#define IN3 9
#define IN4 10
void setup(){
  Serial.begin(9600);
pinMode(IN3,OUTPUT);
  pinMode(IN4,OUTPUT);
}
String btData="";
```

```
void loop(){
    while(Serial.avaliable()>0){
    btData+=char(Serial.read());
    }
    if(btData.length()>0){
    for(int i=0;i<btData.length();i++){
        if(btData[0]= "o"&&btData[1]== "n"){
            digitalWrite(IN3,HIGH);
            digitalWrite(IN4,LOW);
            }
        if(btData[0]= "f"&&btData[2]== "f"){
            digitalWrite(IN3,LOW);
            digitalWrite(IN4,LOW);
            }
        btData="";
        }
        }
}
```

步骤6 进入 App Inventor 2

打开 App Inventor 2 应用程序，点击"QQ 账号登录"，输入账号密码，登录后的界面如图 10-9 所示。

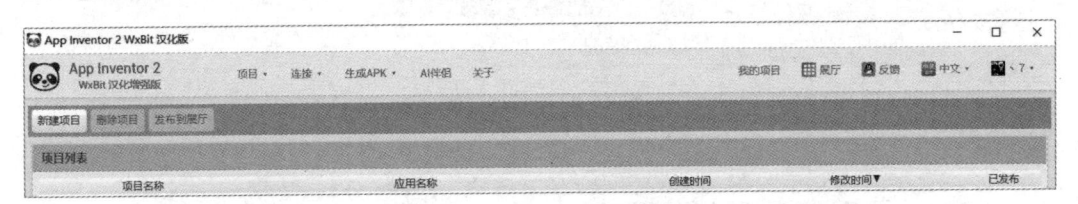

图 10-9 App Inventor 2 界面

步骤7 创建新项目

点击界面中的"新建项目"，在弹出的界面中输入项目名称 T1，点击"确认"，进入如图 10-10 所示的界面。

步骤8 开关按钮设计

在组件面板中点击"界面布局"，拖曳"水平布局"至工作面板下的"手机屏幕"中；接着在组件面板中点击"用户界面"，拖曳两个按钮至工作面板下的"手机屏幕"中。完成后如图 10-11 所示。

在组件列表中，将两个按钮的名称进行更改。点击"按钮 1"，在下方选择"重命名"后，将组件名称改为"打开风扇"，同时将组件属性内的"文本"改为"打开风扇"。同样，将"按钮 2"组件的名称和属性内的"文本"改为"关闭风扇"。完成后如图 10-12 所示。

图 10-10 项目 T1 示意图

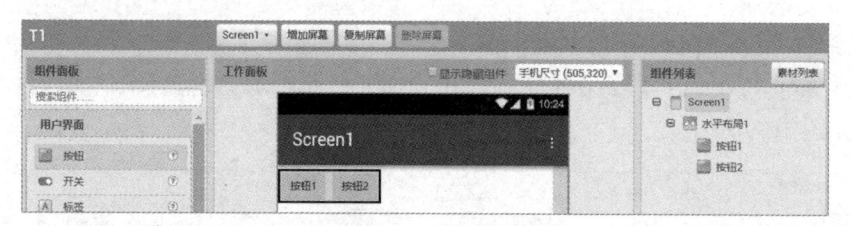

图 10-11 添加按钮

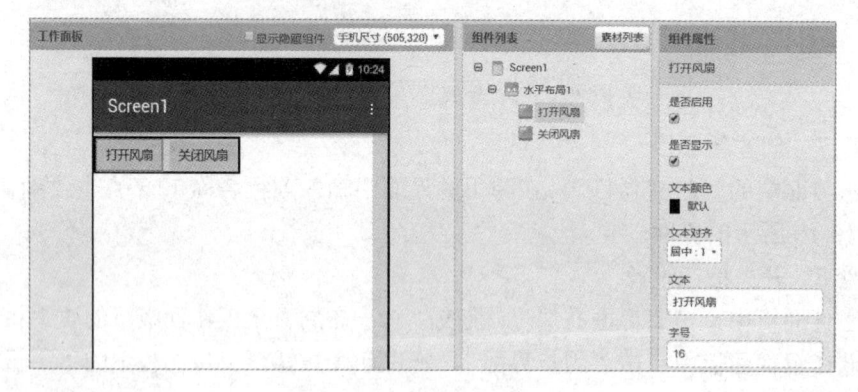

图 10-12 "按钮"重命名

步骤 9 蓝牙模块界面设计

在组件面板中找到界面布局,将"水平布局"拖曳至屏幕中;然后将"列表选择框""按钮"和"标签"拖曳至刚刚创建的水平布局中。添加按钮和标签,如图 10-13 所示。

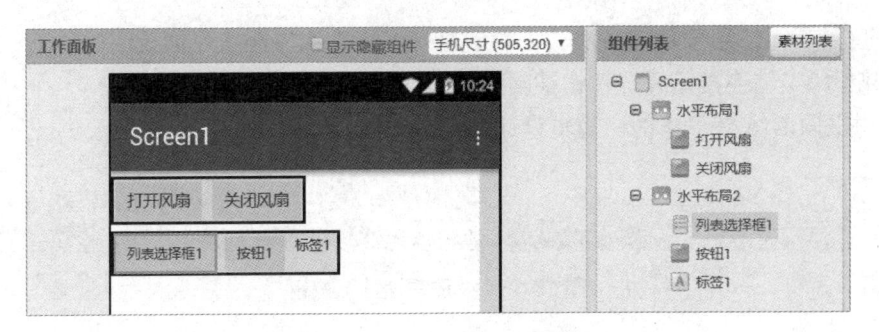

图 10-13　添加按钮和标签

在上一步的基础上，将"列表选择框 1"组件的名称改为"连接蓝牙"，将"按钮 1"组件的名称改为"断开设备"，将"标签 1"组件的名称改为"状态"。完成后的界面如图 10-14 所示。

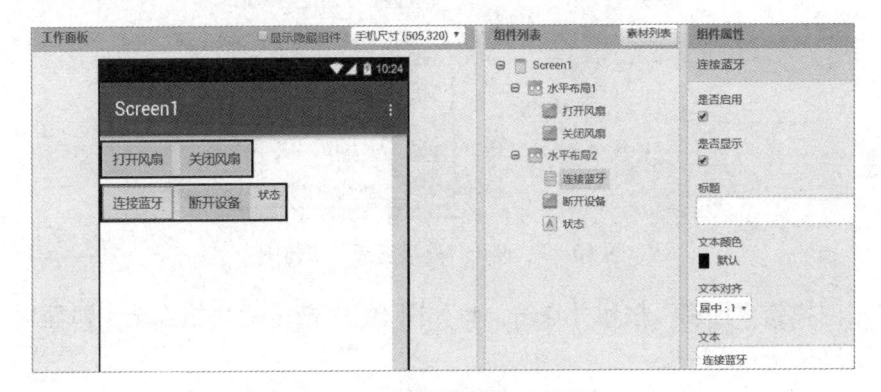

图 10-14　重命名按钮和标签

创建一个垂直布局，将水平布局 2、水平布局 1 和语音控制从上到下摆放；接着对各个组件的宽度、高度进行调整，如图 10-15 所示。

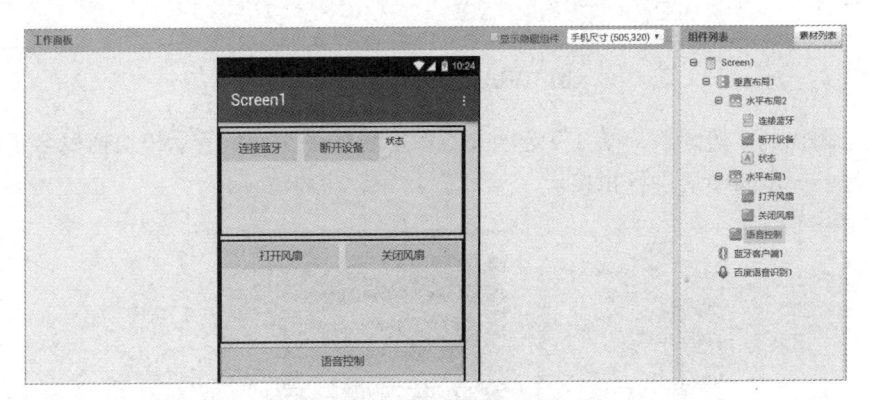

图 10-15　调节布局

在此基础上可对界面进行美化，如设置不同的背景颜色，插入背景图片等。最后，在组件面板下的"通信连接"选项下，将"蓝牙客户端"拖曳至工作面板中的

"手机屏幕"内，用同样的方法将"百度语音识别"拖曳至工作面板中。

步骤 10　"连接蓝牙"按钮逻辑设计

点击图 10-16 右下角的"逻辑设计"。

图 10-16　"逻辑设计"按钮

找到"连接蓝牙"并点击，将"当'连接蓝牙'选择完成"模块拖曳至工作面板中，设计"连接蓝牙"逻辑，如图 10-17 所示。

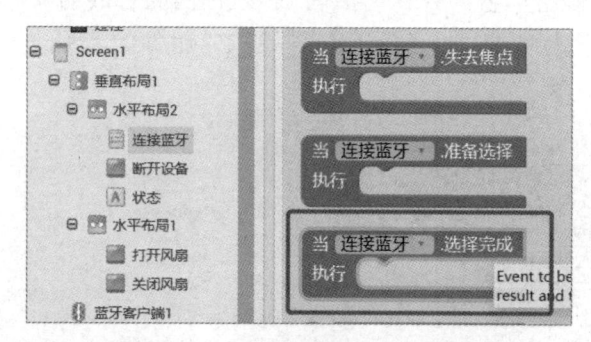

图 10-17　设计"连接蓝牙"逻辑图

在左侧找到"控制"按钮并点击，将如图 10-18 所示模块拖曳至工作面板中，并与上一步的模块进行拼接。

图 10-18　"控制"逻辑块

在左侧找到"蓝牙客户端 1"选项并点击，将如图 10-19 所示模块拖曳至工作面板中，并与上一步的模块进行拼接。

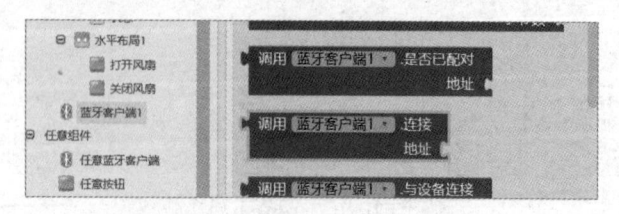

图 10-19　"蓝牙客户端 1"逻辑设计

在左侧找到"连接蓝牙"选项并点击，将如图 10-20 所示模块拖曳至工作面板中，并与上一步的模块进行拼接。

在左侧找到"状态"选项并点击,将如图 10-21 所示模块拖曳至工作面板,与上一步的模块进行拼接。

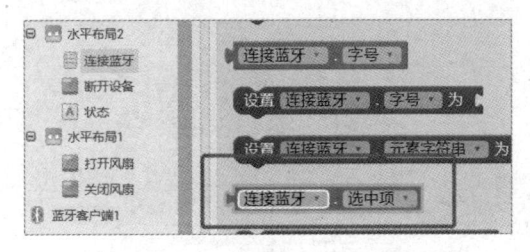

图 10-20 "连接蓝牙"逻辑设计

图 10-21 "状态"逻辑设计

在左侧找到"文本"选项并点击,将如图 10-22 所示模块拖曳至工作面板中,并与上一步的模块进行拼接。

最终形成图 10-23 所示的逻辑设计。

图 10-22 "文本"逻辑设计

图 10-23 "连接蓝牙"按钮逻辑设计

步骤 11　"断开设备"按钮逻辑设计

按照前面的方法,找到对应模块进行拼接,形成如图 10-24 所示的逻辑设计图。

步骤 12　"打开风扇"按钮逻辑设计

按照前面的方法,找到对应模块进行拼接,形成如图 10-25 所示的逻辑设计图。

图 10-24 "断开设备"按钮逻辑设计图

图 10-25 "打开风扇"按钮逻辑设计图

步骤 13　"关闭风扇"按钮逻辑设计

按照前面的方法,找到对应模块进行拼接,形成如图 10-26 所示的逻辑设计图。

图 10-26 "关闭风扇"按钮逻辑设计图

步骤 14　"语音控制"按钮逻辑设计

按照前面的方法，找到对应模块进行拼接，形成如图 10-27 所示的逻辑设计。

图 10-27　"语音控制"按钮逻辑设计

步骤 15　生成移动应用

完成界面设计和逻辑设计后，得到的 App 界面如图 10-28 所示。

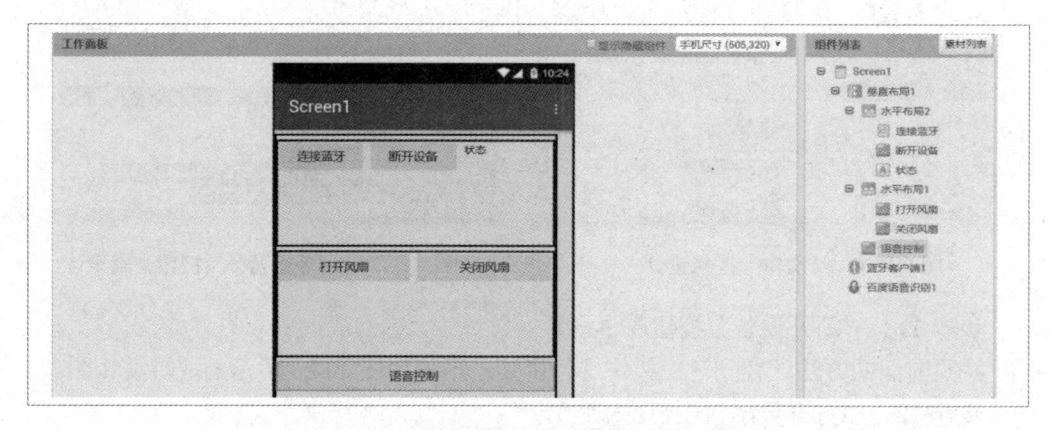

图 10-28　App 界面

点击"生成 APK"后选择显示二维码，用 Android 系统手机下载并安装应用程序。

知识提炼

本模块进行 App 设计前，要在硬件部分添加蓝牙模块才能成功实现远程控制。添加的蓝牙模块为 HC-05，HC-05 是主从一体的蓝牙串口模块，当与设备进行配对后，可以不用理解具体的通信协议，将其当作串口进行使用。模块中的 TXD 为发送端，要与其他设备建立正常通信时需要与另一个设备的 RXD 连接。同样，模块中的 RXD 即接收端，一般表示为自己的接收端，要与其他设备建立正常通信时，需要与另一个设备的 TXD 连接。

问题拓展

添加语音模块，设计其代码和 App 界面，实现通过 App 用语音控制小风扇的功能。

任务五　智能窗户功能设计

任务描述

智能窗户功能设计是通过获取当前环境是否下雨及窗外是否有人来控制窗户的开关。智能窗户功能设计所需硬件有 Arduino UNO 开发板、人体红外传感器、雨滴传感器、L298N 电机驱动模块、减速电机 N20、面包板、杜邦线等。具体任务如下。

（1）认识智能窗户模块的组成元器件的电路连接图。
（2）查阅资料，理解智能窗户模块各传感器的基本特性和技术参数。
（3）结合电路连接图，完成元器件与 Arduino UNO 开发板的组装。
（4）编写控制程序，完成智能窗户模块功能的实现。

任务实施

步骤 1　认识智能窗户模块的组成元器件的电路连接图
智能窗户模块的组成元器件的电路连接示意图如图 10-29 所示。

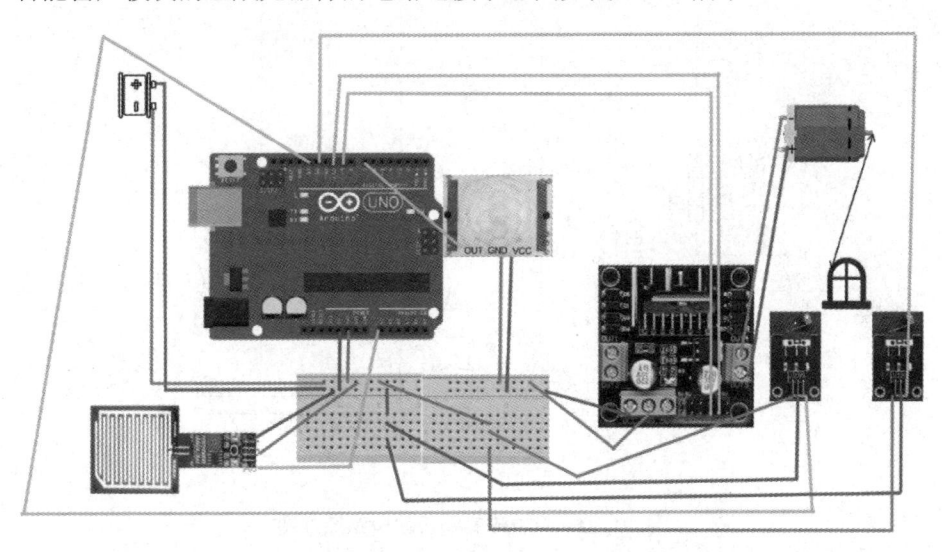

图 10-29　智能窗户模块的组成元器件的电路连接示意图

步骤 2　安装人体红外传感器模块

（1）使用杜邦线将面包板 "+" 极与 Arduino UNO 开发板的 5 V 引脚相接，"-" 极与 Arduino UNO 开发板的 GND 引脚相接。
（2）将人体红外传感器模块的 VCC 引脚与面包板 "+" 极相接，GND 引脚与面包板 "-" 极相接。
（3）将人体红外传感器的 OUT 引脚与 Arduino UNO 开发板的数字引脚 7 相接。
知识链接：人体红外传感器是一种可以探测静止人体的感应器，又称红外热释感应器，由五部分组成，分别为透镜、感光元件、感光电路、机械部分、机械控制。红外感应部分在机械控制和机械部分的带动下，做微小的左右运动或圆周运动，使感应器和人体间产生相对移动。热释电原件在接收到人体辐射出的温度时会失去原有的电荷平衡，向外释放电荷，经放大电路放大信号及对信号处理后就能产生报警信号。

步骤3　安装雨滴传感器模块

（1）将雨滴传感器模块的VCC引脚与面包板"+"极相接，GND引脚与面包板"-"极相接；

（2）将雨滴传感器模块的A0引脚与Arduino UNO开发板的模拟引脚A0相接。

知识链接：雨滴传感器也叫雨量、雨水传感器，既可作为模拟输入的模块，也可作为数字输入的模块，可用于检测是否下雨及雨量的大小，其广泛应用于汽车自动雨刮系统、智能灯光系统。当选择D0模拟输出时，可以通过开发板检测是否下雨；当选择A0数字输出时，可以通过开发板检测雨量。图10-30所示为雨滴传感器模块电路原理图。

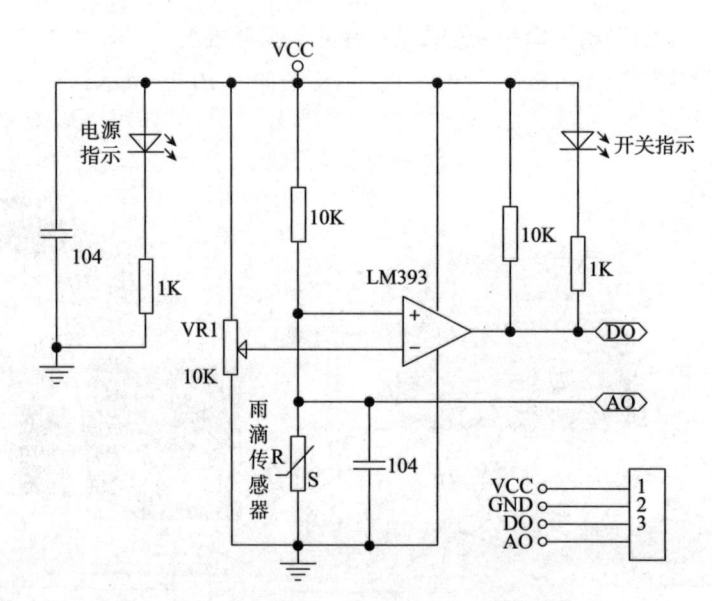

图10-30　雨滴传感器模块电路原理图

步骤4　安装L298N电机驱动模块

参考任务三的步骤4，完成L298N电机驱动模块的安装。

步骤5　安装碰撞传感器模块

（1）共需安装两个碰撞传感器，分别命名为碰撞传感器1和碰撞传感器2（模拟窗户的两侧）。

（2）将碰撞传感器1的VCC引脚与面包板"+"极相接，GND引脚与面包板"-"极相接。

（3）将碰撞传感器1的S引脚与Arduino UNO开发板的数字引脚13相接。

（4）碰撞传感器 2 的安装与碰撞传感器 1 相同，但其 S 引脚与 Arduino UNO 开发板的数字引脚 12 相接。

知识链接：碰撞传感器即碰撞开关，当碰撞到物体时，弹簧片被压下，产生低电平。在 Arduino 程序中使用时，接口属性需设置为输入模式，即 pinMode(sersorPin, INPUT)。

步骤 6　安装减速电机模块

（1）将减速电机 N20 的"+"极与 L298N 电机驱动模块的 OUT3 引脚相接。

（2）将减速电机 N20 的"-"极与 L298N 电机驱动模块的 OUT4 引脚相接。

步骤 7　智能窗户模块的关键代码

```
#define IN3 9
#define IN4 10
#define RTsensor 7
#define YDsensor A0
#define P1sensor 13
#define P2sensor 12
void setup(){
  Serial.begin(9600);
  pinMode(IN3,OUTPUT);
  pinMode(IN4,OUTPUT);
  pinMode(RTsensor,OUTPUT);
  pinMode(P1sensor,INPUT);
  pinMode(P2sensor,INPUT);
}
int val1;
int val2;
int val_P0;
int val_P1;
void loop(){
  val1=analogRead(YDsensor);      // 获取雨滴传感器的模拟值
  val2=digitalRead(RTsensor);     // 获取人体红外传感器的数值
  val_P0=digitalRead(P1sensor);   // 获取碰撞传感器 1 的数值
  val_P1=digitalRead(P2sensor);   // 获取碰撞传感器 2 的数值
  if(val2==HIGH||val1>=300) {     // 当窗外有人或下雨时，电机正转，关闭窗户
    do{
      digitalWrite(IN3,HIGH);
      digitalWrite(IN4,LOW);
    }while(val_P0==LOW);
  }
  if(val2==LOW&&VAL1<300) {       // 当窗外无人且无雨时，电机反转，打开窗户
    do{
      digitalWrite(IN3,LOW);
      digitalWrite(IN4,HIGH);
    }while(val_P1==LOW);
```

```
    }
}
```

知识提炼

由于本模块使用的传感器较多,因此需要格外注意不同端口的连接,以及该端口是作为输入还是作为输出的问题。

编程时使用 digitalRead()、digitalWrite() 函数对红外传感器模块、雨滴探测传感器模块和碰撞传感器模块的信号进行输入和写入,使用 pinMode() 函数设定端口作为输入还是输出,其中,pinMode(pin,mode) 函数中的参数 pin 为要设定的端口号,mode 有 INPUT、OUTPUT 和 INPUT_PULLUP 3 种模式;digitalWrite(pin,value) 函数中的参数 pin 为要操作的引脚,value 有 HIGH 和 LOW 两种取值;digitalRead(pin) 函数中的参数 pin 为要读取的引脚,有返回值,返回值为 HIGH 或 LOW。

问题拓展

根据人体红外传感器模块工作原理,结合任务三中传感器的工作原理,制作一个人体追随感应风扇,并为该产品设计一个应用场景。

任务六 智能烟雾报警系统功能设计

任务描述

智能烟雾报警系统功能设计是通过获取当前环境的可燃气体浓度来判断是否需要及时报警并打开新风系统。智能烟雾报警系统功能设计所需硬件有 Arduino UNO 开发板、MQ-2 气体传感器、蜂鸣器、LCD 1602 液晶显示屏、L298N 电机驱动模块、减速电机 N20、面包板、若干杜邦线等,具体任务如下。

(1)认识智能烟雾报警模块的各组成部分与 Arduino UNO 开发板的连接示意图。
(2)查阅相关资料,理解智能烟雾报警模块各传感器的基本特性和技术参数。
(3)结合电路连接图,完成元器件与 Arduino UNO 开发板的组装。
(4)编写控制程序,完成智能烟雾报警模块功能的实现。

任务实施

步骤1 认知智能烟雾报警模块的各组成部分与 Arduino UNO 开发板的连接图

智能烟雾报警模块各组成部分与 Arduino UNO 开发板的连接示意图如图 10-31 所示。

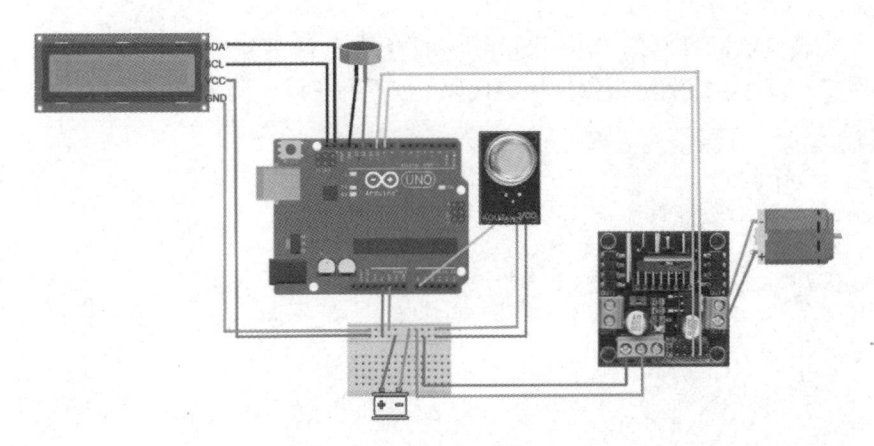

图 10-31　智能烟雾报警模块各组成部分与 Arduino UNO 开发板的连接示意图

步骤 2　安装 MQ-2 气体传感器模块

（1）使用杜邦线将面包板"+"极与 Arduino UNO 开发板 5 V 引脚相接，"-"极与 Arduino UNO 开发板 GND 引脚相接。

（2）将 MQ-2 气体传感器的 VCC 引脚与面包板"+"极相接，GND 与面包板"-"极相接。

（3）将 MQ-2 气体传感器的 AOUT 引脚与 Arduino UNO 开发板的模拟引脚 A0 相接。

知识链接：MQ-2 气体传感器可检测液化气、天然气和氢气等多种可燃性气体，是一款多用途的低成本传感器。传感器使用的是在空气中电导率较低的气敏材料二氧化锡（SnO_2）。在传感器所处环境中，当可燃气体的浓度增加时，传感器的电导率随之增加，使用简单的电路便可输出与电导率所匹配的气体浓度的信号。模拟量输出电压随浓度的增加而增加，将传感器与开发板连接后，进行简单的编程便可在串口监视器中获得环境中可燃气体浓度的变化图。

步骤 3　安装 LCD 1602 液晶显示屏

参考上一章任务二的步骤 2，完成本模块液晶显示屏的连接。

步骤 4　安装蜂鸣器模块

蜂鸣器"-"极与 Arduino UNO 开发板 GND 的引脚相连，"+"极与 Arduino UNO 开发板的数字引脚 12 相接，蜂鸣器如图 10-32 所示。

知识链接：蜂鸣器作为本模块的输出模块，根据程序运行结果进行工作。

步骤 5　安装 L298N 电机驱动模块

参考任务三的步骤 4，完成 L298N 电机驱动模块的安装。

图 10-32　蜂鸣器

步骤 6　安装减速电机模块

（1）将减速电机 N20 的"+"极与 L298N 模块的 OUT3 引脚相接。

（2）将减速电机 N20 的"-"极与 L298N 模块的 OUT4 引脚相接。

步骤 7　编写智能烟雾报警模块的代码（以下为关键代码）

```
#include <LiquidCrystal_I2C.h>
#define IN3 9
#define IN4 10
#define MQ2PIN A0
#define buzzer 12
LiquidCrystal_I2C lcd(0x3f,16,2);
int val_sensor;
void setup(){
  Serial.begin(9600);
  pinMode(IN3,OUTPUT);
  pinMode(IN4,OUTPUT);
  pinMode(buzzer,OUTPUT);
  lcd.init();
  lcd.backlight();
  lcd.clear();
}
void loop(){
  MQ2();
  DS18B20();
  if(val_sensor>=200){
    ring();
    digitalWrite(IN3,HIGH);
    digitalWrite(IN4,LOW);
  }
  if(val_sensor<=26){
    digitalWrite(IN3,LOW);
    digitalWrite(IN4,LOW);
    delay(500);
  }
}
void MQ2(){
  val_sensor=anlogRead(MQ2PIN);
  lcd.setCursor(0,0);
  lcd.print("Con:");
  lcd.print(val_sensor/1024*100,2);
  lcd.print("%");
  delay(1000);
}
void ring(){
  int i;
  for(i=0;i<100;i++){
    digitalWrite(buzzer,HIGH); // 发出声音
    delay(2);
```

```
    digitalWrite(buzzer,LOW); // 不发出声音
    delay(2);
  }
}
```

知识提炼

该任务使用的蜂鸣器是有源蜂鸣器，还是无源蜂鸣器？如何区分这两种蜂鸣器呢？

要区分这两种蜂鸣器，关键就在"源"字上，"源"不是指电源，而是指震荡源，即有源蜂鸣器内部带震荡源，所以只要一通电它就会响。而无源蜂鸣器内部不带震荡源，所以如果用直流信号则无法令其鸣叫。

有源蜂鸣器也叫直流蜂鸣器，内部包含一个多谐振荡器，只要在其两端施加额定直流电压即可使其发声，驱动/控制简单，但价格略高。无源蜂鸣器又称交流蜂鸣器，内部没有振荡器，需要在其两端施加特定频率的方波电压（注意并不是交流，即没有负极性电压）才能使其发声，特点是可靠、成本低、发声频率可调整。

有源蜂鸣器和无源蜂鸣器可以用万用表进行区分。用万用表电阻档 Rxl 档测试：用黑表笔接蜂鸣器"+"引脚，红表笔在另一引脚上来回碰触，发出"咔咔"的响声，且电阻只有 8 Ω（或 16 Ω）的是无源蜂鸣器，而持续发出声音，且电阻在几百欧以上的是有源蜂鸣器。有源蜂鸣器直接接上额定电源就可持续发声；而无源蜂鸣器则和电磁扬声器一样，只有接在音频输出电路中才能发声。

问题拓展

当前设计的智能烟雾报警系统仅能在有人在家的场景下，提醒用户有烟雾泄漏，但如果家中无人，是无法远程为用户提供报警功能的。所以请你设计一个可以远程报警的烟雾报警系统，指出你为了实现远程报警功能添加了哪一种器件，并将电路连接示意图画出来。

任务七　智能家居测试与排故

任务描述

在完成智能家居各模块功能设计之后，需要对各模块进行测试，从而及时排除故障。具体任务如下。

（1）准备智能家居各功能设计所需的硬件。
（2）完成智能家居各模块的整体连接。
（3）选定场景，进行功能测试。

任务实施

步骤 1 准备智能家居设计所需的硬件

准备智能家居设计所需的主要硬件，如图 10-33 所示。

亮度传感器　　9V 电源　　220Ω 电阻　　LED 灯

杜邦线　　DS18B20 温度传感器　　直流电机　　L298N 驱动电机模块

HC-05 蓝牙模块　　Arduino UNO 开发板　　LCD 1602 液晶显示屏　　MQ-02 气体传感器

有源蜂鸣器　　雨滴传感器　　红外传感器

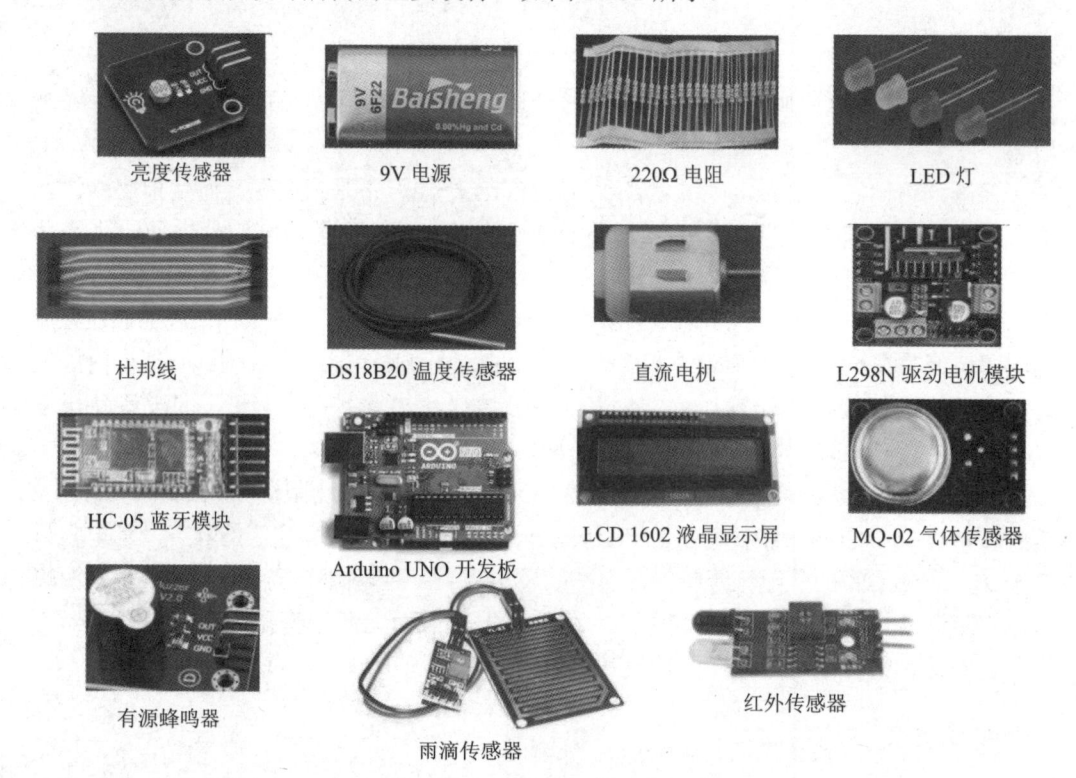

图 10-33　智能家居设计所需的主要硬件

步骤 2 连接智能家居硬件电路

（1）将电源"+"极与面包板"+"极相接，"-"极与面包板"-"极相接。

（2）将所有模块的电源模块与面包板"+""-"极对应连接。

（3）智能家居各传感器模块连接方法：亮度传感器信号线与开发板引脚 A0 相接；雨滴传感器信号线与引脚 A1 相接；MQ-2 气体传感器与引脚 A2 相接；花园灯控制线与数字引脚 7 相接；风扇控制线与数字引脚 30 相接；温度传感器信号线与数字引脚 29 相接；窗户控制线与数字引脚 32 相接；LCD 1602 液晶显示屏的 SDA 与引脚 20 相接，SCL 与引脚 21 相接。

步骤 3 功能测试

傍晚时分，天色渐暗，花园里的智能灯控系统开始工作，其根据环境光照强度，自动打开楼房周围花园的照明灯，而且随着夜色越来越深，花园的照明灯会自动变得越来越亮；当黎明来临，天色微亮时，智能灯控系统会逐渐将花园里的灯光调暗；当太阳升起，天色全亮时，智能灯控系统会将花园里的灯光全部关闭。智能灯控测试如图 10-34 所示。

图 10-34　智能灯控测试

当环境温度超过阈值上限时，模型上的小风扇开始工作，使环境温度逐渐下降（见图 10-35、图 10-36）。当环境温度下降至阈值下限时，小风扇停止工作。当我们离开房间忘记关风扇时，可以通过自主设计的移动 App，用蓝牙控制风扇的运行。

图 10-35　室内温度较高　　　　　　　图 10-36　小风扇开启

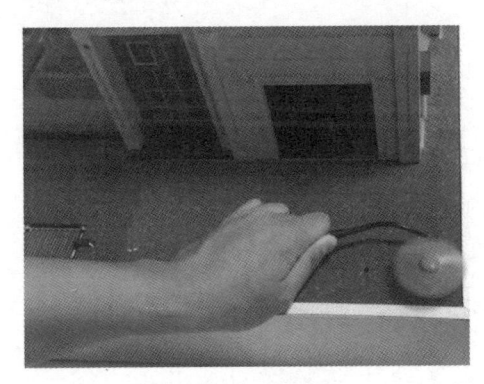

步骤 4　智能家居评价

当前智能家居系统在我国的发展势头强劲，涉及的技术种类也十分丰富，不仅能控制家庭内部的各种电气设备、窗帘等，还可以通过手机进行远程控制。目前该智能家居项目虽然可以实现灯光控制、远程控制小风扇、智能开关窗户及烟雾报警，但是要想真正应用到家庭生活中，还远远不够。

因此，在以上功能的基础上，是否还可以使用更多技术来丰富智能家居在家庭中的功能；并且如今家家户户都以小区为单位实现统一智能化管理，是否可以在智能家居的基础上升级成智能小区系统，为更多的家庭带来便利，这值得我们思考和研究。

第十一章 智慧商店：无人值守商店建造

项目描述

商务部官网显示，商务部办公厅印发《智慧商店建设技术指南（试行）》，为实体零售企业建设智慧商店提供方法和路径。智慧商店的建设和运营，有了顶层设计和政策方面的支持，必将迎来发展的春天。

晓峰是某互联网企业的一名员工，早高峰期间除挤地铁外还要在便利店排队买早餐，经常因迟到被老板批评；小丽是便利店的店员，每天早上忙得不可开交，还不断被顾客催促，晓峰和小丽都十分苦恼。请设计一个智能化商店：顾客根据需求在手机 App 端选择商品，便利店借助自动化设备为顾客抓取商品，实现顾客到店即拿即走。

学习目标

知能目标：知识与技能

（1）熟悉 App Inventor 软件的界面和组件面板，掌握组件设计模块和逻辑设计模块之间的编程逻辑。

（2）掌握 Dobot Magician 机械臂简单的操作与配套软件的使用方法，如抓取物品、通过 Wi-Fi 模块实现通信等。

方法目标：过程与方法
（1）能够调用百度 AI 开放平台提供的相关 API，如人脸识别 API。
（2）能够设置 ActivityStarter 组件的属性，实现不同应用之间的调用。
（3）了解 Dobot Magician 机械臂与 App Inventor 之间的通信方式。
素养目标：情感、态度与价值观
（1）培养计算思维、创新能力，形成人机协同的意识。
（2）培养不怕失败、乐于实践、勇于创新的精神，增强使用机器进行自动控制和智能控制的意识。

任务一　无人值守商店开发任务分析

本项目开发的无人值守商店是借助 App Inventor 和 Dobot Magician 机械臂来模仿真实无人值守商店基本逻辑关系和业务流程的模型，本任务使用 App Inventor 开发 Android 系统 App，App 利用人脸识别技术完成用户注册与登录后，根据用户的需要选择取货点，并通过百度地图或者高德地图进行导航，用户到达取货点后点击"结算"，App 就可以通过无线连接的方式实现上位机和下位机的相互通信，控制 Dobot Magician 机械臂抓取商品，送至用户手中。无人值守商店功能如图 11-1 所示。

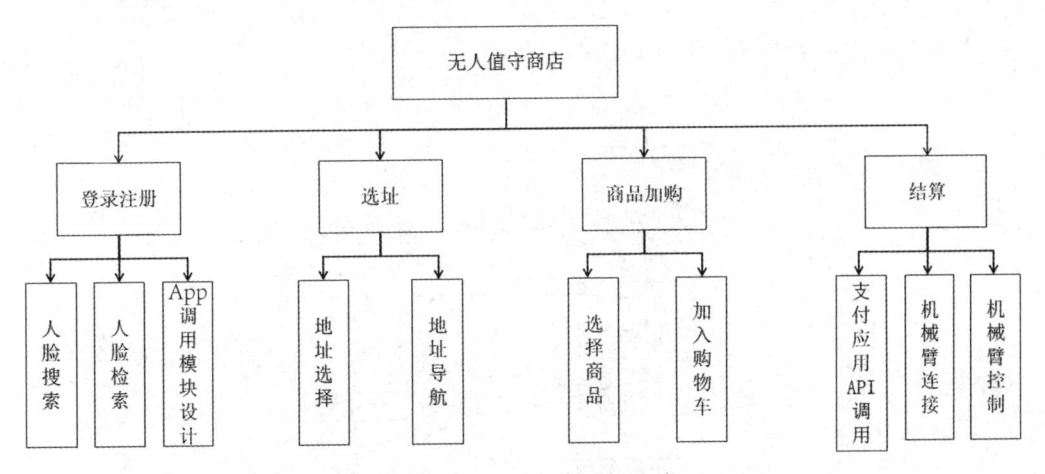

图 11-1　无人值守商店功能

无人值守商店开发任务所需工具有 WxBit 版本的 App Inventor 软件、Android 系统手机一部、Dobot Magician 机械臂一台、蓝牙套件一套、可口可乐两瓶、雪碧两瓶，其中软硬件资源如图 11-2 所示。

无人值守商店 App 的界面由商品选择界面、购物车界面、用户信息界面、用户登录界面、用户注册界面、门店选择界面组成，支持地图导航、人脸登录、无线控制等，如图 11-3 所示。

图 11-2　无人值守商店软硬件资源图

图 11-3　无人值守商店 App 的界面

无人值守商店使用的流程如图 11-4 所示。

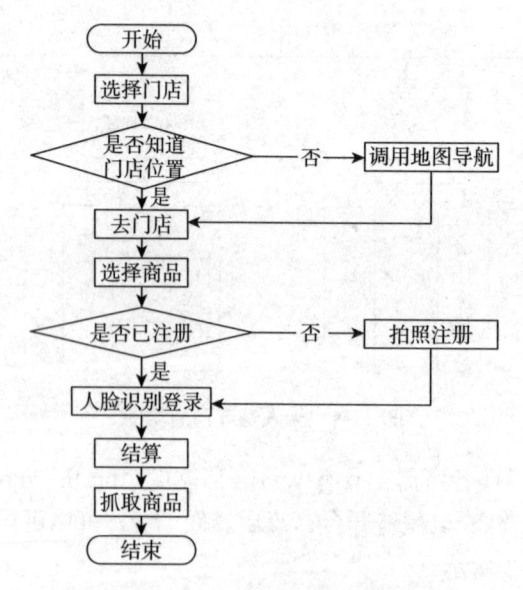

图 11-4　无人值守商店使用的流程

用户首先在无人值守商店 App 上选择要去的门店，如果不知道门店的具体地址，可以点击"导航"，选择地图软件导航到门店。到达门店后，用户先选择商品。商品选择完成后，如果用户已经注册了相应的账号，就可以直接使用人脸识别登录账号；如果未注册，则跳转到账号注册界面，用户注册后再登录。用户成功登录后，App 可以通过无线方式连接设备，并调用第三方支付应用完成付款（调用国内支付应用的收款 API 需要上传营业执照等信息，本节的创客项目中省略了这一步骤）。之后，机械臂会抓取商品，用户完成取货操作，整个流程结束。

无人值守商店的具体开发流程如图 11-5 所示。

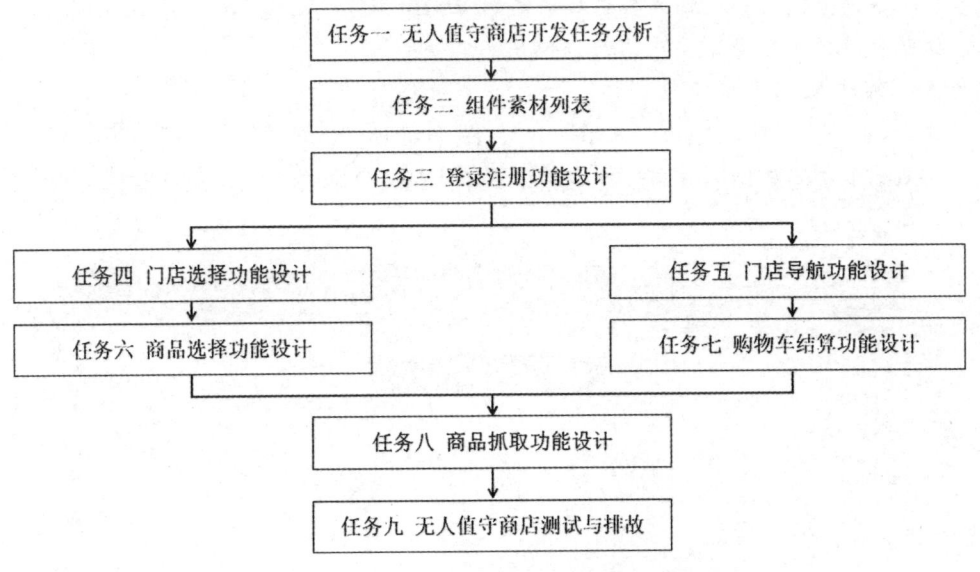

```
任务一  无人值守商店开发任务分析
          ↓
任务二  组件素材列表
          ↓
任务三  登录注册功能设计
       ↙         ↘
任务四 门店选择功能设计    任务五 门店导航功能设计
       ↓                    ↓
任务六 商品选择功能设计    任务七 购物车结算功能设计
       ↘         ↙
任务八  商品抓取功能设计
          ↓
任务九  无人值守商店测试与排故
```

图 11-5　无人值守商店的具体开发流程

任务二　组建素材列表

任务描述

在项目开发过程中会用到一些图片素材，本次任务将所用素材全部上传至组建素材列表，以供后续使用。App Inventor 有一个特点，即上传的素材文件可以在不同屏幕之间调用，并且用户可以随时预览、删除和下载素材。

任务实施

步骤 1　登录 App Inventor 网站

在谷歌浏览器、QQ 浏览器、Firefox、Safari 等非 IE 浏览器中输入 WxBit 图形化编程网址（本项目以 WxBit 版本的 App Inventor 为例），跳转至账号登录界面，如图 11-6 所示。

知识链接：前文已介绍，App Inventor 提供了基于 Web 的图形化用户界面设计工具，它既可以设计应用的外观，也可以像拼图游戏一样将"块"语言拼在一起来实现应用的功能，同时还有配套的移动端调试工具。国内的 App Inventor 有多个汉化版本，如广州电教馆版本、17coding 版本、WxBit 版本等。为了方便学习，本任务使用功能强大、更加稳定的 WxBit 版本。你也可以根据自身需要选择可以使用的其他版本进行 App 的制作。

图 11-6　账号登录界面

其中，广州电教馆版本（如图 11-7、图 11-8 所示）和 WxBit 版本相似，并且广州电教馆版本支持 QQ 账号登录，服务器相对稳定。

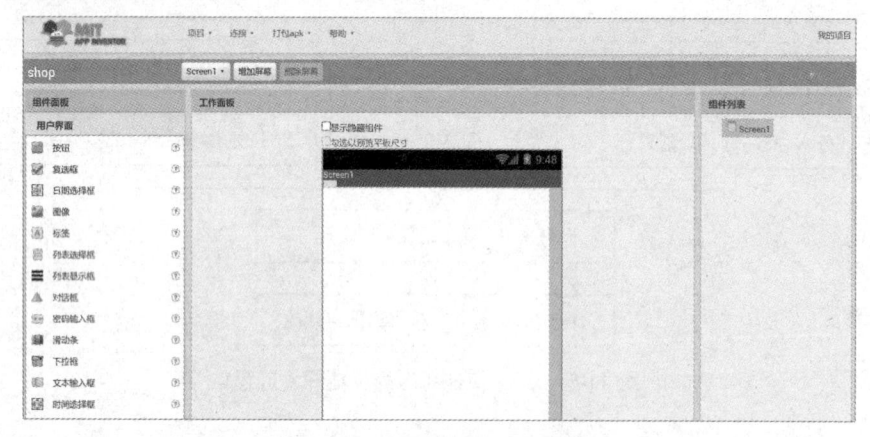

图 11-7　广州电教馆版本设计界面

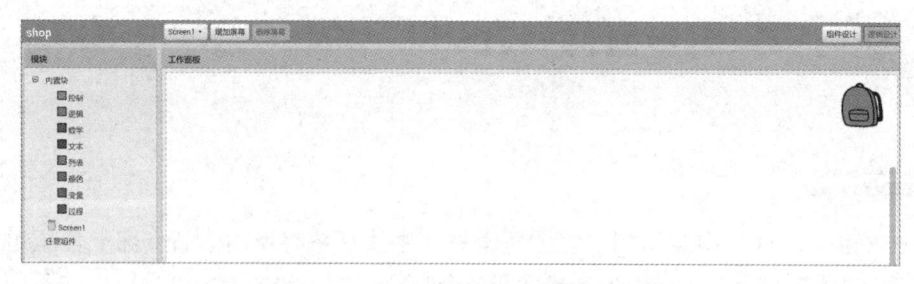

图 11-8　广州电教馆版本逻辑设计界面

相较于前两个版本，在使用 17coding 版本（如图 11-9、图 11-10 所示）时要注意 17coding 版本没有设置用户的权限，只能使用游客方式登录，所有人创建的项目都放在一起，所以所有人都可以看见、修改、删除项目，因此一定注意导出你的项目并保存到本地。

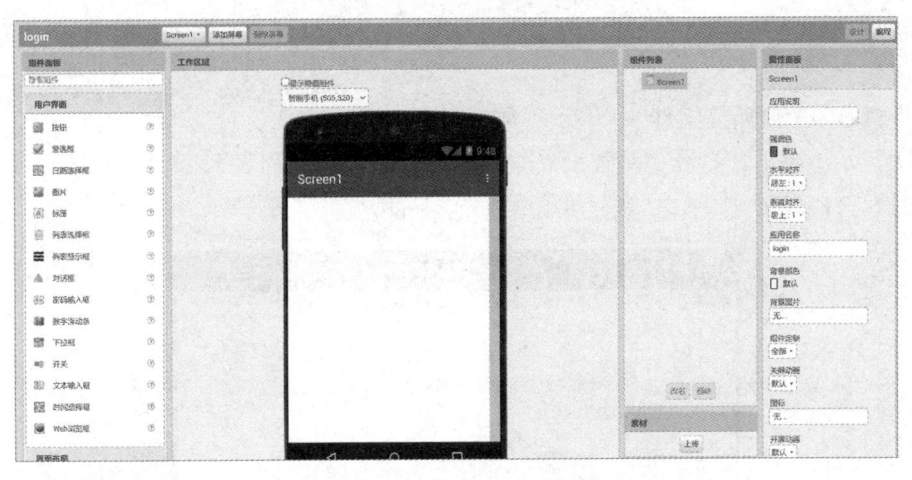

图 11-9　17coding 版本设计界面

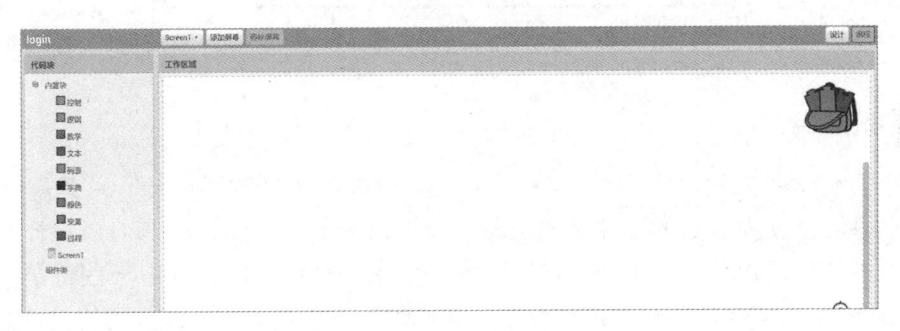

图 11-10　17coding 版本逻辑设计界面

步骤 2　新建项目

打开 WxBit 版本的 App Inventor，选择 QQ 账号登录，登录之后的界面如图 11-11 所示。点击"项目"，选择"新建项目"，输入"Smart store"名称（项目名称只能包含字母、数字和下画线），点击"确定"。

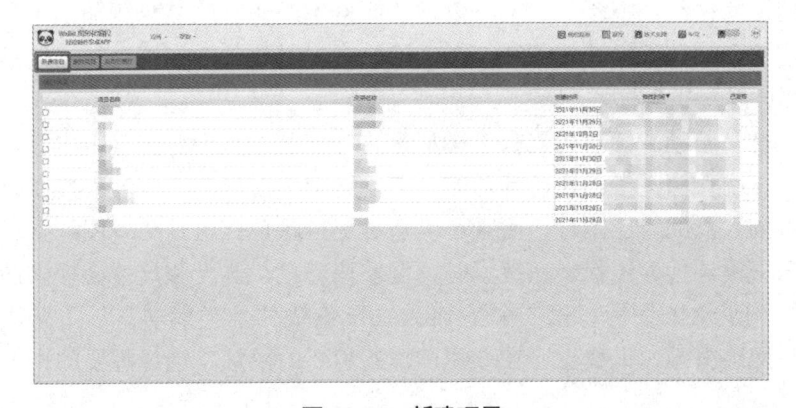

图 11-11　新建项目

知识链接：网站集成 QQ 登录的方式，只能获得用户的昵称和头像，不能获得用户的密码和好友等信息，相比网站自管理的密码注册，网站集成QQ登录的方式更加安全可靠。

步骤3　上传所需组件

在初始屏幕下，打开"组件设计"界面，点击"组件列表"，选择项目开发过程中用到的素材，点击"开始上传"即可（见图11-12）。

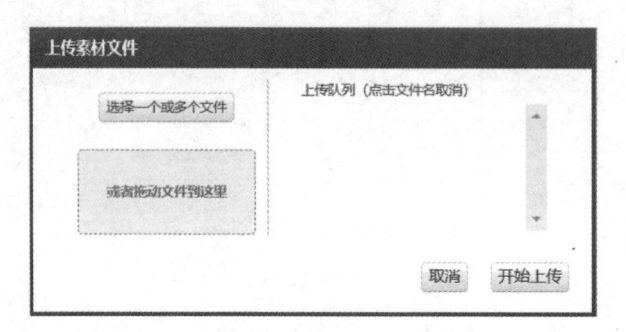

图11-12　上传素材文件

知识提炼

对于初学者来说，一个好的App Inventor UI设计（界面设计）总是需要花费很多心思。如今大多数的主流手机App，均使用Material Design等应用设计方案进行应用设计。即使在App Inventor里面无法实现Material Design中一些特定的设计（如图层类），但在软件设计的过程中，我们仍应该贯彻一些主流应用的设计方案，即使用色块和抽象化的图标，以使应用尽可能简洁明了，并且能够准确展示所能实现的功能。

问题拓展

说起素材，相信大多数人的第一反应就是去搜索引擎根据关键字搜索图片，可是搜索出来的图片往往类型不一、大小不一、风格不一，有些甚至还加上了水印，如果强行使用这些影响软件设计的图片，会让用户丧失对软件的使用兴趣。这里提供两个网站，方便读者查找素材。

第一个是Iconfont-阿里巴巴矢量图标库，功能强大且图标内容很丰富，提供矢量图标下载、在线存储、格式转换等功能。需要用到小图标的时候，直接在该图库中搜索就可以得到大量的对应图标，而且可以随时更换颜色。这是免费图标素材网站，可以直接根据关键词搜索图标。在搜索时，可以按颜色、热度和尺寸去搜索图标，以最快的速度找到喜欢的图标。第三个是flaticon，免费并且类别丰富，图标都是比较新潮的，互联网感很强，下载也比较方便，找到想要的图标，选择想要的格式直接下载即可。

请选择一个合适的网站，根据设计需要下载合适的素材并把它上传到App Inventor的设计库里。

任务三　登录注册功能设计

任务描述

本次任务是设计一个登录注册的界面，在界面设计的过程中，我们将学习 App Inventor 的登录方法、界面名称、各区域块作用，以及将项目打包成 .apk 文件格式的方法等。通过了解这些基本知识和操作，掌握 App Inventor 的使用方法与技巧，为完成后面的任务打下基础。

另外，我们要为界面进行逻辑和事件的设计，实现界面之间的功能跳转。

任务实施

步骤 1　初识屏幕组件

点击"增加屏幕"，输入屏幕名称"login"，点击"确定"。具体的屏幕界面如图 11-13 所示。

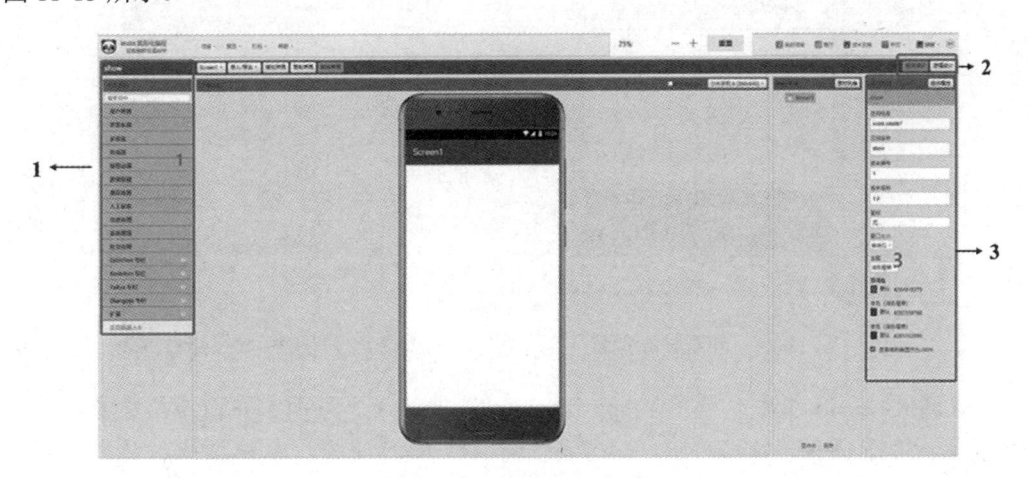

图 11-13　屏幕组件示意图

其中，区域"1"为组件面板，选中所需的组件后，使用鼠标将其拖曳到中间的手机界面区域，就能在项目中使用该组件了。点击组件右边的问号，查看组件的介绍。熟悉 App Inventor 内置组件后会发现组件不够用，这时可以通过"扩展"加入其他用途的组件，以扩展 App Inventor 的功能，制作更加丰富的应用。

区域"2"为 App Inventor 中的"组件设计"和"逻辑设计"两项重要功能。在"组件设计"视图中，选择合适的组件设计应用界面；在"逻辑设计"视图中，可以看到设计组件背后的事件逻辑，比如在按钮点击时会触发什么事件、如何让文本输入框显示不同的内容等。

区域"3"为"组件属性"，不同组件会有不同的属性，在"Screen1"组件的属性中，可以设置安装到手机中的应用的显示名称、图标等。

步骤 2　设计用户登录界面

点击"组件设计",跳转至 UI 设计界面,拖曳相应的组件到界面,外观设计界面和组件列表如图 11-14、图 11-15 所示。

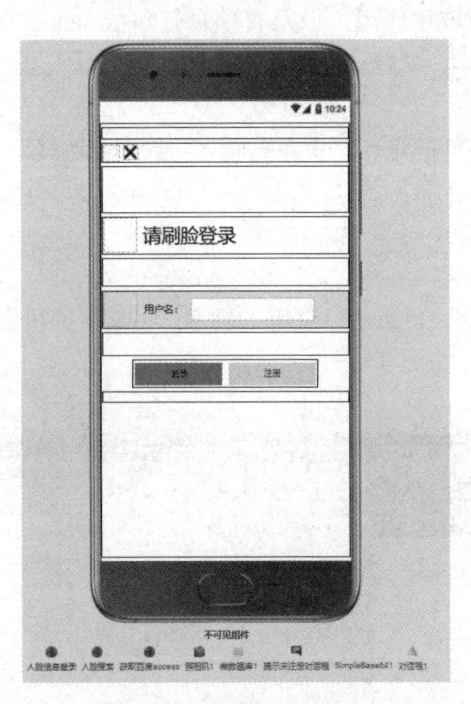

图 11-14　外观设计界面　　　　　图 11-15　组件列表

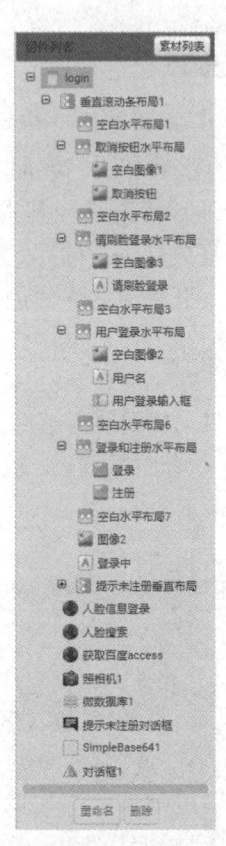

知识链接:在组件面板中,App Inventor 提供了用户界面、界面布局、多媒体、传感器、绘图动画、数据存储、通信连接、AI、高德地图、系统增强、社交应用、ColinTree 专栏、KevinKun 专栏、Taifun 专栏、Zhangzqs 专栏、扩展和乐高机器人 17 个面板,其中,在界面布局面板中,提供了 7 种布局方式,分别是水平布局、水平滚动条布局、垂直布局、垂直滚动条布局、表格布局、层叠布局和相机预览布局。在步骤 2 的组件设计中,我们选择 1 个垂直滚动条布局、1 个垂直布局、7 个水平布局。

步骤 3　了解逻辑设计界面

点击"逻辑设计",跳转至逻辑设计界面,如图 11-16 所示。

其中,区域"1"为"模块"区域,该区域列出了 App Inventor 内置的逻辑块和组件,内置块分为 9 大类,是制作应用的重要支撑。点开查看,根据字面意思即可理解每个逻辑块的作用。内置块下方列出了所用的组件,Screen1 是整个应用的入口。点击组件,可以看到该组件的事件块、获取设置属性值的块,以及组件的其他功能块。

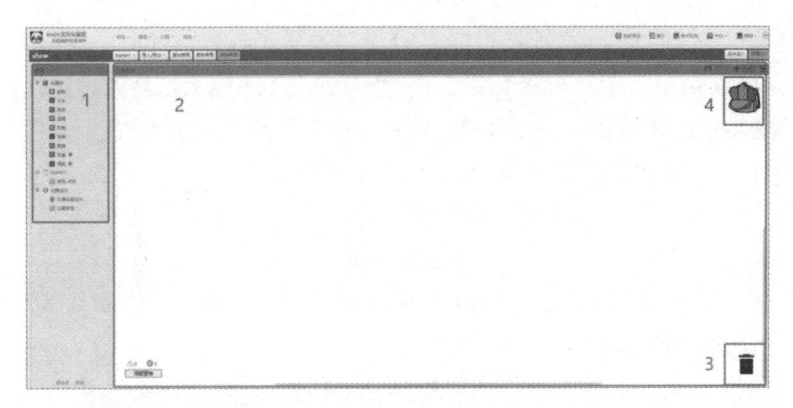

图 11-16　逻辑设计界面

区域"2"为"工作面板"区域，该区域为摆放逻辑块、拼接功能逻辑的区域，下凹槽为逻辑块，左凹槽接收属性值。

区域"3"为"垃圾桶图标"，将逻辑块拖动到垃圾桶图标上，可以删除所拖动的逻辑块。

区域"4"为"背包图标"，将逻辑块拖动到背包图标上，可以在多个屏幕中共享逻辑块，也就是逻辑块的"复制"与"粘贴"功能。

步骤4　调用 API

用浏览器登录百度智能云，填写手机号/用户名/邮箱和密码，登录百度账号，在左侧导航栏中找到"产品服务"→"人工智能"→"人脸识别"（见图 11-17）后点击。

打开页面后点击"创建应用"，输入"应用名称"，选择"应用归属-个人"，填写"应用描述"，点击"立即创建"。点击"返回应用列表"，记录 AppID、API Key 和 Secret Key（见图 11-18）。

图 11-17　百度人脸识别

图 11-18　创建百度 API

知识链接：登录注册功能调用了百度 AI 开放平台的人脸 API，百度 API 开放平台使用 OAuth 2.0 授权调用，调用时必须在 URL 中带上 access_token 参数。向授权服务地址发送请求（推荐使用 POST），并在 URL 中带上以下参数。

grant_type：必须参数，固定为 client_credentials。

client_id：必须参数，应用的 API Key。

client_secret：必须参数，应用的 Secret Key。

阅读如何获取 Access Token 的 API 文档，明确 API 文档对请求参数信息的要求。

步骤 5　添加"取消按钮"事件

添加"取消按钮"事件，当点击"取消按钮"时（见图 11-19），界面跳回"我的"界面。

图 11-19　添加"取消按钮"事件

步骤 6　创建全局变量

分别创建全局变量 username、access_token、base64 图片、login、APIKey、SecretKey（见图 11-20）。

图 11-20　创建全局变量

知识链接：全局变量 APIKey 和 SecretKey 为步骤 7 中申请的参数信息，在"文本"元件中输入即可。

全局变量的作用范围：在当前屏幕内有效，槽不可拓展。其中，下凹槽（见图 11-21）为逻辑块，右凹槽（见图 11-22）为接收属性值。

图 11-21　下凹槽

图 11-22　右凹槽

局部变量的作用范围：在当前局部变量块内有效，槽可拓展。

步骤 7　定义"获取 access"函数

"获取 access"为函数名，在 App Inventor 逻辑设计界面中有三大模块，分别是内置块（不同版本的 App Inventor 的内置块会有差别）、屏幕和任意组件。在内置块中，包含控制、文本、数学、逻辑、列表、字典、颜色、变量和函数模块，每个模块的颜色都不一样。在函数模块的抽屉中，可以实现对函数的定义、调用等操作，注意：函数一定要先定义后调用。

获取百度 access 为 HTTP 客户端组件（见图 11-23）。HTTP 客户端组件是不可见组件，用于发送 HTTP 的 GET、POST、PUT 及 DELETE 请求。HTTP 客户端在后台运行，不会阻塞 UI 线程，而且一个屏幕里可以添加多个客户端，在第一个客户端获得响应之后再让第二个客户端去执行。

图 11-23 获取百度 access 为 HTTP 客户端组件

步骤 8 添加"初始化"事件

为"login"屏幕添加"初始化"事件，其中调用的"获取 access"为步骤 10 定义的"函数"（见图 11-24）。

图 11-24 添加"初始化"事件

步骤 9 添加"登录"事件

添加"登录"事件（见图 11-25）。

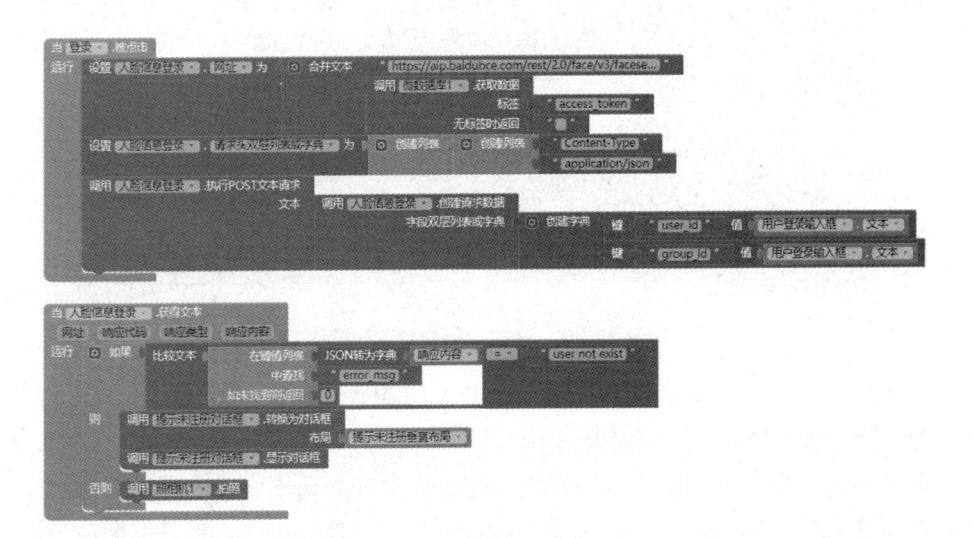

图 11-25 添加"登录"事件

在人脸信息已经录入的情况下，通过查阅百度 API 文档中的"人脸搜索与库管理"文档，在"登录"代码块下的"人脸信息登录网址"中的合并文本代码块中添加用户自定义设置的百度人脸识别 API 网址。

输入用户名，点击"登录"后，若用户名已注册，调用"照相机 1. 拍照"模块进行人脸识别（见步骤 10、步骤 11）。若用户名未注册，页面上会弹出"该用户名未注册"对话框和"去注册"按钮（见步骤 12～23）。

知识链接：人脸信息登录也是 HTTP 客户端组件。当人脸信息登录组件发出 POST 请求后，该组件将接收到返回的信息，同时触发人脸信息登录组件的"获得文本"事件，"获得文本"事件用来获取相应数据的文本数据，包含网址、响应代码、响应类型、响应内容。

URL 网址：表示远程服务的 URL，与发出请求时的网址是一致的。

响应代码：表示数据请求的结果，用一个数表示请求成功或为什么请求失败，比如经常会用到的：如果一切正常，数据成功返回，响应代码是 200；请求不合法时，响应代码是 400；当没发现请求的资源时，响应代码是 404；服务不可用时，响应代码是 503。

响应类型：表示返回的数据类型，如"application/json"表示 JSON 格式的文本数据；"image/jpeg"表示获取到 jpeg 格式的图像文件。

步骤 10 添加"照相机 1"事件

"照相机 1"事件的添加如图 11-26 所示，调用手机自带的照相机软件，拍照之后调用"人脸搜索"模块执行 POST 文本，请求搜索所拍照片。

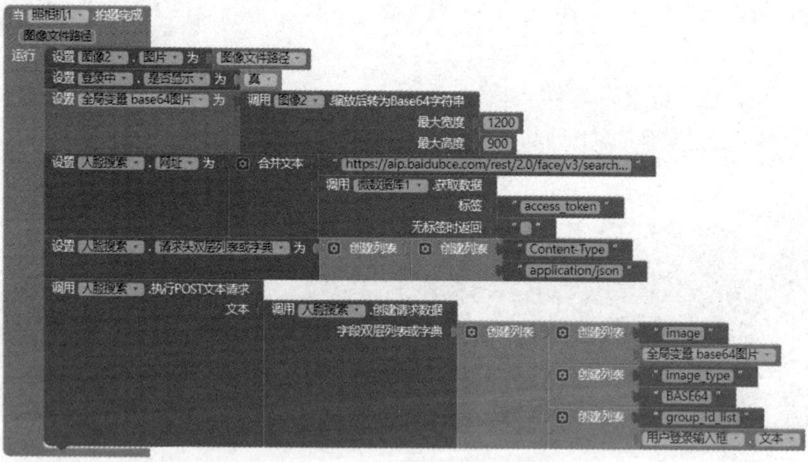

图 11-26 添加"照相机 1"事件

具体逻辑设计为：将用户自定义设置的人脸搜索 API 网址，添加进"照相机 1"代码中人脸搜索网址的第一个代码块中。

知识链接：在"组件设计"界面的组件面板中有多媒体面板，内嵌照相机组件。照相机组件是不可见组件，可以使用设备上的照相机进行拍照。拍照结束后将触发拍照完成事件，将照片保存在设备中，其文件名将成为事件的参数。该文件也可以作为某个图像组件的图片属性。

步骤 11　添加"人脸搜索"响应事件

调用"人脸搜索"模块后，添加"人脸搜索"响应事件（见图 11-27）。

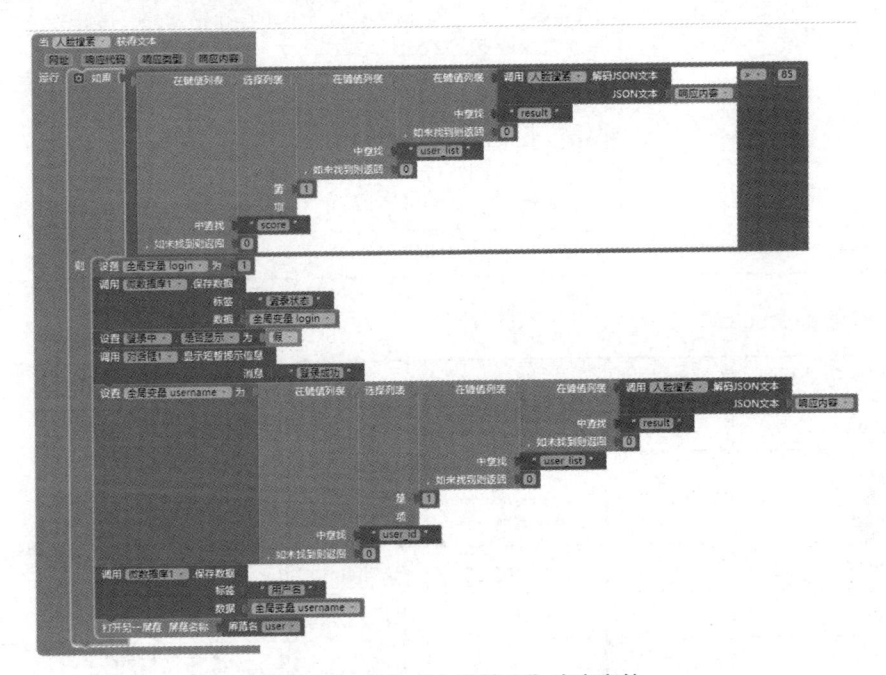

图 11-27　添加"人脸搜索"响应事件

当"人脸搜索"返回的匹配度阈值大于 85 分时，说明人脸搜索成功，提示登录成功并且保存用户名和登录状态数据。

知识链接：人脸搜索功能是借用百度大脑 AI 开放平台实现的，百度大脑 AI 开放平台提供了调用人脸识别 API 的文档。文档获取方式：搜索百度大脑 AI 开放平台，选择右上角的"文档"，点击"人脸与人体识别"。本任务中所用到的 API 基本信息如下。

进入人脸识别 API 文档网址之后，选择"人脸搜索与库管理"下对应的请求 URL。

请求方法：POST。

返回类型：JSON。

URL 参数：access_token。

Header 参数：Content-Type；参数值：application/json。

Body 参数：

参数	必选	类型	说　　明
image	是	string	图片信息（总数据大小应小于10 MB），图片上传方式根据image_type来判断

续表

参数	必选	类型	说明
image_type	是	string	图片类型 BASE64：图片的base64值，base64编码后的图片数据，编码后的图片大小不超过2 MB URL：图片的URL地址（可能由于网络等原因导致下载图片时间过长） FACE_TOKEN：人脸图片的唯一标识，调用人脸检测接口时，会为每张人脸图片赋予一个唯一的FACE_TOKEN，对同一张图片多次检测得到的是同一个FACE_TOKEN
group_id_list	是	string	从指定的group中进行查找，用逗号分隔，上限为10个

返回结果 result：

字段	必选	类型	说明
face_token	是	string	人脸标志
user_list	是	array	匹配的用户信息列表
+group_id	是	string	用户所属的group_id
+user_id	是	string	用户的user_id
+user_info	是	string	用户注册时携带的user_info
+score	是	float	用户的匹配得分，推荐阈值80分

返回示例：

```
"result": [
{
    "face_token": "fid",
    "user_list": [
      {
        "group_id" : "test1",
        "user_id": "u333333",
        "user_info": "Test User",
        "score": 99.3
      }
    ]
}
]
```

通过阅读开源调用文档，在 App Inventor 中搭建代码框架。也可在后面的"人脸检测"和"用户信息查询"模块中点击上述链接，阅读对应的开源调用文档，搭建代码框架。

步骤12　添加"去注册"事件

添加"去注册"事件（见图11-28）。

知识链接：打开另一屏幕内置块的控制模块，控制模块中包含if...else...、循环、运行列表和字典、屏幕操作等代码块（见图11-29）。

图 11-28　添加"去注册"事件　　图 11-29　打开另一屏幕内置块的控制模块

步骤 13　增加屏幕

点击"增加屏幕"，输入屏幕名称"register"，点击"确定"。

步骤 14　组件设计

跳转至"组件设计"界面，拖曳相应的组件至界面，最终外观设计和组件列表如图 11-30、图 11-31 所示。

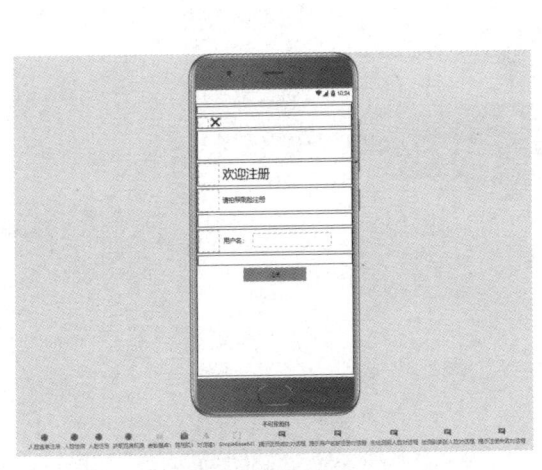

垂直滚动条布局1
空白水平布局1
取消按钮水平布局
　空白图像1
　取消按钮
空白水平布局2
欢迎注册水平布局
　空白图像2
空白水平布局3
　空白图像4
　请拍照刷脸注册
空白水平布局6
用户注册水平布局
　空白图像3
　用户名
　用户注册输入框
空白水平布局4
注册
图像1
提示注册失败垂直布局
提示检测到多张人脸垂直布局
未检测到人脸垂直布局
提示用户名已被注册垂直布局
注册中
注册成功提示垂直布局
人脸信息注册
人脸检测
人脸注册
获取百度权限
微数据库1
照相机1
对话框1
SimpleBase641
提示注册成功对话框
未检测到人脸对话框
检测到多张人脸对话框
提示注册失败时对话框

图 11-30　外观设计界面　　图 11-31　组件列表

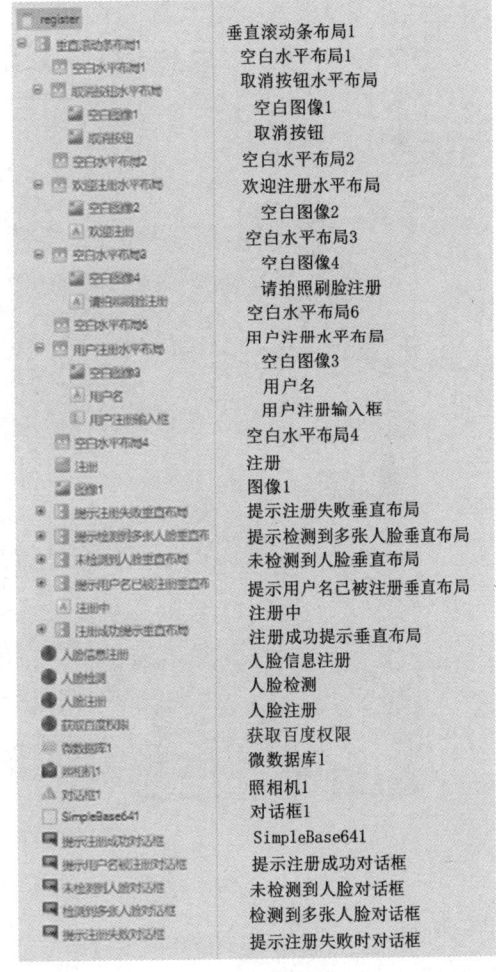

步骤 15　跳转至"逻辑设计"界面

跳转至"逻辑设计"界面。

步骤 16　添加"取消"事件

添加"取消"事件（见图 11-32）。

步骤 17　创建全局变量

全局变量 APIKey 和 SecretKey 为步骤 7 中申请的参数信息，在"文本"元件中输入即可。创建全局变量的程序如图 11-33 所示。

图 11-32　添加"取消"事件

图 11-33　创建全局变量

步骤 18　定义"获取百度权限"函数

定义"获取百度权限"函数（见图 11-34），当获取到 access_token 参数之后，保存在微数据库 1 中。

图 11-34　定义"获取百度权限"函数

步骤 19　添加"register"事件

添加"register"事件（见图 11-35）。

图 11-35　添加"register"事件

步骤 20　添加"注册"事件

添加"注册"事件，如图 11-36 所示。

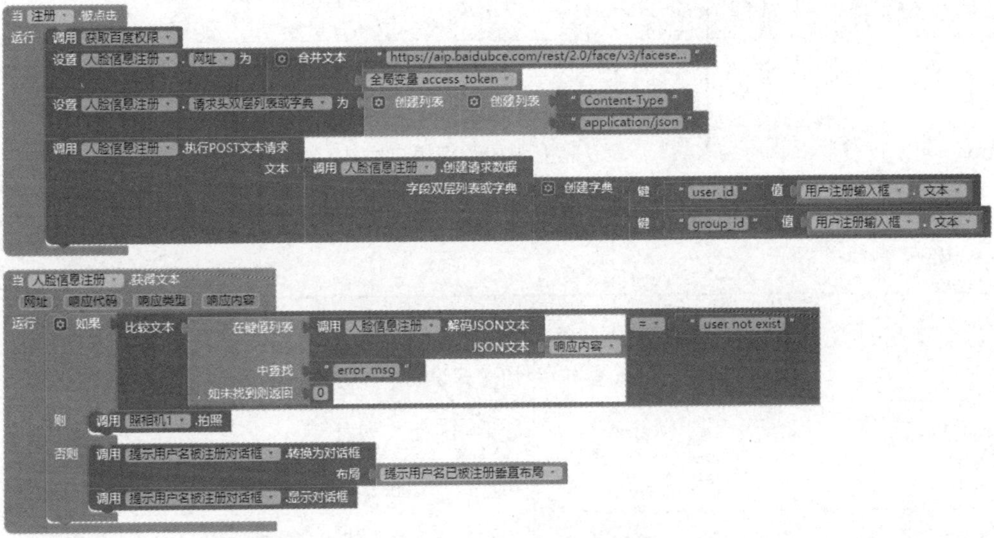

图 11-36　添加"注册"事件

在执行此代码的过程中，首先检查用户输入的用户名是否注册过，若输入的用户名未注册过，则调用"照相机1"模块进行拍照。若用户名已注册，弹出"用户名已被注册"对话框和"确定"按钮。添加"确定用户名被注册"事件的程序如图 11-37 所示。

图 11-37　添加"确定用户名被注册"事件

如果用户名确定被注册，则需要搜索该用户的相关信息，所以该部分的逻辑设计为：将用户自定义设置的百度人脸信息注册 API 网址，添加进"注册"代码块下的"人脸信息注册"合并文本代码块中。

知识链接：人脸信息注册也是 HTTP 客户端组件，主要是为了获取人脸库中某个用户的信息（user_info 信息和用户所属的组）。文档获取方式：搜索百度大脑 AI 开放平台，选择右上角的"文档"，选择"人脸与人体识别"。

阅读人脸库管理中的用户信息查询文档。本任务中所用到的 API 基本信息如下。

进入人脸识别 API 文档网址之后，选择"人脸对比"下对应的请求 URL。

请求方法：POST。

返回类型：JSON。

URL 参数：access_token。

Header 参数：Content-Type；参数值：application/json。
Body 参数：

参数	必选	类型	说　　明
user_id	是	string	用户id（由数字、字母、下画线组成），长度限制为48 B
group_id	是	string	用户组id（由数字、字母、下画线组成），长度限制为48 B，如传入"@ALL"则从所有组中查询用户信息。注：处于不同组，但id相同的用户，被认为是同一个用户

返回参数：

字段	必选	类型	说　　明
log_id	是	uint64	请求标识码，随机数，唯一
user_list	是	array	查询到的用户列表
+user_info	是	string	用户资料，被查询用户的资料
+group_id	是	string	用户组id，被查询用户的所在组

返回示例：

```
"result":[
{
  "user_list": [
     {
        "user_info": "user info ...",
        "group_id": "gid1"
     },
     {
        "user_info": "user info2 ...",
        "group_id": "gid2"
     }
    ]
  }
]
```

当人脸信息注册组件发出 POST 请求后，该组件将接收到返回的信息，同时触发人脸信息注册组件的"获得文本"事件，"获得文本"事件用来获取相应数据的文本数据，包含网址、响应代码、响应类型、响应内容。

步骤21　添加"照相机1"事件

添加"照相机1"事件，调用手机自带的照相机软件，拍照之后调用"人脸检测"模块执行POST文本，请求检测所拍照片（见图11-38）。

具体逻辑设计为：将用户自定义设置的百度人脸检测API网址添加到"照相机1"代码块下的"人脸检测网址"中的合并文本代码块部分。

图 11-38 添加"照相机 1"事件

步骤 22　添加"人脸检测"事件

完成拍照并发送 POST 文本请求后，添加"人脸检测"事件（见图 11-39）。

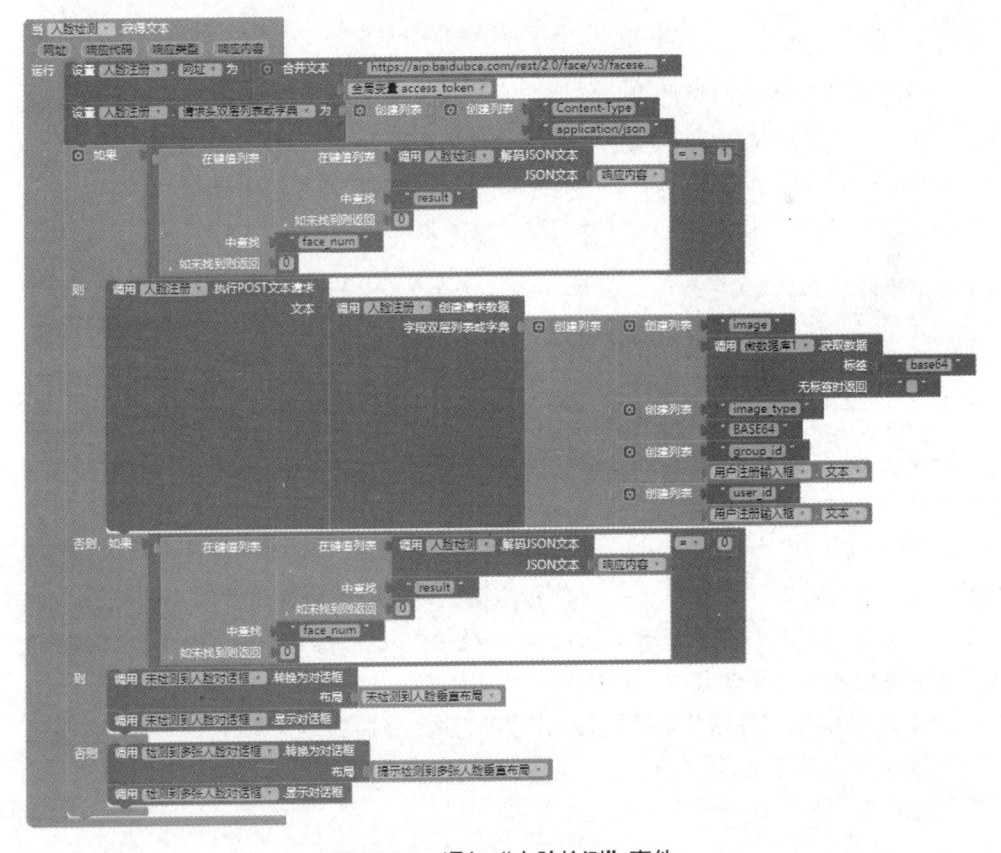

图 11-39 添加"人脸检测"事件

当检测到一张人脸时，为"人脸注册"HTTP客户端创建人脸信息列表。在相应内容中查找到face_token（人脸图片的唯一标识）时，则出现"注册成功"对话框和"确定"按钮，否则出现"注册失败"对话框并清除微数据库中存储的图片数据（见图11-40）。

图 11-40　检测到人脸时添加事件

人脸注册的具体逻辑设计为：将用户自定义设置的百度人脸检测 API 网址，添加进"人脸检测"代码块下的"人脸注册"中的合并文本代码块的第一部分。

当确定未检测到人脸时，弹出"未检测到人脸对话框"（代码见图11-41）。

当确定检测到多张人脸时，弹出"检测到多张人脸对话框"（代码见图11-42）。

图 11-41　添加"确定未检测到人脸"事件　　图 11-42　添加"确定检测到多张人脸"事件

知识链接：image_type 为 Base64，Base64 是图片的一种编码方式，能够将图片数据编码成一串字符串。

Base64 编码是一种基于 64 个可打印字符来表示二进制数据的方法，可以实现从二进制转换到字符的过程，可用于在 HTTP 环境下传递较长的标识信息。采用 Base64 编码后的数据需要解码后才能阅读。Base64 编码被广泛应用于计算机的各个领域，是网络上最常见的用于传输 8bit 字节码的编码方式之一。

步骤23　添加"注册成功确定按钮"和"确定注册失败"事件

添加"注册成功确定按钮"和"确定注册失败"事件（见图11-43、图11-44），当注册成功后，自动跳转到登录页面。

图 11-43 添加"注册成功确定按钮"事件  　　图 11-44 添加"确定注册失败"事件

步骤 24　连接调试助手

设计完界面和逻辑之后,点击"预览"菜单栏,选择"连接到调试助手",打开 Android 系统手机中的"调试助手"软件,选择"输入代码连接"或者"扫描二维码连接",即可通过手机端调试正在开发的 App 程序(见图 11-45)。

图 11-45 连接到调试助手

知识链接:如果手机上没有安装"调试助手"软件,那么点击"帮助"菜单栏,选择"下载调试助手",点击"手机版下载:WxBit 调试助手.apk"(见图 11-46)。下载完成后,通过微信等软件发送至手机端,点击"调试助手.apk"安装即可。另外,调试助手软件必须和计算机端在同一个局域网下才能连接成功。

图 11-46 WxBit 调试助手

步骤 25　打包 .apk 文件

点击"打包"菜单的"显示二维码",打开手机扫描二维码即可下载并安装文件到手机中,或者点击"打包"菜单的"下载到本机",即可将生成的 .apk 文件下载到计算机。

知识链接:App Inventor 平台可以生成 Android 系统的 App 安装文件,打开手机扫描二维码即可下载安装文件到手机中。但二维码的有效时间只有 10 分钟，而且只有 3 次下载机会。

知识提炼

人脸识别技术是利用计算机分析人脸图像，从中提取出特征信息进行身份识别的一种生物识别技术，是一门用来"辨认"身份的技术。在本任务中，我们将人脸检测、人脸搜索和人脸库管理应用在注册和登录环节。百度 AI 开放平台中提供了人脸识别技术，可以实现人脸检测、人脸对比、人脸搜索、人脸库管理、人脸搜索（视频监控）、在线图片活体检测、视频活体检测、炫瞳活体检测。目前，人脸识别技术广泛应用于商场、签到考勤、城市安防、智慧校园等场景中。

在"组件设计"模式下拖曳组件，称为静态组件设计，而在"逻辑设计"模式中使用代码块创建可见组件，则称为动态组件设计。对于初学者来说，静态组件设计简单又直观，很容易上手。但深入学习 App Inventor 后就会发现，静态组件设计有很大的局限性，具体如下。

（1）界面不能根据数据动态调整。例如，做一个简单的聊天应用，显然聊天列表不能用静态组件设计，联系人列表也不能用静态组件设计。如图 11-47 所示是使用 App Inventor 制作的仿微信聊天界面。

图 11-47　仿微信聊天界面

因为 App Inventor 的列表显示框不能显示图片，也没有这两种列表显示组件，事实上 App Inventor 也不可能提供更多形形色色的列表显示组件。如何显示带图片和文字的列表呢？自己制作一个也很容易，在垂直滚动条布局里面放入多个水平布局，每个水平布局里再放入图像框和标签即可。组件的间距可通过插入空文本的标签来实现，也可以使用相应的扩展设置组件的间距边框。

（2）静态组件设计复杂，导致应用启动慢。这个比较好理解，手机的内存和 CPU 资源都有限，设计视图摆出的组件，不管是否显示，都会实实在在地消耗手机的内存 CPU 资源，就像房间里摆满物品，自然就让房间拥挤，导致人们活动不便。

问题拓展

本任务中，共有 3 个步骤使用 HTTP 客户端，分别是人脸信息登录、人脸搜索、获取百度 access。但不同 HTTP 客户端访问 API 的方式是不同的，所以请你思考并查阅有哪些 HTTP 客户端访问 API 的请求指令的方式。

任务四　门店选择功能设计

任务描述

在本任务中，我们将门店选择的自主权下放给用户端，用户可以根据自己的需要选择心仪的门店。设置"请选择门店"按钮，并为该按钮添加门店列表，实现门店的自由选择。当用户选择列表中某个属性值时，应用程序将该值保存至微数据库中并打开 Screen1 显示该属性值。

任务实施

步骤 1　添加屏幕

点击"增加屏幕"→输入屏幕名称"ShopAdress"→点击"确定"。

步骤 2　设计门店选择界面

跳转至组件设计界面，拖曳相应的组件，最终外观设计界面如图 11-48 所示，门店选择组件列表如图 11-49 所示。

图 11-48　外观设计界面　　　　图 11-49　门店选择组件列表

步骤3 添加"门店显示框"事件

添加"门店显示框"事件，如图 11-50 所示。用户可以根据自己的需要选择"畅远楼"或者"家和堂"门店。选择门店之后，系统自动跳转回"Screen1"屏幕。

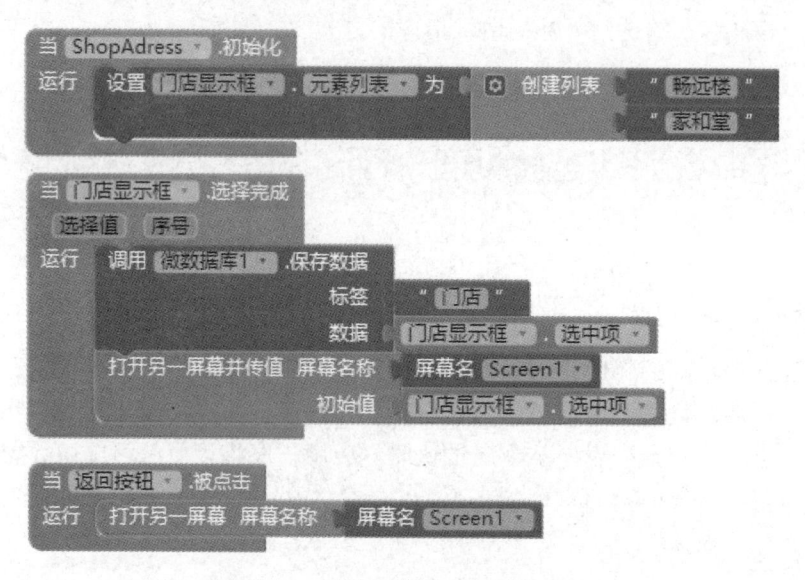

图 11-50 添加"门店显示框"事件

知识提炼

门店列表是通过列表显示框完成的。列表显示框是可视组件，用于显示文字元素组成的列表。列表的内容可以用元素字符串属性来设定，也可以在编程视图中使用元素块来定义。

用 App Inventor 开发应用的时候，列表是经常使用的功能模块。除列表显示框之外，还有一个列表选择框，具体功能如下：在用户界面上显示为一个按钮，当用户点击时，会显示一个列表供用户选择。列表中的文字可以在设计或编程视窗中设置：将选项字符属性设置为一个逗号分隔的字符串（如选项一、选项二、选项三）；或者在编程视窗中，将组件的备选项（Elements）属性设置为一个列表。如果选中了搜索（ShowFilterBar）属性，将为列表添加搜索功能。另外一些属性会影响到按钮的外观（如文字对齐、背景色等），或决定按钮是否可被点击（启用）。

其实，列表显示框和列表选择框组件功能相似，主要区别在于，一个侧重显示，另一个侧重选择。列表显示框组件的内容其实就是点击列表选择框组件后显示的内容。列表选择框是先将内容隐藏，点进去之后才显示出来，而列表显示框则直接将内容显示出来。

问题拓展

创建列表时，在"逻辑设计"视图下，选择"列表"模块，在其代码块抽屉中抽取"创建列表"块。我们可以看到"创建列表"块只有两个凹槽,也就是说,只能添加两个列表值。如果要添加两个及两个以上的列表值,应怎么添加呢?

任务五　门店导航功能设计

任务描述

现如今,我们已经越来越离不开导航了,导航能提供多条线路供我们选择,一般来说,地图导航 App 给我们推荐的第一条路线是最适合我们的路线,还有多条备选路线,它还会归类选路线,包括离我们距离最近、用时最短的路线。在任务四中我们实现了门店选择功能,如果用户选择了一个不熟悉的门店,该怎么去呢?此时需要使用导航功能帮助用户找到该门店。本任务是通过在 App Inventor 中调用百度地图和高德地图的 API,实现导航功能,当选择完门店后,点击导航图标便会跳转到地图导航 App,帮助用户到达门店。

任务实施

步骤 1　设计门店导航界面

在"Screen1"屏幕中,点击"组件设计",跳转至 UI 设计界面,拖曳相应的组件,最终外观设计界面及组件列表如图 11-51、图 11-52 所示。

图 11-51　门店导航外观设计界面

图 11-52　门店导航组件列表

步骤 2　添加"导航按钮"事件

添加"导航按钮"事件（见图 11-53）。

图 11-53　添加"导航按钮"事件

点击"导航按钮"后，会弹出如图 11-54 所示的地图选择对话框。

步骤 3　添加"百度地图"事件

添加"百度地图"事件（见图 11-55）（Android 系统手机上必须安装百度地图 App 才能调用百度地图）。

图 11-54　地图选择对话框

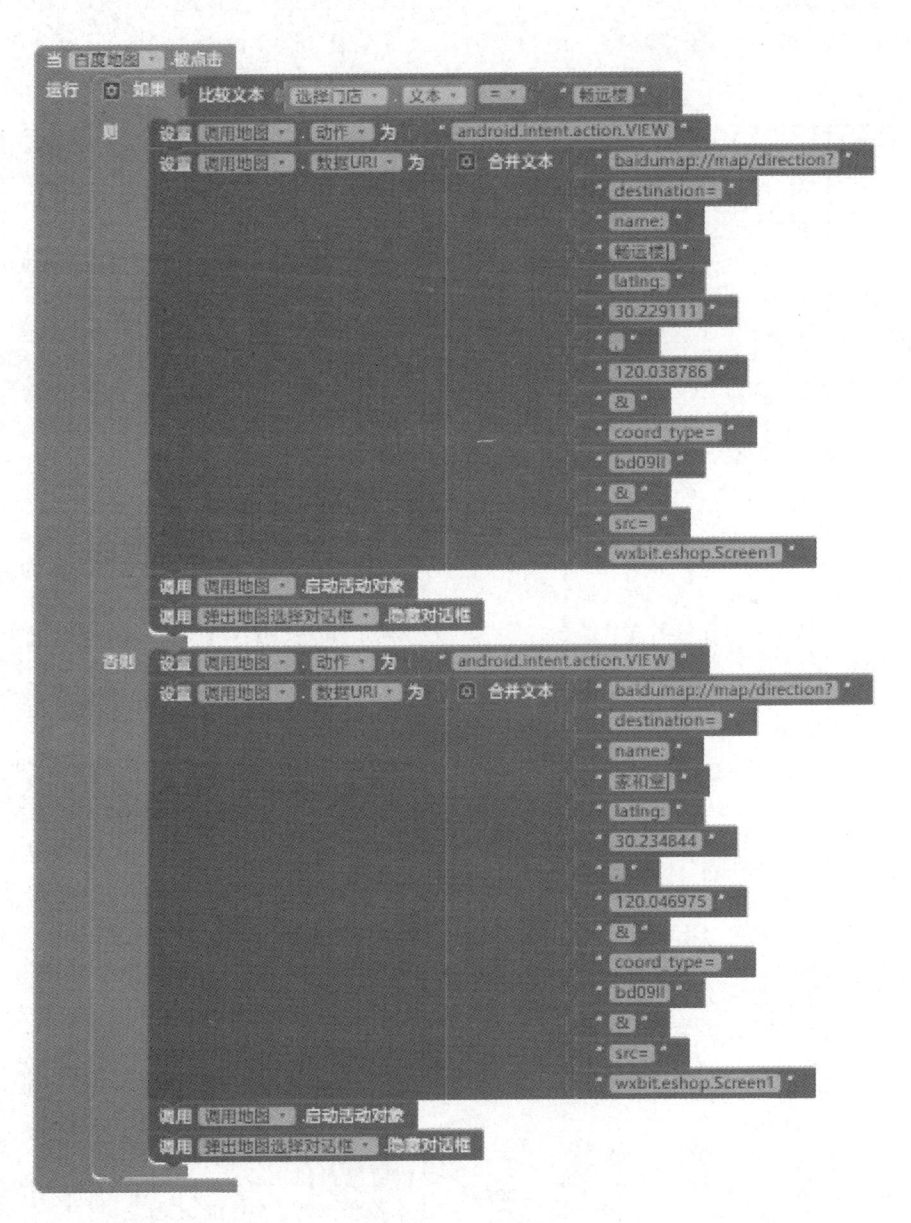

图 11-55　添加"百度地图"事件

知识链接：当点击"百度地图"选项时，手机会自动调用百度地图App实现导航功能，这主要借助于活动启动器。活动启动器是一个应用组件，用户可通过其在屏幕上实现交互，执行拨打电话、拍摄照片、发送电子邮件或查看地图等操作。

android.intent.action.view：用于查看信息（例如，要使用图库应用查看照片；或者使用浏览器应用打开网页），在本任务中，我们要查看百度地图上的信息。

在设置调用地图URL属性值时，合并了10多条文本，这样做的原因主要是调用了Android版百度地图客户端，要遵守其协议。

搜索百度地图，进入网址后选择开发文档中的Android导航SDK，阅读Android端地图调用API文档中2.3.2路线规划部分的协议（见表11-1）。

表11-1 路线规划部分的协议

参数名称	描述	是否必选	格式（示例）
origin	起点名称或经纬度，或者可同时提供名称和经纬度，此时经纬度优先级高，将作为导航依据，名称只用于展示。在没有origin的情况下，会使用用户定位的坐标点作为起点	origin和destination至少一个有值（默认值是当前定位地址）	latlng:39.98871,116.43234（注意：坐标是先纬度，后经度） 名称和经纬度：name:天安门|latlng:39.98871,116.43234|addr:北京市东城区东长安街 建筑ID和楼层ID：name:天安门|latlng:39.98871,116.43234|building:10041552286161815796|floor:F1（注意：建筑ID和楼层ID必须同时提供，用于市内步行路线规划） 注意：仅有名称的情况下，不要带"name:"，只需要origin="起点名称"
destination	终点名称或经纬度，或者可同时提供名称和经纬度，此时经纬度优先级高，将作为导航依据，名称只用于展示	同上	latlng:39.98871,116.43234 名称和经纬度：name:天安门|latlng:39.98871,116.43234|addr:北京市东城区东长安街 建筑ID和楼层ID：name:天安门|latlng:39.98871,116.43234|building:10041552286161815796|floor:F1（注意：建筑ID和楼层ID必须同时提供，用于市内步行路线规划） 注意：仅有名称的情况下，不要带"name:"，只需要destination="终点名称"
coord_type	坐标类型，必选参数。 示例：coord_type=bd09ll 允许的值为：bd09ll（百度经纬度坐标） bd09mc（百度墨卡托坐标） gcj02（经国测局加密的坐标） wgs84（gps获取的原始坐标）	必选	如开发者不传递正确的坐标类型参数，会导致地点坐标位置偏移
src	统计来源	必选	参数格式为：andr.companyName.appName 不传此参数，不保证服务

步骤4 添加"高德地图"事件

为"高德地图"按钮添加事件(见图 11-56)(Android 系统手机上需安装高德地图 App 才能调用高德地图)。

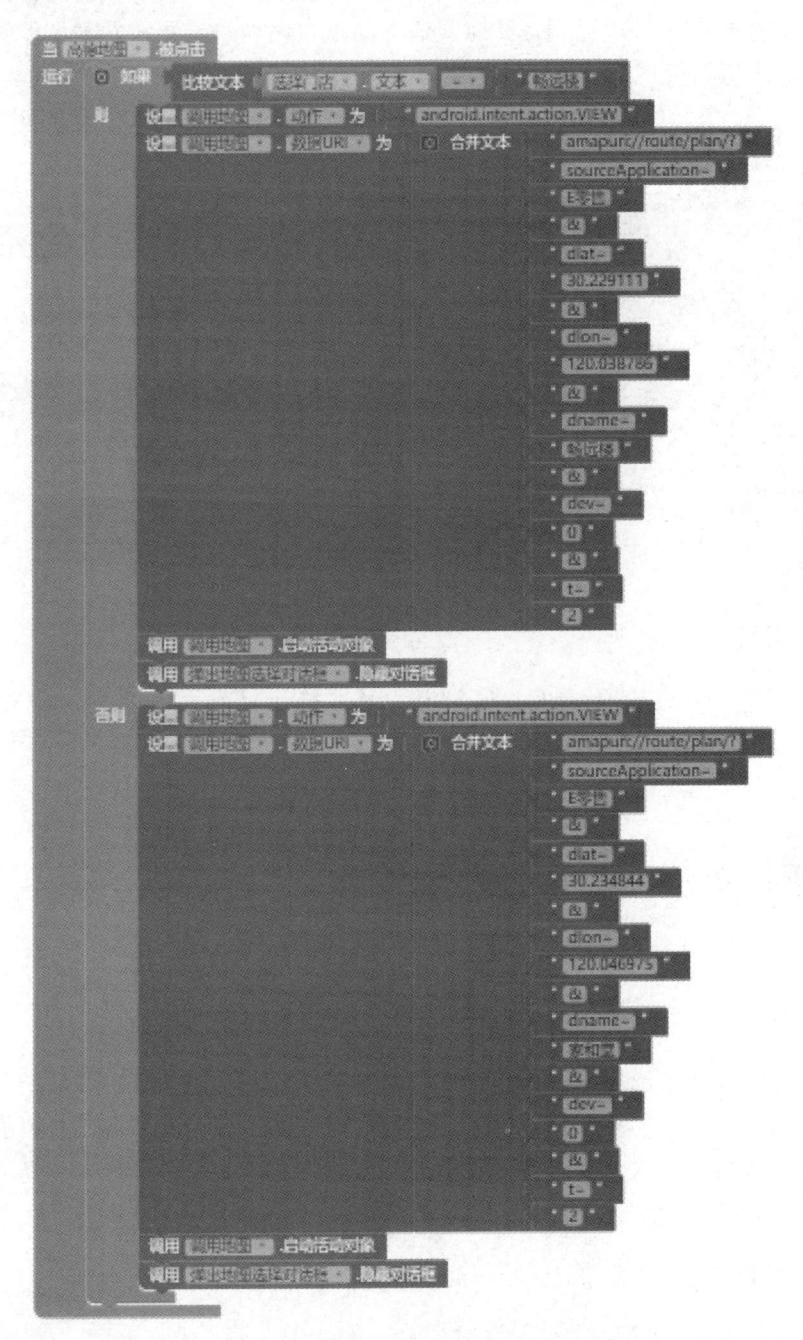

图 11-56 添加"高德地图"事件

知识链接:高德地图调用规则可以参考高德地图中的入门开发指南。

知识提炼

本任务主要完成对门店进行地址导航的功能,所以正确调用百度地图或者高德地图十分关键。在调用百度地图或者高德地图时,如果手机尚未安装百度地图或者高德地图软件,就会产生601错误,此时我们需要重定向网址,指定新网址能够定向到应用商店,去下载百度地图或者高德地图(见图11-57)。

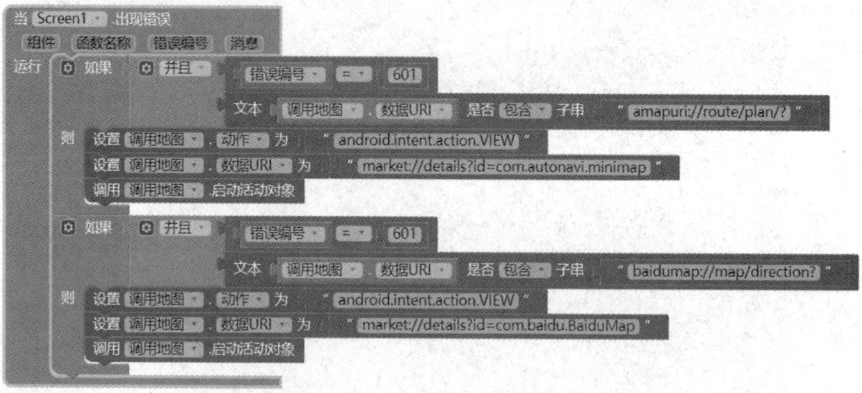

图 11-57　调用地图时出错

问题拓展

在本任务中,门店列表有"家和堂"和"畅远楼"两个选项,即导航目的地(destination)是家和堂或畅远楼。那么,如何获得家和堂和畅远楼的经纬度坐标呢?

任务六　商品选择功能设计

任务描述

我们可设置两种选择方式供用户选择商品。第一种是通过点击商品图片,第二种是通过点击图片下面的复选框。为了避免顾客一次购买过多而造成不必要的浪费,我们采取以下措施:一次只能选择一件商品加入购物车,如果想选择多件商品,则需要反复选择商品加入购物车。

任务实施

步骤1　添加"商品图片1"事件

在"Screen1"屏幕中为"商品图片1"添加事件,如图11-58所示。

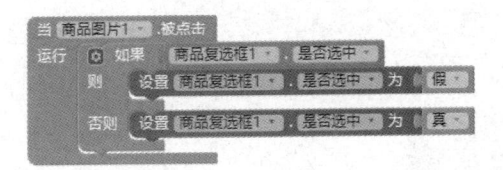

图 11-58　添加"商品图片 1"事件

知识链接：复选框是选择框组件的一种，供用户在两种状态中做出选择。当用户触摸选择框时，将触发响应事件。可以在设计视窗及编程视窗中设置复选框的属性，从而改变它的外观。

步骤 2　添加"商品图片 2"事件

在"Screen1"屏幕中添加"商品图片 2"事件（见图 11-59）。

步骤 3　添加"加入购物车"事件

添加"加入购物车"事件，如图 11-60 所示。

图 11-59　添加"商品图片 2"事件　　图 11-60　添加"加入购物车"事件

定义函数"判断选了几件商品"，如图 11-61 所示。

图 11-61　定义函数"判断选了几件商品"

若只选择一件商品加入购物车，则显示"添加成功"对话框（见图11-62）。添加"确定添加成功"事件，如图11-63所示。

图11-62 "添加成功"对话框 　　图11-63 添加"确定添加成功"事件

若选择两件商品加入购物车，则显示"每次只能选择一件商品"对话框（见图11-64）。添加"确定每次只能选择一件商品"事件，如图11-65所示。

图11-64 "每次只能选择一件商品"对话框 　　图11-65 添加"确定每次只能选择一件商品"事件

若没有选择商品加入购物车，则显示"您没有选择商品"对话框（见图11-66）。添加"确定没有选择商品"事件，如图11-67所示。

图11-66 "您没有选择商品"对话框 　　图11-67 添加"确定没有选择商品"事件

步骤4　添加"购物车_未选中"事件

添加"购物车_未选中"事件，如图11-68所示。

将选择的商品加入购物车后,点击"购物车"图标,进入"cart"屏幕。

步骤 5　添加"我 _ 未选中"事件

添加"我 _ 未选中"事件,如图 11-69 所示。

点击"人像"图标,进入"user"屏幕。

图 11-68　添加"购物车 _ 未选中"事件

图 11-69　添加"我 _ 未选中"事件

知识提炼

在商品选择这一模块的功能设计上有一个关键对话框的设计——布局对话框。布局对话框能将布局转换成对话框弹窗。如果让 App 在用户使用过程中弹出提醒、警示、进度对话框,增加与用户的交互,就可以使用布局对话框设计弹出内容,然后在"逻辑设计"视图中调用该布局对话框。当我们没有选择商品时,屏幕会弹出"您没有选择商品"对话框。该对话框包含了一个"您没有选择商品"标签和一个"确定"按钮,并且是以垂直布局的方式显示的,能完成这一功能主要就是布局对话框的功劳。

问题拓展

在本任务中,除点击复选框可以选择商品外,点击商品图片也可以选择商品,具体实现过程如下:

(1)在"组件设计"视图下,勾选"可口可乐图片"的"是否显示"和"是否启用点击"属性,如图 11-70 所示。

(2)在"逻辑设计"视图下,拖曳如图 11-71 所示的代码块。由于图片的属性勾选了"是否启用点击",所以当"商品图片 1"被点击时可以触发代码块,紧接着执行 if 判断语句。图片被点击,如果复选框没有被选中,那么复选框就会更改状态为 true;如果复选框被选中,那么复选框的状态会更改为 false,从而实现了点击图片也会选中商品或者取消复选框。

图 11-70　组件属性

如果理解了上述逻辑,那么请思考,如图 11-72 所示的代码块可以实现什么功能呢?

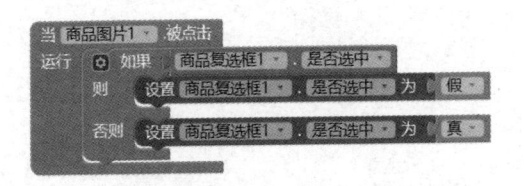

图 11-71　"商品图片 1"事件

图 11-72　"商品图片 1"代码块

任务七　购物车结算功能设计

任务描述

当用户将商品添加至购物车以后，点击"购物车"图标进入购物车页面。该页面有两种显示方式。第一种，如果没有添加任何商品进购物车，点击"购物车"图标后会出现如图 11-73 所示页面。第二种，如果已添加商品进购物车，点击"购物车"图标会后出现如图 11-74 所示页面。

图 11-73　没有添加任何商品页面　　图 11-74　已添加商品页面

本任务设计的结算逻辑是每次只能显示并且结算一种商品（1 瓶可口可乐或者 1 瓶雪碧），如果选错商品，点击"清空"，购物车便会将选择的商品清空。点击"结算"，显示"结算成功对话框"，点击"确定"，等待机械臂抓取商品。

任务实施

步骤 1　添加屏幕

点击"增加屏幕"→输入屏幕名称"cart"→点击"确定"。

步骤 2　设计购物车结算界面

跳转至"组件设计"界面，拖曳相应的组件，最终外观设计界面如图 11-75 所示，组件列表如图 11-76 所示。

步骤 3　初始化全局变量

初始化全局变量，如图 11-77 所示。

步骤 4　定义函数

定义"判断购物车内是否有商品"函数，如图 11-78 所示。

图 11-75　购物车结算外观设计界面 　　图 11-76　购物车结算组件列表

图 11-77　初始化全局变量 　　图 11-78　定义"判断购物车内是否有商品"函数

如果我们在"Screen1"中选择了商品，微数据库会保存数据，标签为"商品"，"判断购物车内是否有商品"函数的功能是获取微数据库中的数据，如果有数据就意味着 if 语句为真，显示"购物车垂直滚动条布局"并且不显示"空购物车垂直布局"。

步骤 5　初始化屏幕

先调用"判断购物车内是否有商品"函数，之后执行 if 语句。如果获取微数据库中的数据等于 1，那么在购物车界面显示可口可乐商品的图片、名称、价格。如果获取微数据库中的数据等于 2，那么在购物车界面显示雪碧商品的图片、名称、价格。最后，获取微数据库中的门店的位置并显示出来（见图 11-79）。

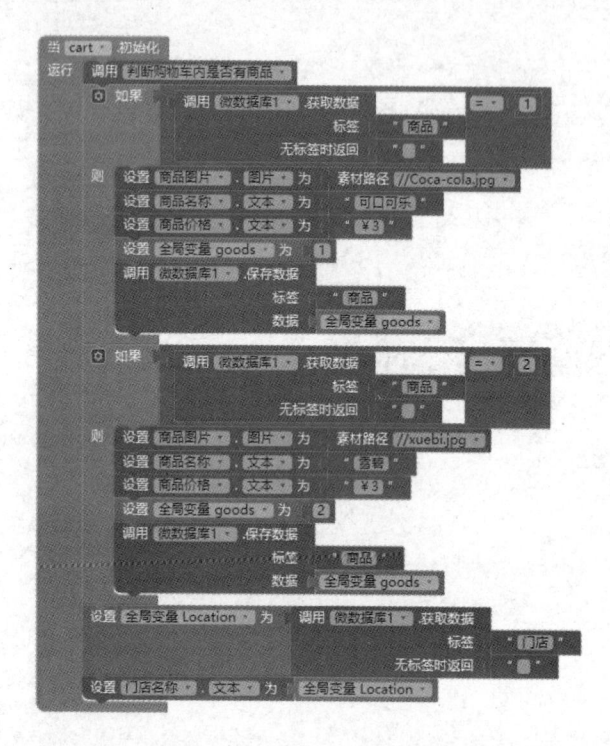

图 11-79 添加"cart"事件

步骤 6　添加"清空按钮"事件

添加"清空按钮"事件，如图 11-80 所示。

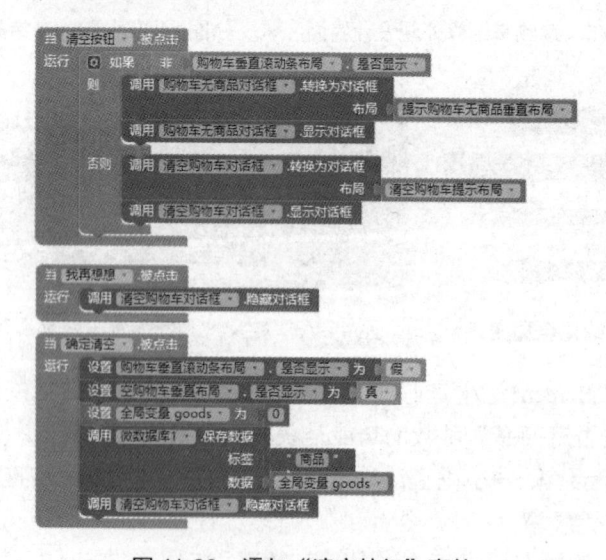

图 11-80 添加"清空按钮"事件

知识链接：从本步骤可以看出，按钮是可以嵌套的。当"清空"按钮被点击后，显示"我再想想"和"确定清空"按钮，这两个按钮还可以被触发，执行相应的操作。

步骤 7　添加"结算"事件

添加"结算"事件，如图 11-81 所示。

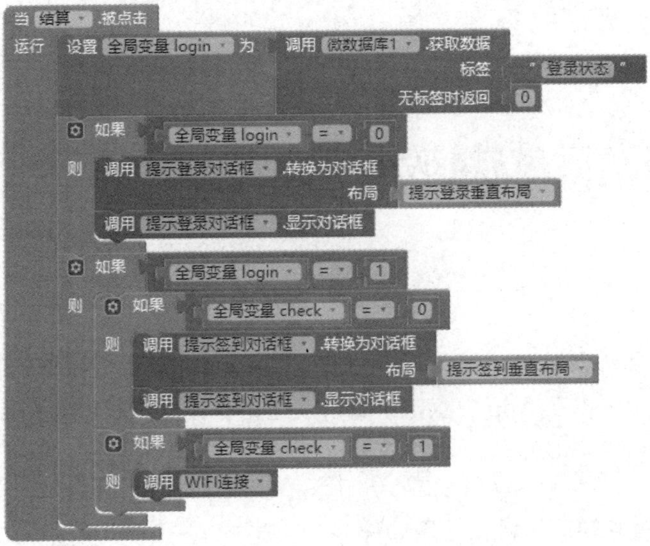

图 11-81　添加"结算"事件

步骤 8　添加"弹出对话框登录"事件

若未登录，则弹出"请先登录"对话框和"登录"按钮。添加"弹出对话框登录"事件，如图 11-82 所示。自动跳转至"login"屏幕，用户根据个人信息登录。

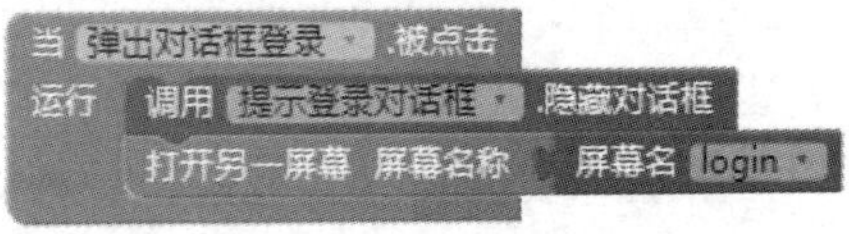

图 11-82　添加"弹出对话框登录"事件

知识提炼

本任务是基于 C/S 架构开发的。C/S（Client-Server）架构即服务器 - 客户机架构，C/S 架构通常是两层。服务器负责数据的管理，客户机负责完成与用户的交互任务。客户机是互联网上访问其他计算机信息的机器；服务器则是提供信息供用户访问的计算机，主要由界面层、业务逻辑层和数据库层构成。

（1）界面层

界面层向客户机展示系统前台及后台操作界面，它集成的界面有系统前/后台登录界面、购物车、系统管理界面、在线支付结果界面等。

（2）业务逻辑层

业务流程中与用户提交信息相关的服务在这一层中被定义。界面层的用户信息通过业务逻辑层访问数据库，对所指定的业务进行查询、增加、修改和删除等操作。

（3）数据库层

数据库层由业务逻辑层访问，并将结果返回到界面层。

问题拓展

本任务设计的购物车结算功能比较基础，相较于其他商品交易 App 的业务逻辑，没有那么全面和周到。自学在线商城逻辑架构（购物车结算支付），结合在线商城逻辑架构，自己动手完善一下无人值守商店的购物车功能。

任务八　商品抓取功能设计

任务描述

以上任务主要涉及软件的开发，在本任务中我们将学习机械臂的使用方法，实现软硬件结合，最后可以在 App 中点击结算，发送指令，操纵机械臂抓取商品。

任务实施

步骤 1　下载并解压机械臂使用软件

搜索越疆机器人，进入官方网址，搜索"DobotStudio v1.9.4"版本，点击下载（本任务后续采用该版本进行开发）。

解压已获取的 DobotStudio 软件包。这里 DobotStudio 软件包解压后存放的路径为"E:\DobotStudio"。用户可根据自身需求及实际情况进行替换。

知识链接：DobotStudio 软件安装适应环境有 Windows 7，Windows 8，Windows 10，macOS 10.10，macOS 10.11，macOS 10.12（本任务基于 Windows 10 进行描述）。

步骤 2　安装 DobotStudio 软件

在路径"E:\DobotStudio"中双击"Dobot-StudioSetup.exe"，弹出"Select Setup Language"界面，如图 11-83 所示。

请根据实际情况，选择安装语言，比如选择"Chinese"，点击"OK"。然后按照界面提示进行操作。安装过程中会弹出安装驱动界面，如图 11-84 所示，需安装两个驱动。

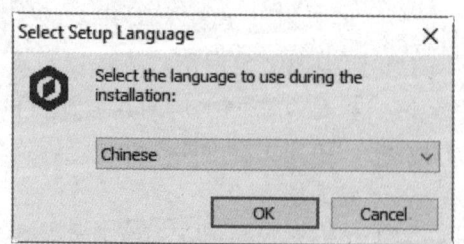

图 11-83　"Select Setup Language"界面

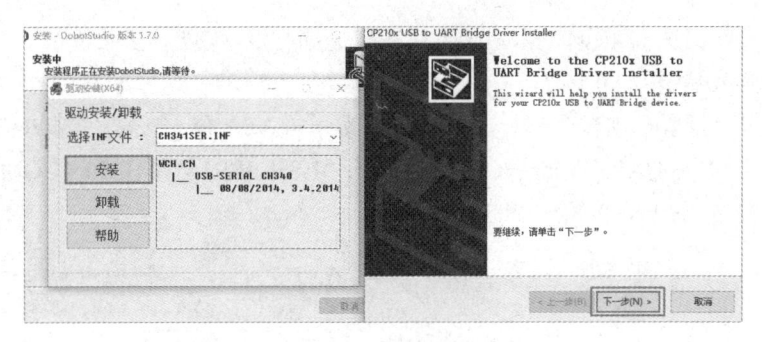

第十一章 智慧商店：无人值守商店建造

图 11-84　安装驱动界面

点击"下一步"，安装第一个驱动，点击"安装"，安装第二个驱动。驱动安装成功后会弹出如图 11-85 所示的界面，点击"完成"。

按照"安装 DobotStudio"界面提示点击"下一步"继续安装 DobotStudio 软件。安装成功后会弹出如图 11-86 所示的界面，点击"完成"。

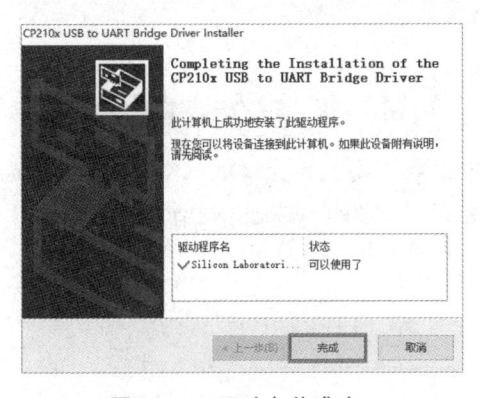

图 11-85　驱动安装成功　　　　图 11-86　DobotStudio 安装完成

步骤 3　检查是否安装成功

如果机械臂驱动安装成功，则 DobotStudio 界面左上角会出现串口信息，如图 11-87 所示。如果没有出现串口信息，则需要检查机械臂驱动是否安装成功，检查步骤见下面的知识链接。

图 11-87　机械臂驱动安装成功界面

知识链接：（1）将 Dobot Magician 机械臂通过 USB 线连接至计算机。

（2）开启机械臂电源开关。

（3）打开"设备管理器"窗口。如果在"端口（COM 和 LPT）"中可以找到"Silicon Labs CP210x USB to UART Bridge（COM6）"或"USB-SERIAL CH340（COM3）"，则说明驱动安装成功，如图 11-88、图 11-89 所示。

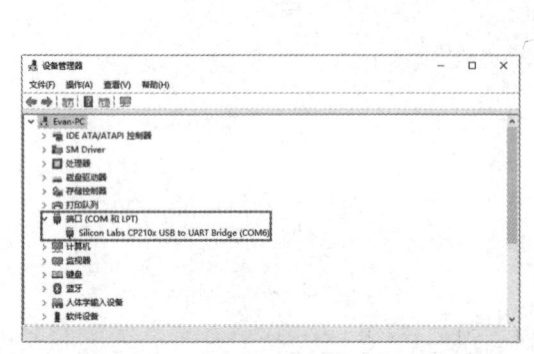

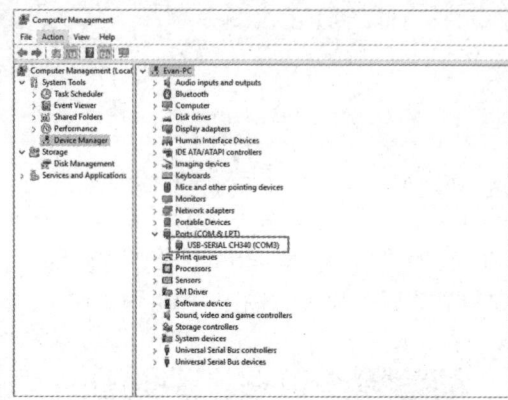

图 11-88　设备管理器窗口 -COM6　　　图 11-89　设备管理器窗口 -COM3

如果用户卸载了驱动，则需重新安装，可以在"安装目录 \DobotStudio\attachment\Drive\HardwareV1.0.0"安装对应操作系统的驱动，比如为 Windows 10、64 位操作系统安装驱动，如图 11-90 所示。

图 11-90　重新安装驱动

如果 DobotStudio 硬件版本号为 0.0.0，则需要在"安装目录 \ DobotStudio\attachment\Drive\HardwareV0.0.0"安装相应操作系统的驱动，连接 DobotStudio 后可在 DobotStudio 界面点击查看硬件版本号。

步骤 4　连接 Wi-Fi 套件

将 Dobot Magician 放置在一个平坦宽阔的桌面上，将 Wi-Fi 套件接入 Dobot Magician 底座的 UART 接口，如图 11-91 所示。注意：请在机械臂完全断电的情况下连接外部设备，否则容易造成机械臂损坏。

知识链接：Dobot Magician 是越疆科技自主研发的多功能高精度轻量型智能实训机械臂，也是"一站式"STEAM 教育综合平台。该型号机械臂具备 3D 打印、激光雕刻、写字画画等多种功能，预留有 13 个拓展接口，支持用户进行二次开发，用户可以通过软件编程结合硬件拓展来开发更多的应用场景，此机械臂能满足不同年龄层次学生的学习和创造需求。

图 11-91　机械臂连接 Wi-Fi 套件

步骤 5　设置 Wi-Fi 相关参数

开启 Dobot Magician 电源。上电后会发出两次短暂的声响，且 Wi-Fi 模块的蓝色指示灯常亮。

在 Dobot Studio 界面的串口下拉菜单选择 Dobot Magician 对应串口，点击"连接"。点击"设置"→"Wi-Fi"，弹出"设置 Dobot Wi-Fi"页面。

在"设置 Dobot Wi-Fi"页面设置 Wi-Fi 相关参数。本示例勾选"动态主机配置协议"来获取机械臂 IP 地址，只需设置"SSID"和"密码"，点击"确认"，如图 11-92 所示。如果不勾选"动态主机配置协议"，需设置"IP 地址""Netmask"（子网掩码）及"路径"（网关）。

知识链接：参数说明如图 11-93 所示。

图 11-92　设置 Wi-Fi 相关参数

图 11-93　Dobot Studio 的 Wi-Fi 相关参数说明

参数	说明
SSID	Wi-Fi 名称
密码	Wi-Fi 密码
动态主机配置协议	是否勾选动态主机配置协议 是：需设置"SSID"和"密码"。 否：需设置"IP 地址""Netmast""路径"
IP 地址	设置机械臂 IP 地址，需与 PC 机在同一无线局域网内，且不冲突
Netmask	设置子网掩码
路径	设置网关
DNS	设置 DNS

步骤 6　接入局域网

参数设置好后点击"确认"，大约 5 秒后 Wi-Fi 模块绿色指示灯常亮，说明 Dobot Magician 已接入局域网，如图 11-94 所示。

步骤 7　更换控制方式

在 DobotStudio 界面左上方点击"断开连接"。等待 2 秒左右，在 DobotStudio 界面左上方的串口下拉菜单会显示 IP 地址，选中此 IP 地址，并点击"连接"，如图 11-95 所示。连接成功后即可通过 Wi-Fi 控制机械臂，无须使用 USB。

图 11-94　Dobot Magician 已接入局域网　　　　图 11-95　IP 地址

步骤 8　下载并导入 UDP 扩展工具

下载 App Inventor 中可使用的 UDP 扩展工具，在"cart"屏幕的"组件设计"视图中，展开组件面板中的"扩展"选项卡，点击"导入扩展"，选择步骤 1 下载好的扩展工具，并导入项目。

知识链接：UrsAI2UDPv3 是用于 UDP 通信的 AI2 扩展块。UDP 是 User Datagram Protocol 的简称，中文名是用户数据包协议，是 OSI（Open System Interconnection，开放式系统互联）参考模型中一种无连接的传输层协议，提供面向事务的简单不可靠信息传送服务。

UDP 协议与 TCP 协议一样用于处理数据包，在 OSI 模型中，两者都位于传输层，处于 IP 协议的上一层。UDP 有不提供数据包分组、组装和不能对数据包进行排序的缺点，也就是说，当报文发送之后，是无法得知其是否安全完整到达的。UDP 用来支持那些需要在计算机之间传输数据的网络应用，包括网络视频会议系统在内的众多客户 / 服务器模式的网络应用都需要使用 UDP 协议。UDP 协议从问世至今已经被使用了很多年，虽然其最初的光彩已经被一些类似协议所掩盖，但是即使在今天，UDP 仍然不失为一项非常实用的网络传输层协议。

步骤 9　定义"Wi-Fi 连接"函数

将导入的 UDP 扩展工具拖曳到工作面板中。在"cart"屏幕中，切换至"逻辑设计"视图，定义"Wi-Fi 连接"函数，其中 RemoteIP 为机械臂的 IP 地址，RemotePort 为机械臂的端口，Message 输入的内容为"0xAA,0xAA,0x13,0x54,0x03,0x01..."（见图 11-96）。

步骤 10　控制机械臂抓取商品

将手机接入与机械臂相同的局域网，点击"连接调试助手"。点击"结算"，便会向机械臂发送指令，机械臂接收指令后会抓取商品。

图 11-96　定义"Wi-Fi 连接"函数

知识提炼

本模块功能设计的关键是将机械臂与手机连入相同的局域网内,才能实现用户通过手机选择商品后,机械臂可以实时抓取。为什么要将手机接入与机械臂相同的局域网呢?

因为如果手机和另一个站点在同一个(本地)网络中,则扩展程序完美执行。如果手机仅通过蜂窝网络连接,通常无法访问,因为手机没有直接连接到互联网,而只是连接到了移动运营商的本地网络(见图 11-97)。

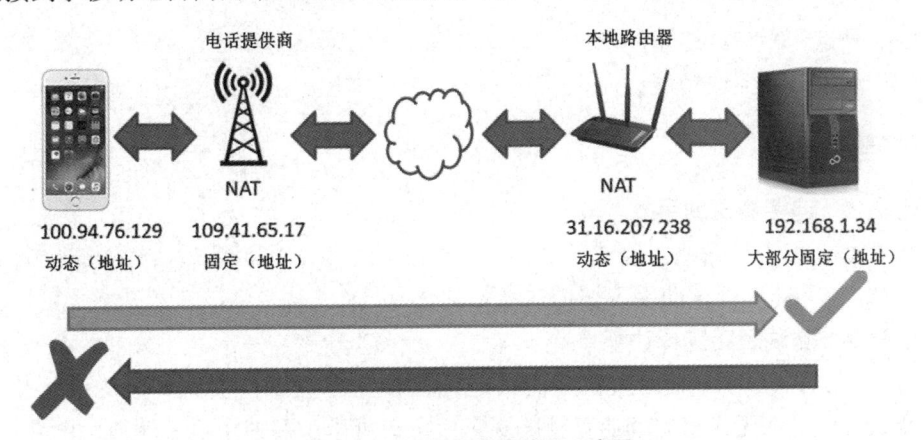

图 11-97　手机连接局域网示意图

问题拓展

可以搜索 Ullis Robot Seite/AIIUDP,查找更多关于 App Inventor 的信息,如版本信息、各拓展组件的使用方法,以及注意事项等内容。学有余力的同学可以进一步了解拓展组件及其使用方法。

任务九　无人值守商店测试与排故

任务描述

本任务是无人值守商店的最后一个任务，我们利用 WxBit 共新建了 6 个屏幕，分别是"Screen1""login""register""ShopAdress""cart""user"。"Screen1"是 App 的首页，可以进行商品选择、导航跳转等；"login"是登录页面，用于输入用户名和进行人脸识别，可实现登录功能；"register"是注册页面，可实现注册功能；"ShopAdress"是门店选择页面；"cart"是购物车界面，实现结算功能；"user"是"我的"界面，如果未登录可点击"登录"，如果已经登录，则显示已"登录"对话框。

为了测试每个屏幕设计的准确性和可靠性，我们要连接调试助手，在 Android 系统手机上测试每个按钮及每个屏幕的功能，以便在实践中发现问题、解决问题。如果测试没有问题，我们就将设计的软件进行打包，这样一款无人值守商店 App 就完成了！整体测试流程根据测试者使用 App 购买商品的流程进行，具体测试任务如下。

（1）连接调试助手。
（2）测试门店选择功能。
（3）测试门店导航功能。
（4）测试商品选择功能。
（5）测试登录注册功能。
（6）测试购物车结算功能。
（7）测试商品抓取功能。

任务实施

步骤 1　连接调试助手

在"Screen1"屏幕下，点击"预览"，选择"连接调试助手"。在 Android 系统手机上打开"WxBit"调试助手，扫描二维码。

步骤 2　测试门店选择功能

打开调试助手后，对无人值守商店进行具体功能测试，测试环境为畅远楼实验室，测试目标是在无人值守商店模拟购买一瓶可口可乐，并使用机械臂抓取出来。

打开 App 之后，默认界面为首页（见图 11-98）。点击区域"1"，跳转到门店选择界面（见图 11-99）。

在门店选择界面，我们可以根据自己的需要选择"畅远楼"或"家和楼"，选中之后界面自动跳转回首页，这里我们选择"畅远楼"。同时，如果不进行选择，点击区域"2"，也可以回到首页。

图 11-98 App 首页　　　　　图 11-99 门店选择界面

步骤 3　测试门店导航功能

选择好门店，跳转至首页之后，点击区域"2"，弹出"请选择地图"对话框，这里我们选择百度地图进行导航（见图 11-100）。

手机自动调用百度地图进行导航（见图 11-101），我们根据导航便可到达目的地。到达之后退出百度地图，再一次打开"WxBit"调试助手。

步骤 4　测试商品选择功能

在区域"3"中，选择自己喜欢的饮料。我们可以通过点击图片选择，也可以通过点击复选框进行选择。选择之后，点击区域"4"加入购物车，点击区域"5"，跳转至购物车界面（见图 11-102）。

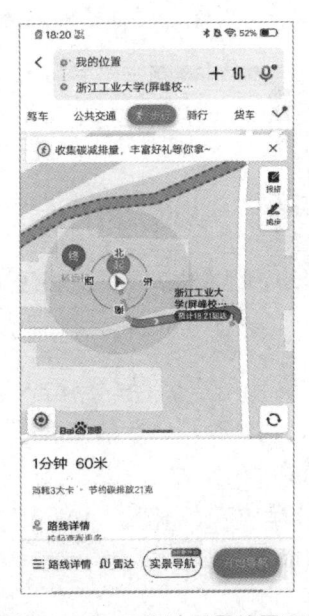

图 11-100　"请选择地图"对话框　图 11-101　百度地图导航界面　图 11-102　商品选择

步骤5 测试登录注册功能

点击"结算",弹出"请先登录"对话框。点击"登录",系统自动跳转至登录界面(见图11-103)。

在用户名栏输入lyh,点击"登录"(见图11-104),弹出"该用户名未注册"界面(见图11-105),点击"去注册",自动跳转至注册界面。点击左上角的"×"图标,便可跳转至"我的"界面。

图 11-103 "请先登录"对话框   图 11-104 登录界面   图 11-105 "该用户未注册"界面

在用户名栏输入lyh,点击"注册",手机自动调用照相机App,拍照之后点击"确定",自动弹出"注册成功"对话框(见图11-106),点击"确定",自动跳转至"登录"界面。点击左上角的"×"图标,便可跳转至"我的"界面。

图 11-106 用户注册成功

我们将新注册的"lyh"输入用户名栏,点击"登录",手机会自动调用照相机App,拍照之后点击"确定",自动弹出"我的"界面。

步骤6 测试购物车结算功能

回到购物车界面,点击"结算"(见图11-107),弹出"结算成功"对话框,点击"确定"。此时机械臂便会抓取商品。

步骤 7 测试商品抓取功能

此时，手机弹出"结算成功"对话框。机械臂抓取"可乐"（这里用红色物块代替），如图 11-108 所示。

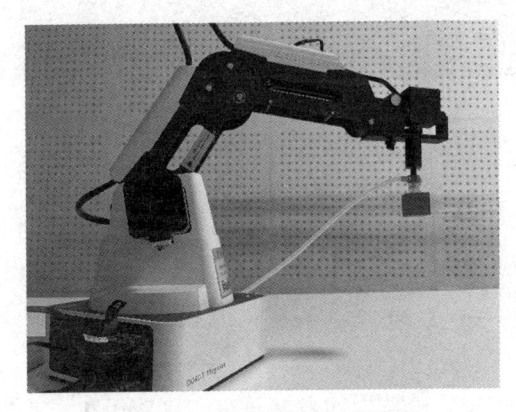

图 11-107 结算界面

图 11-108 机械臂抓取"可乐"

步骤 8 无人值守商店评价

当前无人值守商店完成的主要任务仅是移动端商品的选购及机械臂的抓取，无法实现远距离传送，所以如果将我们所做的无人值守商店项目结合无人驾驶技术，用户在 App 上提前选好商品，将门店导航功能升级为无人驾驶定位功能，移动超市就可以送货到家，真正实现移动化、自动化购物。

第十二章　智慧物流：智能商品分拣系统开发

项目描述

随着物流技术的发展，信息自动化和作业自动化设备在提升订单拣选作业效率方面起到了关键作用。以库位管理、波次作业为策略，优化拣货路径可以实现管理精细化，以智能商品分拣系统为代表的智能制造装备产业体系逐渐成型。当前，智能物流系统主要包括新型传感器、智能、工业、成套生产线，并逐渐向社会各个领域普及，包括工商业、医疗、教育、金融等。

假如你是一名仓储管理员，临近"双十一"活动，仓储日出货量为人均工作量的3倍，员工只有加班加点才能完成运输任务，请设计一个智能商品分拣系统，力保在限定时间内完成物品运输。

学习目标

知能目标：知识与技能

（1）掌握智能商品分拣系统所需传感器的工作原理和使用方法，包括Dobot Magician机械臂、气泵、摇杆和按钮模块、传送带和颜色识别传感器的安装与连接。

（2）掌握智能物流涉及的软件安装方法，包括Arduino编译软件、Dobot图形编译器、库函数的调用与安装。

（3）了解智能商品分拣系统的应用场景演示，包括数据软件的使用，能够进行

Arduino Mega 2560 开发板与机械臂装置的连接与操控，可以判断各个传感器是否正常。

方法目标：过程与方法

（1）通过具象化操作，掌握语音识别和图像识别的原理与方法。

（2）熟练掌握 Arduino Mega 2560 开发板与机械臂的硬件特点与使用方法，能够根据需求解决简单的实际应用问题。

素养目标：情感、态度与价值观

（1）能够从顶层看待、解决实际问题，养成工程思维。

（2）能够以用户为中心，思考产品设计，具备驱动和创新活动的能力，培养智能思维和智能创新力。

任务一　智能商品分拣系统开发任务分析

本任务利用 Arduino Mega 2560 开发板、Dobot Magician 机械臂和传感器实现智能物流功能设计，包括延时控制机械臂启停功能、摇杆控制机械臂抓取功能、语音控制机械臂移动功能、视觉识别物品分拣功能及智能商品分拣系统测试与排故（见图 12-1）。

延时控制机械臂启停功能 ▷ 摇杆控制机械臂抓取功能 ▷ 语音控制机械臂移动功能 ▷ 视觉识别物品分拣功能 ▷ 智能商品分拣系统测试与排故

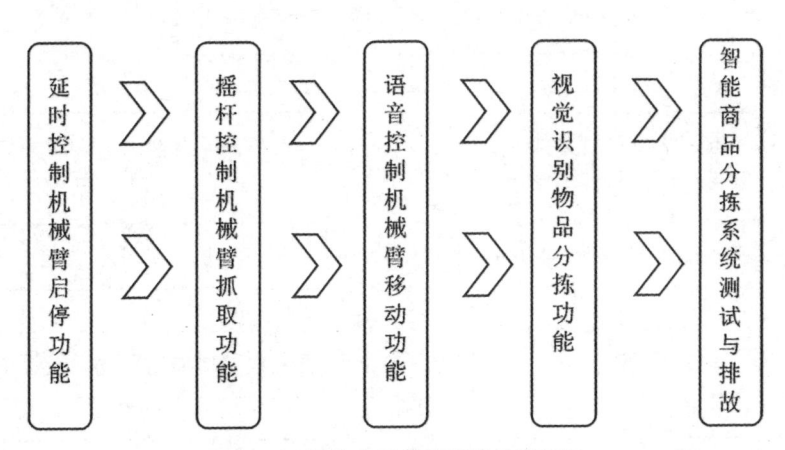

图 12-1　智能商品分拣系统功能设计

智能物流功能设计所需的硬件设备有 Arduino Mega 2560 开发板、LED 灯（3 个）、按钮模块（黄色、绿色、蓝色按钮各 1 个）、摇杆模块、语音识别传感器、视觉识别传感器、吸盘套件；所需的软件有 visio、DobotStudio、Arduino IDE 等。智能商品分拣系统元器件如图 12-2 所示。

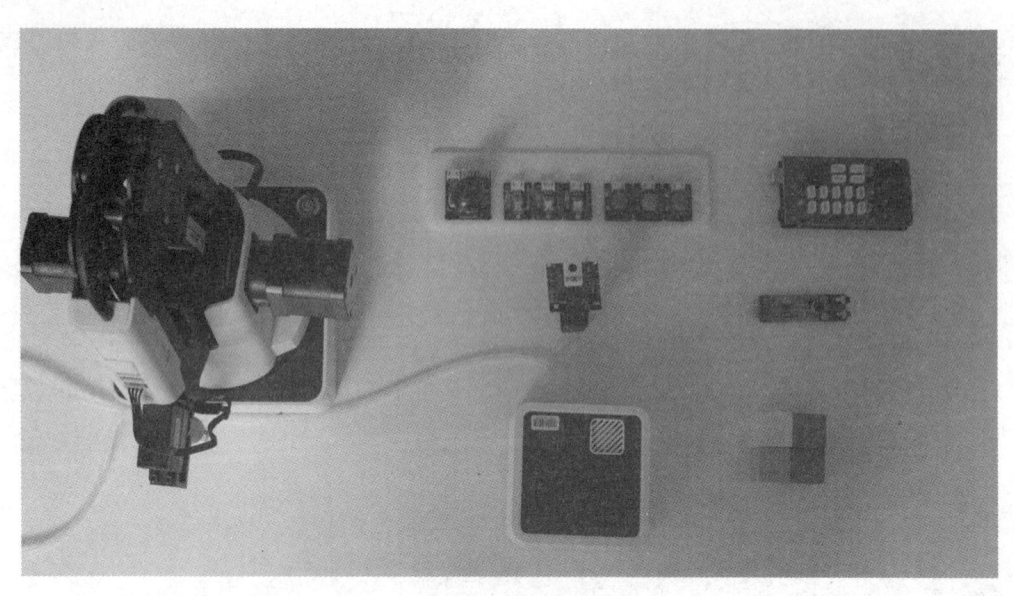

智创未来：人工智能创客课程的理论、应用与创新

图 12-2 智能商品分拣系统元器件

智能商品分拣系统的具体开发流程如图 12-3 所示。

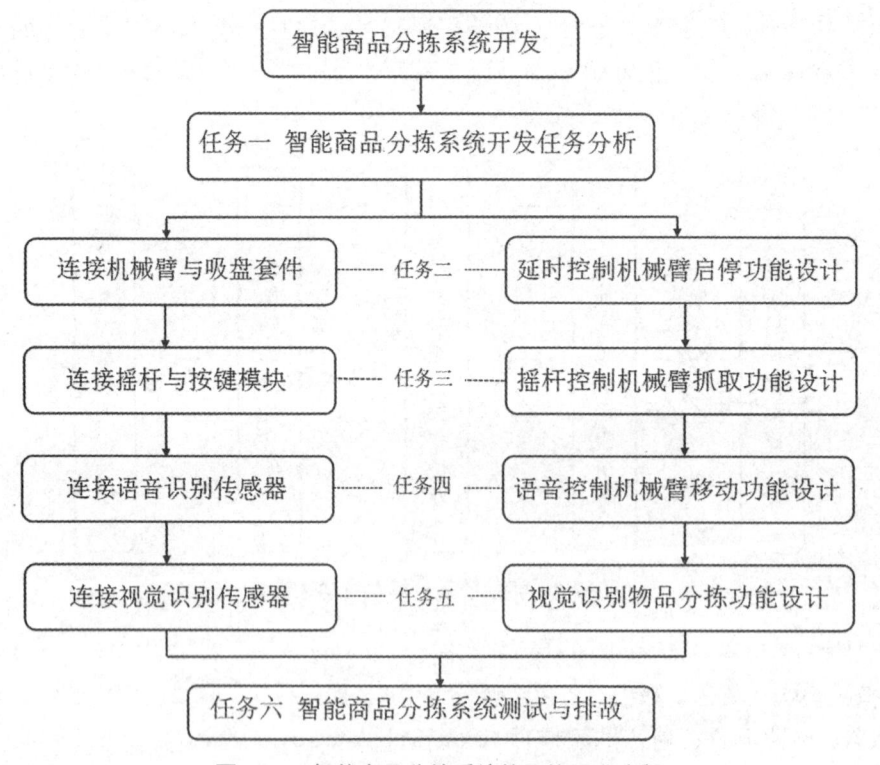

图 12-3 智能商品分拣系统的具体开发流程

任务二　延时控制机械臂启停功能设计

任务描述

延时控制机械臂启停功能设计所需硬件模块有 Arduino Mega 2560 开发板、Dobot Magician 机械臂与吸盘套件，它们的连接示意图如图 12-4 所示。

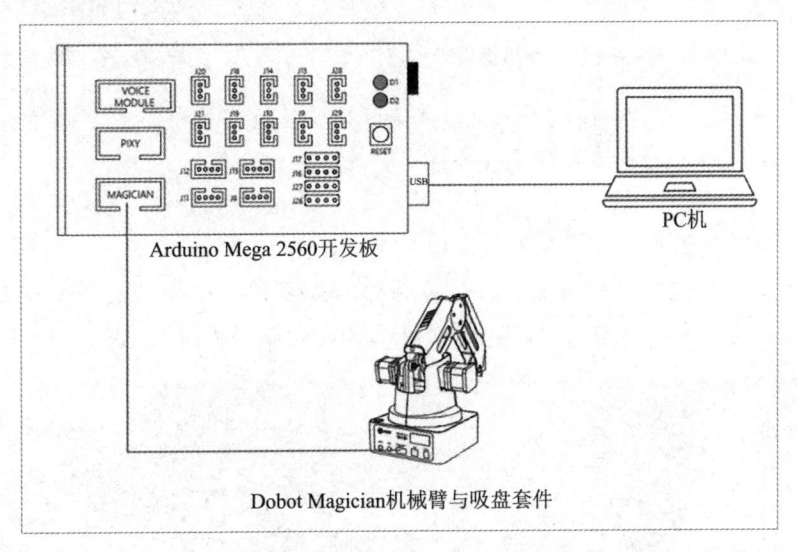

图 12-4　延时控制机械臂启停功能硬件连接示意图

（1）根据图 12-4，完成 Arduino Mega 2560 开发板、Dobot Magician 机械臂与吸盘套件的连接。

（2）使用流程图，完成逻辑设计，该系统需要实现如下功能：将物块从 A 点搬运到 B 点，再从 B 点搬回 A 点，并循环多次。

（3）在 Arduino IDE 软件中使用编程语言，完成上述功能设计。

任务实施

步骤 1　连接气泵盒和机械臂

本任务采用越疆系列配套的吸盘套件，首先使用专用杜邦线将气泵盒的电源线 SW1 插入机械臂的 SW1 接口，信号线 GP1 插入 GP1 接口，如图 12-5 所示。

步骤 2　安装吸盘套件

将吸盘套件插入机械臂末端插口，利用蝶形螺母固定，如图 12-6 所示。

图 12-5　连接气泵盒和机械臂　　　　图 12-6　安装吸盘套件

知识链接：在利用 Dobot Magician 机械臂进行物块分拣时，需要通过吸盘套件吸取和释放物块，所以末端须安装吸盘套件，并配合气泵盒使用。

步骤 3　连接气管

将气泵盒的气管连接在吸盘的气管接头上（见图 12-7）。

知识链接：吸盘套件的匹配吸盘分为两种，当图 12-7 中的吸盘无法满足吸取小物品的要求时，可以更换为与 Arduino AI 套件配套的吸盘（见图 12-8）。

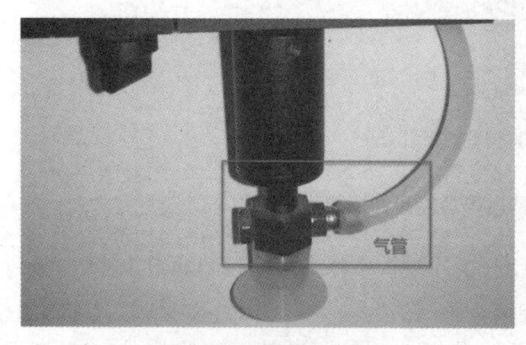

图 12-7　连接气管　　　　图 12-8　与 Arduino AI 套件配套的吸盘

步骤 4　连接舵机与机械臂

将舵机连接线插入机械臂小臂的 GP3 接口（见图 12-9）。

图 12-9　连接舵机与机械臂

知识链接：机械臂外设接口示意图如图12-10所示。

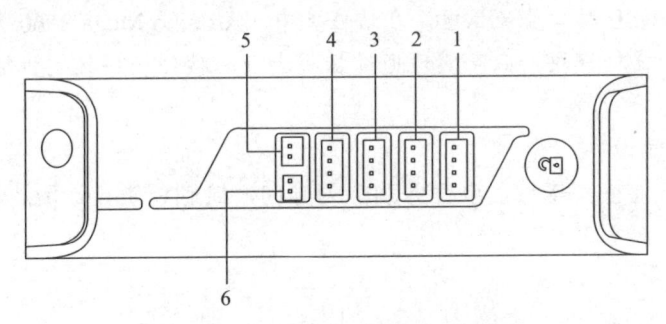

1—GP3；2—GP4；3—GP5；4—SW3；5—SW4；6—SW5

图 12-10　机械臂外设接口示意图

GP3：R轴舵机接口/自定义通用接口。
GP4：自动调平接口/光电传感器接口/颜色传感器接口/自定义通用接口。
GP5：激光雕刻信号接口/光电传感器接口/颜色传感器接口/自定义通用接口。
SW3：3D打印加热端子接口（3D打印模式）/自定义12V可控电源输出。
SW4：3D打印加热风扇（3D打印模式）/激光雕刻电源接口/自定义12V可控电源输出。
ANALOG：3D打印热敏电阻接口（3D打印模式）。

步骤5　连接机械臂与Arduino Mega 2560开发板

本任务采用的是Arduino Mega 2560开发板（见图12-11）、越疆魔术师系列机械臂。连接Arduino Mega 2560开发板的MAGICIAN端口（见图12-12）与机械臂的UART接口，采用DOBOT通信协议。

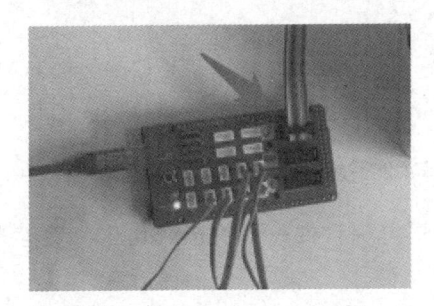

图 12-11　Arduino Mega 2560 开发板 　　　图 12-12　Arduino Mega 2560 开发板的 MAGICIAN 端口

知识链接：Arduino Mega 2560开发板采用USB接口的核心电路板，具有54个数字输入/输出引脚，适合需要大量I/O接口的设计。Arduino Mega 2560开发板包括16个模拟输入、4个UART接口（硬件串行端口）、1个16MHz晶体振荡器、1个USB口、1个电源插座、1个ICSP header和1个复位按钮。开发板上有支持一个主控板的所有资源，Arduino Mega 2560开发板也能兼容为Arduino NUO设计的扩展板，有3种

供电方式可供选择：外部直流电源通过电源插座供电；电池连接电源连接器的 GND 和 VIN 引脚供电；USB 接口直流供电。在该任务中，Arduino Mega 2560 开发板可以连接机械臂、按键和摇杆模块，从而实现通过摇杆和 3 个按钮模块控制机械臂进行上下左右移动。

步骤 6　逻辑设计

在硬件设备连接完毕后，以任务功能为导向，绘制逻辑设计流程图，如图 12-13 所示。

```
开始
  ↓
定义A、B点坐标
  ↓
导入库函数
  ↓
程序初始化
  ↓
设置机械臂初始位置
  ↓
移动至A点 ←─┐
  ↓          │
开启气泵      │
  ↓          │
抬升一定高度  │
  ↓          │
移动至B点     │
  ↓          │
关闭气泵 ────┘
```

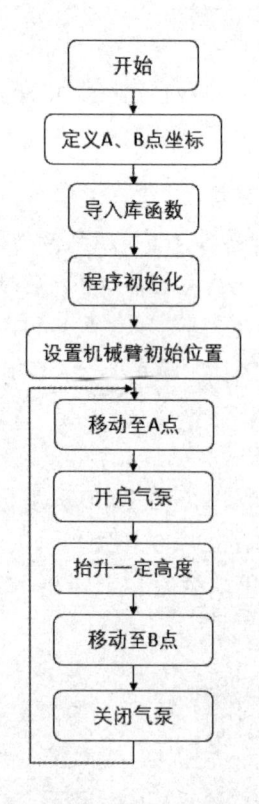

图 12-13　延时控制机械臂启停功能逻辑设计流程图

（1）定义 A、B 两点的坐标，需要借助越疆自制软件——Dobot Studio（在步骤 7 中进行详细阐述）。

（2）导入功能实现所需库函数，进行程序初始化，设置机械臂初始位置。

（3）机械臂移动至 A 点，开启气泵，抓取物块。

（4）机械臂移动至 B 点，关闭气泵，放下物块。

知识链接：Office Visio 是 Office 软件系列中用来绘制流程图和示意图的软件，是一款便于 IT 和商务人员就复杂信息、系统和流程进行可视化处理、分析和交流的软件。Office Visio 界面如图 12-14 所示。

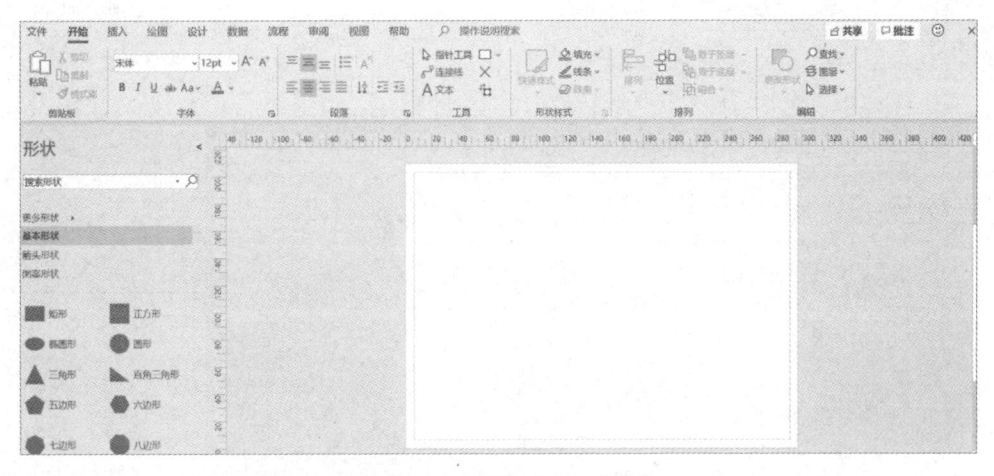

图 12-14　Office Visio 界面

步骤 7　确定预设点坐标定位

确定预设点坐标定位需要利用 Dobot Studio 软件。首先将机械臂与软件连接，然后按住机械臂小臂上的圆形"解锁"按钮并拖曳小臂分别移至预设 A、B 点，在 Dobot Studio 操作面板界面记录物块位置坐标的定位信息（见图 12-15）。

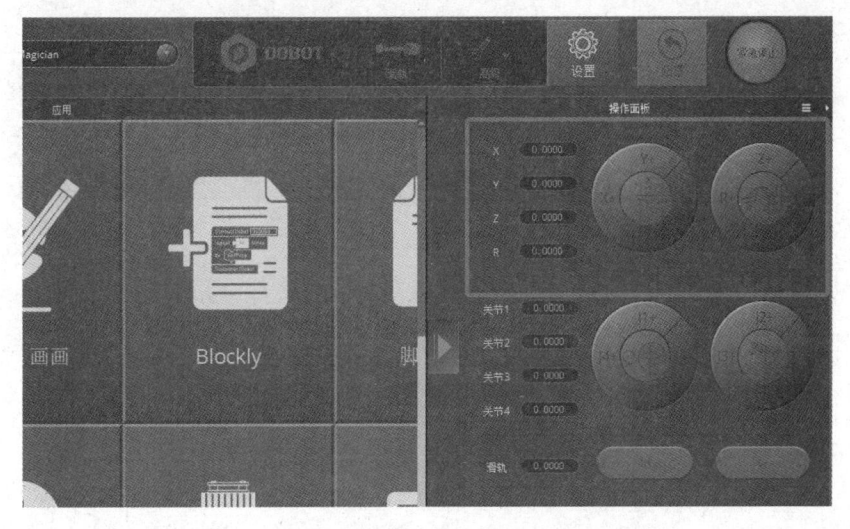

图 12-15　在操作面板界面中确定预设点坐标定位

知识链接：在使用 Dobot Magician 机械臂前，请下载 Dobot Studio 软件包（搜索越疆机械臂，并于官方网站下载）。在调试前应注意在 Dobot Studio 中选择对应的机械臂型号，点击"连接"，并长按机械臂底座背面的"KEY"键进行回零操作。

步骤 8　关键代码

```
// 导入库函数
#include "SmartKit.h"
// 定义A点坐标（263.3.-40.0）* 坐标可更改 *
```

```c
#define block_position_X 263
#define block_position_Y 3
#define block_position_Z -40
#define block_position_R 0
// 定义 B 点坐标（207.-171.-46.0）* 坐标可更改 *
#define Des_position_X 207
#define Des_position_Y -171
#define Des_position_Z -46
#define Des_position_R 0
// 程序初始化
void setup() {
    Serial.begin(115200);
    Dobot_Init();
    Serial.println("start...");
    Dobot_SetPTPCmd(MOVJ_XYZ, 178, -4, 40, 0);
}
// 设定运动次数  * 循环次数可更改 *
int count = n;
// 主程序
void loop() {
    while (count > 0)
    {
        Dobot_SetPTPCmd(JUMP_XYZ, block_position_X, block_position_Y, block_position_Z, block_position_R);               // 移动至 A 点
        Dobot_SetEndEffectorSuctionCup(true);    // 打开气泵
        Dobot_SetPTPCmd(MOVL_XYZ, block_position_X, block_position_Y, -4, block_position_R);                             // 抬升到一定高度
        Dobot_SetPTPCmd(JUMP_XYZ, Des_position_X, Des_position_Y, Des_position_Z, Des_position_R);                       // 移动至 B 点
        Dobot_SetEndEffectorSuctionCup(false);   // 关闭气泵
        Dobot_SetPTPCmd(MOVL_XYZ, Des_position_X, Des_position_Y, -20, Des_position_R);                                  // 抬升一定高度
        Dobot_SetPTPCmd(MOVJ_XYZ, 178, -4, 40, 0);    // 返回起始位置
        Dobot_SetPTPCmd(JUMP_XYZ, Des_position_X, Des_position_Y, Des_position_Z, Des_position_R);                       // 移动至 B 点
        Dobot_SetEndEffectorSuctionCup(true);    // 打开气泵
        Dobot_SetPTPCmd(MOVL_XYZ, Des_position_X, Des_position_Y, -10, Des_position_R);                                  // 抬升到一定高度
        Dobot_SetPTPCmd(JUMP_XYZ, block_position_X, block_position_Y, block_position_Z, block_position_R);               // 移动至 A 点
        Dobot_SetEndEffectorSuctionCup(false);   // 关闭气泵
        Dobot_SetPTPCmd(MOVJ_XYZ, 178, -4, 40, 0);    // 回到初始位置
        count--;
    }
}
```

知识链接：Arduino IDE 是一款专业的 Arduino 开发工具，主要用于 Arduino 程序的编写和开发，具有拥有开放源代码的电路图设计，支持 ISP 在线烧录，同时具有 Flash、Max/Msp、VVVV、PD、C、Processing 等多种程序兼容的特点。安装 Arduino IDE 后，还需要对环境进行配置，解压已经获取的库文件夹，将 SmartKit、Dobot、Pixy2 文件夹添加至"Arduino IDE 安装目录 \arduino-1.8.2\libraries"目录。添加完毕后，打开 Arduino IDE，可在 Arduino 界面的"项目"→"加载库"查看对应的库（见图 12-16）。

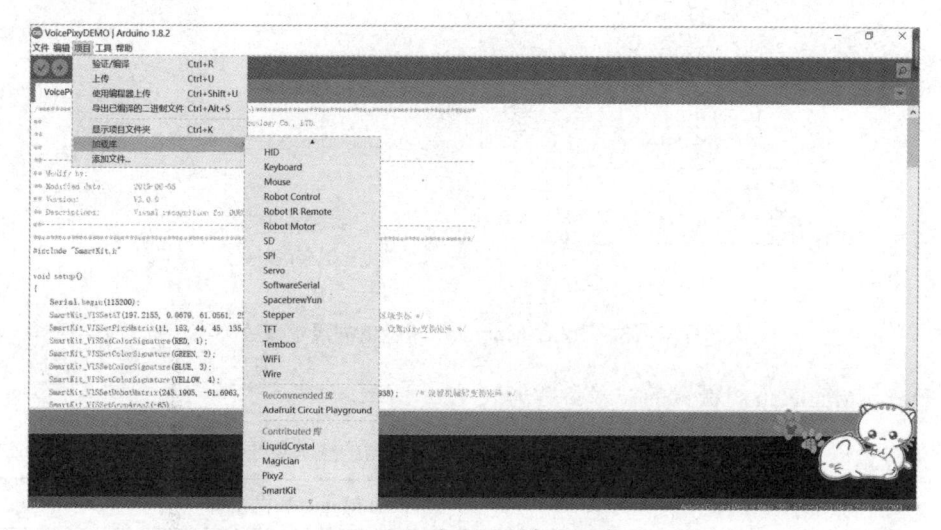

图 12-16　Arduino IDE 加载库

知识提炼

Dobot Magician 机械臂是一款多功能、高精度、轻量型、智能实训机械臂，预留了 13 个拓展接口和一个可编程按键，可以通过 Dobot Studio 控制软件进行编程来实现更多功能。

Dobot Magician 机械臂由底座、大臂、小臂、末端工具等组成，如图 12-17 所示。

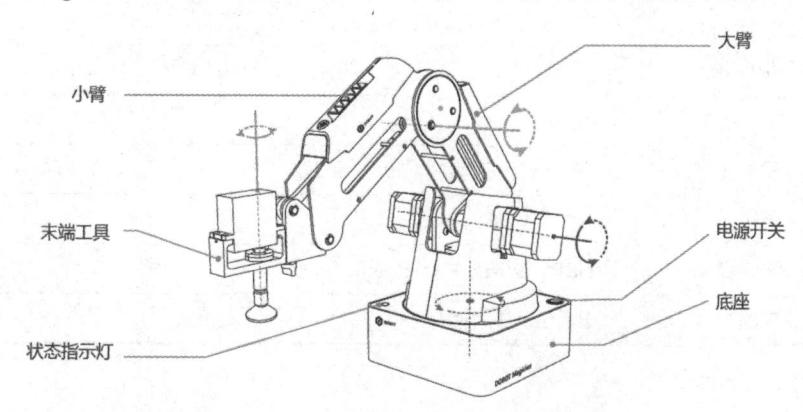

图 12-17　Dobot Magician 机械臂的组成

Dobot Magician 机械臂的尺寸参数如图 12-18 所示。

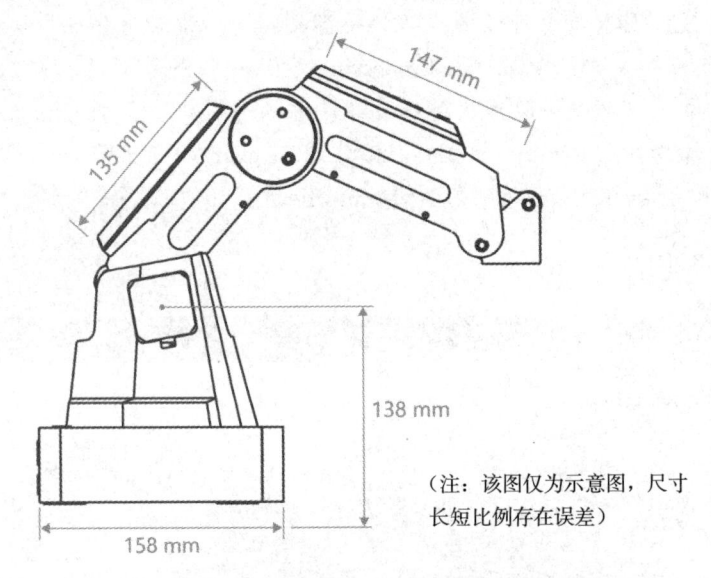

（注：该图仅为示意图，尺寸长短比例存在误差）

图 12-18　Dobot Magician 机械臂的尺寸参数

Dobot Magician 机械臂的技术参数如表 12-1 所示。

表 12-1　Dobot Magician 机械臂的技术参数

名称	Dobot Magician机械臂	
最大负载	500 g	
最大伸展距离	320 mm	
运动范围	底座	−90°～+90°
	大臂	0°～+85°
	小臂	−10°～+90°
	末端工具	−90°～+90°
最大运动速度（250g负载）	大小臂、底座的旋转速度	320°/s
	末端工具的旋转速度	480°/s
重复定位精度	0.2 mm	
电源电压	100～240 V AC，50～60 Hz	
电源输入	12V/7A DC	
通信方式	USB、Wi-Fi、Bluetooth	
I/O接口	20个I/O复用接口	

问题拓展

启动机械臂时，易出现指示灯为红色，即没有正常打开的情况。请你思考并回答出现以上问题的原因是什么，应该如何解决。

任务三 摇杆控制机械臂抓取功能设计

任务描述

摇杆控制机械臂抓取功能设计所需的硬件有摇杆模块、按钮模块、Dobot Magician 机械臂、Arduino Mega 2560 开发板与吸盘套件等，它们的连接示意图如图 12-19 所示。

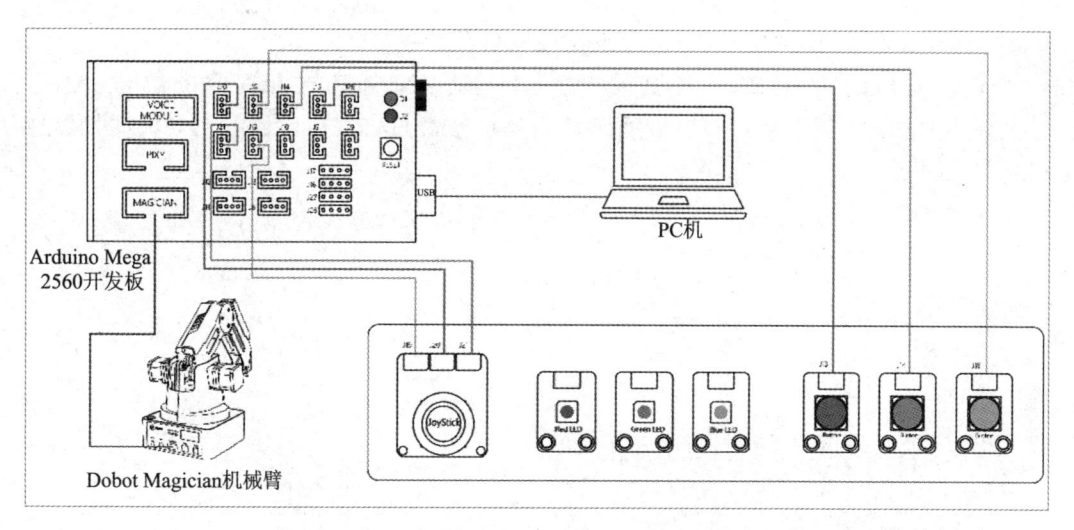

图 12-19 摇杆控制机械臂抓取功能硬件连接示意图

（1）根据图 12-19，完成摇杆模块、按钮模块、吸盘套件、Dobot Magician 机械臂与 Arduino Mega 2560 开发板的连接。

（2）使用流程图，完成逻辑设计，需要实现如下功能：摇杆 X、Y 轴控制机械臂前后左右移动；摇杆按键控制机械臂的移动速度；按下红色按键，使机械臂向上移动；按下绿色按键，使机械臂向下移动；蓝色按键控制气泵启停。

（3）在 Arduino IDE 软件中使用编程语言，完成上述功能设计。

任务实施

步骤 1 安装吸盘套件

Dobot Magician 机械臂末端默认安装为吸盘，同时需要配合安装气泵盒使用，需将气泵盒的电源线 SW1 插入机械臂底座背面的 SW1 接口，信号线 GP1 插入 GP1 接口；然后将吸盘套件插入机械臂末端插口，再将套具缩紧；并将气泵盒的气管连接在吸盘的气管接头上；最后将舵机连接线 GP3 插入小臂界面的 GP3 接口。吸盘套件连接示意图如图 12-20 所示。

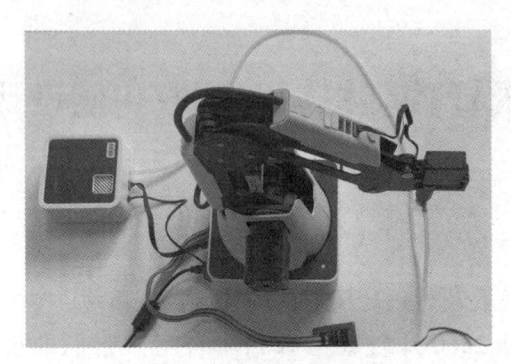

图 12-20　吸盘套件连接示意图

步骤 2　连接机械臂与 Arduino Mega 2560 开发板

连接 Arduino Mega 2560 开发板中的 MAGICIAN 端口与机械臂中的 UART 接口，采用 DOBOT 通信协议。越疆魔术师系列机械臂 UART 接口如图 12-21、图 12-22 所示。

图 12-21　越疆魔术师系列机械臂 UART 接口

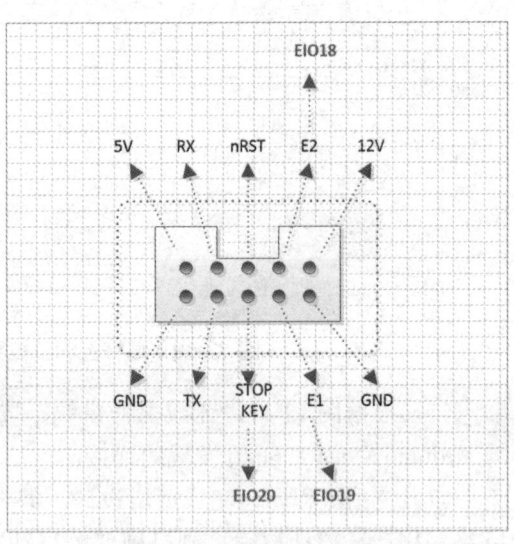

图 12-22　UART 接口细节图

步骤 3　连接摇杆模块（见图 12-23）

本任务采用的摇杆使用电压为 5 V，能垂直自动复位，用于控制机械臂等，可自由地控制方向，直观地监控机器的运转状况。机械臂的 GND、VCC 引脚分别与 Arduino Mega 2560 开发板模拟引脚中的 GND、VCC 对应连接（见图 12-24），摇杆 X、Y 轴控制机械臂前后左右移动。

图 12-23　摇杆模块　　　　　　图 12-24　摇杆模块对应引脚

知识链接：摇杆模块为一个双向的电阻器，随着摇杆方向的变化，阻值也会跟着变化。本任务中摇杆模块一般使用 5 V 供电，所以原始状态下在 X 轴和 Y 轴读出的电压一般会均分为 2.5 V 左右，顺着箭头方向按下时，电压值会随之增加，最大到 5 V；向着箭头的反方向按下时，电压值会随之减少，最小为 0 V。随着摇杆方向发生变化，电压值会跟着变化，阻值也会跟着变化，这样就可以检测到摇杆指向的位置了。当移动摇杆位于 X 轴或 Y 轴时，其模拟量输出范围为 0 ~ 1023；当摇杆静止时，X 轴模拟输出量为 512，Y 轴模拟输出量为 508。

步骤 4　连接按钮模块（见图 12-25）

将按钮模块连接到 Arduino Mega 2560 开发板的端口。注意：将按钮模块的 GND、VCC 引脚分别与 Arduino Mega 2560 开发板模拟引脚中的 GND、VCC 连接，OUT 端与 A 引脚相连接。通过按键控制机械臂上下移动，共需安装 3 个按钮模块，即红色按键控制机械臂向上移动，绿色按键控制机械臂向下移动，蓝色按键控制机械臂气泵启停（见图 12-26）。

图 12-25　按钮模块　　　　图 12-26　Arduino Mega 2560 开发板对应连接的按钮模块

步骤 5　逻辑设计

在硬件设备连接完毕后，以任务功能为导向，绘制逻辑设计流程图（见图 12-27）。

（1）导入功能实现所需库函数，进行程序初始化。

（2）定义机械臂移动方向，设置摇杆 X 轴控制左右移动，Y 轴控制前后移动，按键控制上下移动，设置单位移动距离（示例中为 20）。

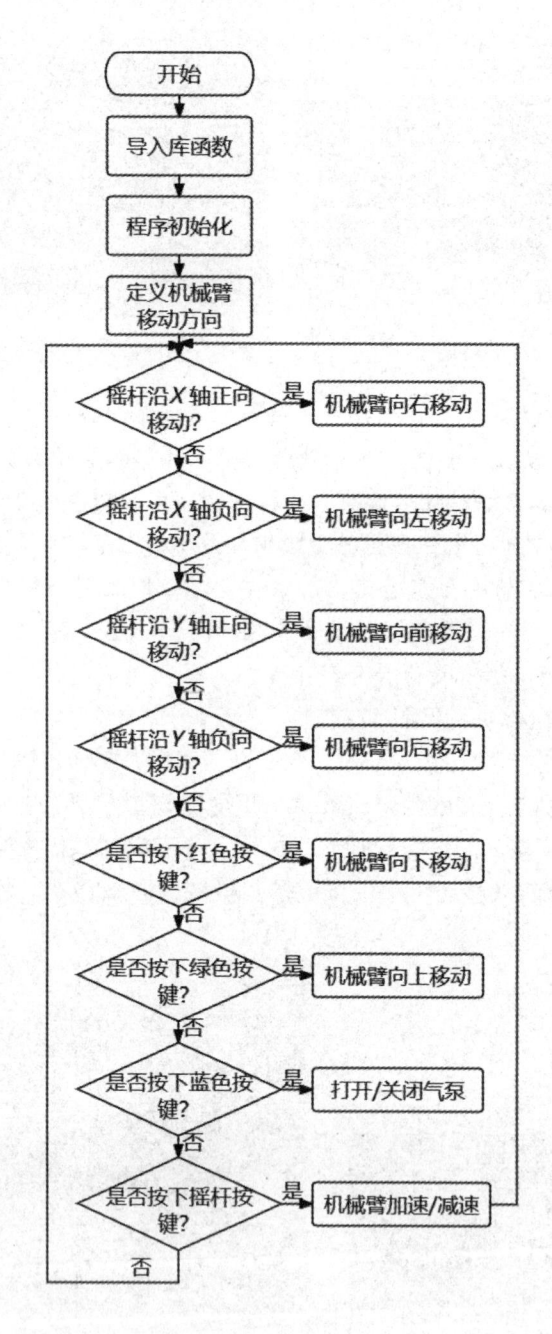

图 12-27 摇杆控制机械臂抓取功能逻辑设计流程图

（3）摇杆沿 X 轴正向移动，机械臂向右移动。
（4）摇杆沿 X 轴负向移动，机械臂向左移动。
（5）摇杆沿 Y 轴正向移动，机械臂向前移动。
（6）摇杆沿 Y 轴负向移动，机械臂向后移动。

（7）按下红色按键，机械臂向下移动1个单位距离。

（8）按下绿色按键，机械臂向上移动1个单位距离。

（9）第一次按下蓝色按键，气泵开启，抓取物块；再次按下，气泵关闭，放下物块。

（10）按下摇杆按键，机械臂沿 X 轴或 Y 轴移动，机械臂移动速度加快或减慢。

知识链接：机械臂的运动主要有点动模式、点位模式和圆弧模式，此处是点位模式。

点动模式，移动机械臂的坐标系，使机械臂移动至某一点。

点位模式，点到点运动，包括关节运动（MOVJ）、直线运动（MOVL）和门型轨迹（JUMP）3种运动模式，不同的运动模式，其存点回放的运动轨迹不同。关节运动由 A 点运动到 B 点，各个关节从 A 点对应的关节角运行至 B 点对应的关节角，关节运动过程中，各个关节轴的运行时间需一致，且同时到达终点；直线运动即 A 点到 B 点的路径为直线；门型轨迹即 A 点到 B 点以关节运动模式移动（见图12-28）。

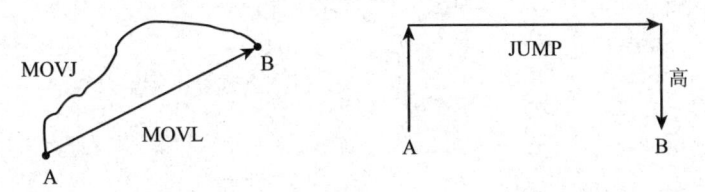

图 12-28　点动模式和点位模式

圆弧模式，存点回放的运动轨迹为圆弧。圆弧轨迹是空间的圆弧，由当前点、圆弧上任一点和圆弧结束点3点共同确定。圆弧总是从起点经过圆弧上任一点再到结束点（见图12-29）。

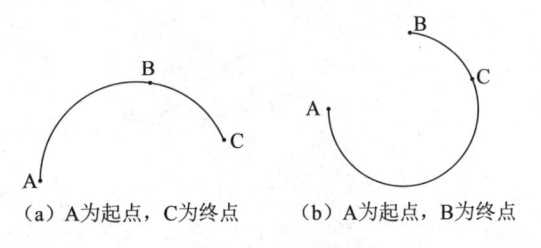

（a）A为起点，C为终点　（b）A为起点，B为终点

图 12-29　圆弧模式

步骤6　关键代码

```
// 导入库函数
#include "SmartKit.h"
// 程序初始化
void setup()
{
    Serial.begin(115200);
```

```
    Dobot_Init();
    SmartKit_Init();
    Serial.println("ok");
}
// 主程序
void loop()
{
    static int flag = 0;
    static int Zflag = 1;
    int x = 0, y = 0, z = 0, b1 = 0, b2 = 0, b3 = 0;
    int direction = 0;
// 定义摇杆方向
    x = SmartKit_JoyStickReadXYValue(AXISX);
    y = SmartKit_JoyStickReadXYValue(AXISY);
    z = SmartKit_JoyStickCheckPressState();
    b1 = SmartKit_ButtonCheckState(RED);
    b2 = SmartKit_ButtonCheckState(GREEN);
    b3 = SmartKit_ButtonCheckState(BLUE);
if (y > 600){                          // 定义摇杆 Y 轴正方向
        direction = 1;
    }
    else if (y < 400){                 // 定义摇杆 Y 轴负方向
        direction = 2;
    }
    else if (x > 600){                 // 定义摇杆 X 轴正方向
        direction = 3;
    }
    else if (x < 400){                 // 定义摇杆 X 轴负方向
        direction = 4;
    }
    else if (b1 == 1){                 // 按下红色（b1）按键
        direction = 5;
    }
    else if (b2 == 1){                 // 按下绿色（b2）按键
        direction = 6;
    }
    else if (b3 == 1){                 // 按下蓝色（b3）按键
        direction = 7;
    }
    // 摇杆控制机械臂运动设计
    switch (direction){
        // 机械臂向前移动
    case 1:
            Serial.println("forward");
            Dobot_SetPTPCmd(MOVL_INC, 20, 0, 0, 0);
            Serial.print("x=");
```

```
            Serial.println(x);
            Serial.print("y=");
            Serial.println(y);
            break;
    // 机械臂向后移动
    case 2:
            Serial.println("backward");
            Dobot_SetPTPCmd(MOVL_INC, -20, 0, 0, 0);
            Serial.print("x=");
            Serial.println(x);
            Serial.print("y=");
            Serial.println(y);
            break;
    // 机械臂向右移动
    case 3:
            Serial.println("right");
            Dobot_SetPTPCmd(MOVL_INC, 0, -20, 0, 0);
            Serial.print("x=");
            Serial.println(x);
            Serial.print("y=");
            Serial.println(y);
            break;
    // 机械臂向左移动
    case 4:
            Serial.println("left");
            Dobot_SetPTPCmd(MOVL_INC, 0, 20, 0, 0);
            Serial.print("x=");
            Serial.println(x);
            Serial.print("y=");
            Serial.println(y);
            break;
    // 机械臂下降
    case 5:
            Serial.println("down");
            Dobot_SetPTPCmd(MOVL_INC, 0, 0, -20, 0);
            Serial.print("x=");
            Serial.println(x);
            Serial.print("y=");
            Serial.println(y);
            break;
    // 机械臂上升
    case 6:
            Serial.println("up");
            Dobot_SetPTPCmd(MOVL_INC, 0, 0, 20, 0);
            Serial.print("x=");
            Serial.println(x);
```

```cpp
            Serial.print("y=");
            Serial.println(y);
            break;
        //气泵启停
        case 7:
            if (flag){
                Dobot_SetEndEffectorSuctionCup(false);
                Serial.println("Turn off the air pump");
                flag = !flag;
            }
            else{
                Dobot_SetEndEffectorSuctionCup(true);
                Serial.println("Turn on thr air pump");
                flag = !flag;
            }
            break;
        //按下摇杆按键（减速）
        case 8:
            if (Zflag){
                Dobot_SetPTPCommonParams(100, 100);
                Serial.println("Accelerate");
                Zflag = !Zflag;
            }
            else{
                Dobot_SetPTPCommonParams(20, 20);
                Serial.println("Decelerate");
                Zflag = !Zflag;
            }
            break;
    }
    delay(100);
}
```

知识链接：当根据摇杆方向、移动方向来控制机械臂移动时，需要对摇杆的模拟量范围进行分类。已知摇杆的模拟量范围为 $0 \sim 1023$，摇杆静止时，X 轴的模拟量为 512，Y 轴的模拟量为 508（见图 12-30）。基于此数据对摇杆模拟量范围以坐标系进行划分。

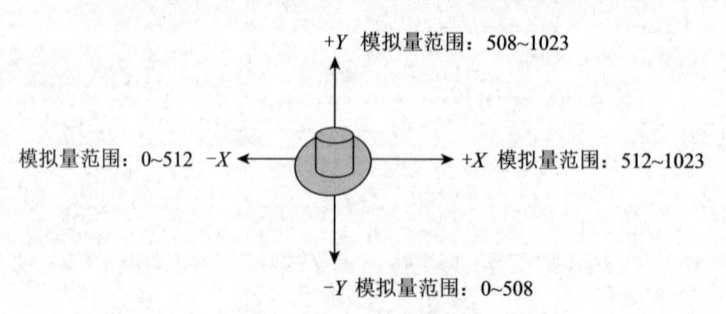

+Y 模拟量范围：508~1023

模拟量范围：0~512 $-X$ $+X$ 模拟量范围：512~1023

−Y 模拟量范围：0~508

图 12-30　摇杆的模拟量范围

①当摇杆 X 轴摇杆的模拟量范围为 0～512 时,为负半轴,机械臂向左移动。
②当摇杆 X 轴摇杆的模拟量范围为 512～1023 时,为正半轴,机械臂向右移动。
③当摇杆 Y 轴摇杆的模拟量范围为 0～508 时,为负半轴,机械臂向前移动。
④当摇杆 Y 轴摇杆的模拟量范围为 508～1023 时,为正半轴,机械臂向后移动。

知识提炼

本模块功能设计的关键是控制机械臂的前后左右移动,所以理解有关机械臂的前后左右坐标的知识非常重要。Dobot Magician 机械臂坐标系包括关节坐标系和笛卡儿坐标系。

关节坐标系以各运动关节为参照确定坐标系,包含 J1、J2、J3、J4 这 4 个关节,逆时针为正(见图 12-31)。

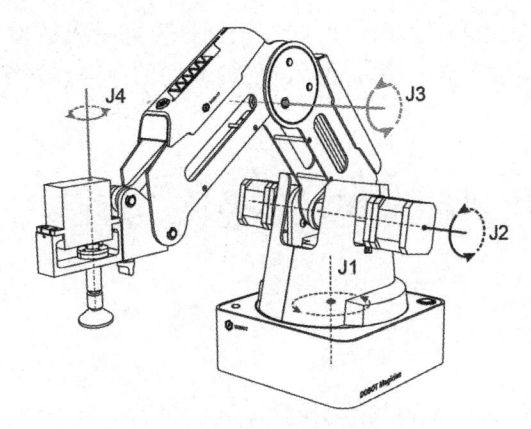

图 12-31 关节坐标系

笛卡儿坐标系以机械臂底座为参照确定坐标系,共有 X、Y、Z 3 个坐标轴方向(见图 12-32)。坐标系原点为大臂、小臂及底座 3 个电机轴的交点,X 轴垂直底座向前,Y 轴垂直底座向后,Z 轴以右手定则为准,垂直向上为正方向。若 J4 部位安装了舵机的末端套件,则需要添加 R 轴,R 轴的坐标为 J1 轴和 J4 轴之和。

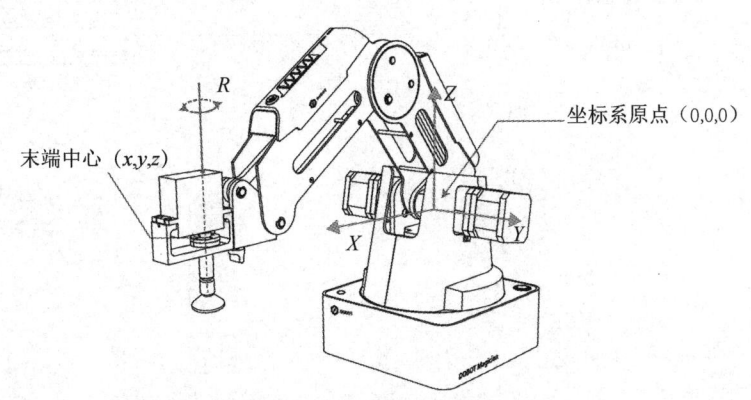

图 12-32 笛卡儿坐标系

机械臂存点回放时，采用不同的运动模式，机械臂的运动轨迹也会有所不同，其应用场景也发生相应改变。机械臂应用场景如表 12-2 所示。

表 12-2　机械臂应用场景

运动模式	应用场景
MOVL模式	当应用场景中要求存点回放的运动轨迹为直线时
MOVJ模式	当应用场景中不要求存点回放的运动轨迹，但要求运动速度快时
JUMP模式	当应用场景两点运动时需抬升一定的高度，如抓取、吸取等场景
ARC模式	当应用场景中要求存点回放的运动轨迹为圆弧时，如点胶等场景

问题拓展

摇杆控制机械臂运动中容易出现的问题：摇杆方向与机械臂运动方向不一致，难以准确控制机械臂的运动方向。请你思考出现此问题的原因，并给出解决方案。

任务四　语音控制机械臂移动功能设计

任务描述

语音控制机械臂移动功能设计所需硬件主要有语音识别模块、Dobot Magician 机械臂、Arduino Mega 2560 开发板与吸盘套件，它们的连接示意图如图 12-33 所示。

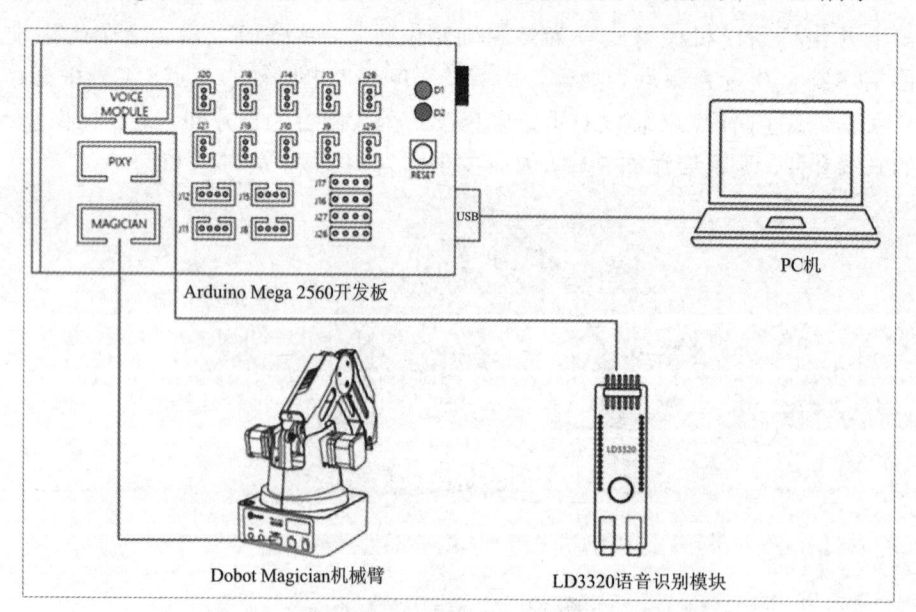

图 12-33　语音控制机械臂移动功能硬件连接示意图

（1）根据图12-33，完成语音识别模块、Dobot Magician机械臂、吸盘套件与Arduino Mega 2560开发板的连接。

（2）使用流程图，完成逻辑设计，需要实现如下功能：通过语音控制机械臂移动，语音指令为"上升"则机械臂小臂向上移动；语音指令为"下降"则机械臂小臂向下移动；语音指令为"左转"则机械臂向左转动；语音指令为"右转"则机械臂向右转动；语音指令为"向前"则机械臂向前移动；语音指令为"向后"则机械臂向后移动；语音指令为"打开气泵"则打开气泵；语音指令为"关闭气泵"则关闭气泵。

（3）在Arduino IDE软件中使用编程语言，完成上述功能设计。

任务实施

步骤1　安装气泵盒和吸盘

首先将气泵盒的电源线SW1插入机械臂底座背面的SW1接口，信号线GP1插入GP1接口；其次将吸盘套件插入机械臂末端插口中，再次将套具缩紧，并将气泵盒的气管连接在吸盘的气管接头上；最后将舵机连接线GP3插入小臂界面的GP3接口（见图12-34）。

步骤2　连接机械臂与Arduino Mega 2560开发板

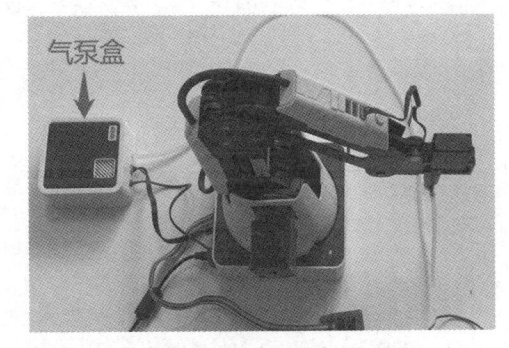

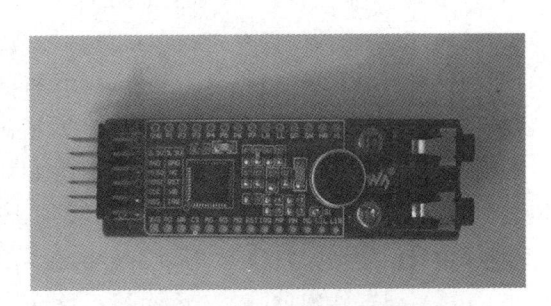

图12-34　吸盘套件连接示意图

连接Arduino Mega 2560开发板中的MAGICIAN端口与机械臂中的UART接口，采用DOBOT通信协议（见图12-35）。

步骤3　连接语音识别模块

将语音识别模块（见图12-36）连接到Arduino Mega 2560开发板的端口，连接示意图如图12-37所示。注意：语音识别模块未做防反插设计，在连接时注意引脚对应，引脚连接示意图如图12-38所示。

图12-35　连接机械臂与Arduino Mega 2560开发板　　　图12-36　LD3320语音识别模块

图 12-37　语音识别模块与 Arduino Mega 2560 的连接示意图

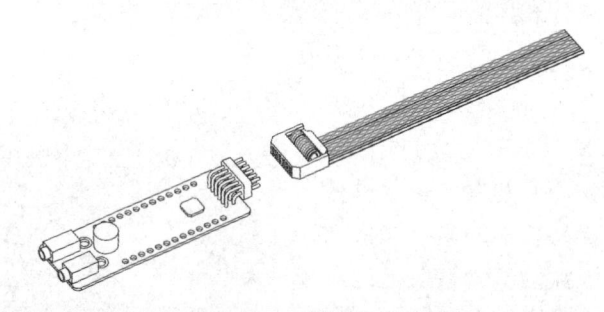

图 12-38　引脚连接示意图

知识链接：LD3320 语音识别模块是非特定人语音识别芯片，即语音声控芯片，最多可以识别 50 条预先内置的指令。一般来讲，LD3320 语音模块有 3 种工作模式，分别为普通模式、按键模式和口令模式。普通模式通过模块直接识别指令，按键模式以按键触发开始 ASR 进程，口令模式需要一级唤醒词（口令）。示例中使用的是最常用的口令模式，可以避免嘈杂环境下的误操作。

步骤 4　逻辑设计

在硬件设备连接完毕后，以任务功能为导向，绘制逻辑设计流程图（见图 12-39）。

（1）导入实现功能所需的相关库函数，进行程序初始化。

（2）在程序初始化列表中添加预设好的语音指令，开始识别。

（3）识别到用户语音指令，判断是否为预设口令。

（4）识别到预设口令"shang sheng"，机械臂向上移动。

（5）识别到预设口令"xia jiang"，机械臂向下移动。

（6）识别到预设口令"zuo zhuan"，机械臂向左转动。

（7）识别到预设口令"you zhuan"，机械臂向右转动。

（8）识别到预设口令"xiang qian"，机械臂向前移动。

（9）识别到预设口令"xiang hou"，机械臂向后移动。

（10）识别到预设口令"kai qi qi beng"，打开气泵，抓取物块。

（11）识别到预设口令"guan bi qi beng"，关闭气泵，放下物块。

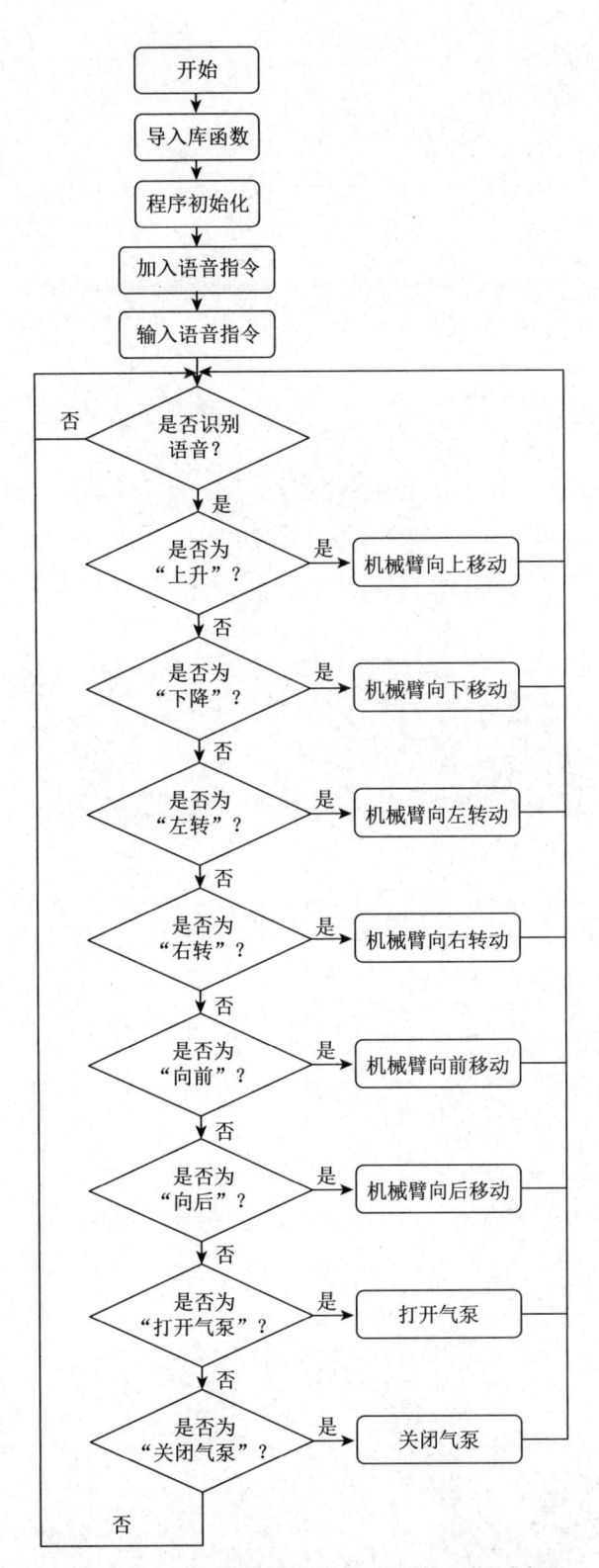

图 12-39　语音控制机械臂移动功能逻辑设计流程图

步骤5 关键代码

```c
// 导入库函数
#include "SmartKit.h"
// 程序初始化
void setup() {
    Serial.begin(115200);
    Dobot_Init();                                    // 增加语音指令
    SmartKit_VoiceCNInit();
    SmartKit_Init();
    SmartKit_VoiceCNAddCommand("shang sheng",0);
    SmartKit_VoiceCNAddCommand("shang",0);
    SmartKit_VoiceCNAddCommand("sheng",0);
    SmartKit_VoiceCNAddCommand("xia jiang",1);
    SmartKit_VoiceCNAddCommand("xia",1);
    SmartKit_VoiceCNAddCommand("jiang",1);
    SmartKit_VoiceCNAddCommand("zuo zhuan",2);
    SmartKit_VoiceCNAddCommand("zuo",2);
    SmartKit_VoiceCNAddCommand("you zhuan",3);
    SmartKit_VoiceCNAddCommand("you",3);
    SmartKit_VoiceCNAddCommand("xiang qian",4);
    SmartKit_VoiceCNAddCommand("qian",4);
    SmartKit_VoiceCNAddCommand("xiang hou",5);
    SmartKit_VoiceCNAddCommand("hou",5);
    SmartKit_VoiceCNAddCommand("da kai qi beng",6);
    SmartKit_VoiceCNAddCommand("guan bi qi beng",7);
    /*******************************************************
      *The instructions to be identified here are added*
      *******************************************************/
    SmartKit_VoiceCNStart();                         // 开始识别
    Serial.println("start！");
}
// 主程序
void loop() {
if (SmartKit_VoiceCNVoiceCheck(0) == TRUE)
    {
        Dobot_SetPTPCmd(MOVL_INC, 0, 0, 30, 0);   // 机械臂向上移动30 mm
        Serial.println("up");
    }
    else if (SmartKit_VoiceCNVoiceCheck(1) == TRUE)
    {
        Dobot_SetPTPCmd(MOVL_INC, 0, 0, -30, 0); // 机械臂向下移动30 mm
Serial.println("down");
    }
    else if (SmartKit_VoiceCNVoiceCheck(2) == TRUE)
    {
```

```
            Dobot_SetPTPCmd(MOVL_INC, 0, 30, 0, 0);    // 机械臂向左转动 30 mm
Serial.println("turn left");
        }
    else if (SmartKit_VoiceCNVoiceCheck(3) == TRUE)
        {
            Dobot_SetPTPCmd(MOVL_INC, 0, -30, 0, 0);   // 机械臂向右转动 30 mm
            Serial.println("turn right");
        }
    else if (SmartKit_VoiceCNVoiceCheck(4) == TRUE)
        {
            Dobot_SetPTPCmd(MOVL_INC, 30, 0, 0, 0);    // 机械臂向前移动 30 mm
            Serial.println("forward");
        }
    else if (SmartKit_VoiceCNVoiceCheck(5) == TRUE)
        {
            Dobot_SetPTPCmd(MOVL_INC, -30, 0, 0, 0);   // 机械臂向后移动 30 mm
Serial.println("backward");
        }
    else if (SmartKit_VoiceCNVoiceCheck(6) == TRUE)
        {
            Dobot_SetEndEffectorSuctionCup(true);      // 打开气泵
            Serial.println("Turn on the air pump");
        }
    else if (SmartKit_VoiceCNVoiceCheck(7) == TRUE)
        {
            Dobot_SetEndEffectorSuctionCup(false);     // 关闭气泵
            Serial.println("Turn off the air pump");
        }
    }
```

知识链接：Arduino 的输出基本就用 print 和 println 两个函数，区别在于后者比前者多了回车换行。

Serial.println(data)：从串行端口输出数据，跟随一个回车（ASCII 13, 或 'r'）和一个换行符（ASCII 10, 或 'n'）。这个函数取得的值与 Serial.print() 一样。

Serial.println(b)：以十进制形式输出 b 的 ASCII 编码值，并同时跟随一个回车和换行符。

Serial.println(b, DEC)：以十进制形式输出 b 的 ASCII 编码值，并同时跟随一个回车和换行符。

Serial.println(b, HEX)：以十六进制形式输出 b 的 ASCII 编码值，并同时跟随一个回车和换行符。

Serial.println(b, OCT)：以八进制形式输出 b 的 ASCII 编码值，并同时跟随一个回车和换行符。

Serial.println(b, BIN)：以二进制形式输出 b 的 ASCII 编码值，并同时跟随一个回车和换行符。

Serial.print(b, BYTE)：以单个字节输出 b，并同时跟随一个回车和换行符。

Serial.println(str)：如果 str 是一个字符串或数组，则输出整个 str 的 ASCII 编码字符串。

Serial.println()：仅输出一个回车和换行符。

知识提炼

语音识别以语音为研究对象，通过语音信号处理和模式识别让机器自动识别和理解人口述的语音。语音识别也就是让机器"听懂"人类的自然语言，主要包括两个方面：①将语音识别成文字；②通过语音识别得出反馈。

语音识别的原理是通过特殊的处理，将声音转换为信号，与计算机中已经储存的声音模式库进行比较，反馈出识别结果，包括预处理、特征提取、训练识别、模式匹配和判别规则 5 个步骤。

预处理：预处理过程包括对语音信号进行采样、反混叠带通滤波、用设备去除个体发音差异、解决环境引起的噪声影响等。

特征提取：特征提取部分用于提取语音中反映本质特征的声学参数，常用的参数有短时平均能量或幅度、短时平均过零率、短时自相关函数、线性预测系数、清音（浊音）标志、基音频率、短时傅里叶变换、倒谱、共振峰等。

训练识别：根据识别系统的类型来选择能够满足要求的一种识别方法，采用语音分析技术预先分析出这种识别方法所要求的语音特征参数，这些语音参数作为标准模式由计算机存储起来，形成标准模式库，或称为词典或模板，该过程称为"学习"或"训练"。训练在识别之前，通过让讲话者多次重复语音，从原始语音中除去冗余信息，保留关键数据，再按规则对数据加以聚类，最后形成模式库。

模式匹配：语音识别的过程是根据模式匹配原则，计算未知语音模式与语音模板库中每一个模板的距离测度，如欧式距离、绝对值距离、马氏距离等，从而得到最佳的匹配模式。语音识别所应用的模式匹配方法主要有动态时间规整、隐马尔可夫模式和人工神经元网络。

判别规则：通过最后的判别函数给出识别结果。例如，基于最小分类错误准则的线性判别方法就是使用统计学、模式识别和机器学习的方法，试图找到两类物体或事件特征的一个线性组合，能够特征化或区分它们。

问题拓展

代码运行中容易出现的问题：代码提示函数无定义，如"…was not declared in this scope"。请你思考出现该问题的原因，并给出解决方案。

任务五 视觉识别物品分拣功能设计

任务描述

视觉识别物品分拣功能设计所需硬件主要有视觉识别模块、Dobot Magician 机械臂、Arduino Mega 2560 开发板与吸盘套件，它们的连接示意图如图 12-40 所示。

（1）根据图 12-40，完成视觉识别模块、Dobot Magician 机械臂、吸盘套件与 Arduino Mega 2560 开发板的连接。

（2）使用流程图，完成逻辑设计，实现以下功能：对红、黄、绿、蓝 4 种颜色的物块进行分拣。

（3）在 Arduino IDE 软件中使用编程语言，完成上述功能设计。

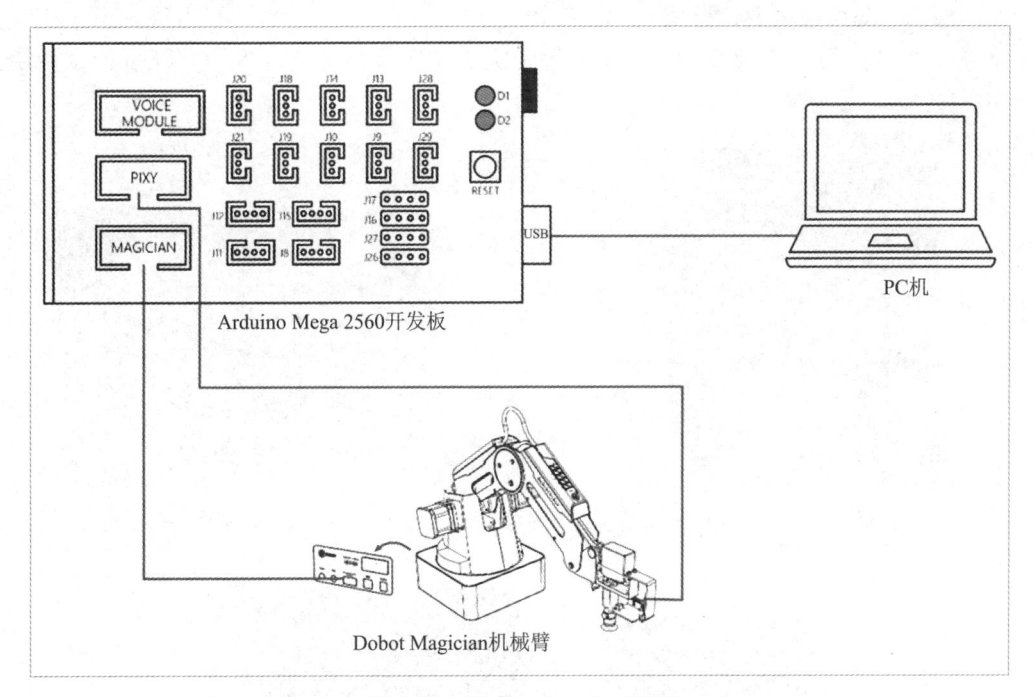

图 12-40 视觉识别物品分拣功能硬件连接示意图

任务实施

步骤 1 安装气泵盒和吸盘

如同前几项任务，首先安装气泵盒和吸盘。先将气泵盒的电源线 SW1 插入机械臂底座背面的 SW1 接口，信号线 GP1 插入 GP1 接口；然后将吸盘套件插入机械臂末端插口；再次将套具缩紧，并将气泵盒的气管连接在吸盘的气管接头上；最后将舵机连接线 GP3 插入机械臂小臂界面的 GP3 接口（见图 12-41）。

图 12-41　吸盘套件连接示意图

步骤 2　连接机械臂与 Arduino Mega 2560 开发板

连接 Arduino Mega 2560 开发板中的 MAGICIAN 端口与机械臂中的 UART 接口（见图 12-42），采用 DOBOT 通信协议。

步骤 3　安装视觉识别模块

首先松开舵机上两颗 M3*8 杯头内六角螺丝（见图 12-43），然后将视觉识别模块（见图 12-44）安装在舵机上（见图 12-45）。

图 12-42　连接机械臂与 Arduino Mega 2560 开发板 　　图 12-43　M3*8 杯头内六角螺丝

图 12-44　视觉识别模块 　　图 12-45　视觉识别模块安装位置

知识链接：Pixy 视觉识别模块是基于色调过滤算法来识别物体的，在正式使用前，需要根据实际环境对摄像头进行调试和配置。首先安装调试软件 PixyMon，通过 USB 连接视觉识别模块和计算机，将需要搬运和分拣的物块放置在视觉范围内，调节

视觉识别模块上的摄像头焦距,将视野调至最佳状态,直至小物块能够在 PixyMon 页面中出现比较清晰的图像;然后在 PixyMon 页面中选择"Action"→"Set signature x",选中物块的某一区域,对物块进行颜色标记,对每个颜色的物块进行一次标记即可,Pixy 最多支持 7 种颜色同时标记(见图 12-46)。

接下来,在 PixyMon 页面点击"设置",找到"Configure"页面,在"Configure"页面的"Pixy Parameters (saved on Pixy)"下的"Interface"页签将"Data out port"选择为"I2C"(见图 12-47)。

同样,在"Configure"页面的"PixyMon Parameters (saved on computer)"下的"General"页签将"Document folder"选择为 PixyMon 软件的安装目录(见图 12-48)。

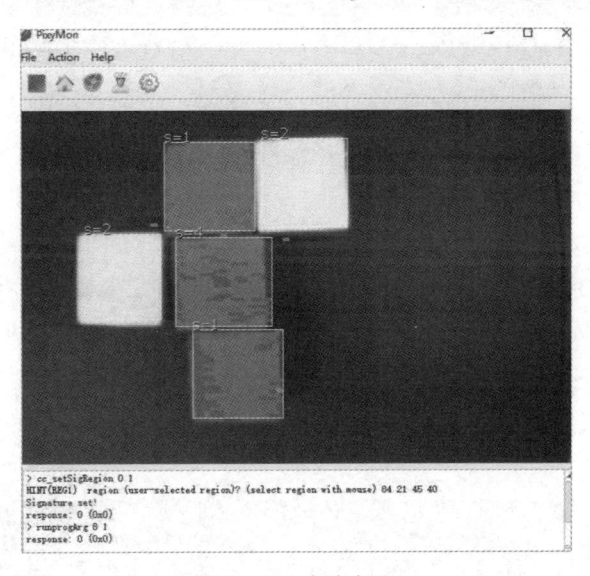

图 12-46　颜色标记

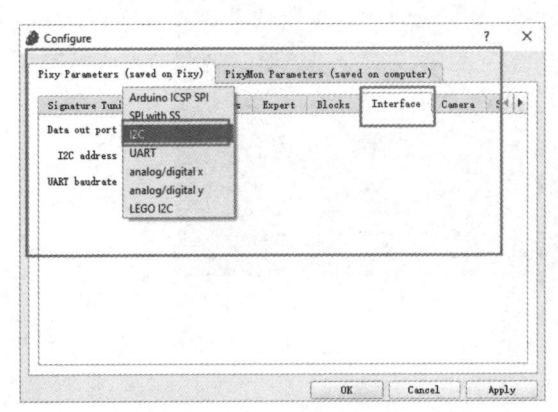

图 12-47　设置数据输出端口　　　　　图 12-48　设置文件夹

步骤 4　连接视觉识别模块

将视觉识别模块连接到 Arduino Mega 2560 开发板的端口,视觉识别模块接口如

图 12-49 所示，连接时注意引脚连接相对应。视觉识别模块连接位置如图 12-50 所示。

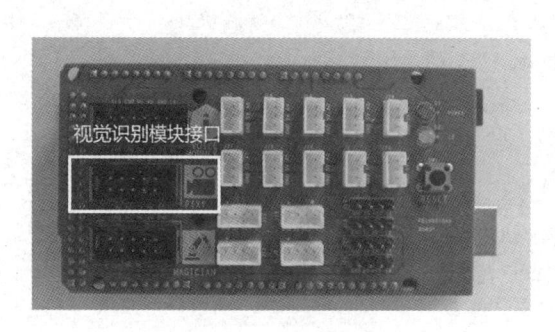

图 12-49 视觉识别模块接口

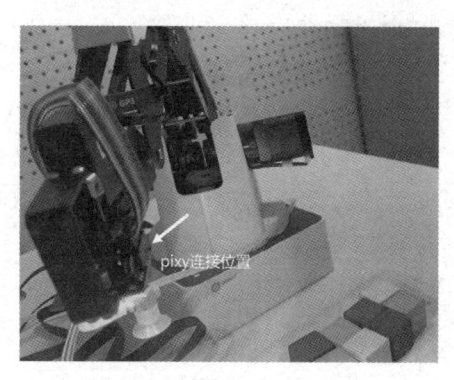

图 12-50 视觉识别模块连接位置

知识链接：视觉识别初始化流程包括设置摄像头位置、物块笛卡儿坐标、物块图像坐标、物块所在平面高度、物块放置区域、物块颜色高度及物块颜色标签。

（1）获取物块图像坐标（见图 12-51）。首先将 3 个物块放置在视觉范围内，设置 3 个物块图像坐标。在 PixyMon 页面点击 "Action" → "Set signature 1…"，框选 3 个物块对角线，此时 PixyMon 页面显示对应物块的图像坐标，按顺序写入 SmartKit_VISSetPixyMatrix(float x1, float y1, float length1, float wide1, float x2, float y2, float length2, float wide2, float x3, float y3, float length3, float wide3) 函数中。

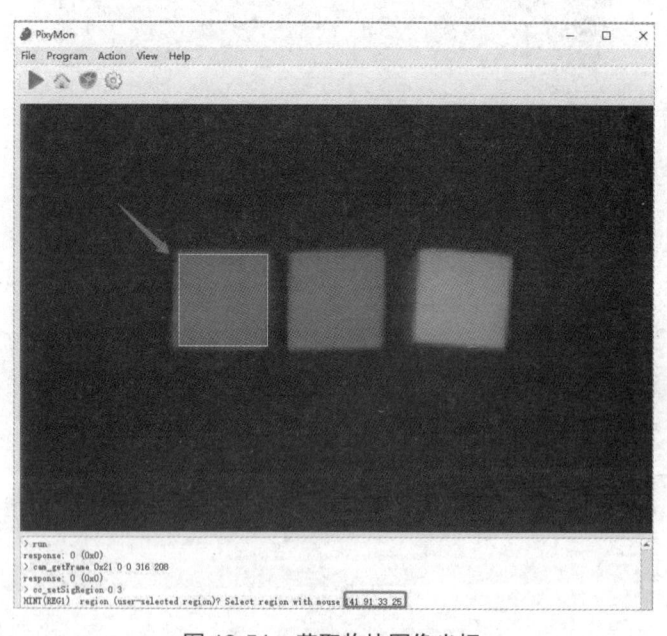

图 12-51 获取物块图像坐标

（2）获取物块笛卡儿坐标。按照上一步骤将物块放置在视觉范围内，在 Dobot Studio 页面的操作面板记录 X、Y 轴坐标，并依次按顺序写入 SmartKit_VISSetDobotMatrix(float x1, float y1, float x2, float y2, float x3, float y3) 函数中。

注意：图像坐标和笛卡儿坐标需对应，否则容易获取矩阵失败。

（3）设置物块所在平面高度。移动机械臂至物块所在平面，在 Dobot Studio 页面记录 Z 轴坐标，并写入 SmartKit_VISSetGrapAreaZ(float z) 函数中。

（4）设置不同颜色物块的放置区域。移动机械臂至各颜色物块待放置区域，在 Dobot Studio 页面依次记录 X、Y、Z、R 轴坐标，并写入 SmartKit_ VISSet BlockTA(char color, float x, float y, float z, float r) 函数中。

（5）设置不同颜色物块的高度。将各颜色物块高度分别写入 SmartKit_VISSetBlockHeight(char color, float height) 函数中。物块高度须由用户自行通过测量工具获取，单位为毫米。

（6）设置物块颜色标签。在 PixyMon 页面点击"Action"→"Set signature x…"设置物块颜色标签，并写入 SmartKit_VISSetColorSignature(char color, char signature) 函数中，其中，x 表示对应物块颜色标签。对每个颜色的物块进行一次标记即可。

步骤 5　逻辑设计

在硬件设备连接准备完毕后，以任务功能为导向，绘制逻辑设计流程图（见图 12-52）。

（1）导入功能实现所需库函数，进行程序初始化。

（2）设置摄像头的初始位置。

（3）写入 PixyMon 软件中调试完成的物块图像坐标。

（4）写入 PixyMon 软件中显示的物块笛卡儿坐标，获取矩阵。

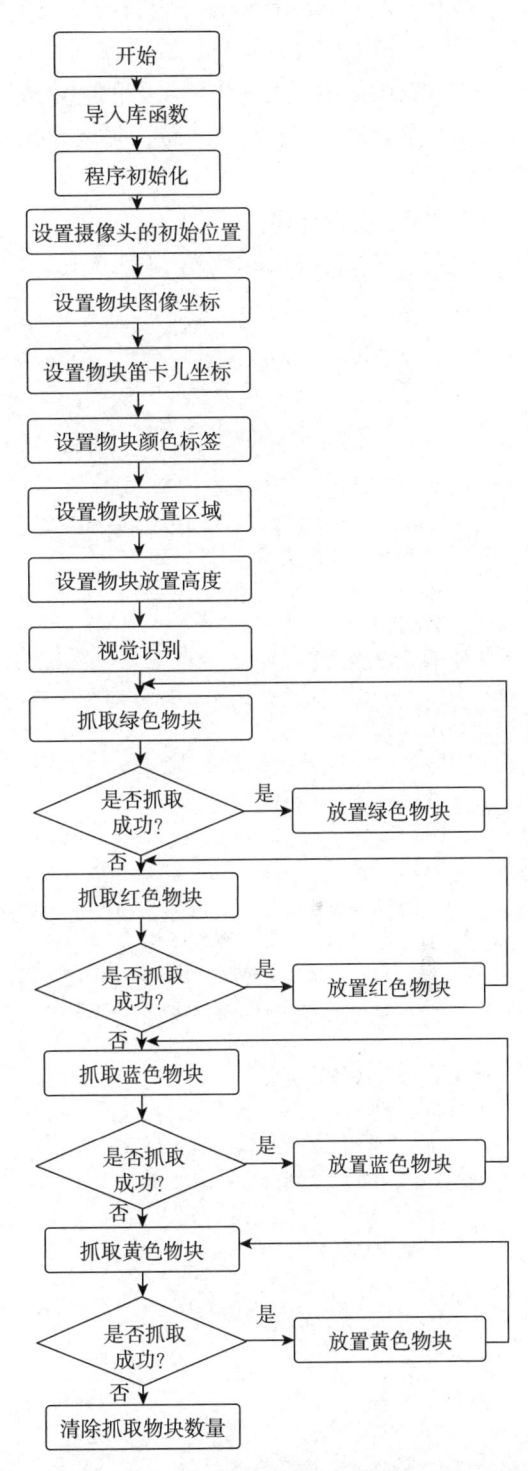

图 12-52　视觉识别机械臂分拣功能逻辑设计流程图

（5）写入 PixyMon 软件中设置的物块颜色标签。
（6）在函数中写入物块放置区域。
（7）在函数中写入事先测量好的物块放置高度。
（8）开始进行视觉识别，依次抓取绿色物块、红色物块、蓝色物块和黄色物块，根据颜色分拣。

步骤 6　关键代码

```
// 导入库函数
#include "SmartKit.h"
// 程序初始化
void setup()
{
  Serial.begin(115200);
// 设置摄像头的初始位置
  SmartKit_VISSetAT(197.2155, 0.0679, 61.0561, 25.5385);
// 设置物块图像坐标
  SmartKit_VISSetPixyMatrix(11, 153, 44, 45, 135, 91, 45, 46, 260, 11, 47, 43);
// 设置物块笛卡儿坐标，根据物块图像坐标和笛卡儿坐标获取变换矩阵
  SmartKit_VISSetDobotMatrix(245.1905, -61.6963, 214.2730, 1.5698, 169.7256, 67.9938);
  SmartKit_VISSetGrapAreaZ(-65);
// 设置物块颜色标签
  SmartKit_VISSetColorSignature(RED, 1);
  SmartKit_VISSetColorSignature(GREEN, 2);
  SmartKit_VISSetColorSignature(BLUE, 3);
// 设置不同颜色物块的放置区域
  SmartKit_VISSetBlockTA(RED, 120, -135.9563, -66.9085, 0);
  SmartKit_VISSetBlockTA(GREEN, 180, -135.9563, -66.9085, 0);
  SmartKit_VISSetBlockTA(BLUE, 240, -135.9563, -66.9085, 0);
// 设置物块放置高度
  SmartKit_VISSetBlockHeight(RED, 26);
  SmartKit_VISSetBlockHeight(GREEN, 26);
  SmartKit_VISSetBlockHeight(BLUE, 26);
  SmartKit_VISInit();
// 视觉识别初始化
  SmartKit_Init();
  Serial.println("Smart Init...");
}
// 主程序
void loop()
{
  int color;
  Dobot_SetPTPJumpParams(0);
  SmartKit_VISRun();           // 视觉识别，获取物块的数量、颜色、坐标等
```

```c
// 绿色
    color = GREEN;
    Dobot_SetPTPJumpParams(10);                          // 设置机械臂抬升高度
    while (SmartKit_VISGrabBlock(color, 1, 0) == TRUE)   // 抓取物块
    {
        Dobot_SetPTPJumpParams(30);                      // 设置机械臂抬升高度
        SmartKit_VISPlaceBlock(color);                   // 放置物块
    }
    SmartKit_VISSetBlockPlaceNum(color, 0);              // 清除放置的物块
// 红色
    color = RED;
    Dobot_SetPTPJumpParams(10);
    while (SmartKit_VISGrabBlock(color, 1, 0) == TRUE)
    {
        Dobot_SetPTPJumpParams(30);
        SmartKit_VISPlaceBlock(color);
    }
    SmartKit_VISSetBlockPlaceNum(color, 0);
// 蓝色
    color = BLUE;
    Dobot_SetPTPJumpParams(10);
    while (SmartKit_VISGrabBlock(color, 1, 0) == TRUE)
    {
        Dobot_SetPTPJumpParams(30);
        SmartKit_VISPlaceBlock(color);
    }
    SmartKit_VISSetBlockPlaceNum(color, 0);
// 黄色
    color = YELLOW;
    Dobot_SetPTPJumpParams(10);
    while (SmartKit_VISGrabBlock(color, 1, 0) == TRUE)
    {
        Dobot_SetPTPJumpParams(30);
        SmartKit_VISPlaceBlock(color);
    }
    SmartKit_VISSetBlockPlaceNum(color, 0);
}
```

知识提炼

图像识别技术是 AI 的一个重要领域，是一种对图像进行对象识别，以识别各种不同模式的目标和对象的技术。图像识别技术以图像的主要特征为基础。比如，字母 A 有个尖。再如，在示例中，对物块设置颜色标签，以色度来区分。

图像识别的发展经历了文字识别、数字图像处理与识别、物体识别 3 个阶段。文字识别的研究是从 1950 年开始的，一般是识别字母、数字和符号，从印刷文字识别到

手写文字识别，应用非常广泛；数字图像处理与识别的研究开始于 1965 年，数字图像与模拟图像相比具有存储、传输、处理方便，可压缩，传输过程中不易失真等优势，这些都为图像识别技术的发展提供了强大的动力；物体识别主要指的是对三维世界的客体及环境的感知和认识，属于高级的计算机视觉范畴，它以数字图像处理与识别为基础，研究方向为 AI、系统学等，其研究成果被广泛应用在各种探测机器人相关工业领域。

图像识别流程主要包括以下 4 个步骤。

（1）获取信息：主要是指将声音和光等信息通过传感器向电信号转换，也就是对识别对象的基本信息进行获取，并将其向计算机可识别的信息转换。

（2）信息预处理：主要是指采用去噪、变换及平滑等操作对图像进行处理，以提高图像的质量。

（3）抽取及选择特征：主要是指在模式识别中，抽取及选择图像特征，概括而言就是识别图像具有种类多样的特点，如采用一定方式分离，就要识别图像的特征，获取特征也称特征抽取；在特征抽取中所得到的特征也许对此次识别并不都是有用的，这个时候就要提取有用的特征，这就是特征的选择。特征抽取和选择在图像识别过程中是非常关键的技术。

（4）设计分类器及分类决策：设计分类器就是根据训练对识别规则进行制定的，基于此，识别规则能够得到特征的主要种类，进而使图像不断提高辨识率，此后再通过识别特殊特征，最终实现对图像的评价和确认。

问题拓展

视觉识别过程中容易出现的问题：视觉传感器无法识别物块颜色，完成分拣任务。请你思考出现该问题的原因，并给出解决方案。

任务六　智能商品分拣系统测试与排故

任务描述

（1）完成各任务单元模块的组装，合理安置功能位置。

（2）整合图形化代码，上传至 Arduino Mega 2560 开发板并进行调试。

（3）结合图形化代码与各模块关键代码，用 C 语言自行编写完成的代码，并在 Arduino IDE 中运行。

（4）选择场景，进行功能演示。

任务实施

步骤 1　整合任务单元模块

整合任务五的单元模块，各模块引脚连接示意图如图 12-53 所示。

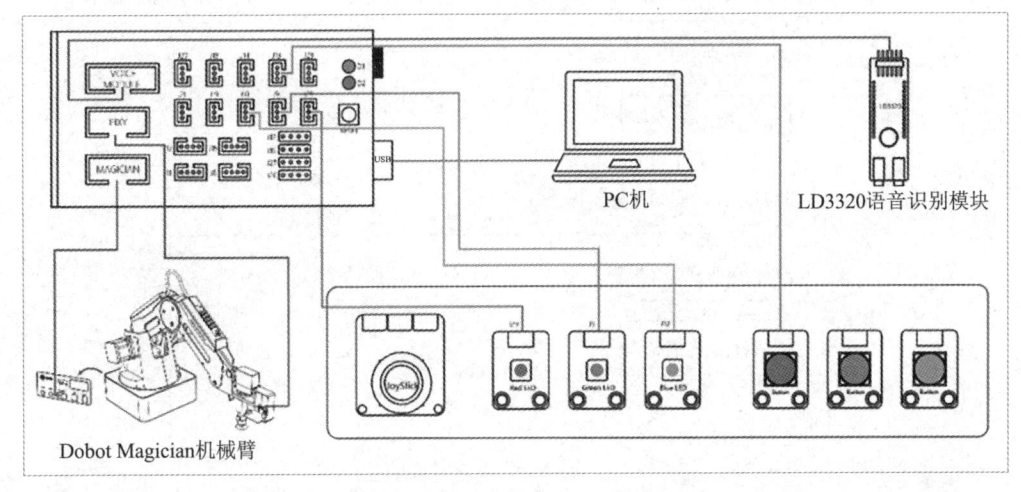

图 12-53　各模块引脚连接示意图

根据图 12-53 连接元件实物，机械臂运行过程截图如图 12-54 所示，采用红、绿、蓝、黄四色物块进行模拟实验，将物块置于视觉范围内，操作人员按下按键，所有 LED 灯亮起，操作人员对语音识别模块上的麦克风说出待识别的颜色，并松开按键，所有 LED 灯熄灭，视觉识别模块开始识别颜色并进行分拣。

图 12-54　机械臂运行过程截图

步骤 2　智能商品分拣系统逻辑设计

整合各单元模块功能，对系统整体逻辑进行梳理。智能商品分拣系统逻辑设计流程图如图 12-55 所示。

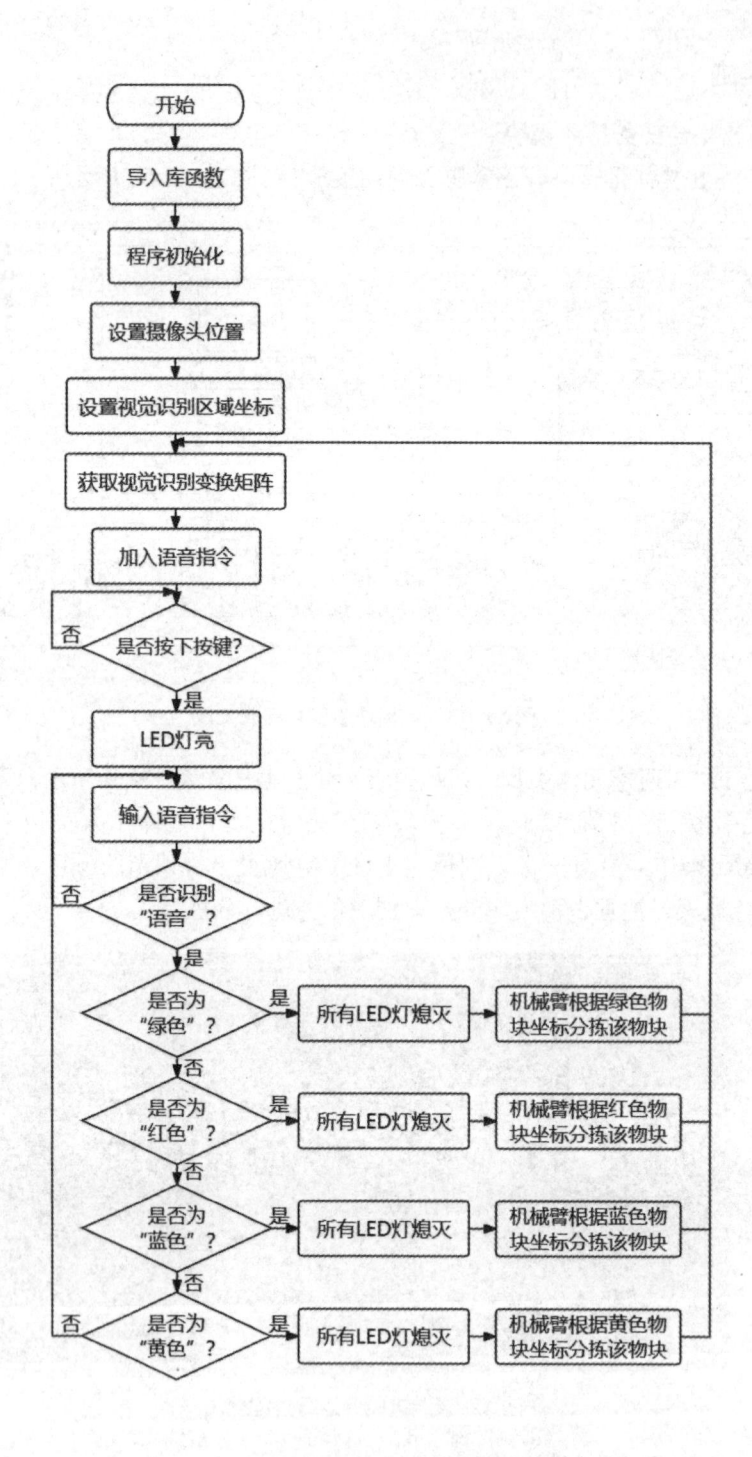

图 12-55 智能商品分拣系统逻辑设计流程图

步骤3 智能商品分拣系统关键代码

```
// 导入库函数
#include "SmartKit.h"
// 程序初始化
void setup()
{
 Serial.begin(115200);
// 设置视觉识别区域坐标
 SmartKit_VISSetAT(197.2155, 0.0679, 61.0561, 25.5385);
// 设置pixy变换矩阵
 SmartKit_VISSetPixyMatrix(11, 153, 44, 45, 135, 91, 45, 46, 260, 11, 47, 43);
// 设置颜色标识
 SmartKit_VISSetColorSignature(RED, 1);
 SmartKit_VISSetColorSignature(GREEN, 2);
 SmartKit_VISSetColorSignature(BLUE, 3);
 SmartKit_VISSetColorSignature(YELLOW, 4);
// 设置机械臂变换矩阵
 SmartKit_VISSetDobotMatrix(245.1905, -61.6963, 214.2730, 1.5698, 169.7256, 67.9938);
// 设置抓取平面z轴坐标
 SmartKit_VISSetGrapAreaZ(-65);
// 设置物块目标区域
 SmartKit_VISSetBlockTA(RED, 120, -135.9563, -66.9085, 0);
 SmartKit_VISSetBlockTA(GREEN, 160, -135.9563, -66.9085, 0);
 SmartKit_VISSetBlockTA(BLUE, 200, -135.9563, -66.9085, 0);
 SmartKit_VISSetBlockTA(YELLOW, 240, -135.9563, -66.9085, 0);
// 设置物块放置高度
 SmartKit_VISSetBlockHeight(RED, 26);
 SmartKit_VISSetBlockHeight(GREEN, 26);
 SmartKit_VISSetBlockHeight(BLUE, 26);
 SmartKit_VISSetBlockHeight(YELLOW, 26);
// 视觉识别初始化
 SmartKit_VISInit();
 SmartKit_VoiceCNInit();
 SmartKit_Init();
// 加入语音指令
 SmartKit_VoiceCNAddCommand("hong se",1);
 SmartKit_VoiceCNAddCommand("lan se",2);
 SmartKit_VoiceCNAddCommand("lv se",3);
 SmartKit_VoiceCNAddCommand("huang se",4);
 SmartKit_VoiceCNStart();
 Serial.println("Smart Init...");
}
// 主程序
```

```
void loop()
{
  int color;
  Dobot_SetPTPJumpParams(0);                          // 设置机械臂抬升高度

    // 检查是否按下红色按键
if(SmartKit_ButtonCheckState(RED)==DOWN)
    {
      SmartKit_LedTurn(RED, ON);                      // 点亮所有指示灯
      SmartKit_LedTurn(BLUE, ON);
      SmartKit_LedTurn(GREEN, ON);

// 检测用户指令与物块颜色是否对应
 if (SmartKit_VoiceCNVoiceCheck(3) == TRUE)
        {
          color = GREEN;
          SmartKit_LedTurn(RED, OFF);                 // 熄灭所有指示灯
          SmartKit_LedTurn(BLUE, OFF);
          SmartKit_LedTurn(GREEN, OFF);
// 视觉识别，获取物块的数量、颜色、坐标等
while(SmartKit_VISRun() == TRUE)
            {
              Dobot_SetPTPJumpParams(10);             // 设置机械臂抬升高度
              while (SmartKit_VISGrabBlock(color, 1, 0) == TRUE)
                                                     // 抓取
                {
                  Dobot_SetPTPJumpParams(30);         // 设置机械臂抬升高度
                  SmartKit_VISPlaceBlock(color);// 放下
                }
            }
          SmartKit_VISSetBlockPlaceNum(color, 0);
        }

     if (SmartKit_VoiceCNVoiceCheck(1) == TRUE)
        {
          color = RED;
          SmartKit_LedTurn(RED, OFF);
          SmartKit_LedTurn(BLUE, OFF);
          SmartKit_LedTurn(GREEN, OFF);
          SmartKit_VISRun();
          while(SmartKit_VISRun() == TRUE)
            {
              Dobot_SetPTPJumpParams(10);
              while (SmartKit_VISGrabBlock(color, 1, 0) == TRUE)
                {
                  Dobot_SetPTPJumpParams(30);
                  SmartKit_VISPlaceBlock(color);
```

```c
            }
          }
          SmartKit_VISSetBlockPlaceNum(color, 0);
      }
      if (SmartKit_VoiceCNVoiceCheck(2) == TRUE)
        {
          color = BLUE;
          SmartKit_LedTurn(RED, OFF);
          SmartKit_LedTurn(BLUE, OFF);
          SmartKit_LedTurn(GREEN, OFF);
          while(SmartKit_VISRun() == TRUE)
            {
              Dobot_SetPTPJumpParams(10);
              while (SmartKit_VISGrabBlock(color, 1, 0) == TRUE)
               {
                  Dobot_SetPTPJumpParams(30);
                  SmartKit_VISPlaceBlock(color);
                }
            }
          SmartKit_VISSetBlockPlaceNum(color, 0);
      }
      if (SmartKit_VoiceCNVoiceCheck(4) == TRUE)
         {
          color = YELLOW;
          SmartKit_LedTurn(RED, OFF);
          SmartKit_LedTurn(BLUE, OFF);
          SmartKit_LedTurn(GREEN, OFF);
          while(SmartKit_VISRun() == TRUE)
           {
              Dobot_SetPTPJumpParams(10);
              while (SmartKit_VISGrabBlock(color, 1, 0) == TRUE)
               {
                  Dobot_SetPTPJumpParams(30);
                  SmartKit_VISPlaceBlock(color);
                }
            }
         SmartKit_VISSetBlockPlaceNum(color, 0);
       }
    }
    else
    {
       SmartKit_LedTurn(RED, OFF);
       SmartKit_LedTurn(BLUE, OFF);
       SmartKit_LedTurn(GREEN, OFF);
    }
 }
}
```

步骤4 功能测试

对连接好的智能商品分拣系统进行场景功能测试,测试环境为实验室,测试搬运物体为模拟物块(红、黄、蓝、绿)4种。

测试者输入"抓取蓝色物块"语音指令(见图12-56)。

图12-56 测试者输入"抓取蓝色物块"语音指令

系统识别到指令,LED灯熄灭,准备抓取物块(见图12-57)。

机械臂成功抓取蓝色物块(见图12-58)。

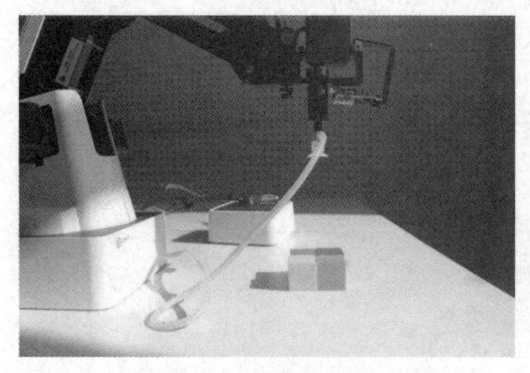

图12-57 机械臂准备抓取物块 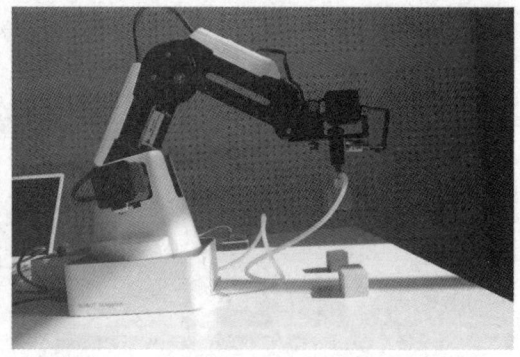   图12-58 机械臂成功抓取蓝色物块

测试者输入"抓取绿色物块"语音指令(见图12-59)。

机械臂成功抓取绿色物块(见图12-60)。

图12-59 测试者输入"抓取绿色物块"语音指令 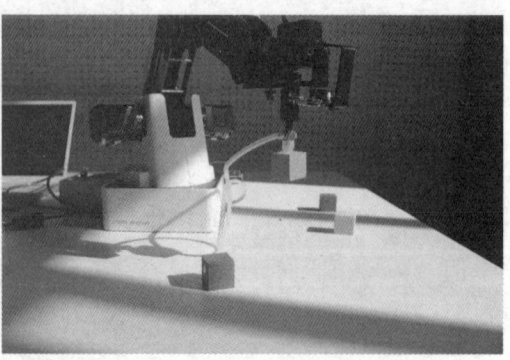   图12-60 机械臂成功抓取绿色物块

测试者输入"抓取黄色物块"语音指令(见图12-61)。

机械臂成功抓取黄色物块(见图12-62)。

图 12-61　测试者输入"抓取黄色物块"语音指令 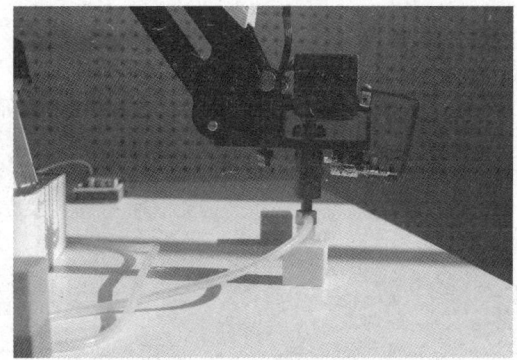　　图 12-62　机械臂成功抓取黄色物块

测试者输入"抓取红色物块"语音指令(见图12-63)。

机械臂成功抓取红色物块(见图12-64)。

图 12-63　测试者输入"抓取红色物块"语音指令 　　图 12-64　机械臂成功抓取红色物块

步骤5　智能商品分拣系统评价

当前,许多传统制造企业的老式仓库中,一直存在这样一种现象:东西太多,想要的东西找不到,不想要的东西又不能及时清理。仓库建设缺乏长远规划,相关管理人员也不能及时处理缺划、爆仓等情况,长此以往会影响企业的生产运营。如果引入智能商品分拣系统,就可以帮助传统制造企业完成更精准、更高效的仓储管理。但仅能实现智能分拣是远远不够的,如果能将智能商品分拣系统结合全自动流水线,实现从入库到出库由全自动机器完成,就可以帮助更多的传统制造企业仓库提升工作效率,实现智能化发展了。

第十三章　创新对策：智创课程实施方略

AI 课程开发与实施是新时代国家战略实施与先发竞争优势的必备条件。为实现国家发展愿景，本章节提出基础教育 AI 课程的管理、整合、实施和评价的四项方略。

第一节　课程管理

课程管理是为综合平衡各课程利益相关方的要求而进行的活动。调查发现，课程管理主要有政府主导、政策驱动、多方协同三种组织形式。政府为 AI 课程实施提供有利的政策环境，支持教育实践者、课程专家、计算机科学家和 AI 企业等多方协同推进 AI 课程实施。

一、政府自上而下主导 AI 课程的开发和实施

目前，AI 课程在教学过程中主要依赖校本教材或商业资源。然而，这种方式存在缺乏标准化方案和统一培养方向的问题，导致教学质量参差不齐。为解决这一问题，政府可发挥主导作用，从宏观层面规划和设计 AI 课程。首先，政府可通过文化选择和传承来实现教育知识的国家化，即制定统一的 AI 课程标准、教学纲要和方案，并通过官方渠道发布。其次，政府还能够通过计划干预加强课程管控，建立起一个以政府为主导、学校自主、企业协作参与的课程管理体系。这样不仅能够增强 AI 课程的专业性，还能够提高其系统性。

二、政策制度从全系统、AI 转型和法律三个层面驱动 AI 课程的实施

为了有效推行 AI 教育，有必要营造支持性的政策环境并为课程设置留出适当的空间。首先，政策制定者应清晰界定 AI 与教育政策的总体愿景，评估实施前的准备状态、成本效益，并确立具有包容性、多样性和公平性的政策目标，以保证开发的 AI 课程惠及所有学生。其次，需要融合不同学科领域的专业知识，以及各利益相关者的见解来指导政策规划，并构建一个包含规划、执行、监督、评估和更新环节的动态发展流程。最后，还需建立健全的数据保护法规，确保教育数据的收集和分析透明、可追踪，并获得教师、学生及家长的同意与监督。

三、各相关利益方协同工作，推进 AI 课程的有效实施

在政府的引导和政策的支持下，我们应当构建一个跨行业、跨领域的协作机制，鼓励教育界与工业界的专家们携手推进 AI 课程的建设与实施。课程专家可以提供开发、实施及评估 AI 课程的理论依据和方法论，指导教师制定具体的教学方案，并鼓励学校探索适应 AI 教学的教法、环境和资源；行业专家能够贡献实际应用中的知识、素材和案例，将真实的工作情境带入课堂，参与设定课程标准和教学计划，并帮助评估课外实践环节的有效性；学校教师则可以结合课程专家和行业专家的力量，制定贴合学生需求的教学方案，尝试与工业界合作的"双师型"教学模式，同时引导学生参加课余创新活动，培养他们的实践能力和创新精神。总结而言，应构建一个自上而下的政府主导体系，配套全面的政策制度，实行多方参与的课程管理策略，以此为基础构建系统化的 AI 课程框架，从而促进学生智能核心素养的全面提升。

第二节 课程整合

课程整合旨在解决教育领域中学科课程的割裂与对立问题，以人为本，通过多学科知识互动、综合能力培养和师生合作，实现全新的课程发展目标。

一、依据国家治理方式，选择独立式或嵌入式的整合模式

国家的教育治理方式是决定课程整合模式的关键因素。在中国，教育被视为国家的根本和发展的基础，在中央和地方层面都设有专门的教育行政机构。因此，中国适合采用独立的课程整合方式，在全国范围内实施统一的 AI 课程。例如，中国的高中信息技术课程中，AI 基础模块采用独立的整合模式。但在其他教育治理程度不高的国家，地方政府有权自行开发适合本地区的 AI 课程，并将其嵌入其他科目，采用嵌入式的课程整合模式。例如，韩国就采用了嵌入式的课程整合模式，在本地区开发了两个 AI

选修科目。

综上所述，不同国家的教育治理方式决定了其对课程整合的选择。这取决于教育的中央化程度及地方政府在教育决策中的权力。

二、根据学生认知发展的不同阶段，选择跨学科或多元化的整合模式

根据皮亚杰（Piaget）的认知发展理论，具体运算阶段对应小学阶段，在这一阶段学生的思维活动需要有具体的内容作支撑。形式运算阶段对应中学阶段，学生的思维开始发展到抽象逻辑推理水平，能够进行假设、演绎、推理等认知行为。因此，在小学阶段的 AI 课程中，可以采用跨学科的整合模式，让学生借助其他科目内容（如数学、科学、地理）来理解 AI 中的抽象内容。而在中学阶段的 AI 课程中，适宜采用多元化的形式，开展丰富多样的 AI 课程学习活动，包括 AI 科技社团活动和 AI 创新竞赛等。因此，学生的认知发展阶段决定了 AI 课程采用的是跨学科还是多元化的整合模式。

三、基于多种因素与必要条件，创造灵活组合的整合模式

开设 AI 课程时，需要综合考虑国情、地方经济发展特点、信息技术发展水平及学生信息素养基础，并采用灵活组合的整合模式。以中国为例，东部地区经济发达、科技力量发展较快，学校 AI 设施配备较好，学生对新技术和新工具的接受能力较强，适合开设独立式和多元化 AI 课程。而西部地区经济发展相对滞后，没有充足的财力和物力用于独立式 AI 课程的发展，因此可以采用嵌入式和跨学科的整合模式。

第三节　课程实施

目前，学校的 AI 课程内容相对来说比较浅显，知识点也比较有限，仅仅依靠编程远远不能全面覆盖 AI 的范畴，这对于培养学生的智能核心素养是不利的。因此，为了更好地实施以培养智能核心素养为目标的 AI 课程，学校需要采用基于实际场景的教学内容，创新性的教学方法，并且配备全面且多样化的 AI 教材。

一、设计场景化的 AI 课程教学项目

通过场景化设计，学生能够身临其境，在实践中学习，在探索中思考和提升。要设计一个场景化的 AI 课程，首先需要寻找学生在现实生活中可能会遇到的智能化创新的场景和问题，然后分析如何用 AI 来解决这些问题，确定课程的项目名称和场景描述。其次，将教学项目拆分成多个相互关联的任务情境，按照业务逻辑和过程进行

组织，确保每个任务情境都有明确的学习目标、学习活动、学习成果和评价标准。最后，针对每个任务情境，进行数字化教学资源建设，包括录制真实场景的微视频，制作自主学习微课，开发基于 VR/AR 的仿真课件，提供情境任务学习的拓展性材料，设计任务情境评价量规，以及开发相应的形成性测试题。

二、创新融入设计思维和计算思维的项目式教学

为了培养学生的设计思维、计算思维和创新思维，AI 课程实施者应该考虑采用创新的教学方法并创造跨学科学习的机会来解决学生在现实生活中面临的挑战。目前 AI 课程的教学方法主要包括讲授法、小组合作法、活动化教学和项目式教学。其中，项目式教学是 AI 技术与创新应用内容范畴的主要教学方式，具有情境性、真实性、结构性和综合性。为了促进学生智能核心素养的发展，在原有的项目式教学的基础上，可以采用以下三种方式来实施：

首先，遵循以学生为中心的行动导向原则，贯彻"以学生为中心"的教学理念，使学生在学习过程中经历咨询、制订方案、决策、实施、检查、评价这六个行动步骤。

其次，可以将 AI 作品创造作为课程教学项目，把设计思维的五个环节融入教学项目的任务情境。通过设计并实施"共情体验、问题定义、创意形成、原型制作和实验测试"五阶递进的学习活动，来训练和发展学生的设计思维能力。

最后，利用计算机解决问题的方法和过程，将 AI 作品创造分解为模式识别与建模的任务情境。采用抽象逻辑和算法模拟设计 AI 任务情境的解决方案，并通过基于多源多维数据的自动化评估，最终形成通用、泛化的解决方案，以发展和提升学生的计算思维能力。

三、开发基于智能核心素养的立体化、新形态教材

教材在 AI 课程中扮演着重要角色，对于培养学生的智能核心素养起到关键作用。然而，由于 AI 课程的实践性和综合性，传统教材已经无法满足学生的需求。因此，笔者建议研究者可以参考智能核心素养体系，开发一种全新的、立体化的 AI 教材。与传统纸质教材不同，这种教材以活页工作手册的形式呈现，能够个性化定制，以满足学生的需求。此外，教材以项目为主线，配合开发信息化资源，实现教学的多维度发展。通过采用渐进式学习的方式，教材可以扩展教学的时间和空间，从而提升学生的智能核心素养。

综上所述，为了增强 AI 课程的特色并进一步推进面向智能核心素养的 AI 课程的发展，我们需要在课程实施中设计场景化的 AI 课程教学项目，并创新性地纳入设计思维和计算思维的项目式教学。此外，开发基于智能核心素养的立体化、新形态教材也是至关重要的。通过这些举措，不仅可以增强 AI 课程的特色，同时能提升面向智能核心素养的 AI 课程的实施效果。

第四节　课程评价

国家战略为开设 AI 课程提供了必要的条件，并为其发展指明了方向。AI 课程的主要目标是提升学生的智能核心素养、科学精神和科学素养。因此，执行面向智能核心素养的 AI 课程需要建立一个综合国家战略引领、智能素养导向和实证数据驱动的课程评价体系。

一、国家战略引领 AI 课程标准的制定和实施

培养 AI 人才符合国家现代化的必然需求。为了满足国家人才战略需求，首先，需要加强 AI 课程的顶层设计，并进一步完善 AI 课程标准、学业质量标准和课程体系，以提供专业标准和有效指导，促进 AI 教学和评价。其次，AI 课程应符合国家 AI 发展规划，为国家 AI 发展战略提供服务，并根据学生的实际情况开展适合本土学生发展的 AI 课程。同时，鼓励和支持学校和教师根据国家课程标准开发具有各自特色的校本课程和实验，以持续完善课程标准和体系。

二、智能素养导向 AI 课程学习成果的达成

AI 课程的最终目标是提升学生智能核心素养，由培养"数字土著"转向培养"AI 公民"。为实现这一目标，首先，学校应鼓励社会和企业共同参与，优化人才培养实践的资源分配。通过鼓励技术优势企业派驻人才到校园，将最新的 AI 发展成果及时应用于教学，从而激发学生的创新意识，推动 AI 人才全面综合发展。其次，重视培养教师的智能素养，积极推进基于 AI 的教师素养培养。通过教师培训和定期指导等方式，培养能够胜任培养学生智能核心素养的 AI 时代教师。此外，教育者应关注 AI 时代的伦理、安全和隐私等内容，正确处理教育和技术的关系，潜移默化地培养学生的 AI 素养、信息素养和创新能力，帮助他们提前适应未来智能时代的发展变化。

三、实证数据驱动 AI 课程的多元全程评价

课程评价需要全面考虑学生在各个方面的学习成果，并从多个角度进行评估，以确保可测、可评、可量。为了进行实证数据驱动的课程评价，教育工作者可以从以下三个方面着手。

首先，要从形成性评价和总结性评价的过程开始，建立一个 AI 课程考核评价的量规表，并且确保评价方式和评价体系与课程教学目标相匹配。所观察的考核点和所得到的结果应该具体、明确、可衡量。

其次，课程实施过程中应该关注学生的学习过程，通过教师的主观观察、技术的实时追踪和学生画像等手段，记录学生在整个学习过程中的数据。

最后，根据学生的学习成果展示和案例呈现，进行综合评定。整个评价过程包括学生自评、同伴互评、教师总结、专家点评等环节，形成一个数据驱动的综合课程评价，涵盖全过程、多方面、多元化的准确性。

综上所述，应该在国家战略的指导下，以培养学生智能核心素养为导向，建立一个实证数据驱动的多元全程评价体系，及时对学习过程和结果中的问题进行反馈，推动 AI 课程的实施。

第五节　课程空间

随着 AI 教育的推进，良好的学习环境成为支撑 AI 课程开展和实施的重要因素。因此，为了有效实施面向智能核心素养的 AI 课程，需要打造一个符合 AI 学科特点和学生发展需求的智创空间，并且配备适用于各类学习活动的工具和资源。

一、打造线上线下、虚实融合的智创空间

智创空间作为 AI 教育的学习环境，集合了智能、知识、文化和创新几种元素。与传统教室不同的是，智创空间突破了传统布局的限制，更注重人们对整个环境的感知。首先，智创空间打破了空间和时间的限制，构建了一个集线上线下、虚实融合为一体的智慧学习环境，使空间更具平等、共享、体验和实践的特性。其次，智创空间提供了线下资源，例如 Arduino Mega 2560 开发板、教育机器人等设备和资源，对所有用户开放；同时，在线上资源方面，学生可以申请免费使用学习手册、教学视频等资源，而不受空间的限制。最后，学校建立智创空间的管理机制，以确保知识学习区、硬件资源区等设备的正常使用和维护，并鼓励学生将优秀作品放置在展示区，供群体学习和交流使用。

二、应用普适性的学习工具和学习资源

基于智能核心素养的 AI 课程应该避免依赖特定的技术、平台和设备。调查发现，现有的 AI 课程包含了广泛的应用、工具和技术，但并不完全依赖数学或编程知识，也不完全依赖于技术。因此，AI 课程应该涉及多种技术，以便使用各种工具和设备来帮助学生掌握知识。为了实现这一目标，可以采用如下策略：首先，教师可以参与 AI 课程资源的开发，在将资源发给学校和学生之前进行试点测试，为 AI 概念和教学方法的引入做充分准备。其次，学校可以引进包含互动任务在内的在线工具及其他开源的工具和资源，为教师培训和课堂学习提供培训材料和教学支持。此外，政府也应该管理和开发公开许可或非商业性的学习工具和学习资源，并创建公共在线平台以支持 AI 教学和学习。

综上所述，应该打造线上线下、虚实融合的智创空间，应用普适性的学习工具和学习资源，以提供更适合 AI 学科的学习环境，并确保 AI 课程能够有效实施。

展望未来，全球各国政府正努力成为 AI 基础教育课程的主导者。在管理方面，他们将以政策为驱动，促使相关者协同工作；同时，基于治理方式、学生认知发展和其他多种因素，他们将创造灵活的整合模式。在实施过程中，他们将丰富场景化的课程内容，采用项目化的教学策略，并使用普适化的学习工具。此外，他们还将探索国家战略指导下的智能素养实证数据驱动的评价方案，以培养更多具备智能素养的现代公民和掌握颠覆性技术的创新型人才。

第十四章　未来发展：GAI 的影响与挑战

随着聊天机器人 ChatGPT 的引领式发展，社会各界广泛关注生成式 AI（简称 GAI）潜在的社会伦理风险，尤其是有关 GAI 是否能够取代人类知识工作的议题。过去一年中，全球权威机构和学者相继发布了多项 GAI 对劳动力市场潜在影响的研究报告，引起社会各界对 GAI 影响人类社会劳动力市场的深度思考。首先，OpenAI 发布了大语言模型对美国劳动力市场早期潜在影响的研究报告[1]。随后，楼博文等分析了 GPTs 对中国劳动力市场的影响[2]，陈岚等则基于 BOSS 直聘的招聘大数据，探究了 ChatGPT 对中国劳动力市场的潜在影响[3]。马蒂亚斯基于 GPT-3.5 探究 AI 对德国劳动力市场的影响[4]。此外，扎里夫霍纳瓦探讨了 ChatGPT 对全球劳动力市场的短期影响和长期影响[5]，而高盛集团发布的研究报告则预测了 GAI 对经济增长的影响[6]。这些研究报告开启了 GAI 技术影响劳动力市场的新课题研究，预示着 AI 技术作为当

---

[1] Eloundou T, Manning S, Mishkin P, et al. Gpts are gpts: An early look at the labor market impact potential of large language models[J]. arXiv preprint arXiv:2303.10130, 2023.

[2] Lou, B., Sun, H., Sun, T.,"Gpts and labor markets in the developing economy: Evidence from china", Available at SSRN, vol. 6, 2023, pp. 4426461.

[3] Chen, L., Chen, X., Wu, S. Y., et al.,"The Future of ChatGPT-enabled Labor Market: A Preliminary Study." ArXiv, vol. abs/2304.09823, 2023, n. pag.

[4] Oschinski, M.,"Assessing the Impact of Artificial Intelligence on Germany's Labor Market: Insights from a ChatGPT Analysis". https://mpra.ub.uni-muenchen.de/id/eprint/118300. 2023-10-14.

[5] Zarifhonarvar, A.,"Economics of chatgpt: A labor market view on the occupational impact of artificial intelligence", Available at SSRN, vol. 5, 2023, pp. 4350925.

[6] Hatzius J. The Potentially Large Effects of Artificial Intelligence on Economic Growth (Briggs/Kodnani)[J]. Goldman Sachs, 2023.

前引领生产力变革的重要力量，已成为我国经济社会改革与发展领域重点关注的研究议题。

第一节　GAI 的关键概念

GAI 技术与应用产生了一系列相关的新工具和新概念，包括大语言模型、GPTs 和岗位 AI 暴露度。这些新技术和新概念成为审视、评测 GAI 对社会劳动力市场潜在影响的新工具和新规范。

一、生成式 AI（GAI）

生成式 AI（Generative Artificial Intelligence，GAI）是指基于算法、模型、规则生成文本、图片、音频、视频、代码等内容的技术，它是深度学习模型中的生成模型分支[①]。GAI 的工作原理是利用深度学习模型，学习数据集的模式和关系，然后利用学到的模式生成新内容[②]。根据内容数据集处理技术的不同，生成式模型分为生成式语言模型和生成式图形模型，前者基于自然语言处理技术，生成的模型是大语言模型，通过学习语言的规律和模式来生成新的文本；后者基于计算机视觉技术，学习图像的特征和结构生成新的视觉型内容，包括文本、图像、动画和视频。GAI 作为深刻改变世界的划时代创新技术，其影响堪比过去工业革命。

二、大语言模型（LLMs）

大语言模型（Large Language Models，LLMs）是 GAI 两种模型中的一种特殊模型，具有数百亿个或更多参数的人工神经网络模型，使用自监督学习或半监督学习方法，通过预训练大量未标记的文本数据，学习人类自然语言语料库中的语言模式和结构，包括语法、语义和本体论的具体知识[③]。最新研究表明，大语言模型不仅能生成符合人类语言规范的文字，还具备思维链和推理能力，包括意图理解、情感分析、实体识别和数学推理等[④]。

[①] 张绒. 生成式 AI 技术对教育领域的影响——关于 ChatGPT 的专访[J] 电化教育研究，2023，44（2）：5-14.
[②] 苗逢春. 生成式 AI 技术原理及其教育适用性考证[J]，现代教育技术，2023，33（11）：5-18.
[③] Liu Y, Han T, Ma S, et al. Summary of chatgpt-related research and perspective towards the future of large language models[J]. Meta-Radiology, 2023: 100017.
[④] 刘明，吴忠明，廖剑，等. 大语言模型的教育应用：原理，现状与挑战——轻量级 BERT 到对话式 ChatGPT[J]. 现代教育技术 2023, 33(8).

三、生成式预训练模型（GPTs）

GPTs 是一类生成式预训练模型（Generative Pre-trained Transformer，GPT）及其应用的统称，包括 GPT、GPT-2、GPT-3、GPT-4 等版本，以及 OpenAI 发布的 GPT 商店中提供的多样化 GPT 应用。GPTs 正在成为一种通用型的技术应用，通过对大规模文本数据进行预训练，从中学习丰富的语言知识，提高生成能力[1]。基于预训练的大语言模型，GPTs 对于用户提出的对话任务，能够持续不断地预测下一个词或文本，生成连续且流畅的文本内容[2]。

四、岗位 AI 暴露度

岗位 AI 暴露度是指反映社会行业中职业岗位的工作任务与 AI 技术应用间的紧密程度，测评职业及岗位在当前和未来可能受到 AI 技术冲击的程度[3]。不同职业及岗位的 AI 暴露度差异取决于其工作任务、技能要求是否存在被 AI 替代的可能性。AI 暴露度越高的职业及岗位更容易受到 AI 技术的影响，越可能面临智能化和被替代的风险。这个新概念可用于评估职业及岗位被替代情况的可能程度。

基于以上新技术、新概念和新规范，本章节综合全球机构和学者发布的 GAI 对劳动力市场影响的系列研究报告，从经济社会学的视角，分析 GAI 对美国、德国和中国的劳动力市场潜在影响，并预测其对全球未来劳动力市场和经济增长的潜在影响。基于此，提出我国应对 GAI 挑战的创新发展方略，以期为后续相关研究提供参考，助力社会各界主动构建职业及岗位知识谱系和工作系统，转变岗位工作方式，提升岗位培训质量，以适应智能时代劳动力市场的新变化和新要求。

第二节　GAI 对美国劳动力市场的潜在影响分析

在美国劳动力市场中知识密集型就业岗位占比较高，2019 年，知识产权密集型产业共创造了 6300 万个就业岗位，占美国所有就业岗位的 44%[4]。OpenAI 于 2023 年发布的研究报告《GPT 就是 GPT：大型语言模型对劳动力市场影响潜力的早期观察》（后面简称 OpenAI 研究报告），分析了 GAI 对美国 1016 个职业的影响程度，预测了

---

[1] 刘睿珩,叶霞,岳增营.面向自然语言处理任务的预训练模型综述[J].计算机应用,2021,41(5):1236.
[2] 卢宇,余京蕾,陈鹏鹤,等.生成式 AI 的教育应用与展望[J].中国远程教育,2023(4).
[3] Felten, E.W., Raj, M., Seamans, R.C.,"How will Language Modelers like ChatGPT Affect Occupations and Industries?", SSRN Electronic Journal, vol. 4, 2023, pp. 1-12.
[4] United States Patent and Trademark Office.Intellectual property and the U.S. economy: Third edition.[EB/OL].(2024-01-22).[2024-05-06].https://www.uspto.gov/sites/default/files/documents/uspto-ip-us-economy-third-edition.pdf.

GAI 对职业技能、不同行业、不同学历和不同收入人群的影响程度[1]。接下来，笔者将对该报告的分析结果展开具体讨论与分析。

一、GAI 对美国职业基本技能的影响

GAI 推动美国教育部门培养学生的批判性思维技能。OpenAI 的研究报告分析了 O*NET 基本技能与 GAI 暴露度之间的相关性，如图 14-1 所示，科学探究的 GAI 暴露度为 -0.230，逻辑推理的 GAI 暴露度为 -0.209，批判性思维的 GAI 暴露度为 -0.196，以上三种基本能力与 GAI 暴露度呈负相关。相反，写作技能的 GAI 暴露度为 0.467，编程技能的 GAI 暴露度为 0.623，两者均与 GAI 暴露度呈高度正相关。以上数据表明，需要科学探究、逻辑推理和批判性思维三种能力的职业受到 GAI 的影响较小，而需要写作和编程能力的职业受到 GAI 的影响较大。因此，科学探究、批判性思维和逻辑推理等能力成为 AI 时代各类职业岗位工作者的基本素养。

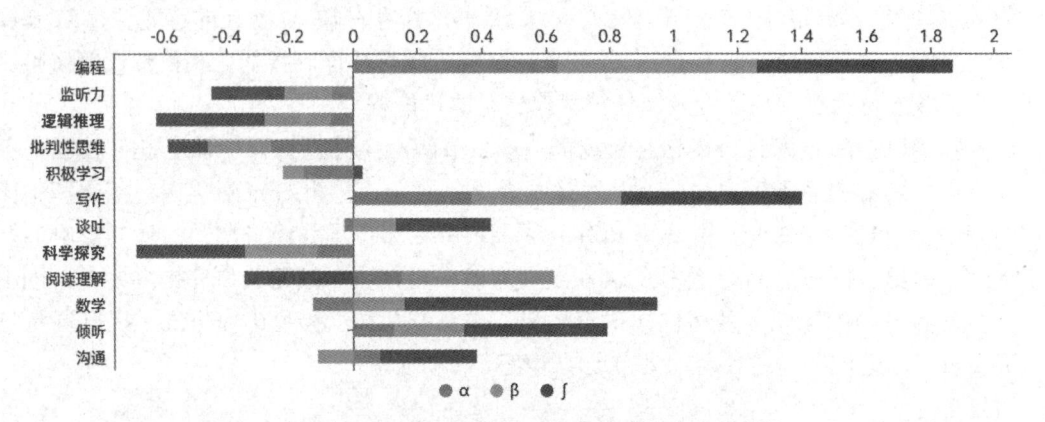

图 14-1　O*NET 基本技能与 GAI 暴露度相关关系分析

注：图 14-1 横轴代表岗位 AI 暴露度，纵轴代表 O*NET 的基本技能，O*NET 是由美国劳工部组织开发的工作分析系统（Occupational Information Network，O*NET）。数据来自 OpenAI 发布的报告。其中 α 代表一个职业中暴露工作任务比例的下限；β 代表一个职业在使用 GAI 及其驱动软件后工作任务至少缩短一半的时间；∫ 代表一个职业中暴露工作任务比例的上限[2]。

二、GAI 对美国高学历工作者的影响

GAI 对高学历工作者的工作任务影响更加显著。首先，OpenAI 研究报告显示，学士学位以上学历的工作者对整体的 GAI 暴露度均高于 0.74，其中学士学位的 GAI 暴露度最高；相反，高中和未接受正式教育的工作者对 GAI 的暴露度均低于 0.37。其次，嵌入 GAI 的应用软件对高学历工作者的影响较大，GAI 暴露度在 0.41 以上。最后，在

---

[1] Eloundou T, Manning S, Mishkin P, et al. Gpts are gpts: An early look at the labor market impact potential of large language models[J]. arXiv preprint arXiv:2303.10130, 2023.

[2] Eloundou T, Manning S, Mishkin P, et al. Gpts are gpts: An early look at the labor market impact potential of large language models[J]. arXiv preprint arXiv:2303.10130, 2023.

高学历的三个学位中，拥有博士和硕士学位工作者的 GAI 暴露度略低于学士学位工作者。综上，相较于高中和未接受正式教育的工作者来说，GAI 对高学历工作者的影响更大。

GAI 推动高学历工作者实现价值优化和潜能创新。一方面，GAI 为高学历工作者提供更为精确和迅捷的文本处理及分析工具，这不仅极大提升了他们的工作效率，而且激发了高学历工作者的创新潜力。例如，借助 GAI 的自动生成摘要、文本分类、机器翻译及知识问答等功能，提高知识型工作的生产效率。另一方面，GAI 能够从大量文本数据中学习语言信息和模式，为高学历工作者提供更广泛的知识面和更深入的理解图式，从而增加个体的知识价值和市场竞争力。因此，GAI 可以作为一种先进的辅助工具，可支持高学历工作者实现价值优化和潜能创新，提升其职业竞争力。

三、GAI 对美国行业领域的影响

GAI 对美国的信息处理行业影响最大，对农业和制造业影响最小。OpenAI 研究报告显示，86 个职业岗位的 GAI 暴露度为 100%，处于全暴露状态，包括会计师、审计师、税务人员、网页设计师、法律秘书、行政助理、数学家等。高 GAI 暴露度的行业主要集中于信息处理领域。其次，GAI 暴露度为 0 的职业岗位主要集中于农业和制造行业领域，包括农业设备操作人员、汽车修理工、厨师、建筑工作者、挖掘机操作员等。最后，营销战略家、平面设计师、投资基金经理和理财经理等职业岗位受 GAI 影响的方差较高，这表明 GAI 对这些职业影响的差异性最大。以上分析结果表明，GAI 对信息处理行业影响大，对制造业和农业等影响小，对营销业的影响则存在较大的内部差异。

四、GAI 对美国职业培训的影响

GAI 促使美国职业培训向长期在职培训转变。OpenAI 研究报告显示，没有职场培训要求和实习生制度的工作对整体的 GAI 暴露度均高于 0.71，其中没有职场培训要求的工作 GAI 暴露度最高，这表明对工作者的操作技能要求越低的岗位越容易受到 GAI 的影响；相反，学徒类工作的 GAI 暴露度最低，仅为 0.10，原因在于学徒制人才培养需要通过重复性操作技能训练掌握职业技能，操作技能要求较高[1]。最后，对有在职培训需求的职业来说，需长期在职培训的岗位 GAI 暴露度最低，为 0.33，而需要中期在职培训的岗位 GAI 暴露度最高，为 0.38。

综上分析，没有职场培训要求或只需实习的工作更容易受到 GAI 的影响，而学徒类的工作受 GAI 的影响最小。因此，随着职业教育不断向长期在职培训发展，工作者的职业技能素养将不断提升，能够有效缓解 GAI 带来的不利影响。

---

[1] 邱婷. 现代产业工人的技能培养：发展路径，困境及出路——基于某制造企业学徒制实践的观察 [J]. 中国职业技术教育，2023(16):89-96.

第三节　GAI 对德国劳动力市场的潜在影响分析

德国一直在推动工业 4.0 产业变革，其劳动市场也已受到 GAI 的影响。马蒂亚斯采用机器学习适用性（SML）的评分方法[①]，利用 ChatGPT 评估职业岗位的 AI 自动化程度，将 SML 分数映射到欧盟职业数据分类体系（ESCO）中，以此分析 GAI 对德国知识领域、技能领域、跨领域能力、职业岗位的潜在影响[②③]。

一、GAI 对德国知识领域的潜在影响

欧盟的知识领域类似于我国的学科领域概念，其知识体系由 11 个知识领域组成。OpenAI 研究报告显示，K8- 潜在信息和通信技术领域以平均分 3.43 分位居榜首，其次是 K5- 建筑和制造领域和 K3- 潜在工商管理和法律领域，依次排位为第二和第三，平均分分别为 2.57 分和 2.53 分。相比之下，K7- 潜在健康与福利领域的平均得分（1.95 分）最低，其次是以阅读、算术和个人发展为核心的 K6- 潜在通用技能与资格领域（2.20 分）和 K1- 潜在农业、林业、渔业和兽医领域（2.21 分）。

以上数据说明，GAI 对信息和通信技术领域的潜在影响最大，其次是建筑和制造及工商管理和法律两个知识领域。以上三个知识领域未来将在 GAI 技术的影响下快速地革新与发展。相反，健康与福利、潜在通用技能与资格及农业、林业、渔业和兽医三个知识领域受 GAI 的影响较小，这也预示着 GAI 在其中的应用和渗透存在潜在的发展空间。

二、GAI 对德国技能领域的潜在影响

ESCO 将技能分为 8 个领域，每个技能领域又包含多个技能任务。OpenAI 研究报告显示，首先，S5- 潜在计算机合作技能表现最为突出（3.09 分），其次，S2- 潜在信息技能（2.69 分），而 S6- 潜在搬运（2.07 分）、S3- 潜在照护（2.16 分）和 S7- 潜在建造（2.24 分）三个技能领域的得分较低。通过进一步分析技能领域的任务数据后发现，在 S5- 潜在计算机合作技能的六个技能任务中，计算机使用任务（3.40 分）、数据访问和分析任务（3.28 分）及计算机系统编程（3.21 分）三项技能任务得分较高，但是计算机系统设置和保护任务得分相对较低（2.74 分）。另外，在 S2- 潜在信息技能领

---

① Brynjolfsson, E., Mitchell, T., Rock, D., "What Can Machines Learn and What Does It Mean for Occupations and the Economy?", AEA Papers and Proceedings, vol. 108, 2018, pp. 43–47.
② Oschinski M. Assessing the Impact of Artificial Intelligence on Germany's Labor Market: Insights from a ChatGPT Analysis[J]. 2023.
③ ESCO 数据库将所有技能和能力分为知识、技能和跨领域能力三个领域，其中知识领域有 11 个不同的子类别（K1-K11），技能领域有八个不同的子类别（S1-S8），跨领域能力有 6 个不同的子类别（T1-T6）。其中每一领域的子类别中又包含多种任务。

域中,十项技能任务的标准偏差最高(0.35分),其中信息技能(3.67分)、信息管理任务(3.12分)、计算与估算(3.02分)的评分最高;相反,研究、调查和检查开展(2.30分)及专业知识领域发展监测(2.54分)两项技能任务的评分较低。

以上研究数据预示,计算机工作和信息两个技能领域受GAI影响最大,这预示GAI将重构人类使用计算机工作和信息领域的技能需求,包括数据分析、程序开发、信息管理和信息计算等技能任务,而对照护、建造和搬运三个技能领域的影响较小。针对GAI影响程度较高的技能领域,随着其综合能力指数的不断提升,GAI逐步接管评分较高的技能任务,人类工作者职业活动的重心将转移到评分较低的技能任务。这些技能任务需要工作者多维度思考,包括调查研究、决策制定、沟通协调、教学与培训、研究与创新协作。这种转变要求工作者适应新的工作环境,并掌握与之相应的工作技能。

三、GAI 对德国跨领域能力的潜在影响

跨领域能力,又称为横向能力,是指与特定职业或知识领域无关,可以应用于各种工作、学习、生活中的能力,主要包含6种能力。研究报告数据显示,T2-潜在思维能力(2.80分)居首位,其次是T3-潜在自我管理能力(2.65分),而T1-潜在核心能力(1.96分)得分最低。其次,与前一部分的常规性技能相比,跨领域能力的标准偏差范围更大,T1-潜在核心能力、T6-潜在生活能力和T2-潜在思维能力的标准差较高,分别为0.75分、0.44分和0.42分,这意味着GAI对能力项目的潜在影响存在较大差异。而进一步的数据分析结果也表明,T1-潜在核心能力中的使用数字化设备和程序工作(3.20分)和使用数字和测度工作(3.00分)、T6-潜在生活能力中的创业和财务应用任务(3.20分)和T2-潜在思维能力中的计划与组织任务(3.05分),这三项跨领域的任务受GAI影响最大;相反,T1-核潜在心能力中的语言掌握任务(1.82分)、T2-潜在思维能力中的创造思维与创新任务(2.09分)和T6-潜在生活能力中的应用普遍性知识(2.00分),这三项跨领域的任务受GAI影响最小。

以上研究结果表明,人类工作者在创造性和创新性思考、合作与领导力、推广普遍知识、态度和价值观,以及具体的手动和身体技能方面具有相对优势,而在使用数字化设备与程序工作、创业和财务应用、工作计划与组织、使用数字和量度工作等任务领域,更容易受GAI的影响。这也预示着人类工作者的跨领域能力结构将被重塑,部分能力项将消失,部分能力项的内涵也会改变,同时还会有新的能力项加入。

四、GAI 对德国职业岗位的潜在影响

马蒂亚斯对2937个特定职业的技能和能力的评分结果显示,约81%职业岗位的评分在2.0分到2.8分之间,15%的评分在3.0分到3.8分之间。另外,从德国就业份额排名前10的职业岗位的评分数据发现,通用和键盘打字员(3.09分)和销售人员

（2.81 分）评分较高，商业和管理助理和专业人员及科学与工程助理专业人员也获得了相对较高的评分，但是教学专业人员、健康助理专业人员和个人服务业工作者的平均得分较低。

根据职业任务执行过程的重复性，可将其划分为"例行型"和"非例行型"，根据其认知能力高低划分为"认知型"和"体力型"[①]。以上研究预测，GAI 与之前的机器自动化技术不同，对德国非例行的认知密集型职业产生显著性影响[②]。丹尼尔·戈勒（Daniel Goller）和劳动经济研究所（Institute of Labor Economics，IZA，一家独立的经济研究机构，从事劳动经济学研究，并就劳动力市场问题提供基于证据的政策建议）等也认为，对语言技能要求较高的职业受 GAI 的影响明显大于对数学技能要求较高的职业[③]。

第四节　GAI 对中国劳动力市场的潜在影响分析

楼博文等使用中国经济职业数据和人口普查数据，参考 OpenAI 研究报告的分析方法，探讨中国职业岗位与 GAI 新能力之间的关联性，以此分析 GAI 对中国职业岗位、各年龄段工作者、不同城市劳动力和行业领域的潜在影响[④]。

一、GAI 对中国职业岗位的影响

GAI 将改变中国知识劳动职业和体力劳动职业之间的比例。在处理知识性任务时，GAI 能够获取和整合大量的知识，而在处理创造性任务时，则能够产生更加独特和富有创意的作品。这种新能力对以知识为导向的职业产生更大影响，包括文字和网络编辑、翻译、软件和 IT 服务人员等。

近年来，在编程技能短缺的情况下，中国 IT 企业可以利用 GAI 辅助甚至取代工程师在软件开发、设计和测试等职业岗位中的工作任务。然而，对于那些严重依赖体力劳动和手工操作的职业来说，GAI 的影响相对较低。这与麦肯锡（McKinsey）有关 GAI 经济潜力的报告结果相似，即 GAI 有潜力改变工作的结构，对于与薪资和教育要

[①] Goos, M., Manning, A., Salomons, A.F., "Explaining Job Polarization: Routine-Biased Technological Change and Offshoring", The American Economic Review, Vol. 104, No. 8, 2014, pp. 2509-2526.

[②] Lane M, Saint-Martin A. The impact of Artificial Intelligence on the labour market: What do we know so far?[J]. 2021.

[③] Goller D, Gschwendt C, Wolter S C. This Time It's Different" Generative Artificial Intelligence and Occupational Choice[J]. Generative Artificial Intelligence and Occupational Choice, 2023.

[④] Lou B, Sun H, Sun T. GPTs and labor markets in the developing economy: Evidence from China[J]. Available at SSRN 4426461, 2023.

求较高的知识工作相关的职业，其影响更为显著[1]。例如，在新闻业中，GAI 不仅作为新闻生产的辅助工具，而且重新构建了内容生产流程[2]。

以上结果表明，GAI 通过学习和模仿人类的知识处理能力，能够完成需要知识和智力的工作。这可能导致传统的知识劳动因被 GAI 代替而减少，进而改变劳动分工方式，弱化中国知识工作者的相对优势。

二、GAI 对中国不同年龄阶段工作者的影响

GAI 对中国 20～35 岁年龄段的工作者影响最大。楼博文等采用了 2021 年中国统计年鉴和 2020 年国家统计局进行的第七次全国人口普查的数据，系统地分析了在中国经济中受 GAI 影响的就业人员的特征，包括就业、年龄和教育程度。

一方面，他们将 16 岁到 65 岁以上年龄段的工作者分为以 4 年为一阶段的群体，研究了他们受 GAI 影响的情况。结果显示，20～24 岁、25～29 岁和 30～34 岁年龄段的工作者受 GAI 影响的程度最大，而 65 岁以上年龄段的工作者受到的影响最小。这表明 GAI 对中国 20～35 岁年龄段的工作者影响最为显著，而对 65 岁以上年龄段的工作者影响相对较小。另一方面，该研究还报告了不同教育程度工作者受 GAI 影响的情况，其结果与 GAI 对美国不同教育程度工作者的影响相似。

三、GAI 对中国不同城市劳动力的影响

研究结果表明了 GAI 对不同城市劳动力的影响程度。其中，对 GAI 暴露潜力最大的城市包括直辖市（如北京、上海）、副省级市（如南京、深圳、大连、广州、哈尔滨、济南、成都、杭州）及省会城市（如乌鲁木齐、石家庄、郑州、西安）。以上结果显示，GAI 暴露潜力最大的城市具备创新导向型设施、知识密集型资产和基础设施等资源，并广泛将 AI 技术应用于城市运行的多个领域，包括交通、医疗、教育和金融等。因此，GAI 将会给中国这些城市的就业群体带来结构性变化。

四、GAI 对中国行业领域的影响

GAI 将推动中国国民经济各行业的异质性发展，其潜在影响改变了中国劳动力市场的各个行业，并且具有广泛的差异性（见图 14-2）。研究结果展示了受 GAI 潜在影响最大和最小的行业，其中，信息和金融行业面临最高的风险，而建筑和采矿业面临的风险要低得多[3]。GAI 的工作机理显示，其对不同行业的影响程度取决于它们对知识

---

[1] Chui M, Hazan E, Roberts R, et al. The economic potential of generative AI The next productivity frontier The economic potential of generative AI: The next productivity frontier[J]. 2023.
[2] 马晓荔.ChatGPT 将如何重塑新闻业[J]. 中国广播电视学刊, 2023(10):9-12.
[3] Lou B, Sun H, Sun T. GPTs and labor markets in the developing economy: Evidence from China[J]. Available at SSRN 4426461, 2023.

密集型任务的依赖程度。那些依赖于知识密集型任务的行业，如信息传输、软件和技术服务行业等受到 GAI 的影响较大。相反，那些身体体力支出较高、不太依赖知识密集型任务的行业，如建筑业和采矿业，受到 GAI 的影响则较小。

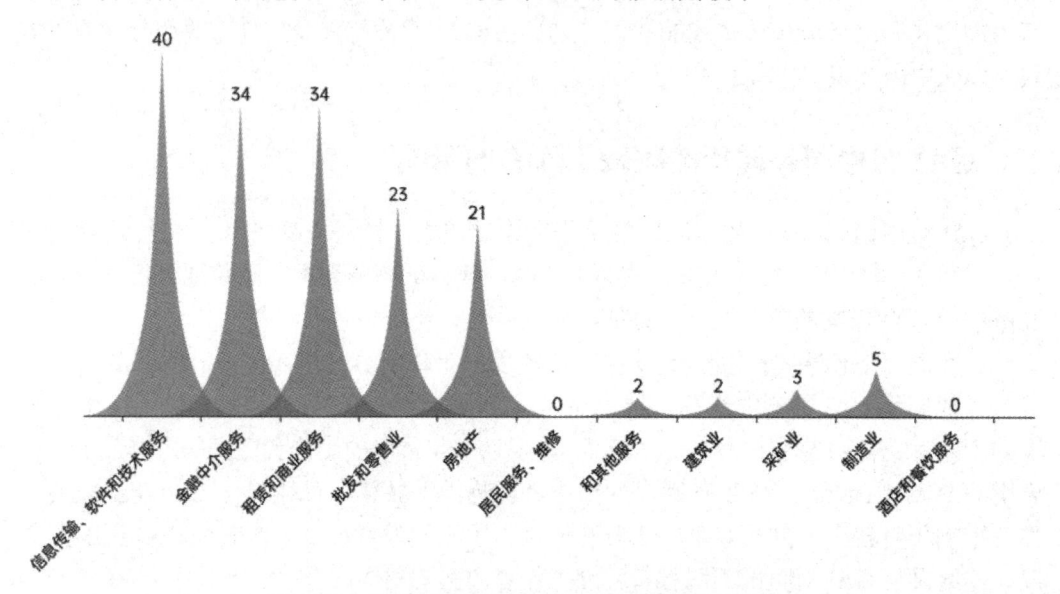

图 14-2　中国国民经济不同行业的 GAI 暴露度分析

注：横轴代表中国国民经济中的不同行业，纵轴代表这些行业的 GAI 暴露度，数据来自楼博文发布的报告。

第五节　GAI 对全球劳动力市场的潜在影响

人类的技术技能可以分为低技术技能和高技术技能。前者受自动化与机器人技术的影响显著，而后者则将受以 GPTs 和 LLMs 为代表的 GAI 影响。扎里夫霍纳瓦等学者对 GAI 对劳动力市场的短期和长期影响进行了评估，并分析了自动化与机器人技术及 AI 对全球劳动力市场的影响[①]。基于 GAI 对美国、德国和中国等国家劳动力市场所产生的多方面影响，可以以全球化的视角来预测 GAI 对全球劳动力市场的影响概况。

---

① Zarifhonarvar A. Economics of chatgpt: A labor market view on the occupational impact of artificial intelligence[J]. Journal of Electronic Business & Digital Economics, 2023.

一、GAI 将影响全球 40% 以上的职业

OpenAI 的研究报告显示，GAI 可能影响美国 80% 的职业岗位，约 19% 的工作者的工作任务会受到 50% 以上的影响[1]。扎里夫霍纳瓦认为，32.8% 的职业受到 GAI 的全部影响，36.5% 的职业受到中等程度的影响，而 30.7% 的职业不会受到 GAI 的影响[2]。陈岚等基于中国 BOSS 直聘数据的研究发现，劳动力市场中约 28% 的职业需要 GAI 的相关技能，未来有额外 45% 的职业需要 GAI 相关的技能[3]。楼博文等提出，GAI 对中国职业和工作者的影响是美国的三分之一，但是由于中国的人口比美国多，受 GAI 影响的工作者数量仍然相当大[4]。毛罗·卡扎尼加（Mauro Cazzaniga）等认为，GAI 将会影响全世界 40% 的职业，而在发达经济体中，这一比例可能会达到 60%，主要是由于发达国家知识导向型工作更为普及[5]。以上研究表明，随着以 GPTs 为代表的 GAI 应用的推广，超过 40% 的职业岗位将受其影响。

二、GAI 对不同行业的影响程度存在差异

在前三次工业革命中，机器能替代大量重复性的繁重体力劳动和部分非重复性的简单体力劳动，但是无法替代复杂的脑力劳动[6]。然而，随着以 GPTs 为代表的 GAI 的发展，这种情况正在发生改变。GAI 正在逐渐突破上一代 AI 在处理知识型任务方面的有限能力，为替代或重组以知识为导向的职业提供潜力。扎里夫霍纳瓦、楼博文等的研究均发现，无论是发达国家还是发展中国家，GAI 对信息处理行业的影响大，而对农业和采矿业等行业的影响小[7]。信息处理行业需要大量的知识型工作任务，而 GAI 日益提高的知识工作能力使其成为信息处理行业中不可或缺的一部分。然而，农业和采矿业需要更多的体力劳动、操作技能和实操经验，受 GAI 的影响相对较小。审视国民经济各个行业的发展趋势，GAI 的影响不仅局限于信息处理行业，而且将延伸到其他行业，包括医疗卫生服务、新闻出版、保险和教育等行业[8]。

---

[1] Eloundou T, Manning S, Mishkin P, et al. Gpts are gpts: An early look at the labor market impact potential of large language models[J]. arxiv preprint arxiv:2303.10130, 2023.

[2] Zarifhonarvar A. Economics of chatgpt: A labor market view on the occupational impact of artificial intelligence[J]. Journal of Electronic Business & Digital Economics, 2023.

[3] Chen L, Chen X, Wu S, et al. The future of ChatGPT-enabled labor market: A preliminary study[J]. arxiv preprint arxiv:2304.09823, 2023.

[4] Lou B, Sun H, Sun T. GPTs and labor markets in the develo** economy: Evidence from China[J]. Available at SSRN 4426161, 2023.

[5] Cazzaniga, M., Jaumotte, F., Li, L., et al., "Gen-AI: Artificial Intelligence and the Future of Work", International Monetary Fund, Vol. 2024, 2024, pp. 2617-2657.

[6] Melina G, Panton A J, Pizzinelli C, et al. Gen-AI: Artificial Intelligence and the Future of Work[J]. 2024.

[7] Zarifhonarvar A. Economics of chatgpt: A labor market view on the occupational impact of artificial intelligence[J]. Journal of Electronic Business & Digital Economics, 2023.

[8] World Economic Forum. Jobs of Tomorrow: Large Language Models and Jobs[R/OL]. (2024-01-11)[2024-05-06]. https://www.weforum.org/publications/jobs-of-tomorrow-large-language-models-and-jobs/.

三、LLMs作为通用技术在全球众多行业领域中的应用更加深入

大语言模型（LLMs）成为GAI时代新出现的一种通用技术。通用技术可以被广泛应用于多个领域和行业，能推动行业领域的创新和进步，并能促进不同领域之间的融合与共享。LLMs满足通用技术的三个核心标准：在时间上持续改进、在经济中普遍存在、能够产生相关创新技术[1]。

一方面，GPT-3.5和GPT-4在学术和专业考试中的测试结果显示，在大多数考试中GPT-4的成绩优于GPT-3.5，比如GRE、SAT、AP考试等[2]。这表明LLMs满足第一个标准，随着时间的推移，其能力不断提高，将能完成或帮助完成一系列日益复杂的知识性任务。

另一方面，ChatGPT对美国劳动力早期影响的报告提供了后两个标准的支持证据，LLMs通过软件和数字工具广泛地应用于经济活动中，对整个经济产生广泛影响，并能带来补充性创新[3]。

LLMs在全球众多行业领域的应用会更加深入。深入应用的行业领域包括自然语言处理、自动问答、医疗健康、金融经济等。在自然语言处理领域中，LLMs应用于自动文本生成、语音识别、机器翻译和情感分析等任务，以上任务帮助人类更高效地处理和利用自然语言信息。在自动问答方面，LLMs优化知识图谱构建、智能问答和知识提取等技术，推动以上技术在搜索引擎、虚拟助手和智能客服等领域得到更广泛的应用。在医疗健康领域中，LLMs为医生提供更加精准的诊断和治疗建议，帮助患者更好地管理其健康状况。在金融经济领域中，LLMs分析市场趋势、预测股票走势、监测金融风险等，为投资者提供更加精准的决策支持。

综上，LLMs作为一种新型通用技术，将帮助全人类构建更加智能和高效的工作系统。

四、GAI加快全球劳动生产力发展和经济持续增长

随着GAI能力的持续增强，全球的职业正在从劳动密集型职业转变为知识导向型职业，这将成为全球经济增长至关重要的部分[4]。高盛研究部基于美国和欧洲的职业数据经济报告的研究表明，在全球范围内，AI使得约18%的工作实现自动化，从而导致全球约3亿份工作面临自动化的风险。预计在未来10年内，GAI将推动全球

---

[1] Lipsey R G, Carlaw K I, Bekar C T. Economic transformations: general purpose technologies and long-term economic growth[M]. Oup Oxford, 2005.
[2] Achiam J, Adler S, Agarwal S, et al. Gpt-4 technical report[J]. arxiv preprint arxiv:2303.08774, 2023.
[3] Eloundou T, Manning S, Mishkin P, et al. Gpts are gpts: An early look at the labor market impact potential of large language models[J]. arxiv preprint arxiv:2303.10130, 2023.
[4] Hanson G H. Who will fill China's shoes? The global evolution of labor-intensive manufacturing[R]. National Bureau of Economic Research, 2021.

GDP 增长 7%，相当于增加近 7 万亿美元，同时将生产力增长率提高 1.5%[①]。麦肯锡（McKinsey）最新的咨询报告预测，GAI 将显著提高全球经济的劳动生产率，每年为全球经济带来 2.6 万亿美元至 4.4 万亿美元的价值增长。预计到 2040 年，GAI 将使劳动生产率每年增长 0.1% 至 0.6%，与其他技术相结合的工作自动化将带来 0.2% 至 3.3% 的生产率增长[②]。以上两份全球性经济发展报告均预测 GAI 将推动全球劳动生产力持续提升。

GAI 赋能工作者的个人生产力，尤其是行业中的新手工作者和低技术技能工作者，推动了行业生产力的显著提升。埃里克·布林约尔松（Erik Brynjolfsson）等研究者使用了 5179 名客服代理商的数据，研究了 GAI 对话助手对客服服务助理工作效率的影响。研究结果表明，这一工具使客服代表每小时解决问题的数量平均提高 14%。尤其对于初学者和低技能工作者，提高幅度达到了 34%。此外，AI 辅助改善了客户的情绪态度，增加了员工的保留率[③]。以上证据表明，GAI 融入行业岗位呈现了更有能力工作者的生产实践，同时也帮助新手工作者在经验曲线上快速成长。

GAI 将创造新的就业机会，提高未被取代工作者的生产力。虽然众多研究者都指出，GAI 对劳动力市场产生了巨大的影响，但是多数行业和职业只是部分暴露给 AI，这意味着 AI 是在补充和增强职业而非替代职业。AI 会创造新的职业，同时被 AI 取代的工作者通过职业培训与转换，可以在新兴职业中重新就业。部分暴露于 AI 自动化职业的工作者在采用 AI 后，将会释放部分能力用于增加新的产出活动，从而提高工作者的满意度和生产率，进而带来新的生产力[④]。因此，GAI 与蒸汽技术、电气技术和信息技术相似，正成为技术革新赋能劳动生产力突破性进步的又一个里程碑。

综上，GAI 将对全球劳动力市场产生短期和长期两个阶段的影响。在短期影响上，一方面会降低社会对特定领域（如翻译，编辑等）工作者的需求，在 AI 开发等领域创造新的就业机会；另一方面会出现一段时间内工作者所拥有的职业技能与岗位所需的能力之间的临时性不匹配，导致特定领域的工作者失业或低收入就业。在长期影响方面，GAI 的引入会对生产力发展产生积极影响，会出现职位增加和工作者工资的上涨，促进经济增长和劳动力需求的增加。

[①] Hatzius J. The Potentially Large Effects of Artificial Intelligence on Economic Growth (Briggs/Kodnani)[J]. Goldman Sachs, 2023.

[②] Chui, M., Hazan, E., Roberts, R., et al. The economic potential of generative AI The next productivity frontier The economic potential of generative AI: The next productivity frontier[R/OL]. (2023-12-24)[2024-05-06]. https://www.mckinsey.com/capabilities/mckinsey-digital/our-insights/the-economic-potential-of-generative-ai-the-next-productivity-frontier#introduction.

[③] Brynjolfsson E, Li D, Raymond L R. Generative AI at work[R]. National Bureau of Economic Research, 2023.

[④] Gmyrek P, Berg J, Bescond D. Generative AI and jobs: A global analysis of potential effects on job quantity and quality[J]. ILO Working Paper, 2023, 96.

第六节 应对 GAI 影响的创新发展方略

面向未来，GAI 将逐渐渗透到社会的各个领域，对培养研究型、应用型和技术技能型人才的教育提出了全新的挑战。为了迎接这一重大挑战，我国应采取四个创新发展方略。

一、建立 GAI 时代职业岗位知识谱系，缓解新兴职业技能错配问题

以 GPTs 为代表的生成式 AI 应用和工具正在融入经济社会各个行业的工作任务和职业需求，这对工作者的能力和条件提出新要求。对此，国家相关部委应建立 GAI 时代国家职业岗位知识谱系，以精准预测、动态监测和科学评估劳动力市场及其新职业、新岗位和新技能。德国和美国曾分别建立了国家层面的职业信息监测与评估系统，其中，德国联邦职教所和就业研究所合作建立了职业技能预测和评估系统[①]，美国劳工组织建立了职业信息网络（O*NET）。借鉴 O*NET 的内容模型和《中华人民共和国职业分类大典》，从职业和工作者两个维度展开，建立职业岗位六个领域的知识图谱[②]。

（一）职业导向

在职业导向方面，包含职业要求、劳动力特征和职业特定信息三个领域。首先，嵌入 GPTs 的职业要求基于就业市场的职业大数据，采用聚类分析从行业岗位要求的数据中生成，能够预测不同职业的需求与趋势，帮助求职者把握职业与 GPTs 的关联性。其次，嵌入 GPTs 的劳动力特征可通过分析行业招聘大数据，确定不同职业岗位所需的关键技能和能力，提供相应的评估工具和建议。最后，嵌入 GPTs 的职业特定信息可通过整合海量的学术文献、行业报告和专家意见，总结 GPTs 与各个行业领域融合的研究成果和发展趋势，支持求职者掌握特定领域的工作需求和发展路径。以上三个领域共同构成 GAI 时代职业导向知识图谱，帮助工作者辨别 GPTs 带来的行业职业的差异性和关联性，为工作者提供职业选择和发展建议。

（二）工作者导向

在工作者导向方面，包含工作者特征、工作者经验和工作者要求三个领域。首先，工作者特征可通过分析融入 GPTs 的职业领域中特定工作者的能力和风格，制定其职业能力的培训计划和发展路径。其次，工作者经验通过分析掌握 GPTs 的工作者的工作过程与结果数据，确定不同职业所需 GAI 的关键特质和能力。最后，工作者要求通

[①] Skills, P., Germany. (2023-12-24)[2024-05-06]. https://skillspanorama.cedefop.europa.eu/en/countries/germany.
[②] Peterson N G, Mumford M D, Borman W C, et al. Understanding work using the Occupational Information Network (O* NET): Implications for practice and research[J]. Personnel psychology, 2001, 54(2): 451-492.

过分析融入 GPTs 职业岗位的工作需求和绩效数据，预测工作融入 GPTs 的职业需求，并帮助政策制定者提供有关如何开展 GPTs 融入职业岗位培训的建议。以上三个领域共同构成 GAI 时代工作者导向知识图谱的组成部分，融入 GPTs 的职业需求和发展路径将有助于工作者更好地理解工作。

未来，嵌入 GPTs 的职业岗位知识谱系将赋能全球劳动力转型升级。一方面，它将促进工作者更新融入 GPTs 的职业技能，引导和支持工作者形成新技能。另一方面，它将支持组织构建新型的人力资源工作体系，包括职位描述开发、招聘选派和岗位培训等。这将有助于解决新兴职业技能错配问题，提高劳动力市场的适应性和灵活性。

二、开发 GAI 赋能的工作系统，构建知识导向型职业环境

GAI 赋能行业工作系统，驱动工作系统的智能化、个性化和便捷化。GAI 驱动的工作系统在原有工作任务系统中新增了三个工作模块，包括知识库、多模态感知模块和自动应答模块。

（一）知识库模块

知识库模块应用大语言模型和 GPTs，整合行业领域的海量知识资料而构建成"机器脑"。知识库通过融合通用大语言模型和专属大语言模型两种技术，使特定行业工作知识的推理和表达更精准和丰富。这使得工作者能够准确、快速地获取工作所需的信息和知识，更好地应对复杂的工作环境，为其工作实施提供智力支持和决策动力，提高其工作任务的执行能力和工作绩效。

（二）多模态感知模块

多模态感知模块运用视觉、语音和体感等识别技术，使工作者通过视觉、听觉、触觉和其他感觉通道与工作系统开展人机互动。该模块能减少工作中可能出现的错误和不必要的延迟，提高工作系统操作的准确性、高效性和便捷性。例如，语音和视觉识别技术使工作系统能够快速理解工作者的需求，并能采取相应的行动，这种即时响应有助于提高工作效率和精确度。基于多模态的智能感知模块使工作者不必分心处理交互行为，能更专注于高价值的任务，为工作者提供更愉悦的工作体验。

（三）自动应答模块

自动应答模块具备生成自动回复的能力，为工作者提供实时且准确的应答，大幅度节省工作者的时间和精力，使工作者能够更专注于高价值的工作，提高工作效率和质量。此外，该模块根据工作者的个人偏好和需求，个性化推荐培训机会和学习资源，助力工作者持续提升职业能力，促进组织内部的知识分享和知识创新。因此，这将能向工作者及时提供高效的工作解决方案，为工作者的职业发展提供定制化支持。

综上，GAI 赋能的工作系统是一个业务流和知识流有机融合的智能化工作系统，

使工作环境成为知识导向型的职业环境，有助于推动工作者的职业生涯快速发展，促进职业岗位的迭代升级与创新。

三、重塑 GAI 工作任务的系统要素，转变新型职业岗位工作方式

GAI 正在重新组织工作任务的系统要素，支持"人脑""机器脑""人手"和"机器手"协同工作，开创了人机混合的工作环境，促进了人机协同、协调共生的工作新模式。这种转变不仅仅是技术的革新，更是社会生产方式的深刻变革，为未来的工作场景带来了前所未有的机遇和挑战。

在前三次工业革命中，其核心是机器替代人类的体力劳动，即由"机器手"替代和增强"人手"完成部分工作任务，促成了人类社会生产方式的迭变和生产力的跃升[1]。2022 年年底，以 ChatGPT 为代表的 GAI 再次重塑人类社会的工作系统和生产方式。GAI 专注于模拟"人脑"的认知过程，试图理解外部世界，探索知识内涵与关联，生成全新的知识。与模拟人类行为的其他技术相比，这种模拟人类智慧的 AI 技术能够与人类大脑建立联系，实现对人类智慧的扩展与延伸[2]。GAI 具备生成新知识的能力，在某些方面的能力超过人类。这意味着，人类完成的简单"人脑"类工作任务将由"机器脑"替代，人类在职业岗位系统中的工作方式将发生变化。

在 GAI 时代，职业岗位的工作方式更突出人机协同和价值判断。一方面，人机协同是指人与机器协同工作，强调人类和机器在共同完成目标任务时的互补性和相互支持性。人类要适应人机混合的工作环境，利用"机器脑"完成更科学的决策，利用"机器手"高效率完成工作任务。另一方面，价值判断是指个体对事物、行为或观点进行评估和判断，涉及个体对事物的好坏、重要性、伦理道德性等方面的评价和判断。

四、优化职业培训课程开发质量，提高在线培训教学质量

以 GPTs 为代表的 GAI 将优化职业培训课程的开发质量，包括智能问答交互、自动生成智能教材和个性化辅导等方式，提高线上职业培训的教学绩效。

首先，GAI 能根据提示自动生成高质量的培训材料和学习资源，极大地减少教师的工作量。基于已有的学习资料和课程大纲，智能地生成相关的教学材料，包括练习题、单元测验、案例分析等。这不仅提高了教学效率，而且确保了培训课程的一致性和标准化。教师可以利用 GAI 生成的材料进行快速备课，节省时间和精力，从而更好地关注学员的学习进展和需求。

其次，GAI 提供即时化和个性化的学习反馈和指导。学员可以随时向 GAI 提问，创造个性化的对话式学习场景，与 GAI 扮演的"思想伙伴"对话互动，一步步地解决

---

[1] 贾根良.第三次工业革命与工业智能化[J].中国社会科学，2016(6).
[2] 沈书生，祝智庭.ChatGPT 类产品：内在机制及其对学习评价的影响[J].中国远程教育，2023, 4: 1-8.

问题，激发批判性思维，提升知识创新能力。与传统的固定答案不同，GAI 会根据问题的具体情境和需求，进行智能问答，为学员提供更贴合实际的解决方案。这种个性化的反馈和指导可以帮助学员更好地理解和应用所学知识，提高学习效果。

最后，GAI 可以高效地用于在线辅导和评估。通过与学员的对话，GAI 可以深入了解学员的学习需求和问题，在提供个性化辅导建议的同时，根据学员的回答自动生成个性化的评估报告，帮助教师更好地掌握学员的学习状态和进展。教师可以根据评估报告对学员进行有针对性的辅导，帮助他们克服学习难题。同时，GAI 还可以根据学员的学习情况和表现，自动调整教学内容和难度，提供更加个性化的学习体验。

第七节 结论与展望

GAI 正在推动人类社会迈入强 AI 时代。通过对美国、德国和中国劳动力市场潜在影响的系列研究报告，我们可以从多个角度分析和预测其对未来全球劳动力市场和经济增长的潜在影响。

首先，GAI 正在深刻地改变全球劳动力市场的知识密集型职业和劳动密集型职业的结构。这项新技术将影响全球 40% 以上的职业，并引发劳动力市场的结构性变革。

其次，GAI 对不同行业的影响程度存在差异。信息处理行业受到的影响尤为显著，而农业、林业和采矿业及健康与福利等行业受到的影响相对较小。

再次，LLMs 作为一种通用技术，在全球众多行业领域的应用将持续扩大。随着技术的不断发展和完善，LLMs 将在更多领域发挥其潜力，为各行各业带来创新与变革。

最后，GAI 将创造新的就业机会，提高工作者的生产效率和工作满意度，促进社会生产力的持续提升。当然，这同时也要求我们关注技术进步带来的短期社会问题，如失业、技能失衡等，需要采取相应的政策和措施来应对这些新挑战。

我国应建立 GAI 时代的职业岗位知识谱系，开发 GAI 赋能的工作系统，优化职业培训课程的开发质量，构建科技、教育和人才一体化发展的新格局。教育和劳动力市场之间的关系是相互影响的，教育需要紧密关注劳动力市场的新变化和新需求，为劳动力市场提供具备专业技能和知识的高素质人才，推动经济发展。同时，劳动力市场的需求也左右着教育的人才培养目标，影响着教育资源的配置和使用。

因此，在迎接 GAI 时代的挑战过程中，应着力推进 AI 与人力资本优势的互补、AI 与产业发展的深度融合、AI 与保障改善民生的结合，以确保科技进步能够为人类带来更多福祉。